ΣBEST シグマベスト

JN112119

シグマ基本問題集

数学Ⅲ+C

文英堂編集部 編

MATHEMATICS

文英堂

特色と使用法

◎**「シグマ基本問題集　数学Ⅲ＋C」**は，問題を解くことによって教科書の内容を基本からしっかりと理解していくことをねらった**日常学習用問題集**である。編集にあたっては，次の点に気を配り，これらを本書の特色とした。

学習内容を細分し，重要ポイントを明示

学校の授業にあわせた学習がしやすいように，「数学Ⅲ＋C」の内容を40の項目に分けた。また，**「テストに出る重要ポイント」**では，その項目での重要度が非常に高く，テストに出そうなポイントだけをまとめた。これには必ず目を通すこと。

「基本問題」と「応用問題」の２段階編集

基本問題は教科書の内容を理解するための問題で，**応用問題**は教科書の知識を応用して解く発展的な問題である。どちらも小問ごとにチェック欄を設けてあるので，できたかどうかをチェックし，弱点の発見に役立ててほしい。また，解けない問題は，ガイドなどを参考にして，できるだけ自分で考えよう。

特に重要な問題は例題として解説

特に重要と思われる問題は**例題研究》**として掲げ，**着眼**と**解き方**をつけてくわしく解説した。**着眼**で，問題を解くときにどんなことを考えたらよいかを示してあり，**解き方**で，その考え方のみちすじを示してある。ここで，問題解法のコツをつかんでほしい。

定期テスト対策も万全

基本問題のなかで，定期テストに出やすい問題には**〈テスト必出**マークを，**応用問題**のなかで，テストに出やすい問題には**〈差がつく**マークをつけた。テスト直前には，これらの問題をもう一度解き直そう。

くわしい解説つきの別冊正解答集

解答は，答え合わせをしやすいように別冊とし，問題の解き方が完璧(かんぺき)にわかるようにくわしい解説をつけた。また，**テスト対策**では，定期テストなどの試験対策上のアドバイスや留意点を示した。大いに活用してほしい。

もくじ

1 ベクトルとその演算

テストに出る重要ポイント

- **ベクトルとその表示**…大きさと向きをもった量を**ベクトル**という。
  ベクトルが点Aから点Bへの向きのついた線分(**有向線分**)で表されているとき，Aを**始点**，Bを**終点**といい，$\overrightarrow{\mathbf{AB}}$ で表す。**大きさ**を $|\overrightarrow{\mathbf{AB}}|$ で表し，大きさ1のベクトルを**単位ベクトル**という。
- **ベクトルの相等**…大きさが等しく，向きが同じ2つのベクトル $\vec{a}$，$\vec{b}$ は**等しい**といい，$\vec{a}=\vec{b}$ と表す。
- **逆ベクトル・零ベクトル**…ベクトル $\vec{a}$ と大きさが等しく，向きが反対のベクトルを $\vec{a}$ の**逆ベクトル**といい，$-\vec{a}$ で表す。すなわち，$\overrightarrow{\mathrm{BA}}=-\overrightarrow{\mathrm{AB}}$ である。始点と終点が一致したベクトル $\overrightarrow{\mathrm{AA}}$ は，大きさが0で向きは定まらないが，1つのベクトルと考えて**零ベクトル**といい，$\vec{0}$ で表す。
- **ベクトルの演算**

① **和**：$\overrightarrow{\mathrm{OA}}+\overrightarrow{\mathrm{AC}}=\overrightarrow{\mathrm{OC}}$,　　$\overrightarrow{\mathrm{OA}}+\overrightarrow{\mathrm{OB}}=\overrightarrow{\mathrm{OC}}$

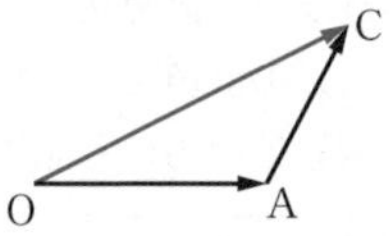

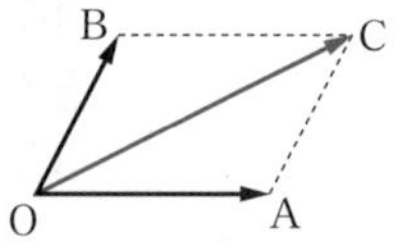

② **差**：$\overrightarrow{\mathbf{OA}}-\overrightarrow{\mathbf{OB}}=\overrightarrow{\mathbf{BA}}$

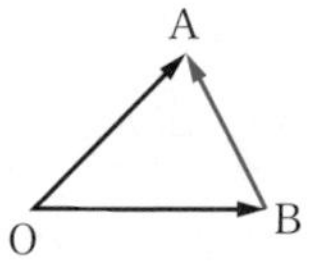

③ **実数倍**：$k\vec{a}$ (k は実数，$\vec{a}\neq\vec{0}$)について

$k\vec{a}$ の大きさ $|k\vec{a}|=|k||\vec{a}|$

$k\vec{a}$ の向き $\begin{cases} k>0 \text{ のとき } \vec{a} \text{ と同じ向き} \\ k<0 \text{ のとき } \vec{a} \text{ と反対向き} \end{cases}$

- **ベクトルの演算**…ベクトルの演算は文字式の演算と同じように扱える。

交換法則：$\vec{a}+\vec{b}=\vec{b}+\vec{a}$

結合法則：$(\vec{a}+\vec{b})+\vec{c}=\vec{a}+(\vec{b}+\vec{c})$

***m*，*n* が実数のとき**

$(mn)\vec{a}=m(n\vec{a})$

$(m+n)\vec{a}=m\vec{a}+n\vec{a}$，$m(\vec{a}+\vec{b})=m\vec{a}+m\vec{b}$

基本問題

解答 ➡ 別冊 p. 1

1 右の図において，次のようなベクトルを表す有向線分の組を，それぞれ番号で答えよ。

できたらチェック。

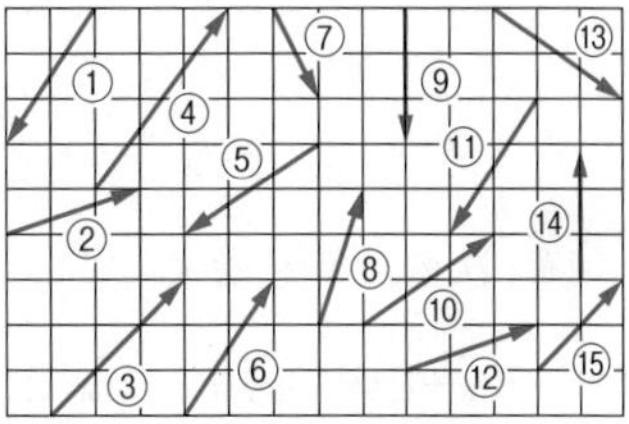

□ (1) 等しいベクトル

□ (2) 大きさの等しいベクトル

□ (3) 向きの等しいベクトル

2 右の図の平行四辺形OABCにおいて，対角線OB，ACの交点をD，$\overrightarrow{OA}=\vec{a}$，$\overrightarrow{OD}=\vec{b}$，$\overrightarrow{OC}=\vec{c}$とする。次のベクトルを答えよ。

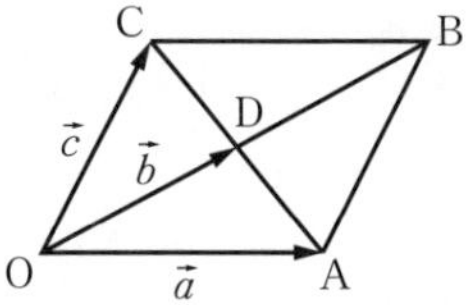

□ (1) $\vec{a}$，$\vec{c}$にそれぞれ等しいベクトル

□ (2) $\vec{b}$に等しいベクトル

□ (3) $\vec{a}$の逆ベクトルに等しいベクトル

3 右の正六角形ABCDEFにおいて，

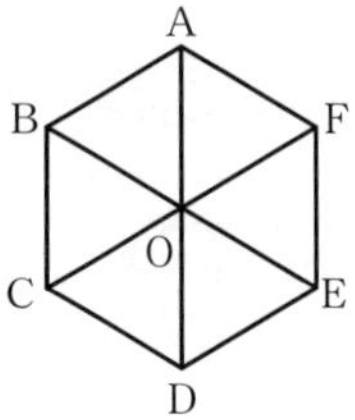

□ (1) $\overrightarrow{BO}$に等しいベクトルをすべて答えよ。

□ (2) $\overrightarrow{AO}$に等しいベクトルをすべて答えよ。

□ (3) $\overrightarrow{AB}$の逆ベクトルをすべて答えよ。

4 ベクトル$\vec{a}$，$\vec{b}$，$\vec{c}$が右図のように与えられている。次のベクトルを図示せよ。

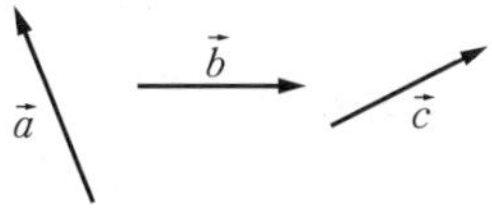

□ (1) $\vec{a}+\vec{b}+\vec{c}$　　□ (2) $\vec{a}+\vec{b}-\vec{c}$

□ (3) $\vec{a}+\vec{b}+2\vec{c}$　　□ (4) $\vec{a}-\vec{b}-2\vec{c}$

5 右の図は長方形である。$\overrightarrow{AB}=\vec{a}$，$\overrightarrow{BC}=\vec{b}$のとき，次のベクトルを$\vec{a}$，$\vec{b}$で表せ。 テスト必出

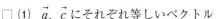

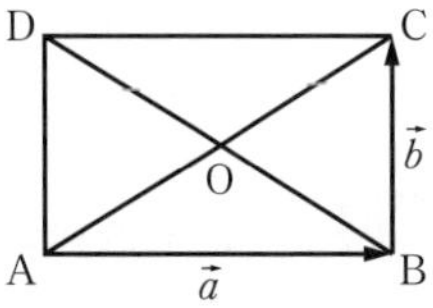

□ (1) $\overrightarrow{CD}$　　□ (2) $\overrightarrow{DA}$　　□ (3) $\overrightarrow{AC}$

□ (4) $\overrightarrow{DB}$　　□ (5) $\overrightarrow{AB}+\overrightarrow{BC}+\overrightarrow{CD}$　　□ (6) $\overrightarrow{AO}$

□ **6** △ABCの辺AB，ACの中点をそれぞれD，Eとし，$\overrightarrow{AB}=\vec{a}$，$\overrightarrow{AC}=\vec{b}$とするとき，$\overrightarrow{AD}$，$\overrightarrow{AE}$，$\overrightarrow{DE}$，$\overrightarrow{BC}$をそれぞれ$\vec{a}$，$\vec{b}$で表せ。

7 △ABC の 3 辺 BC，CA，AB の中点をそれぞれ D，E，F とし，$\overrightarrow{BA}=\vec{a}$，$\overrightarrow{BC}=\vec{b}$ とするとき，次のベクトルを $\vec{a}$，$\vec{b}$ で表せ。

□ (1) $\overrightarrow{AE}$　□ (2) $\overrightarrow{BE}$　□ (3) $\overrightarrow{DE}$

8 次の計算をせよ。

□ (1) $2(\vec{a}+2\vec{b}-3\vec{c})+3(3\vec{a}-2\vec{b}-\vec{c})$　□ (2) $\frac{1}{2}(\vec{a}-\vec{b}-\vec{c})-\frac{1}{3}(\vec{c}-\vec{b}-\vec{a})$

9 $\vec{x}=\vec{a}+2\vec{b}-3\vec{c}$，$\vec{y}=-\vec{a}+\vec{b}-2\vec{c}$ のとき，次のベクトルを $\vec{a}$，$\vec{b}$，$\vec{c}$ で表せ。

□ (1) $\vec{x}-\vec{y}$　□ (2) $2\vec{x}-3\vec{y}$

10 次の等式を満たす $\vec{x}$ を $\vec{a}$，$\vec{b}$ で表せ。

□ (1) $3(\vec{a}-\vec{x})=\vec{x}-\vec{b}$　□ (2) $3(\vec{x}+\vec{a})-2(\vec{x}-\vec{b})=\vec{0}$

応用問題

解答 ➡ 別冊 *p. 2*

例題研究》 四角形 ABCD の対角線 AC，BD の中点をそれぞれ P，Q とする。$\overrightarrow{BC}=\vec{a}$，$\overrightarrow{DA}=\vec{b}$ とするとき，ベクトル $\overrightarrow{PQ}$ を $\vec{a}$，$\vec{b}$ を用いて表せ。

着眼 まず，与えられた条件を図示して，Q が対角線 BD の中点であることと，P が対角線 AC の中点であることに注目する。

解き方 Q は対角線 BD の中点であるから

$$\overrightarrow{PQ}=\frac{1}{2}(\overrightarrow{PB}+\overrightarrow{PD})=\frac{1}{2}(\overrightarrow{PC}+\overrightarrow{CB}+\overrightarrow{PA}+\overrightarrow{AD})$$

また，P は対角線 AC の中点であるから

$\overrightarrow{PC}=-\overrightarrow{PA}$　　ゆえに　$\overrightarrow{PC}+\overrightarrow{PA}=\vec{0}$

よって　$\overrightarrow{PQ}=\frac{1}{2}(-\overrightarrow{BC}-\overrightarrow{DA})=-\frac{\vec{a}+\vec{b}}{2}$　……答

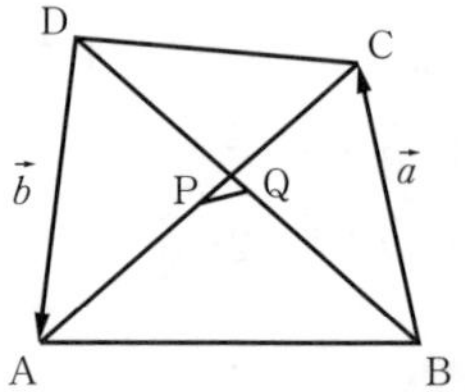

□ **11** 点 P と四角形 ABCD が同じ平面上にあって，$\vec{a}=\overrightarrow{AB}$，$\vec{b}=\overrightarrow{BC}$，$\vec{c}=\overrightarrow{CD}$ とする。$\overrightarrow{PA}+\overrightarrow{PB}+\overrightarrow{PC}+\overrightarrow{PD}=\overrightarrow{AD}$ であるとき，$\overrightarrow{AP}$ を $\vec{a}$，$\vec{b}$，$\vec{c}$ で表せ。

12 $\vec{a}$，$\vec{b}$ はいずれも零ベクトルでなく，$|\vec{a}|=|\vec{b}|=|\vec{a}+\vec{b}|$ であるとき，

□ (1) $\vec{a}$，$\vec{b}$ のなす角は何度か。　□ (2) $|\vec{a}-\vec{b}|$ は $|\vec{a}|$ の何倍か。《差がつく

2 ベクトルの成分表示

テストに出る重要ポイント

- **ベクトルの成分**…x 軸，y 軸の正の向きと同じ向きの単位ベクトルを**基本ベクトル**といい，それぞれ $\vec{e_1}$，$\vec{e_2}$ とする。任意のベクトル $\vec{a}$ に対して，$\vec{a}=\overrightarrow{\mathrm{OP}}$ (O は原点)とおくとき，P の座標が $(a_1,\ a_2)$ ならば
  ① $\boldsymbol{\vec{a}=(a_1,\ a_2)}$ (成分表示)
  ② $\boldsymbol{\vec{a}=a_1\vec{e_1}+a_2\vec{e_2}}$ (基本ベクトル表示)
  一般に，平面上で $\vec{a}$，$\vec{b}$ がともに $\vec{0}$ でなく，かつ平行でない 1 組のベクトルとするとき，任意のベクトル $\vec{c}$ は $\boldsymbol{\vec{c}=x\vec{a}+y\vec{b}}$ $(x,\ y$ は実数$)$ の形でただ 1 通りに表すことができる。とくに，$\vec{c}=\vec{0} \Longleftrightarrow x=y=0$ である。
- **成分による演算**…$\vec{a}=(a_1,\ a_2)$，$\vec{b}=(b_1,\ b_2)$ のとき
  ① ベクトルの大きさ：$\boldsymbol{|\vec{a}|=\sqrt{a_1^2+a_2^2}}$
  ② ベクトルの相等：$\boldsymbol{\vec{a}=\vec{b} \Longleftrightarrow a_1=b_1}$ **かつ** $\boldsymbol{a_2=b_2}$
  ③ ベクトルの和：$\boldsymbol{\vec{a}+\vec{b}=(a_1+b_1,\ a_2+b_2)}$
  ④ ベクトルの差：$\boldsymbol{\vec{a}-\vec{b}=(a_1-b_1,\ a_2-b_2)}$
  ⑤ ベクトルの実数倍：$\boldsymbol{m\vec{a}=(ma_1,\ ma_2)}$ (m は実数)

基本問題

解答 ➡ 別冊 p. 3

13 次のベクトルを，原点を始点とする有向線分で図示せよ。
できたらチェック。
ただし，$\vec{e_1}$，$\vec{e_2}$ はそれぞれ x 軸方向，y 軸方向の基本ベクトルとする。

□ (1) $\vec{a}=2\vec{e_1}+3\vec{e_2}$　□ (2) $\vec{b}=3\vec{e_1}-2\vec{e_2}$　□ (3) $\vec{c}=-2\vec{e_1}$
□ (4) $\vec{d}=2\vec{e_2}$　□ (5) $\vec{e}=(2,\ -1)$　□ (6) $\vec{f}=(0,\ -3)$

14 $\vec{a}=(-2,\ 2)$，$\vec{b}=(2,\ -3)$，$\vec{c}=(3,\ -4)$ のとき，次のベクトルを成分で表せ。また，その大きさを求めよ。

□ (1) $\vec{a}+\vec{b}$　□ (2) $-2\vec{b}+\vec{c}$　□ (3) $\vec{a}-\vec{b}-\vec{c}$

□ **15** $\vec{a}=(l,\ 2)$，$\vec{b}=(3,\ m)$，$\vec{c}=(12,\ 18)$ とするとき，$3\vec{a}-2\vec{b}=\vec{c}$ となるように，定数 l，m の値を定めよ。〈テスト必出〉

例題研究》 $\vec{a}=(2,\ 3)$, $\vec{b}=(-3,\ 2)$ のとき，$\vec{c}=(1,\ 8)$ を $m\vec{a}+n\vec{b}$ (m, n は実数)の形で表せ。

着眼 $m\vec{a}+n\vec{b}$ を成分で表して，$\vec{c}$ の成分と比較すればよい。
$(\boldsymbol{a}_1,\ \boldsymbol{a}_2)=(\boldsymbol{b}_1,\ \boldsymbol{b}_2) \Longleftrightarrow \boldsymbol{a}_1=\boldsymbol{b}_1,\ \boldsymbol{a}_2=\boldsymbol{b}_2$ であることを忘れないように！

解き方 $m\vec{a}+n\vec{b}=m(2,\ 3)+n(-3,\ 2)=(2m-3n,\ 3m+2n)$
これより　$(1,\ 8)=(2m-3n,\ 3m+2n)$
ゆえに $\begin{cases} 2m-3n=1 & \cdots\cdots① \\ 3m+2n=8 & \cdots\cdots② \end{cases}$ ← x 成分，y 成分がそれぞれ等しい
①，②を解いて　$m=2,\ n=1$　　ゆえに　$\boldsymbol{\vec{c}=2\vec{a}+\vec{b}}$　……**答**

16 3つのベクトル $\vec{a}$, $\vec{b}$, $\vec{c}$ が次のように与えられたとき，$\vec{c}$ を $m\vec{a}+n\vec{b}$ (m, n は実数)の形で表せ。〈テスト必出〉

□ (1) $\vec{a}=(3,\ 4)$, $\vec{b}=(2,\ 4)$, $\vec{c}=(3,\ -8)$

□ (2) $\vec{a}=(2,\ 5)$, $\vec{b}=(3,\ 2)$, $\vec{c}=(14,\ 6)$

17 $\vec{a}+\vec{b}=(-3,\ 4)$, $\vec{a}-\vec{b}=(2,\ -3)$ のとき，次のものを求めよ。〈テスト必出〉

□ (1) $\vec{a}$, $\vec{b}$ の成分　　□ (2) $|\vec{a}|$, $|\vec{b}|$

18 3点 O(0, 0), A(4, 0), B(3, 6) について，次のベクトルを成分で表せ。また，その大きさを求めよ。

□ (1) $\overrightarrow{OA}$　　□ (2) $\overrightarrow{AB}$　　□ (3) $\overrightarrow{BO}$

例題研究》 等脚台形 ABCD (AD∥BC, AB=CD) で，$\overrightarrow{AB}=(3,\ 1)$, $\overrightarrow{AD}=(-2,\ 2)$ のとき，$\overrightarrow{BC}$, $\overrightarrow{CD}$ を成分で表せ。

着眼 BC∥AD であるから，$\overrightarrow{BC}=k\overrightarrow{AD}$ と表せる。また，$\overrightarrow{CD}=\overrightarrow{CB}+\overrightarrow{BA}+\overrightarrow{AD}$ であるから，$\overrightarrow{CD}$ を k で表し，$|\overrightarrow{AB}|^2=|\overrightarrow{CD}|^2$ より k の値を求める。$k=1$ のときに注意。

解き方 BC∥AD であるから　$\overrightarrow{BC}=k\overrightarrow{AD}$ (k は実数)　ゆえに　$\overrightarrow{BC}=(-2k,\ 2k)$
また　$\overrightarrow{CD}=\overrightarrow{CB}+\overrightarrow{BA}+\overrightarrow{AD}=\underline{(2k,\ -2k)}+(-3,\ -1)+(-2,\ 2)$
$=(2k-5,\ -2k+1)$　　→ $\overrightarrow{BC}$ の逆ベクトル
$|\overrightarrow{CD}|^2=|\overrightarrow{AB}|^2$ であるから　$(2k-5)^2+(-2k+1)^2=3^2+1^2$
$k^2-3k+2=0$　　ゆえに　$k=1,\ 2$
$k=1$ のとき，AB∥CD となるので不適。　ゆえに　$k=2$
このとき　$\boldsymbol{\overrightarrow{BC}=(-4,\ 4)}$, $\boldsymbol{\overrightarrow{CD}=(-1,\ -3)}$　……**答**

□ **19** ベクトル $\vec{a}=(2,\ 4)$, $\vec{b}=(x,\ 1)$ について，$\vec{a}+2\vec{b}$ と $2\vec{a}-\vec{b}$ が平行のとき，実数 x の値を求めよ。

□ **20** $\vec{0}$ でないベクトル $\vec{a}$ と同じ向きの単位ベクトル $\vec{e}$ は，$\vec{e}=\dfrac{1}{|\vec{a}|}\vec{a}$ と表されることを示せ。また，$\vec{a}=(-5,\ 12)$ と平行な単位ベクトルを成分で表せ。

テスト必出

□ **21** 座標平面上に3点 B(3, 4), C(9, 7), D(4, 11) がある。四角形 ABCD が平行四辺形になるような点 A の座標を求めよ。

□ **22** $\overrightarrow{OA}=(1,\ -3)$, $\overrightarrow{OB}=(-5,\ 2)$, $\overrightarrow{OC}=(a,\ b)$ とする。3点 A, B, C が一直線上にあるとき，実数 a, b の間にはどのような関係があるか。

応用問題

解答 ➡ 別冊 p. 4

例題研究》 $\vec{a}=(-1,\ 2)$, $\vec{b}=(1,\ 3)$ と実数 t に対して，$\vec{p}=\vec{a}-t\vec{b}$ とおくとき，次の問いに答えよ。

(1) $|\vec{p}|=5$ となる t の値を求めよ。

(2) $|\vec{p}|$ の最小値およびこのときの t の値を求めよ。

着眼 (1) $\vec{p}$ を成分で表すとよい。 (2) $|\vec{p}|\geqq 0$ だから，$|\vec{p}|^2$ が最小のとき $|\vec{p}|$ も最小になる。$|\vec{p}|^2$ は t の2次式になるので標準形に変形。

解き方 $\vec{p}=\vec{a}-t\vec{b}=(-1,\ 2)-t(1,\ 3)=(-1-t,\ 2-3t)$

ゆえに $|\vec{p}|^2=(-1-t)^2+(2-3t)^2=10t^2-10t+5$

(1) $|\vec{p}|=5$ より，$|\vec{p}|^2=25$ であるから $t^2-t-2=0$

$(t+1)(t-2)=0$ よって $\boldsymbol{t=-1,\ 2}$ ……答

(2) $|\vec{p}|^2=10t^2-10t+5=10\left(t-\dfrac{1}{2}\right)^2+\dfrac{5}{2}$

よって，$|\vec{p}|$ は $\boldsymbol{t=\dfrac{1}{2}}$ **のとき最小値** $\boldsymbol{\dfrac{\sqrt{10}}{2}}$ をとる。 ……答

23 $\vec{a}=(2,\ 3)$, $\vec{b}=(1,\ 1)$, $\vec{c}=\vec{a}+t\vec{b}$ のとき，次の問いに答えよ。

□ (1) $t=3$ のとき，$|\vec{c}|$ を求めよ。 □ (2) $|\vec{c}|$ の最小値を求めよ。

3 ベクトルの内積

テストに出る重要ポイント

- **ベクトルの内積**…零ベクトルでない $\vec{a}$, $\vec{b}$ のなす角を θ とするとき
  $\vec{a}\cdot\vec{b}=|\vec{a}||\vec{b}|\cos\theta$（ただし，$0°\leqq\theta\leqq180°$）
- **内積の演算法則**
  ① $\vec{a}\cdot\vec{a}=|\vec{a}|^2$，$|\vec{a}|=\sqrt{\vec{a}\cdot\vec{a}}$
  ② $\vec{a}\cdot\vec{b}=\vec{b}\cdot\vec{a}$（交換法則）
  ③ $\vec{a}\cdot(\vec{b}+\vec{c})=\vec{a}\cdot\vec{b}+\vec{a}\cdot\vec{c}$，$\vec{a}\cdot(\vec{b}-\vec{c})=\vec{a}\cdot\vec{b}-\vec{a}\cdot\vec{c}$（分配法則）
  ④ $(k\vec{a})\cdot\vec{b}=\vec{a}\cdot(k\vec{b})=k(\vec{a}\cdot\vec{b})$（$k$ は実数）
- **内積の成分表示**…$\vec{a}=(a_1,\ a_2)$，$\vec{b}=(b_1,\ b_2)$ のとき　$\vec{a}\cdot\vec{b}=a_1b_1+a_2b_2$
- **内積の応用**…$\vec{a}$, $\vec{b}$ が零ベクトルでないとき
  ① $\vec{a}$, $\vec{b}$ のなす角 θ：$\cos\theta=\dfrac{\vec{a}\cdot\vec{b}}{|\vec{a}||\vec{b}|}$
  ② 垂直条件：$\vec{a}\perp\vec{b}\iff\vec{a}\cdot\vec{b}=0$
  ③ 平行条件：$\vec{a}\parallel\vec{b}\iff\vec{a}\cdot\vec{b}=\pm|\vec{a}||\vec{b}|$

基本問題 解答 ➡ 別冊 p. 4

できたらチェック。

24 次のベクトル $\vec{a}$, $\vec{b}$ に対して，内積 $\vec{a}\cdot\vec{b}$ の値を求めよ。

□ (1) $|\vec{a}|=2$, $|\vec{b}|=3$ で，$\vec{a}$, $\vec{b}$ のなす角が $60°$ のとき

□ (2) $\vec{a}$, $\vec{b}$ の大きさがそれぞれ 4, 6 で，これらのなす角が $90°$ のとき

□ (3) $\vec{a}=(3,\ 4)$, $|\vec{b}|=3$ で，$\vec{a}$, $\vec{b}$ のなす角が $30°$ のとき

□ **25** $\vec{a}\cdot\vec{a}=0$ ならば，$\vec{a}=\vec{0}$ であることを証明せよ。

26 1辺の長さが3の正三角形ABCについて，ABの中点をMとするとき，次の内積を求めよ。 テスト必出

□ (1) $\overrightarrow{AB}\cdot\overrightarrow{AC}$　□ (2) $\overrightarrow{AB}\cdot\overrightarrow{BC}$　□ (3) $\overrightarrow{AB}\cdot\overrightarrow{CM}$

□ (4) $\overrightarrow{AB}\cdot\overrightarrow{AM}$　□ (5) $\overrightarrow{AM}\cdot\overrightarrow{AC}$

例題研究》 $\angle A=60°$, $\angle B=30°$, $AB=5$ である $\triangle ABC$ で, $\overrightarrow{AB}=\vec{a}$, $\overrightarrow{AC}=\vec{b}$, $\overrightarrow{BC}=\vec{c}$ とするとき, $\vec{a}\cdot\vec{b}$, $\vec{b}\cdot\vec{c}$, $\vec{a}\cdot\vec{c}$ を求めよ。

着眼 2つのベクトルのなす角をまちがえないようにすること。$\vec{a}$ と $\vec{c}$ のなす角は150° であるが, これを30° とする人が多い。

解き方 $|\vec{a}|=AB=5$, $|\vec{b}|=AC=AB\cos 60°=\dfrac{5}{2}$

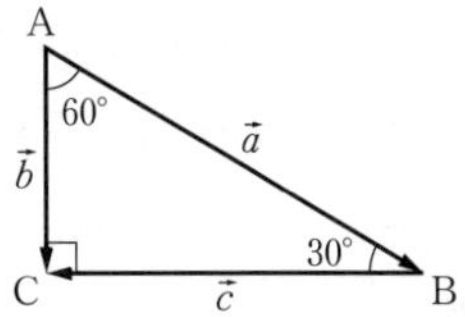

$|\vec{c}|=BC=AB\sin 60°=\dfrac{5\sqrt{3}}{2}$

内積の定義より

$$\left.\begin{aligned}\vec{a}\cdot\vec{b}&=|\vec{a}||\vec{b}|\cos 60°=5\times\frac{5}{2}\times\frac{1}{2}=\mathbf{\frac{25}{4}}\\ \vec{b}\cdot\vec{c}&=|\vec{b}||\vec{c}|\cos 90°=\frac{5}{2}\times\frac{5\sqrt{3}}{2}\times 0=\mathbf{0}\\ \vec{a}\cdot\vec{c}&=|\vec{a}||\vec{c}|\cos 150°=5\times\frac{5\sqrt{3}}{2}\times\left(-\frac{\sqrt{3}}{2}\right)=-\mathbf{\frac{75}{4}}\end{aligned}\right\}\cdots\cdots\text{答}$$

27 1辺の長さが1の正六角形ABCDEFがある。次の内積を求めよ。

□ (1) $\overrightarrow{AB}\cdot\overrightarrow{EF}$　□ (2) $\overrightarrow{AB}\cdot\overrightarrow{FA}$　□ (3) $\overrightarrow{AB}\cdot\overrightarrow{DF}$

□ **28** $|\vec{a}\cdot\vec{b}|\leqq|\vec{a}||\vec{b}|$ を証明せよ。

29 次の等式を証明せよ。ただし, k, l は実数とする。

□ (1) $(\vec{a}+\vec{b})\cdot(\vec{a}+\vec{b})=|\vec{a}|^2+2\vec{a}\cdot\vec{b}+|\vec{b}|^2$

□ (2) $(\vec{a}+\vec{b})\cdot(\vec{a}-\vec{b})=|\vec{a}|^2-|\vec{b}|^2$

□ (3) $(k\vec{a}+l\vec{b})\cdot(k\vec{a}+l\vec{b})=k^2|\vec{a}|^2+2kl(\vec{a}\cdot\vec{b})+l^2|\vec{b}|^2$

□ (4) $|\vec{a}+\vec{b}|^2+|\vec{a}-\vec{b}|^2=2(|\vec{a}|^2+|\vec{b}|^2)$

例題研究》 上底 $AD=2$, 下底 $BC=3$, $AB=1$, $\angle B=60°$ の台形ABCDがある。

(1) $\overrightarrow{BC}$ の向きの単位ベクトルを $\vec{u}$, $\overrightarrow{BA}$ の向きの単位ベクトルを $\vec{v}$ とするとき, $\overrightarrow{BD}$ の向きの単位ベクトル $\vec{w}$ を $\vec{u}$, $\vec{v}$ で表せ。

(2) 内積 $\overrightarrow{BD}\cdot\overrightarrow{CD}$ を求めよ。

着眼 (1) $\vec{w}=\dfrac{\overrightarrow{BD}}{|\overrightarrow{BD}|}$ である。$|\overrightarrow{BD}|^2$ より $|\overrightarrow{BD}|$ を求める。

解き方 (1) $\angle B=60^\circ$，$|\vec{u}|=|\vec{v}|=1$ だから $\vec{u}\cdot\vec{v}=|\vec{u}||\vec{v}|\cos 60^\circ=\frac{1}{2}$

$|\overrightarrow{BD}|^2=|\overrightarrow{BA}+\overrightarrow{AD}|^2=|2\vec{u}+\vec{v}|^2$

$=4|\vec{u}|^2+4\vec{u}\cdot\vec{v}+|\vec{v}|^2=4+2+1=7$

ゆえに $\vec{w}=\frac{\overrightarrow{BD}}{|\overrightarrow{BD}|}=\frac{\mathbf{2\vec{u}+\vec{v}}}{\sqrt{7}}$ ……答

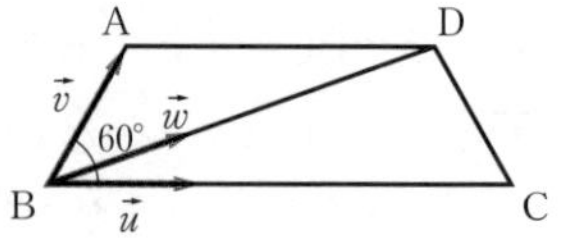

(2) $\overrightarrow{CD}=\overrightarrow{BD}-\overrightarrow{BC}=\vec{v}+2\vec{u}-3\vec{u}=\vec{v}-\vec{u}$

ゆえに $\overrightarrow{BD}\cdot\overrightarrow{CD}=(\vec{v}+2\vec{u})\cdot(\vec{v}-\vec{u})=|\vec{v}|^2+\vec{u}\cdot\vec{v}-2|\vec{u}|^2=-\frac{1}{2}$ ……答

□ **30** $|\vec{a}|=2$，$|\vec{b}|=3$，$|\vec{a}+\vec{b}|=4$ のとき，$\vec{a}\cdot\vec{b}$ および $|\vec{a}-\vec{b}|$ の値を求めよ。 テスト必出

□ **31** $|\vec{a}|=3$，$|\vec{b}|=1$，$\vec{a}\cdot\vec{b}=2$ のとき，$|\vec{a}+\vec{b}|$ を求めよ。 テスト必出

□ **32** $|\vec{a}|=2$，$|\vec{b}|=3$，$|\vec{a}-\vec{b}|=\sqrt{13}$ のとき，$\vec{a}$，$\vec{b}$ のなす角を求めよ。

33 次の2つのベクトル $\vec{a}$，$\vec{b}$ の内積を求めよ。

□ (1) $\vec{a}=(1,\ 2)$，$\vec{b}=(-2,\ 3)$

□ (2) 点 P，A，B の座標がそれぞれ $(1,\ 2)$，$(-3,\ 4)$，$(2,\ -4)$ で，$\vec{a}=\overrightarrow{PA}$，$\vec{b}=\overrightarrow{PB}$ とするとき

34 次の2つのベクトル $\vec{a}$，$\vec{b}$ のなす角を求めよ。 テスト必出

□ (1) $\vec{a}=(4,\ 2)$，$\vec{b}=(2,\ -4)$　□ (2) $\vec{a}=(1,\ \sqrt{3})$，$\vec{b}=(\sqrt{2},\ -\sqrt{6})$

□ (3) $\vec{a}=(1+\sqrt{3},\ 1-\sqrt{3})$，$\vec{b}=(1,\ 1)$

□ **35** 2つのベクトル $\vec{a}=(a,\ 1)$，$\vec{b}=(3,\ a+2)$ が平行，垂直になるように，それぞれ定数 a の値を定めよ。 テスト必出

□ **36** $\vec{a}=(3,\ -1)$ に垂直で，大きさが $\sqrt{5}$ のベクトル $\vec{b}$ を求めよ。 テスト必出

37 次の場合に，ベクトル $\vec{a}$，$\vec{b}$ のなす角 θ $(0^\circ\leqq\theta\leqq180^\circ)$ を求めよ。ただし，(2)，(3)では，$\vec{a}\neq\vec{0}$，$\vec{b}\neq\vec{0}$ である。

□ (1) $|\vec{a}|=2$，$|\vec{b}|=5$，$\vec{a}\cdot\vec{b}=10$　□ (2) $\vec{a}\cdot\vec{b}=-|\vec{a}||\vec{b}|$

□ (3) $|\vec{a}|^2=(2\vec{a})\cdot\left(\frac{1}{\sqrt{3}}\vec{b}\right)=|\vec{b}|^2$　□ (4) $|\vec{a}|=2$，$|\vec{b}|=1$，$|\vec{b}-\vec{a}|=\sqrt{3}$

4 位置ベクトル

✪ テストに出る重要ポイント

- **位置ベクトル**…定点Oを定め，それを始点とし，Pを終点とするベクトル $\overrightarrow{\mathrm{OP}}$ を，点Oに関する点Pの**位置ベクトル**といい，$\mathbf{P}(\vec{p})$ と表す。
  一般に，2点 $\mathrm{A}(\vec{a})$，$\mathrm{B}(\vec{b})$ に対して　$\overrightarrow{\mathbf{AB}}=\overrightarrow{\mathrm{OB}}-\overrightarrow{\mathrm{OA}}=\vec{b}-\vec{a}$
- **分点の位置ベクトル**…2点 $\mathrm{A}(\vec{a})$，$\mathrm{B}(\vec{b})$ に対して，
  線分ABを $m:n$ の比に分ける点Pの位置ベクトル $\vec{p}$ は　$\vec{p}=\dfrac{n\vec{a}+m\vec{b}}{m+n}$
  とくに，Pが線分ABの中点のとき　$\vec{p}=\dfrac{\vec{a}+\vec{b}}{2}$
- **ベクトルの平行**
  ① $\vec{a}\neq\vec{0}$，$\vec{b}\neq\vec{0}$ のとき　$\vec{a}\parallel\vec{b}\iff\vec{a}=k\vec{b}$（$k$ は実数）
  ② **3点A，B，Cが一直線上にある** $\iff\overrightarrow{\mathbf{AB}}=t\overrightarrow{\mathbf{AC}}$
  （A，B，Cは異なる点，t は実数）

できたらチェック。 基本問題

解答 ➡ 別冊 p. 6

□ **38** 点A，Bの位置ベクトルがそれぞれ $\vec{a}$，$\vec{b}$ のとき，$\overrightarrow{\mathrm{AB}}$ を $\vec{a}$，$\vec{b}$ を用いて表せ。また，線分ABの中点Mの位置ベクトル $\vec{m}$ を求めよ。

□ **39** 点A，Bの位置ベクトルがそれぞれ $\vec{a}$，$\vec{b}$ のとき，線分ABを $m:n$ の比に分ける点の位置ベクトル $\vec{p}$ は，

$$\vec{p}=\frac{n\vec{a}+m\vec{b}}{m+n}$$

であることを証明せよ。

40 点A，Bの位置ベクトルをそれぞれ $\vec{a}$，$\vec{b}$ とするとき，線分ABを次のような比に内分する点，外分する点の位置ベクトルをそれぞれ求めよ。

テスト必出

□ (1)　2：1　　□ (2)　3：5

41 平面上に△ABCと1点Oがある。線分OA，OB，OCの中点をそれぞれE，F，G，△ABCの辺BC，CA，ABの中点をそれぞれL，M，Nとし，$\overrightarrow{OA}=\vec{a}$，$\overrightarrow{OB}=\vec{b}$，$\overrightarrow{OC}=\vec{c}$とする。

□ (1) $\overrightarrow{EL}$，$\overrightarrow{FM}$，$\overrightarrow{GN}$をそれぞれ$\vec{a}$，$\vec{b}$，$\vec{c}$を用いて表せ。

□ (2) 線分EL，FM，GNは1点で交わることを証明せよ。

□ **42** △ABCにおいて，辺BCを3：2に内分する点をD，線分ADを5：6に内分する点をPとする。$\overrightarrow{PA}=a\overrightarrow{PB}+b\overrightarrow{PC}$が成り立つとき，$a$，$b$を求めよ。

例題研究》 △ABCの辺AB，ACの中点をそれぞれD，Eとするとき，$\overrightarrow{DE}/\!/\overrightarrow{BC}$であることを示せ。

着眼 $\overrightarrow{DE}/\!/\overrightarrow{BC}$であることを示すには，ベクトルの平行条件より，$\overrightarrow{DE}=k\overrightarrow{BC}$（$k$は実数）となることを示せばよい。

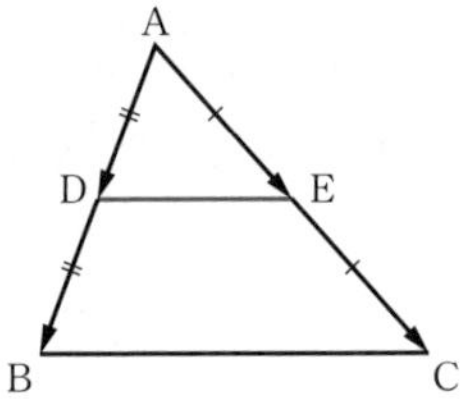

解き方 $\overrightarrow{BC}=\overrightarrow{AC}-\overrightarrow{AB}$，$\overrightarrow{AD}=\frac{1}{2}\overrightarrow{AB}$，$\overrightarrow{AE}=\frac{1}{2}\overrightarrow{AC}$

$\overrightarrow{DE}=\overrightarrow{AE}-\overrightarrow{AD}=\frac{1}{2}(\overrightarrow{AC}-\overrightarrow{AB})=\frac{1}{2}\overrightarrow{BC}$

ゆえに　$\overrightarrow{DE}/\!/\overrightarrow{BC}$　　〔証明終〕

□ **43** 平行四辺形の頂点を順にA，B，C，Dとし，Pを任意の点とする。このとき，$\overrightarrow{PA}+\overrightarrow{PC}=\overrightarrow{PB}+\overrightarrow{PD}$であることを証明せよ。

□ **44** 点Oを始点とする3つのベクトル$\vec{a}$，$2\vec{b}$，$3\vec{a}-4\vec{b}$の終点は，一直線上にあることを示せ。

□ **45** 四角形ABCDにおいて，辺AD，BC上に，それぞれ点P，Qを，$\frac{AP}{AD}=\frac{BQ}{BC}$となるようにとる。このとき，線分AB，PQ，CDの中点M，R，Nは一直線上にあることを，ベクトルを用いて証明せよ。

□ **46** 平行四辺形ABCDの辺AB上に点P，対角線BD上に点Qを，それぞれ3PB＝AB，4BQ＝BDとなるようにとる。このとき，3点P，Q，Cは一直線上にあることを証明せよ。〈テスト必出

47 平行四辺形 ABCD の対角線 AC の延長上に，点 E を CE＝2AC となるようにとる。また，辺 AB および線分 DE の中点をそれぞれ P，Q とする。このとき，次の問いに答えよ。**⟨テスト必出⟩**

☐ (1) $\overrightarrow{AQ}$ を $\overrightarrow{AB}$，$\overrightarrow{AD}$ で表せ。

☐ (2) 3 点 P，C，Q は一直線上にあることを証明せよ。

☐ **48** △ABC の辺 BC の中点を M とし，線分 AM の中点を N とする。辺 AC 上に点 P を CP＝2AP となるようにとるとき，3 点 B，N，P は一直線上にあることを証明せよ。

応用問題 ・・・・・・・・・・・・・・・・・・・・・・・・・・・・・・・・・・・・・・・解答 ➡ 別冊 *p. 8*

⟨例題研究⟩ 　一直線上にない 3 点 O，A，B がある。

(1) 線分 AB を 1：2 に内分する点を M とするとき，$\overrightarrow{OM}$ を $\overrightarrow{OA}$，$\overrightarrow{OB}$ で表せ。

(2) 線分 OA を 2：3 に内分する点を N とし，直線 BN と直線 OM の交点を P とするとき，BP：PN，OP：PM を求めよ。また，$\overrightarrow{OP}$ を $\overrightarrow{OA}$，$\overrightarrow{OB}$ で表せ。

⟨着眼⟩ (2)は，BP：PN＝s：$(1-s)$，OP：PM＝t：$(1-t)$ とおいて，$\overrightarrow{OP}$ を $\overrightarrow{OA}$，$\overrightarrow{OB}$ を用いて 2 通りに表して係数を比較し，s，t の値を求めればよい。

⟨解き方⟩ (1) $\overrightarrow{OM}=\dfrac{2\overrightarrow{OA}+\overrightarrow{OB}}{3}$　　**⟨答⟩** $\overrightarrow{OM}=\dfrac{2}{3}\overrightarrow{OA}+\dfrac{1}{3}\overrightarrow{OB}$

(2) BP：PN＝s：$(1-s)$，OP：PM＝t：$(1-t)$ とおき，$\overrightarrow{OP}$ を 2 通りに表すと

$$\overrightarrow{OP}=s\overrightarrow{ON}+(1-s)\overrightarrow{OB}=\frac{2}{5}s\overrightarrow{OA}+(1-s)\overrightarrow{OB}$$

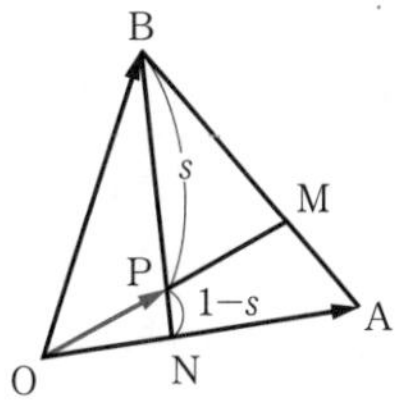

また，(1)より　$\overrightarrow{OP}=t\overrightarrow{OM}=\dfrac{2}{3}t\overrightarrow{OA}+\dfrac{t}{3}\overrightarrow{OB}$

$\overrightarrow{OA}\neq\vec{0}$，$\overrightarrow{OB}\neq\vec{0}$，$\overrightarrow{OA}$ と $\overrightarrow{OB}$ は平行ではないので

$$\frac{2}{5}s=\frac{2}{3}t,\ 1-s=\frac{t}{3}$$

この 2 式より s，t を求めると　$s=\dfrac{5}{6}$，$t=\dfrac{1}{2}$

⟨答⟩ **BP：PN＝5：1，OP：PM＝1：1，$\overrightarrow{OP}=\dfrac{1}{3}\overrightarrow{OA}+\dfrac{1}{6}\overrightarrow{OB}$**

例題研究》　O を原点とする座標平面上に，2 点 A(2, 3)，B(3, 1) がある。線分 OB を 3 : 1 に内分する点を D，線分 OA を 3 : 2 に内分する点を E とする。また，直線 AD と直線 BE の交点を S，直線 OS と直線 AB の交点を C とする。このとき，次のものを求めよ。

(1)　点 S の座標　　　　(2)　点 C が線分 AB を分ける比 AC : CB

着眼　(1)　点 P の座標が $(x,\ y) \Longleftrightarrow \overrightarrow{\mathrm{OP}}$ の成分が $(x,\ y)$　であることに注意して，$\overrightarrow{\mathrm{OS}}$ を $\overrightarrow{\mathrm{OA}}$，$\overrightarrow{\mathrm{OB}}$ で表す。あとは成分の計算をすればよい。

(2)　$\overrightarrow{\mathrm{OC}}=m\overrightarrow{\mathrm{OS}}$ とおき，$\overrightarrow{\mathrm{OC}}$ を $\overrightarrow{\mathrm{OA}}$，$\overrightarrow{\mathrm{OB}}$ で表す。点 C は直線 AB 上にあるから，**$\overrightarrow{\mathrm{OA}}$，$\overrightarrow{\mathrm{OB}}$ の係数の和は 1** である。

解き方　(1)　$\vec{a}=\overrightarrow{\mathrm{OA}}=(2,\ 3)$，$\vec{b}=\overrightarrow{\mathrm{OB}}=(3,\ 1)$ とおく。

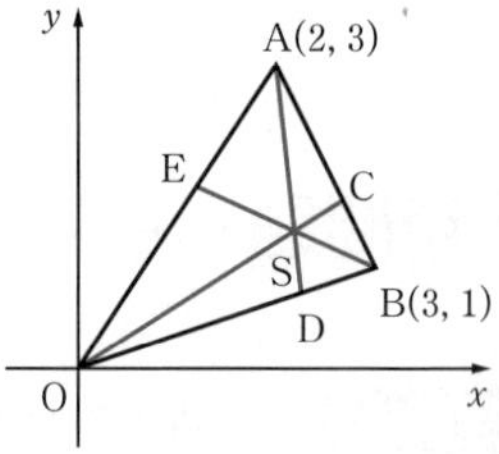

$\overrightarrow{\mathrm{OD}}=\frac{3}{4}\overrightarrow{\mathrm{OB}}=\frac{3}{4}\vec{b}$，$\overrightarrow{\mathrm{OE}}=\frac{3}{5}\overrightarrow{\mathrm{OA}}=\frac{3}{5}\vec{a}$

S は AD，BE の交点であるから

$\overrightarrow{\mathrm{OS}}=(1-k)\overrightarrow{\mathrm{OA}}+k\overrightarrow{\mathrm{OD}}=(1-k)\vec{a}+\frac{3}{4}k\vec{b}$

$\overrightarrow{\mathrm{OS}}=(1-l)\overrightarrow{\mathrm{OB}}+l\overrightarrow{\mathrm{OE}}=\frac{3}{5}l\vec{a}+(1-l)\vec{b}$

→ $\overrightarrow{\mathrm{OS}}$ を 2 通りに表すことがポイント

$\vec{a}\neq\vec{0}$，$\vec{b}\neq\vec{0}$，$\vec{a}$ と $\vec{b}$ は平行でないから，上の 2 つの式の係数を比較して

$1-k=\frac{3}{5}l$，$\frac{3}{4}k=1-l$　　ゆえに　$k=\frac{8}{11}$，$l=\frac{5}{11}$

よって，$\overrightarrow{\mathrm{OS}}=\frac{3}{11}\vec{a}+\frac{6}{11}\vec{b}=\frac{3}{11}(2,\ 3)+\frac{6}{11}(3,\ 1)=\left(\frac{24}{11},\ \frac{15}{11}\right)$ より　**$\mathrm{S}\left(\frac{24}{11},\ \frac{15}{11}\right)$**　…答

(2)　$\overrightarrow{\mathrm{OC}}=m\overrightarrow{\mathrm{OS}}$ とおくと　$\overrightarrow{\mathrm{OC}}=\frac{3}{11}m\vec{a}+\frac{6}{11}m\vec{b}$

点 C は直線 AB 上にあるから　$\frac{3}{11}m+\frac{6}{11}m=1$　ゆえに　$m=\frac{11}{9}$

これより　$\overrightarrow{\mathrm{OC}}=\frac{1}{3}\vec{a}+\frac{2}{3}\vec{b}$　　よって　AC : CB=**2 : 1**　…答

□ **49**　2 点 A(2, 8)，B(6, 2) と原点 O を頂点とする △OAB がある。この三角形において，辺 OA の中点を M，辺 OB を 2 : 1 に内分する点を N とし，線分 AN，BM の交点を P，OP の延長が辺 AB と交わる点を Q とする。このとき，点 P，Q の座標と，AQ : QB を求めよ。

□ **50**　△ABC を含む平面上に点 P があって，$\overrightarrow{\mathrm{PA}}+\overrightarrow{\mathrm{PB}}+\overrightarrow{\mathrm{PC}}=\overrightarrow{\mathrm{AC}}$ が成り立っている。このとき，P は △ABC とどんな位置関係にあるか。また，△ACP と △BCP の面積の比を求めよ。《差がつく

5 内積と図形

テストに出る重要ポイント

- **内積と図形への応用**

① 線分の長さ：$\mathbf{AB}^2=|\overrightarrow{\mathbf{AB}}|^2=\overrightarrow{\mathbf{AB}}\cdot\overrightarrow{\mathbf{AB}}$

② 平行条件：$\mathbf{AB}\parallel\mathbf{CD} \Longleftrightarrow \overrightarrow{\mathbf{AB}}=k\overrightarrow{\mathbf{CD}}$

③ 垂直条件：$\mathbf{AB}\perp\mathbf{CD} \Longleftrightarrow \overrightarrow{\mathbf{AB}}\cdot\overrightarrow{\mathbf{CD}}=0$

④ 2線分 AB，CD のなす角 θ：$\cos\theta=\dfrac{\overrightarrow{\mathbf{AB}}\cdot\overrightarrow{\mathbf{CD}}}{|\overrightarrow{\mathbf{AB}}||\overrightarrow{\mathbf{CD}}|}$

⑤ △ABC の面積：$\triangle\mathbf{ABC}=\dfrac{1}{2}|\overrightarrow{\mathbf{AB}}||\overrightarrow{\mathbf{AC}}|\sin A$

$$=\frac{1}{2}\sqrt{|\overrightarrow{\mathbf{AB}}|^2|\overrightarrow{\mathbf{AC}}|^2-(\overrightarrow{\mathbf{AB}}\cdot\overrightarrow{\mathbf{AC}})^2}$$

基本問題

解答 ➡ 別冊 p. 9

例題研究》 △OAB において，面積を S，$\overrightarrow{\mathrm{OA}}=\vec{a}$，$\overrightarrow{\mathrm{OB}}=\vec{b}$ とする。

(1) $S=\dfrac{1}{2}\sqrt{|\vec{a}|^2|\vec{b}|^2-(\vec{a}\cdot\vec{b})^2}$ となることを証明せよ。

(2) さらに，$\vec{a}=(a_1,\ a_2)$，$\vec{b}=(b_1,\ b_2)$ とするとき，

$S=\dfrac{1}{2}|a_1b_2-a_2b_1|$ となることを証明せよ。

着眼 $\angle\mathrm{AOB}=\theta$ とすると，$S=\dfrac{1}{2}\mathrm{OA}\cdot\mathrm{OB}\sin\theta$ より　$S=\dfrac{1}{2}|\vec{a}||\vec{b}|\sin\theta$

ここで，$\vec{a}\cdot\vec{b}=|\vec{a}||\vec{b}|\cos\theta$ を用いるために，$\sin^2\theta+\cos^2\theta=1$ を利用する。

解き方 (1) $\angle\mathrm{AOB}=\theta\ (0°<\theta<180°)$ とすると

$$S=\frac{1}{2}|\vec{a}||\vec{b}|\sin\theta=\frac{1}{2}\sqrt{|\vec{a}|^2|\vec{b}|^2\sin^2\theta}=\frac{1}{2}\sqrt{|\vec{a}|^2|\vec{b}|^2(1-\cos^2\theta)}$$

$$=\frac{1}{2}\sqrt{|\vec{a}|^2|\vec{b}|^2-(|\vec{a}||\vec{b}|\cos\theta)^2}=\frac{1}{2}\sqrt{|\vec{a}|^2|\vec{b}|^2-(\vec{a}\cdot\vec{b})^2}$$　〔証明終〕

(2) $\vec{a}=(a_1,\ a_2)$，$\vec{b}=(b_1,\ b_2)$ のとき

$|\vec{a}|^2=a_1{}^2+a_2{}^2$，$|\vec{b}|^2=b_1{}^2+b_2{}^2$，$\vec{a}\cdot\vec{b}=a_1b_1+a_2b_2$

ゆえに　$|\vec{a}|^2|\vec{b}|^2-(\vec{a}\cdot\vec{b})^2=(a_1{}^2+a_2{}^2)(b_1{}^2+b_2{}^2)-(a_1b_1+a_2b_2)^2$
$=a_1{}^2b_2{}^2-2a_1a_2b_1b_2+a_2{}^2b_1{}^2$
$=(a_1b_2-a_2b_1)^2$

よって　$S=\dfrac{1}{2}|a_1b_2-a_2b_1|$　〔証明終〕

できたらチェック。

□ **51** 原点が O である座標平面上において，2 点 A(3, 1), B(1, 3) が与えられたとき，△OAB の面積を求めよ。 テスト必出

□ **52** △ABC の辺 BC の中点を M とする。$\overrightarrow{AB}=\vec{a}$, $\overrightarrow{AC}=\vec{b}$ として，$AB^2+AC^2=2(AM^2+BM^2)$ であることを証明せよ。

□ **53** $\vec{a}$, $\vec{b}$ は垂直で，かつ大きさが等しい 2 つのベクトルとする。このとき，$2\vec{a}+3\vec{b}$ と $3\vec{a}-2\vec{b}$ は垂直で，かつ大きさが等しいことを証明せよ。

□ **54** △ABC において，BC$=a$, CA$=b$, AB$=c$ とする。この三角形の重心を G とするとき，内積 $\overrightarrow{AB}\cdot\overrightarrow{AG}$ を a, b, c で表せ。

□ **55** 平面上の異なる 4 点 O, A, B, C について，OA⊥BC, OB⊥CA ならば，OC⊥AB となることを証明せよ。

応用問題

解答 ➡ 別冊 p. 10

例題研究》 平面上の四角形 ABCD が，$\overrightarrow{AB}\cdot\overrightarrow{BC}=\overrightarrow{AB}\cdot\overrightarrow{DA}$, $\overrightarrow{BC}\cdot\overrightarrow{CD}=\overrightarrow{CD}\cdot\overrightarrow{DA}$ を満たしている。

(1) 辺 AB, CD の中点をそれぞれ M, N とするとき，$\overrightarrow{AB}\cdot\overrightarrow{MN}$ を求めよ。

(2) 四角形 ABCD はどんな形の四角形か。

着眼 図形の処理は位置ベクトルを用いることがポイントである。次に，与えられた条件から式を変形してみよう。

解き方 $\overrightarrow{OA}=\vec{a}$, $\overrightarrow{OB}=\vec{b}$, $\overrightarrow{OC}=\vec{c}$, $\overrightarrow{OD}=\vec{d}$, $\overrightarrow{OM}=\vec{m}$, $\overrightarrow{ON}=\vec{n}$ とする。

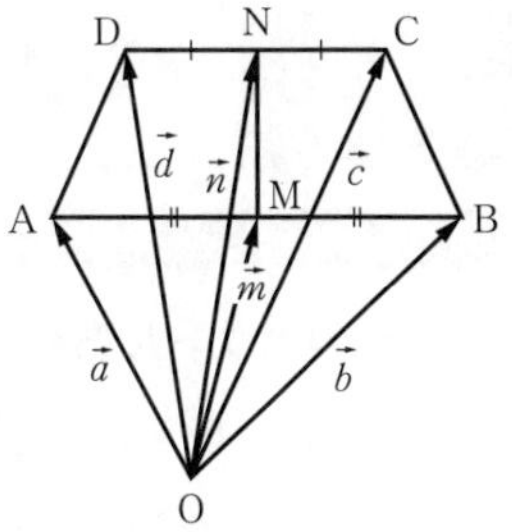

(1) $\overrightarrow{AB}\cdot\overrightarrow{BC}=\overrightarrow{AB}\cdot\overrightarrow{DA}$ から

$\overrightarrow{AB}\cdot(\overrightarrow{BC}-\overrightarrow{DA})=0$

ここで $\overrightarrow{BC}-\overrightarrow{DA}=(\vec{c}-\vec{b})-(\vec{a}-\vec{d})$

$=\vec{c}+\vec{d}-(\vec{a}+\vec{b})=2\vec{n}-2\vec{m}$

$=2\overrightarrow{MN}$

ゆえに $\overrightarrow{AB}\cdot2\overrightarrow{MN}=0$

すなわち $\overrightarrow{AB}\cdot\overrightarrow{MN}=\mathbf{0}$ ……答

(2) $\overrightarrow{BC}\cdot\overrightarrow{CD}=\overrightarrow{CD}\cdot\overrightarrow{DA}$ から，(1)と同様にして

$\overrightarrow{CD}\cdot\overrightarrow{MN}=0$

よって AB⊥MN，CD⊥MN　　ゆえに AB∥CD

また，M，N が AB，CD の中点であることから，四角形 ABCD は MN に関して対称で

AD＝BC

したがって，**AD＝BC の等脚台形**になる。 ……答

□ **56** △ABC において，$\overrightarrow{AB}\cdot\overrightarrow{BC}=\overrightarrow{BC}\cdot\overrightarrow{CA}=\overrightarrow{CA}\cdot\overrightarrow{AB}$ が成り立っているとき，△ABC はどんな形の三角形か。 差がつく

ガイド 与式より $|\overrightarrow{AB}|^2$，$|\overrightarrow{AC}|^2$ を求め，$|\overrightarrow{BC}|^2=|\overrightarrow{AC}-\overrightarrow{AB}|^2$ を用いて $|\overrightarrow{BC}|^2$ を求める。そして，$|\overrightarrow{AB}|$，$|\overrightarrow{AC}|$，$|\overrightarrow{BC}|$ の関係を調べてみよう。

□ **57** △ABC の頂点 A，B，C の位置ベクトル $\vec{a}$，$\vec{b}$，$\vec{c}$ が，$\vec{a}+\vec{b}+\vec{c}=\vec{0}$，$|\vec{a}|=|\vec{b}|=|\vec{c}|$ を満たすとき，△ABC はどんな形の三角形か。

□ **58** ベクトル $\overrightarrow{OA}=\vec{a}$，$\overrightarrow{OB}=\vec{b}$，$\overrightarrow{OC}=\vec{c}$ が，等式 $|\vec{b}|^2-|\vec{c}|^2=2\vec{a}\cdot(\vec{b}-\vec{c})$ を満たすとき，△ABC はどんな形の三角形か。 差がつく

ガイド △ABC の辺 AB，BC，CA の関係を調べてみる。条件式を変形して，$|\vec{b}|^2-2\vec{a}\cdot\vec{b}=|\vec{c}|^2-2\vec{a}\cdot\vec{c}$ の両辺に $|\vec{a}|^2$ を加えてみるとどうだろうか。

6　ベクトル方程式

テストに出る重要ポイント

- **直線のベクトル方程式**…O を原点，P を直線上の任意の点とし，$\overrightarrow{OA}=\vec{a}$，$\overrightarrow{OB}=\vec{b}$，$\overrightarrow{OP}=\vec{p}$ とすると
  ① 定点 A を通り，$\vec{b}$ に平行な直線
  $\vec{p}=\vec{a}+t\vec{b}$ （t は実数の変数：**媒介変数**という）
  ② 2 点 A，B を通る直線
  $\vec{p}=\vec{a}+t(\vec{b}-\vec{a})$ または $\vec{p}=(1-t)\vec{a}+t\vec{b}$ （t は実数の変数）
  ③ 定点 A を通り，$\vec{b}$ に垂直な直線
  $(\vec{p}-\vec{a})\cdot\vec{b}=0$
- **円のベクトル方程式**…O を原点，P を円上の任意の点とし，$\overrightarrow{OA}=\vec{a}$，$\overrightarrow{OB}=\vec{b}$，$\overrightarrow{OP}=\vec{p}$ とすると
  ① 点 A を中心とする半径 r の円
  $|\vec{p}-\vec{a}|=r$ または $(\vec{p}-\vec{a})\cdot(\vec{p}-\vec{a})=r^2$
  ② 2 点 A，B を直径の両端とする円
  $(\vec{p}-\vec{a})\cdot(\vec{p}-\vec{b})=0$

基本問題

解答 ➡ 別冊 p. 11

できたらチェック。

59 次の問いに答えよ。

□ (1) 2 点 A($\vec{a}$)，B($\vec{b}$) を通る直線に平行で，点 C($\vec{c}$) を通る直線のベクトル方程式を求めよ。

□ (2) 点 (1, 2) を通り，ベクトル $\vec{b}=(3,\ 4)$ に平行な直線の方程式を求めよ。

□ **60** $\overrightarrow{OA}=(1,\ 2)$，$\overrightarrow{OB}=(-1,\ 4)$ とするとき，2 点 A，B を通る直線の方程式を求めよ。〈テスト必出〉

□ **61** O を原点とし，$\overrightarrow{OA}=\vec{a}$，$\overrightarrow{OB}=\vec{b}$ とするとき，直線 $\vec{p}=t(\vec{a}+\vec{b})$ は何を表すか。また，$|\vec{a}|=|\vec{b}|$ のときは何を表すか。

例題研究》 平面上に3点O，A，Bがある。線分ABの垂直二等分線上の任意の点をPとして，3点A，B，PのOを始点とする位置ベクトルをそれぞれ$\vec{a}$，$\vec{b}$，$\vec{p}$とするとき，垂直二等分線のベクトル方程式は

$\vec{p}\cdot(\vec{a}-\vec{b})=\dfrac{1}{2}(|\vec{a}|^2-|\vec{b}|^2)$ となることを証明せよ。

着眼 線分ABの中点をDとして，$\overrightarrow{OD}$，$\overrightarrow{DP}$を$\vec{a}$，$\vec{b}$，$\vec{p}$で表す。DPはABの垂直二等分線であるから，DP⊥BAより，$\overrightarrow{DP}\cdot\overrightarrow{BA}=0$を用いればよい。

解き方 線分ABの中点をDとすれば

$\overrightarrow{OD}=\dfrac{\vec{a}+\vec{b}}{2}$　　ゆえに　$\overrightarrow{DP}=\vec{p}-\dfrac{\vec{a}+\vec{b}}{2}$

また　$\overrightarrow{BA}=\vec{a}-\vec{b}$

DP⊥BAより　$\overrightarrow{DP}\cdot\overrightarrow{BA}=0$

ゆえに　$\left(\vec{p}-\dfrac{\vec{a}+\vec{b}}{2}\right)\cdot(\vec{a}-\vec{b})=0$

よって　$\vec{p}\cdot(\vec{a}-\vec{b})=\dfrac{1}{2}(\vec{a}+\vec{b})\cdot(\vec{a}-\vec{b})=\dfrac{1}{2}(|\vec{a}|^2-|\vec{b}|^2)$　〔証明終〕

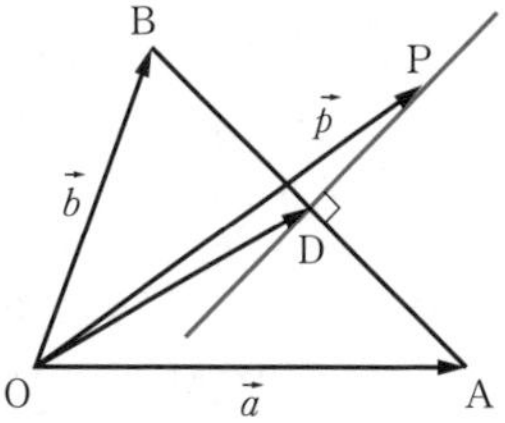

□ **62** $\vec{a}=(1,\ 2)$，$\vec{b}=(-1,\ 3)$，$\vec{c}=(3,\ 6)$，$\vec{d}=(2,\ -1)$とする。このとき，2直線$\vec{p}=\vec{a}+t\vec{b}$，$\vec{p}=\vec{c}+s\vec{d}$（t，sは実数）の交点Pの座標を求めよ。

□ **63** 平面上に2点A$(-a,\ 0)$，B$(a,\ 0)$ $(a>0)$がある。$\overrightarrow{AP}\cdot\overrightarrow{BP}=0$であるような点Pは，この平面上でどんな図形を表すか。

□ **64** 平面上で，$\vec{a}$を$\vec{0}$でない定まったベクトルとする。このとき，ベクトル方程式$\vec{p}\cdot\vec{p}+2\vec{a}\cdot\vec{p}-3\vec{a}\cdot\vec{a}=0$はどんな図形を表すか。

65 平面上で，$\vec{a}$，$\vec{b}$を，$\vec{a}\neq\vec{0}$，$\vec{a}\neq\vec{b}$であるような定まったベクトルとする。このとき，次のベクトル方程式はどんな図形を表すか。**テスト必出**

□ (1)　$|\vec{p}-\vec{a}|=|\vec{b}-\vec{a}|$　　□ (2)　$\vec{p}\cdot\vec{a}=\vec{a}\cdot\vec{b}$　　□ (3)　$\vec{p}\cdot\vec{p}=2\vec{p}\cdot\vec{a}$

□ **66** 円$x^2+y^2=r^2$上の点A$(x_1,\ y_1)$における接線の方程式は$x_1x+y_1y=r^2$である。これをベクトルを用いて証明せよ。

ガイド P$(x,\ y)$が点A$(x_1,\ y_1)$における接線上にある条件は$\overrightarrow{AP}\perp\overrightarrow{OA}$である。

応用問題

解答 → 別冊 p. 12

67 定点A，Bと動点Pの位置ベクトルを$\vec{a}$，$\vec{b}$，$\vec{p}$とする。差がつく

□ (1) 点Oを通り直線ABに垂直な直線lと，点Aを通り直線OBに垂直な直線mのベクトル方程式を求めよ。

□ (2) lとmの交点をHとするとき，直線BHは直線OAに垂直であることを示せ。

例題研究》 Oを定点とし，中心がC，半径がrの円周上の点をP，線分OPを3：1に内分する点をQとする。点Pがこの円周上を動くとき，Qはどんな図形をえがくか。

着眼 まず，与えられた条件を図示する。$\overrightarrow{OC}=\vec{c}$，$\overrightarrow{OP}=\vec{p}$，$\overrightarrow{OQ}=\vec{x}$とすると，点Pは，中心がC，半径が$r$の円周上の点であるから，$|\vec{p}-\vec{c}|=r$である。次に，$\vec{p}$，$\vec{x}$の関係を考える。

解き方 定点Oを始点にとり，$\overrightarrow{OC}=\vec{c}$，$\overrightarrow{OP}=\vec{p}$，$\overrightarrow{OQ}=\vec{x}$とすると，点Pは，中心がC，半径が$r$の円周上の点であるから

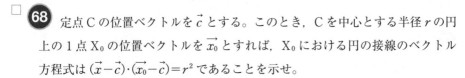

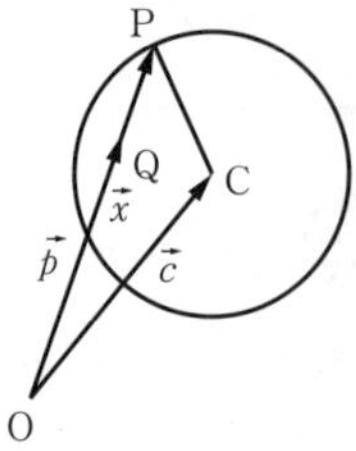

$|\vec{p}-\vec{c}|=r$ ……①

また，OQ：QP＝3：1より

$\mathrm{OP}=\dfrac{4}{3}\mathrm{OQ}$ ゆえに $\vec{p}=\dfrac{4}{3}\vec{x}$ ……②

②を①に代入して

$\left|\dfrac{4}{3}\vec{x}-\vec{c}\right|=r$ ゆえに $\left|\vec{x}-\dfrac{3}{4}\vec{c}\right|=\dfrac{3}{4}r$

よって，**点Qは，線分OCを3：1に内分する点を中心とする半径$\dfrac{3}{4}r$の円をえがく。**……答

□ **68** 定点Cの位置ベクトルを$\vec{c}$とする。このとき，Cを中心とする半径rの円上の1点X_0の位置ベクトルを$\overrightarrow{x_0}$とすれば，X_0における円の接線のベクトル方程式は$(\vec{x}-\vec{c})\cdot(\overrightarrow{x_0}-\vec{c})=r^2$であることを示せ。

ガイド 接線上の任意の点Xの位置ベクトルを$\vec{x}$とすれば，$\overrightarrow{X_0X}$，$\overrightarrow{CX_0}$はどう表せるか。また，$\overrightarrow{X_0X}$，$\overrightarrow{CX_0}$の関係は$\overrightarrow{X_0X}\perp\overrightarrow{CX_0}$

7 空間の座標

テストに出る重要ポイント

- **空間のベクトル**…空間における有向線分 $\overrightarrow{AB}$ の向きと大きさだけを考え，位置を無視したとき，これを**空間のベクトル**という。演算の法則なども平面上のときと同じで，そのまま成立する。
- **空間の位置ベクトル**…空間においても，原点 O を定めると，点 P の位置は位置ベクトル $\overrightarrow{OP}=\vec{p}$ で決まる。
  ① $\overrightarrow{AB}=\overrightarrow{OB}-\overrightarrow{OA}$
  ② $\overrightarrow{OA}=\vec{a}$，$\overrightarrow{OB}=\vec{b}$ のとき，線分 AB を $m:n$ に分ける点 P の位置ベクトル $\vec{p}$ は　$\vec{p}=\dfrac{n\vec{a}+m\vec{b}}{m+n}$　とくに，中点は　$\dfrac{\vec{a}+\vec{b}}{2}$
- **空間座標**…原点 O で互いに直交する 3 つの数直線を座標軸とし，点 A の位置を $(x,\ y,\ z)$ のように表す。これを点 A の**座標**という。
  x 軸と y 軸，y 軸と z 軸，z 軸と x 軸で定まる平面を，それぞれ **xy 平面**，**yz 平面**，**zx 平面**という。点 $(0,\ 0,\ c)$ を通り，xy 平面に平行な平面を，**平面 $z=c$** と表す。

基本問題

解答 → 別冊 p. 12

例題研究》 空間の任意の 4 点を A，B，C，D とするとき，次の等式が成り立つことを証明せよ。

(1) $\overrightarrow{AB}+\overrightarrow{BC}+\overrightarrow{CD}=\overrightarrow{AD}$　　　(2) $\overrightarrow{AB}-\overrightarrow{CB}=\overrightarrow{AD}-\overrightarrow{CD}$

着眼 下のことに注意して，(1)は左辺を変形して右辺を導き，(2)は左辺，右辺を変形する。
$\overrightarrow{A\square}+\overrightarrow{\square B}=\overrightarrow{AB}$，$\overrightarrow{AB}=-\overrightarrow{BA}$

解き方 (1) $\overrightarrow{AB}+\overrightarrow{BC}+\overrightarrow{CD}=(\overrightarrow{AB}+\overrightarrow{BC})+\overrightarrow{CD}=\overrightarrow{AC}+\overrightarrow{CD}=\overrightarrow{AD}$　〔証明終〕

(2) $\overrightarrow{AB}-\overrightarrow{CB}=\overrightarrow{AB}+\overrightarrow{BC}=\overrightarrow{AC}$ ……①
$\overrightarrow{AD}-\overrightarrow{CD}=\overrightarrow{AD}+\overrightarrow{DC}=\overrightarrow{AC}$ ……②
①，②より　$\overrightarrow{AB}-\overrightarrow{CB}=\overrightarrow{AD}-\overrightarrow{CD}$　〔証明終〕

できたらチェック。

69 平行六面体ABCD–EFGHにおいて，$\overrightarrow{AB}=\vec{b}$，$\overrightarrow{AD}=\vec{d}$，$\overrightarrow{AE}=\vec{e}$とするとき，

□ (1) $\overrightarrow{AC}$，$\overrightarrow{AF}$，$\overrightarrow{AH}$を$\vec{b}$，$\vec{d}$，$\vec{e}$で表せ。

□ (2) $\overrightarrow{AC}=\vec{p}$，$\overrightarrow{AF}=\vec{q}$，$\overrightarrow{AH}=\vec{r}$とするとき，$\vec{b}$，$\vec{d}$，$\vec{e}$を$\vec{p}$，$\vec{q}$，$\vec{r}$で表せ。

□ (3) $\overrightarrow{AG}$を$\vec{p}$，$\vec{q}$，$\vec{r}$で表せ。

□ **70** 四面体ABCDの辺AB，BC，CD，DAの中点をそれぞれK，L，M，Nとする。このとき，四角形KLMNは平行四辺形であることを示せ。

ガイド　四角形KLMNが平行四辺形となるには，1組の対辺が等しく，かつ平行であればよい。すなわち$\overrightarrow{KL}=\overrightarrow{NM}$がいえないか。

□ **71** 四面体OABCにおいて，辺AB，BC，CAの中点をそれぞれL，M，Nとする。$\overrightarrow{OA}=\vec{a}$，$\overrightarrow{OB}=\vec{b}$，$\overrightarrow{OC}=\vec{c}$として，△ABCの重心Gと△LMNの重心G′は一致することを証明せよ。

□ **72** 四面体OABCにおいて，△ABCの重心をGとする。また，△OAB，△OBC，△OCAの重心をそれぞれG_1，G_2，G_3とし，$\triangle G_1G_2G_3$の重心をG_4とするとき，3点O，G_4，Gは一直線上にあることを証明せよ。

ガイド　3点O，G_4，Gが一直線上にあることをいうには，$\overrightarrow{OG_4}=k\overrightarrow{OG}$（$k$は実数）となる実数$k$があることをいえばよい。

□ **73** 点(1，2，3)から各座標軸へ引いた垂線と各座標軸との交点の座標を求めよ。また，点(−1，−2，−3)から各座標平面へ引いた垂線と各座標平面との交点の座標を求めよ。

74 次の各点の座標を求めよ。〈テスト必出

□ (1) 原点に関して点(1，2，3)と対称な点

□ (2) x軸に関して点(1，2，3)と対称な点

□ (3) z軸に関して点(1，2，3)と対称な点

□ (4) xy平面に関して点(1，2，3)と対称な点

□ (5) 平面$x=1$に関して点(2，3，4)と対称な点

□ (6) 平面$y=2$に関して点(−2，3，−4)と対称な点

□ (7) 点(1，2，3)に関して点(−1，3，6)と対称な点

応用問題

解答 ➡ 別冊 p. 13

例題研究》 四面体 ABCD において，△BCD，△ACD，△ABD，△ABC の重心をそれぞれ G_1，G_2，G_3，G_4 とする。このとき，AG_1，BG_2，CG_3，DG_4 は 1 点で交わり，その点において AG_1，BG_2，CG_3，DG_4 はそれぞれ 3：1 に内分されることを証明せよ。

着眼 まず，各頂点，重心の位置ベクトルを決めて，重心の位置ベクトルを頂点の位置ベクトルで表す。AG_1 を 3：1 に内分する点 P を位置ベクトルで表し，他も同様に表せば一致することがわかる。

解き方 頂点 A，B，C，D の位置ベクトルを $\vec{a}$，$\vec{b}$，$\vec{c}$，$\vec{d}$，重心 G_1，G_2，G_3，G_4 の位置ベクトルを $\vec{g_1}$，$\vec{g_2}$，$\vec{g_3}$，$\vec{g_4}$ とすると

$\vec{g_1}=\frac{1}{3}(\vec{b}+\vec{c}+\vec{d})$，$\vec{g_2}=\frac{1}{3}(\vec{a}+\vec{c}+\vec{d})$，

$\vec{g_3}=\frac{1}{3}(\vec{a}+\vec{b}+\vec{d})$，$\vec{g_4}=\frac{1}{3}(\vec{a}+\vec{b}+\vec{c})$

AG_1 を 3：1 に内分する点を P とし，その位置ベクトルを $\vec{p}$ とすると

$\vec{p}=\frac{\vec{a}+3\vec{g_1}}{4}=\frac{1}{4}(\vec{a}+\vec{b}+\vec{c}+\vec{d})$

同様に，BG_2 を 3：1 に内分する点を Q とし，その位置ベクトルを $\vec{q}$ とすると

$\vec{q}=\frac{\vec{b}+3\vec{g_2}}{4}=\frac{1}{4}(\vec{a}+\vec{b}+\vec{c}+\vec{d})$ 　　ゆえに　$\vec{p}=\vec{q}$

すなわち，P と Q は一致する。同様にして，CG_3，DG_4 を 3：1 に内分する点も P と一致するから，AG_1，BG_2，CG_3，DG_4 は点 P で交わり，それぞれを 3：1 に内分する。

〔証明終〕

□ **75** 一直線上にない 3 点 A，B，C の点 O に関する位置ベクトルをそれぞれ $\vec{a}$，$\vec{b}$，$\vec{c}$ とする。このとき，A，B，C で決定される平面上の任意の点 P の位置ベクトルは，次の形で表されることを示せ。

$$\overrightarrow{OP}=k\vec{a}+l\vec{b}+m\vec{c},\ k+l+m=1$$

76 四面体 OABC において，点 P を辺 AB の中点，点 Q を線分 PC の中点，点 R を線分 OQ の中点とする。直線 AR が 3 点 O，B，C を通る平面と交わる点を S とし，直線 OS と直線 BC の交点を T とする。$\overrightarrow{OA}=\vec{a}$，$\overrightarrow{OB}=\vec{b}$，$\overrightarrow{OC}=\vec{c}$ とするとき，次の問いに答えよ。 〈差がつく〉

□ (1) $\overrightarrow{OS}$ を $\vec{a}$，$\vec{b}$，$\vec{c}$ で表せ。　　□ (2) BT：CT を求めよ。

8 空間のベクトルと成分

テストに出る重要ポイント

- **ベクトルの成分表示**…$\vec{a}=(a_1,\ a_2,\ a_3)$，$\vec{b}=(b_1,\ b_2,\ b_3)$ のとき
  - ① $\vec{a}=\vec{b} \Longleftrightarrow a_1=b_1,\ a_2=b_2,\ a_3=b_3$
  - ② $|\vec{a}|=\sqrt{a_1{}^2+a_2{}^2+a_3{}^2}$
  - ③ $\vec{a}+\vec{b}=(a_1+b_1,\ a_2+b_2,\ a_3+b_3)$，$\vec{a}-\vec{b}=(a_1-b_1,\ a_2-b_2,\ a_3-b_3)$
  - ④ $m\vec{a}=(ma_1,\ ma_2,\ ma_3)$（$m$ は実数）
- **点の座標とベクトル**…$\mathrm{A}(a_1,\ a_2,\ a_3)$，$\mathrm{B}(b_1,\ b_2,\ b_3)$ のとき
  - ① $\overrightarrow{\mathrm{AB}}=(b_1-a_1,\ b_2-a_2,\ b_3-a_3)$
  - ② $|\overrightarrow{\mathrm{AB}}|=\sqrt{(b_1-a_1)^2+(b_2-a_2)^2+(b_3-a_3)^2}$
  - ③ 線分 AB を $m:n$ に分ける点の座標は

    $\left(\dfrac{na_1+mb_1}{m+n},\ \dfrac{na_2+mb_2}{m+n},\ \dfrac{na_3+mb_3}{m+n}\right)$
- **空間のベクトルの内積**…空間のベクトルの内積についても，平面上のベクトルの内積と同様に考える。
  - ① $\vec{a}\cdot\vec{b}=|\vec{a}||\vec{b}|\cos\theta$ $(0°\leqq\theta\leqq180°)$
  - ② $\vec{a}=(a_1,\ a_2,\ a_3)$，$\vec{b}=(b_1,\ b_2,\ b_3)$ のとき　$\vec{a}\cdot\vec{b}=a_1b_1+a_2b_2+a_3b_3$

基本問題

解答 ⟹ 別冊 *p. 14*

できたらチェック。

77 $\vec{a}=(1,\ 2,\ 3)$，$\vec{b}=(-2,\ 1,\ 2)$ のとき，次のベクトルを成分で表せ。

□ (1) $3\vec{a}$　□ (2) $-2\vec{a}$　□ (3) $2\vec{b}$　□ (4) $-3\vec{b}$

□ (5) $\vec{a}+\vec{b}$　□ (6) $\vec{a}-\vec{b}$　□ (7) $2\vec{a}+3\vec{b}$　□ (8) $4\vec{b}-3\vec{a}$

78 $\vec{a}=(3,\ 2,\ 1)$，$\vec{b}=(-1,\ -2,\ 3)$ のとき，次の等式を満たすベクトル $\vec{x}$ の成分と大きさを求めよ。〈テスト必出〉

□ (1) $\vec{a}-3\vec{b}-\vec{x}=\vec{0}$　□ (2) $2(\vec{a}-\vec{x})=\vec{x}+2\vec{b}$

□ **79** $\vec{a}=(2,\ 4,\ 2)$, $\vec{b}=(1,\ 6,\ 3)$, $\vec{c}=(6,\ 8,\ 4)$ とする。このとき，$\vec{c}=m\vec{a}+n\vec{b}$ となる実数 m, n の値を求めよ。

例題研究》 $\vec{a}=(2,\ 2,\ 2)$, $\vec{b}=(6,\ -3,\ 0)$, $\vec{c}=(2,\ 6,\ -4)$ のとき，$\vec{d}=(-2,\ 14,\ 0)$ を $p\vec{a}+q\vec{b}+r\vec{c}$ (p, q, r は実数)の形で表せ。

着眼 $\vec{d}=p\vec{a}+q\vec{b}+r\vec{c}$ とおいて，x, y, z 成分を比較すればよい。
$(\boldsymbol{a}_1,\ \boldsymbol{a}_2,\ \boldsymbol{a}_3)=(\boldsymbol{b}_1,\ \boldsymbol{b}_2,\ \boldsymbol{b}_3) \iff \boldsymbol{a}_1=\boldsymbol{b}_1,\ \boldsymbol{a}_2=\boldsymbol{b}_2,\ \boldsymbol{a}_3=\boldsymbol{b}_3$

解き方 $p\vec{a}+q\vec{b}+r\vec{c}=(2p+6q+2r,\ 2p-3q+6r,\ 2p-4r)$ であるから，$\vec{d}=p\vec{a}+q\vec{b}+r\vec{c}$ とすると

$2p+6q+2r=-2$ ……①
$2p-3q+6r=14$ ……②
$2p-4r=0$ ……③

①，②，③より $p=2$, $q=-\dfrac{4}{3}$, $r=1$ よって $\boldsymbol{\vec{d}=2\vec{a}-\frac{4}{3}\vec{b}+\vec{c}}$ ……答

□ **80** $\vec{a}=(-3,\ 1,\ 2)$, $\vec{b}=(2,\ 0,\ 3)$, $\vec{c}=(-1,\ 4,\ -1)$ のとき，$\vec{d}=(9,\ 5,\ -5)$ を $p\vec{a}+q\vec{b}+r\vec{c}$ (p, q, r は実数)の形で表せ。

81 A(2, 1, 3), B(1, −1, 1), C(−1, 0, 4) のとき，次のベクトルを成分で表せ。

□ (1) $\overrightarrow{AB}$　□ (2) $\overrightarrow{BC}$　□ (3) $\overrightarrow{CB}+\overrightarrow{BA}$　□ (4) $\overrightarrow{AB}+\overrightarrow{CB}$

82 座標空間に3点 A(−2, 4, 2), B(4, 6, 0), C(16, 10, −4) がある。

□ (1) $\overrightarrow{AB}$, $\overrightarrow{AC}$ の成分と大きさをそれぞれ求めよ。
□ (2) 3点 A, B, C は一直線上にあることを示せ。

□ **83** 3点 A(1, y, 3), B(x, 3, 1), C(3, 4, −1) が一直線上にあるとき，x, y の値を求めよ。

84 次の各点の座標を求めよ。〈テスト必出

□ (1) x 軸上にあって，2点 A(4, 4, 5), B(7, 0, 2) から等距離にある点
□ (2) xy 平面上にあって，3点 A(0, 4, 3), B(1, 2, 2), C(−2, 4, −3) から等距離にある点

85 1辺の長さが2である立方体ABCD–EFGHにおいて，次の内積を求めよ。

□ (1) $\overrightarrow{AB}\cdot\overrightarrow{AH}$　□ (2) $\overrightarrow{AD}\cdot\overrightarrow{GF}$　□ (3) $\overrightarrow{AH}\cdot\overrightarrow{CF}$

□ (4) $\overrightarrow{AF}\cdot\overrightarrow{BG}$　□ (5) $\overrightarrow{AF}\cdot\overrightarrow{FC}$

86 次の2つのベクトル$\vec{a}$，$\vec{b}$の内積を求めよ。

□ (1) $\vec{a}=(1,\ 2,\ 3)$，$\vec{b}=(-2,\ 4,\ 0)$

□ (2) $\vec{a}=(-1,\ \sqrt{3}-1,\ \sqrt{2})$，$\vec{b}=(3,\ 1+\sqrt{3},\ -\sqrt{2})$

応用問題

解答 ⟹ 別冊 p. 15

例題研究》 空間に3点A(3, −1, 2)，B(1, 2, 3)，C(4, 2, 0)がある。△ABCは二等辺三角形であることを示せ。

着眼 二等辺三角形であることの証明だから，AB，AC，BCの長さのうちどれか2つが等しいことを示せばよい。

解き方 $|\overrightarrow{AB}|^2=(1-3)^2+(2+1)^2+(3-2)^2=14$

$|\overrightarrow{AC}|^2=(4-3)^2+(2+1)^2+(0-2)^2=14$

$|\overrightarrow{BC}|^2=(4-1)^2+(2-2)^2+(0-3)^2=18$

よって，△ABCはAB＝ACの二等辺三角形である。　〔証明終〕

87 原点をOとする座標空間において，正四面体OABCの頂点Cの対面OABがxy平面上にあるとき，次の問いに答えよ。ただし，Bのy座標は正とする。

□ (1) 頂点Aの座標が(2, 0, 0)のとき，頂点B，Cの座標を求めよ。

□ (2) (1)のとき，頂点Cから対面OABに引いた垂線と面OABとの交点をHとすると，Hは△OABの重心になることを示せ。

□ **88** △ABCの辺BC，CA，ABの中点をそれぞれL，M，Nとする。L(6, −3, −1)，M(1, 0, 4)，N(2, −1, 3)のとき，頂点A，B，Cの座標を求めよ。

□ **89** 2つのベクトル$(a,\ b,\ 3)$と$(-1,\ 2,\ 1)$の内積が1で，$|a+b|$が最小であるとき，整数a，bの値を求めよ。《差がつく

9 空間のベクトルの応用

✪ テストに出る重要ポイント

▶ 内積の応用

① $\vec{a}$, $\vec{b}$ のなす角 θ：$\cos\theta=\dfrac{\vec{a}\cdot\vec{b}}{|\vec{a}||\vec{b}|}$

② 垂直条件：$\vec{a}\perp\vec{b} \Longleftrightarrow \vec{a}\cdot\vec{b}=0$

▶ 平面の方程式…点 $(x_0,\ y_0,\ z_0)$ を通り，ベクトル $(a,\ b,\ c)$ に垂直な平面の方程式は　$\boldsymbol{a(x-x_0)+b(y-y_0)+c(z-z_0)=0}$

▶ 点と平面の距離…点 $(x_1,\ y_1,\ z_1)$ から平面 $ax+by+cz+d=0$ に下ろした垂線の長さ l は　$\boldsymbol{l=\dfrac{|ax_1+by_1+cz_1+d|}{\sqrt{a^2+b^2+c^2}}}$

▶ 球面の方程式…中心が $(a,\ b,\ c)$，半径が r の球面の方程式は

$\boldsymbol{(x-a)^2+(y-b)^2+(z-c)^2=r^2}$

基本問題

解答 ➡ 別冊 p. 15

できたらチェック。

90 次の 2 つのベクトル $\vec{a}$, $\vec{b}$ の内積とそのなす角を求めよ。

□ (1) $\vec{a}=(3,\ 2,\ -4)$, $\vec{b}=(2,\ 3,\ 3)$

□ (2) $\vec{a}=(1,\ -1,\ 1)$, $\vec{b}=(1,\ \sqrt{6},\ -1)$

□ **91** 2 つのベクトル $\vec{a}$, $\vec{b}$ のなす角を 45° とし，$|\vec{a}|=1$, $|\vec{b}|=1$ とする。このとき，$\sqrt{2}\vec{a}-\vec{b}$ と $\sqrt{2}\vec{b}-\vec{a}$ のなす角を求めよ。

92 次の 2 つのベクトル $\vec{a}$, $\vec{b}$ が互いに垂直になるような a, b の値を求めよ。

□ (1) $\vec{a}=(3,\ 2,\ 1)$, $\vec{b}=(a,\ 5,\ 2)$

□ (2) $\vec{a}=(3,\ 8,\ b)$, $\vec{b}=(5,\ -2,\ -1)$

□ **93** 2 つのベクトル $\vec{a}=(3,\ 2,\ 1)$, $\vec{b}=(1,\ -2,\ 1)$ に垂直で，大きさが 3 のベクトルを求めよ。 ＜テスト必出

94 次の平面の方程式を求めよ。

□ (1) 点 (1, −2, 3) を通り，ベクトル (1, 2, −1) に垂直な平面

□ (2) 点 (2, 3, −2) を通り，xy 平面に平行な平面

□ (3) 平面 $3x-4y+5z-1=0$ に平行で，点 (1, 2, 0) を通る平面

□ **95** 3点 (0, 3, 3), (0, 1, 5), (−4, 3, 1) を通る平面の方程式を求めよ。

96 次の点と平面の距離を求めよ。

□ (1) 点 (1, 2, −3), 平面 $2x-3y+6z-3=0$

□ (2) 点 (4, 3, 1), 平面 $x+2y+2z=3$

97 次の球面の方程式を求めよ。

□ (1) 中心が (1, 2, 3) で半径が1の球面

□ (2) 中心が (1, 2, 1) で原点を通る球面

□ (3) 2点 (2, 4, 3), (−2, 2, 5) を直径の両端とする球面

例題研究》 4点 O(0, 0, 0), A(1, 1, 0), B(1, 0, 1), C(0, 1, 1) を通る球面の方程式を求めよ。

着眼 求める球面の方程式を $x^2+y^2+z^2+ax+by+cz+d=0$ として，4点の座標を代入し，a, b, c, d を求めればよい。

解き方 4点を通る球面の方程式を

$x^2+y^2+z^2+\underline{ax+by+cz}+d=0$ ……①

└→ x, y, z の1次の項を忘れないように

とおくと，4点 O, A, B, C がこの球面上にあることから

$d=0$, $2+a+b+d=0$, $2+a+c+d=0$, $2+b+c+d=0$

この4つの式を連立させて解くと　$a=b=c=-1$, $d=0$

これを①に代入して　$\underline{x^2+y^2+z^2-x-y-z=0}$

└→ これを答えとしてもよい

よって　$\left(\boldsymbol{x}-\frac{1}{2}\right)^2+\left(\boldsymbol{y}-\frac{1}{2}\right)^2+\left(\boldsymbol{z}-\frac{1}{2}\right)^2=\frac{3}{4}$ ……答

□ **98** 4点 (−1, −2, 4), (−4, 2, 5), (5, 2, −4), (4, 7, 8) を通る球面の中心の座標と半径を求めよ。

99 次の方程式はどんな図形を表すか。〈テスト必出〉

□ (1) $x^2+y^2+z^2-2x+4y-4=0$　　□ (2) $x^2+y^2+z^2+4x-12y+6z=0$

応用問題

解答 → 別冊 p. 17

例題研究》 空間の 4 点 A, B, C, D が $AB^2+CD^2=AC^2+BD^2$ を満たすならば，AD⊥BC であることを証明せよ。

着眼 $AB^2=|\overrightarrow{AB}|^2=\overrightarrow{AB}\cdot\overrightarrow{AB}$ である。与えられた等式を内積を用いた等式にして変形し，$\overrightarrow{AD}\cdot\overrightarrow{BC}=0$ がいえれば AD⊥BC である。

解き方 4 点 A, B, C, D の位置ベクトルを $\vec{a}$, $\vec{b}$, $\vec{c}$, $\vec{d}$ とする。

$AB^2+CD^2=AC^2+BD^2$ であるから　$|\overrightarrow{AB}|^2+|\overrightarrow{CD}|^2=|\overrightarrow{AC}|^2+|\overrightarrow{BD}|^2$

ここで，$\overrightarrow{AB}=\vec{b}-\vec{a}$, $\overrightarrow{CD}=\vec{d}-\vec{c}$, $\overrightarrow{AC}=\vec{c}-\vec{a}$, $\overrightarrow{BD}=\vec{d}-\vec{b}$ であるから

$$|\vec{b}-\vec{a}|^2+|\vec{d}-\vec{c}|^2=|\vec{c}-\vec{a}|^2+|\vec{d}-\vec{b}|^2$$

ゆえに　$|\vec{b}|^2-2\vec{a}\cdot\vec{b}+|\vec{a}|^2+|\vec{d}|^2-2\vec{c}\cdot\vec{d}+|\vec{c}|^2$

$=|\vec{c}|^2-2\vec{a}\cdot\vec{c}+|\vec{a}|^2+|\vec{d}|^2-2\vec{b}\cdot\vec{d}+|\vec{b}|^2$

これを整理して　$\vec{a}\cdot\vec{b}-\vec{a}\cdot\vec{c}+\vec{c}\cdot\vec{d}-\vec{b}\cdot\vec{d}=0$　$\vec{a}\cdot(\vec{b}-\vec{c})-(\vec{b}-\vec{c})\cdot\vec{d}=0$

したがって　$(\vec{a}-\vec{d})\cdot(\vec{b}-\vec{c})=0$　　すなわち　$\overrightarrow{DA}\cdot\overrightarrow{CB}=0$

よって　$\overrightarrow{DA}\perp\overrightarrow{CB}$　　すなわち　AD⊥BC　　〔証明終〕

□ **100** 四面体 ABCD において，次のことを内積を用いて証明せよ。
AB⊥CD, AC⊥BD ならば，AD⊥BC

□ **101** 次の式が成り立つ △ABC は，どんな形の三角形か。
$\overrightarrow{AB}\cdot\overrightarrow{AB}=\overrightarrow{AB}\cdot\overrightarrow{AC}+\overrightarrow{BA}\cdot\overrightarrow{BC}+\overrightarrow{CA}\cdot\overrightarrow{CB}$

□ **102** 2 平面 $3x+5y-4z=6$, $x-y+4z=2$ のなす角を 2 等分する平面の方程式を求めよ。〈差がつく〉

□ **103** 球面 $x^2+y^2+z^2=R$ と平面 $x+y+z=a$ が接しているとき，R はいくらか。

□ **104** 原点 O を中心とし，平面 $x+2y-3z=28$ に接する球面の方程式を求めよ。また，その接点の座標を求めよ。

10 複素数平面

テストに出る重要ポイント

- **複素数平面**…複素数 $z=x+yi$（x, y は実数）に対して，座標平面上の点 $(x,\ y)$ を対応させると，複素数と座標平面上の点が1つずつ対応する。このような平面を**複素数平面**という。複素数平面上では，x 軸を**実軸**，y 軸を**虚軸**という。また，複素数 z に対応する点 P を P(z) と書く。
- **複素数の実数倍**…$z_1 \neq 0$ のとき

  3点 0, z_1, z_2 が一直線上にある $\Longleftrightarrow$ $z_2=kz_1$（k は実数）
- **複素数の和，差**…3点 O(0)，A(z_1)，B(z_2) が一直線上にないとき

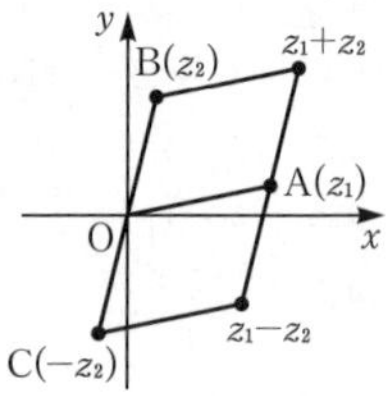

  ① 点 z_1+z_2 は，線分 OA，OB を2辺とする平行四辺形の第4の頂点である。

  ② C$(-z_2)$とすると，点 z_1-z_2 は，線分 OA，OC を2辺とする平行四辺形の第4の頂点である。
- **共役な複素数**

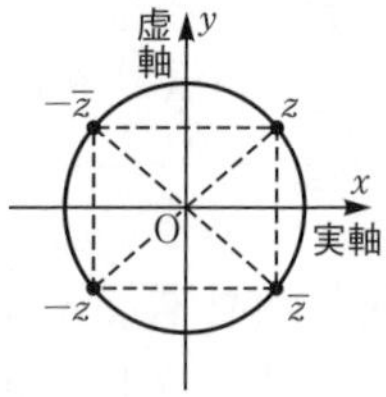

  ① 点 $\overline{z}$ は点 z と実軸に関して対称

  ② 点 $-z$ は点 z と原点に関して対称

  ③ 点 $-\overline{z}$ は点 z と虚軸に関して対称
- **共役な複素数の性質**

  ① **z が実数** $\Longleftrightarrow$ $\overline{z}=z$

  ② **z が純虚数** $\Longleftrightarrow$ $\overline{z}=-z$ **かつ** $z \neq 0$

  ③ $\overline{z_1 \pm z_2}=\overline{z_1}\pm\overline{z_2}$（複号同順）　④ $\overline{z_1 z_2}=\overline{z_1}\,\overline{z_2}$　⑤ $\overline{\left(\dfrac{z_1}{z_2}\right)}=\dfrac{\overline{z_1}}{\overline{z_2}}$
- **絶対値**…複素数 $z=x+yi$（x, y は実数）に対して，複素数平面上の原点 O と点 z との距離を，z の**絶対値**といい，$|z|$ で表す。

  すなわち　$|z|=\sqrt{x^2+y^2}$

  ① $|z|^2=z\overline{z}$　　② $|z|=|-z|=|\overline{z}|$
- **2点間の距離**…2点 z_1, z_2 間の距離は　$|z_2-z_1|$

基本問題

解答 → 別冊 p. 17

できたらチェック。

105 次の複素数が表す点を，複素数平面上に図示せよ。

□ (1) $1+3i$ □ (2) $-2+2i$

□ (3) 3 □ (4) $-i$

例題研究》 $\alpha=3-i$，$\beta=a+2i$とするとき，3 点 0，α，β は一直線上にあるという。実数 a の値を求めよ。

着眼 3 点 0，α，β が一直線上にあるための条件は，$\boldsymbol{\beta=k\alpha}$（$k$ は実数）が成り立つことである。

解き方 3 点 0，α，β は一直線上にあるので，$\beta=k\alpha$（k は実数）とおける。

すなわち　$a+2i=k(3-i)$

したがって　$a+2i=3k-ki$

実部と虚部をそれぞれ比較して　$a=3k$，$2=-k$

よって　$k=-2$，$\boldsymbol{a=-6}$　……答

□ **106** $\alpha=-2+i$，$\beta=a-3i$，$\gamma=-4+bi$ とするとき，4 点 0，α，β，γ は一直線上にあるという。実数 a，b の値を求めよ。 《テスト必出

107 複素数平面上に，2 点 $\mathrm{A}(z_1)$，$\mathrm{B}(z_2)$ が与えられている。このとき，次の点を複素数平面上に図示せよ。

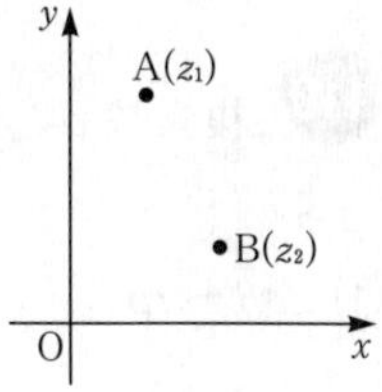

□ (1) $\mathrm{C}(z_1+z_2)$ □ (2) $\mathrm{D}(z_1-z_2)$

□ (3) $\mathrm{E}(\overline{z_1}+z_2)$ □ (4) $\mathrm{F}(z_1+2z_2)$

108 次の複素数の絶対値を求めよ。

□ (1) $3+4i$ □ (2) $-2+3i$

□ (3) $7-i$ □ (4) $-5i$

109 次の2点A，B間の距離を求めよ。

□ (1) A$(1+2i)$，B$(4+3i)$　　□ (2) A$(5-i)$，B$(-3-7i)$

応用問題

解答 ➡ 別冊 p. 18

例題研究 複素数α，βが$|\alpha|=2$，$|\beta|=3$，$|\alpha+\beta|=4$を満たすとき，次の値を求めよ。

(1) $\alpha\overline{\beta}+\overline{\alpha}\beta$　　(2) $|\alpha-\beta|$

着眼 (1) $|\alpha+\beta|^2=(\alpha+\beta)(\overline{\alpha+\beta})$であることを利用する。

(2) まず$|\alpha-\beta|^2$の値を求める。

解き方 (1) $|\alpha+\beta|^2=(\alpha+\beta)(\overline{\alpha+\beta})=(\alpha+\beta)(\overline{\alpha}+\overline{\beta})$

→ $|z|^2=z\overline{z}$を利用

$=\alpha\overline{\alpha}+\alpha\overline{\beta}+\overline{\alpha}\beta+\beta\overline{\beta}$

$=|\alpha|^2+\alpha\overline{\beta}+\overline{\alpha}\beta+|\beta|^2$

$|\alpha|=2$，$|\beta|=3$，$|\alpha+\beta|=4$より

$4^2=2^2+\alpha\overline{\beta}+\overline{\alpha}\beta+3^2$

よって　$\alpha\overline{\beta}+\overline{\alpha}\beta=\mathbf{3}$ ……答

(2) $|\alpha-\beta|^2=(\alpha-\beta)(\overline{\alpha-\beta})=(\alpha-\beta)(\overline{\alpha}-\overline{\beta})$

$=\alpha\overline{\alpha}-\alpha\overline{\beta}-\overline{\alpha}\beta+\beta\overline{\beta}$

$=|\alpha|^2-(\alpha\overline{\beta}+\overline{\alpha}\beta)+|\beta|^2$

$=2^2-3+3^2=10$

よって，$|\alpha-\beta|\geqq 0$より　$|\alpha-\beta|=\sqrt{\mathbf{10}}$ ……答

110 複素数α，βが$|\alpha|=5$，$|\beta|=4$，$|\alpha-\beta|=6$を満たすとき，次の値を求めよ。

□ (1) $\alpha\overline{\beta}+\overline{\alpha}\beta$　　□ (2) $|2\alpha-5\beta|$

□ **111** αが$|\alpha|=1$を満たす虚数であるとき，$\dfrac{\alpha+1}{\alpha-1}$は純虚数であることを証明せよ。＜差がつく

ガイド　$\overline{\left(\dfrac{\alpha+1}{\alpha-1}\right)}=-\dfrac{\alpha+1}{\alpha-1}$かつ$\dfrac{\alpha+1}{\alpha-1}\neq 0$を示せばよい。

11 複素数の極形式

テストに出る重要ポイント

- **極形式**…複素数平面上で，0でない複素数zを表す点をPとし，線分OPの長さをr，OPが実軸の正の方向となす角をθとすると　$\boldsymbol{z=r(\cos\theta+i\sin\theta)}$ $(r>0)$
これを複素数zの**極形式**という。ここで，rはzの絶対値に等しい。また，角θをzの**偏角**といい，$\boldsymbol{\arg z}$で表す。

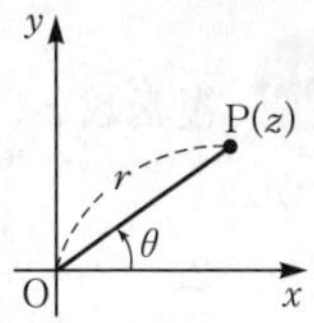

- **複素数の積と商**…$z_1=r_1(\cos\theta_1+i\sin\theta_1)$，$z_2=r_2(\cos\theta_2+i\sin\theta_2)$とするとき

① $\boldsymbol{z_1z_2=r_1r_2\{\cos(\theta_1+\theta_2)+i\sin(\theta_1+\theta_2)\}}$,

$\boldsymbol{\dfrac{z_1}{z_2}=\dfrac{r_1}{r_2}\{\cos(\theta_1-\theta_2)+i\sin(\theta_1-\theta_2)\}}$

② $\boldsymbol{|z_1z_2|=|z_1||z_2|}$,　$\boldsymbol{\left|\dfrac{z_1}{z_2}\right|=\dfrac{|z_1|}{|z_2|}}$

③ $\boldsymbol{\arg z_1z_2=\arg z_1+\arg z_2}$,　$\boldsymbol{\arg\dfrac{z_1}{z_2}=\arg z_1-\arg z_2}$

- **複素数の積と回転**…複素数$\alpha=\cos\theta+i\sin\theta$が与えられたとき，複素数平面上の点$z$に対して，点$\alpha z$は点$z$を**原点0のまわりに角$\theta$だけ回転**した点である。

基本問題

解答 ➡ 別冊 p. 18

できたらチェック。

112 次の複素数を極形式で表せ。ただし，偏角θは$0\leqq\theta<2\pi$とする。

□ (1) $1+\sqrt{3}i$　　□ (2) $-1+i$

□ (3) $3-\sqrt{3}i$　　□ (4) $-\sqrt{2}-\sqrt{2}i$

□ (5) i　　□ (6) -3

113 次の複素数を$a+bi$ (a，bは実数)の形で表せ。

□ (1) 絶対値2，偏角$\dfrac{2}{3}\pi$　　□ (2) 実部-2，偏角$-\dfrac{2}{3}\pi$

114 $z_1=1-\sqrt{3}i$，$z_2=1+i$ のとき，次の複素数を極形式で表せ。ただし，偏角 θ は $0 \leqq \theta < 2\pi$ とする。〈テスト必出

□ (1) $z_1 z_2$　　□ (2) $\dfrac{z_1}{z_2}$

115 複素数 z に対して，次の複素数は，複素数平面上でどのような位置にあるか。

□ (1) $-2z$　　□ (2) $(1+i)z$　　□ (3) $-2iz$

□ **116** 複素数平面上で，原点を中心として，点 $z=1+3\sqrt{3}i$ を $\dfrac{\pi}{3}$ だけ回転した点を表す複素数 w を求めよ。

応用問題

解答 ➡ 別冊 p. 20

例題研究》 複素数平面上の定点 $z_0=2+i$ を中心として，点 $z=4-3i$ を $\dfrac{\pi}{4}$ だけ回転した点を表す複素数 w を求めよ。

着眼 回転の中心が原点ではないときには，回転の中心を原点に移すような平行移動を考えればよい。

解き方 点 z_0 が原点Oに移るように平行移動すると，点 z，w はそれぞれ $z-z_0$，$w-z_0$ に移る。点 $w-z_0$ は点 $z-z_0$ を原点のまわりに $\dfrac{\pi}{4}$ だけ回転した点であるから

$$\underline{w-z_0=\left(\cos\frac{\pi}{4}+i\sin\frac{\pi}{4}\right)(z-z_0)}$$

└→ 平行移動することで，原点のまわりの回転として考えられる

よって　$w=\left(\dfrac{\sqrt{2}}{2}+\dfrac{\sqrt{2}}{2}i\right)\{(4-3i)-(2+i)\}+(2+i)$

$=\boldsymbol{(2+3\sqrt{2})+(1-\sqrt{2})i}$ ……答

□ **117** 複素数平面上の定点 $z_0=3-i$ を中心として，点 $z=-2+3i$ を $\dfrac{\pi}{2}$ だけ回転した点を表す複素数 w を求めよ。〈差がつく

12 ド・モアブルの定理

✪ テストに出る重要ポイント

- **ド・モアブルの定理**…n が整数のとき

  $(\cos\theta+i\sin\theta)^n=\cos n\theta+i\sin n\theta$

- **n 乗根**…自然数 n と複素数 α に対して，$z^n=\alpha$ を満たす複素数 z を，α の n 乗根という。

- **1の n 乗根**…自然数 n に対して，1の n 乗根 z は

  $z=\cos\dfrac{2k\pi}{n}+i\sin\dfrac{2k\pi}{n}$ $(k=0,\ 1,\ 2,\ \cdots\cdots,\ n-1)$

基本問題

解答 ➡ 別冊 p. 20

例題研究》 $(1+\sqrt{3}i)^{10}$ の値を求めよ。

着眼 $1+\sqrt{3}i$ を10回掛けるのはたいへんである。そこで，極形式に直してから，ド・モアブルの定理を利用するとよい。

解き方 $1+\sqrt{3}i$ を極形式になおすと

$$1+\sqrt{3}i=2\left(\frac{1}{2}+\frac{\sqrt{3}}{2}i\right)=2\left(\cos\frac{\pi}{3}+i\sin\frac{\pi}{3}\right)$$

└→ この変形がポイント

よって

$$(1+\sqrt{3}i)^{10}=\left\{2\left(\cos\frac{\pi}{3}+i\sin\frac{\pi}{3}\right)\right\}^{10}$$

$$=2^{10}\left(\cos\frac{10}{3}\pi+i\sin\frac{10}{3}\pi\right)$$

└→ $\frac{10}{3}\pi=2\pi+\frac{4}{3}\pi$

$$=2^{10}\left(\cos\frac{4}{3}\pi+i\sin\frac{4}{3}\pi\right)=2^{10}\left(-\frac{1}{2}-\frac{\sqrt{3}}{2}i\right)$$

$$=\mathbf{-512-512\sqrt{3}i}$$ ……答

できたらチェック。

118 次の計算をせよ。 《テスト必出

□ (1) $(1+i)^6$

□ (2) $(\sqrt{3}-i)^7$

□ (3) $\left(\dfrac{\sqrt{3}}{2}+\dfrac{1}{2}i\right)^{-4}$

□ (4) $\dfrac{1}{(1-i)^9}$

□ **119** n が整数のとき，次の式の値を求めよ。

$$\left(\frac{-1+\sqrt{3}i}{2}\right)^n+\left(\frac{-1-\sqrt{3}i}{2}\right)^n$$

□ **120** 1の4乗根を求め，複素数平面上に図示せよ。

□ **121** 方程式 $z^4=-2+2\sqrt{3}i$ を解け。 テスト必出

ガイド　$z=r(\cos\theta+i\sin\theta)$ $(r>0,\ 0\leqq\theta<2\pi)$ とおき，$-2+2\sqrt{3}i$ を極形式で表して考える。

応用問題

解答 ➡ 別冊 p. 21

122 α, β が複素数で，$|\alpha|=2$, $|\beta|=1$, $|\alpha+\beta|=\sqrt{3}$ であるとき，次の問いに答えよ。

□ (1) $\dfrac{\alpha}{\beta}$ を極形式で表せ。ただし，偏角 θ は $-\pi<\theta\leqq\pi$ とする。

□ (2) n が自然数のとき，$|\alpha^n-\beta^n|$ を求めよ。

123 z は複素数で，$z^4+z^3+z^2+z+1=0$ である。次の値を求めよ。

□ (1) z^5　　□ (2) $|z|$

□ (3) $|z+1|^2+|z-1|^2$　　□ (4) $\dfrac{z^2-z^4}{z-1}$ の虚部

ガイド　(4) 一般に，複素数 w の虚部は $\dfrac{w-\overline{w}}{2i}$ と表せる。このことから，まず $\overline{\left(\dfrac{z^2-z^4}{z-1}\right)}$ を計算してみる。

124 方程式 $z^5=1$ の虚数解の1つを α とするとき，次の問いに答えよ。 差がつく

□ (1) α 以外の相異なる3つの虚数解は，α^2, α^3, α^4 であることを証明せよ。

□ (2) 積 $(1-\alpha)(1-\alpha^2)(1-\alpha^3)(1-\alpha^4)$ の値を求めよ。

□ (3) 積 $(1+\alpha)(1+\alpha^2)(1+\alpha^3)(1+\alpha^4)$ の値を求めよ。

13 複素数と図形

✪ テストに出る重要ポイント

- **内分点，外分点**…2 点 $P_1(z_1)$，$P_2(z_2)$ に対して

① 線分 P_1P_2 を $m:n$ に内分する点は $\dfrac{nz_1+mz_2}{m+n}$

② 線分 P_1P_2 を $m:n$ に外分する点は $\dfrac{-nz_1+mz_2}{m-n}$

- **方程式の表す図形**…複素数平面上の点 α を中心とし，半径 r の円は，方程式 $|z-\alpha|=r$ を満たす点 z 全体である。

- **2 直線のなす角**…異なる 3 点 $P_0(z_0)$，$P_1(z_1)$，$P_2(z_2)$ に対して，半直線 P_0P_1 から半直線 P_0P_2 へ測った角は

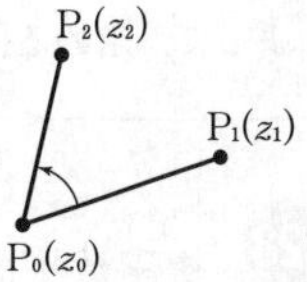

$$\angle P_1P_0P_2=\arg\frac{z_2-z_0}{z_1-z_0}$$

① **3 点 P_0，P_1，P_2 が一直線上にある** $\Longleftrightarrow$ $\dfrac{z_2-z_0}{z_1-z_0}$ **が実数**

② **2 直線 P_0P_1，P_0P_2 が垂直に交わる** $\Longleftrightarrow$ $\dfrac{z_2-z_0}{z_1-z_0}$ **が純虚数**

できたらチェック。 基本問題

解答 ➡ 別冊 p. 23

□ **125** $A(2+5i)$，$B(-3+4i)$ とするとき，線分 AB を 2：1 に内分する点 P および外分する点 Q を表す複素数をそれぞれ求めよ。

□ **126** $A(2+3i)$，$B(-1-2i)$，$C(3-i)$ とする。線分 AB，AC を 2 辺とする平行四辺形の残りの頂点を D とするとき，点 D を表す複素数を求めよ。

📖 ガイド　平行四辺形の対角線の中点は一致する。

127 複素数平面上で，次の方程式を満たす点 z は，どのような図形を描くか。

□ (1) $|z|=4$　　□ (2) $|z+1+2i|=3$

□ (3) $|z|=|z+2|$　　□ (4) $|z-1|=|z+i|$

例題研究》　複素数平面上で，次の方程式を満たす点zは，どのような図形を描くか。

$|z|=3|z-8i|$

着眼　方程式の両辺を2乗して，$|z|^2=z\overline{z}$ を用いて変形する。

解き方　方程式の両辺を2乗すると　$|z|^2=9|z-8i|^2$

$z\overline{z}=9(z-8i)(\overline{z-8i})$

$z\overline{z}=9(z-8i)(\overline{z}+8i)$

→ $\overline{i}=-i$ に注意

$z\overline{z}+9iz-9i\overline{z}+72=0$　　$(z-9i)(\overline{z}+9i)=9$

$(z-9i)(\overline{z-9i})=9$　　$|z-9i|^2=9$

したがって　$|z-9i|=3$

よって，求める図形は，**点 $9i$ を中心とする半径3の円**　……答

128　複素数平面上で，次の方程式を満たす点zは，どのような図形を描くか。

テスト必出

□ (1)　$|z+2|=2|z-1|$　　□ (2)　$2|z|=3|z+5i|$

□ **129**　複素数平面上の点zが，原点を中心とする半径1の円周上を動くとき，点$w=1+(2+3i)z$はどのような図形を描くか。

例題研究》　複素数平面上に異なる3点 A(α)，B(β)，C(γ) がある。α，β，γ が $\dfrac{\gamma-\alpha}{\beta-\alpha}=1+\sqrt{3}i$ を満たすとき，△ABC の3つの内角の大きさをそれぞれ求めよ。

着眼　$1+\sqrt{3}i=2\left(\cos\dfrac{\pi}{3}+i\sin\dfrac{\pi}{3}\right)$ より，$\left|\dfrac{\gamma-\alpha}{\beta-\alpha}\right|=2$，$\arg\dfrac{\gamma-\alpha}{\beta-\alpha}=\dfrac{\pi}{3}$ から考える。

解き方　$\dfrac{\gamma-\alpha}{\beta-\alpha}=2\left(\cos\dfrac{\pi}{3}+i\sin\dfrac{\pi}{3}\right)$

したがって，$\left|\dfrac{\gamma-\alpha}{\beta-\alpha}\right|=2$ より　AC=2AB

また，$\arg\dfrac{\gamma-\alpha}{\beta-\alpha}=\dfrac{\pi}{3}$ より　$\angle\mathrm{BAC}=\dfrac{\pi}{3}$

よって　$\angle\mathbf{A}=\dfrac{\pi}{3}$，$\angle\mathbf{B}=\dfrac{\pi}{2}$，$\angle\mathbf{C}=\dfrac{\pi}{6}$　……答

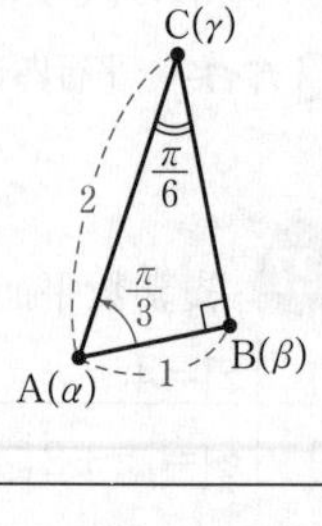

130 複素数平面上に異なる3点O(0)，A(α)，B(β)がある。α，βが次の各条件を満たすとき，△OABはそれぞれどのような三角形か。〈テスト必出〉

□ (1) $2\beta=(1+\sqrt{3}i)\alpha$ □ (2) $\alpha^2+\beta^2=0$

□ (3) $\alpha^2-2\alpha\beta+2\beta^2=0$

□ **131** 複素数平面上の異なる3点α，β，γが，$\alpha+i\beta=(1+i)\gamma$を満たすとき，これらの3点を頂点とする三角形はどのような三角形か。

ガイド $\dfrac{\alpha-\gamma}{\beta-\gamma}$を極形式で表すことを考える。

132 aは実数の定数とする。複素数平面上に3点A(α)，B(β)，C(γ)があり，$\alpha=1+2i$，$\beta=a+4i$，$\gamma=-2-4i$とするとき，次の問いに答えよ。〈テスト必出〉

□ (1) 3点A，B，Cが一直線上にあるとき，aの値を求めよ。

□ (2) 直線ABと直線ACが垂直に交わるとき，aの値を求めよ。

応用問題 ⋯⋯⋯⋯⋯⋯⋯⋯⋯⋯⋯⋯⋯⋯⋯⋯⋯⋯ 解答 ➡ 別冊 p. 25

□ **133** 複素数平面上の点zが，点$1+i$を中心とする半径1の円周上を動くとき，点$w=\dfrac{1-iz}{1+iz}$はどのような図形を描くか。ただし，$z\neq i$とする。〈差がつく〉

134 複素数平面上で，原点をOとし，複素数$1+\sqrt{3}i$の表す点をAとする。また，等式$|z+2|=1$を満たす複素数zの表す点をPとする。線分OA，OPを2辺とする平行四辺形OAQPを作り，その対角線OQを1辺とする正三角形OQRを作る。点Pが$|z+2|=1$の表す図形上を動くとき，次の問いに答えよ。

□ (1) 点Qはどのような図形を描くか。

□ (2) 点Rはどのような図形を描くか。

ガイド (2) OQを1辺とする正三角形は2通りあることに注意せよ。

例題研究》　複素数平面上の △ABC の頂点 A，B，C が，複素数 z，z^2，z^3 で定められている。

(1)　AB＝AC ならば，点 A はどのような図形上にあるか。

(2)　さらに，∠A が直角のとき，点 A を表す複素数 z を求めよ。

着眼　複素数平面上では，長さを扱うときは絶対値を，角を扱うときは偏角を考えてみるのが定石である。(1)では**除外する点があるかどうかに注意**すること。

解き方　(1)　A，B，C は三角形の頂点より，互いに異なる点であるから

$z \neq z^2$ かつ $z^2 \neq z^3$ かつ $z^3 \neq z$

ゆえに　$z \neq 0,\ \pm 1$

このとき　$\dfrac{z^3-z}{z^2-z}=\dfrac{z(z-1)(z+1)}{z(z-1)}=z+1$　……①

→ これが実数になるときは，3 点 A，B，C が一直線上にあることに注意

①より　$\dfrac{\text{AC}}{\text{AB}}=|z+1|$　　AB＝AC より　$|z+1|=1$　……②

ここで，①が実数になるときは，3 点 A，B，C が一直線上にあり，三角形の頂点にならないから，z は虚数でなければならない。

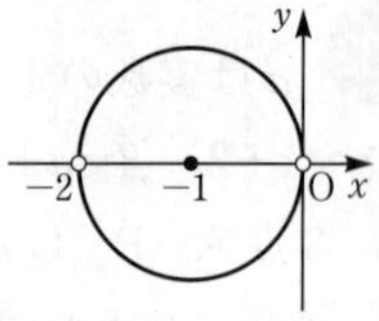

よって，点 A は，**点 −1 を中心とする半径 1 の円周上にある。**
ただし，原点と点 −2 を除く。　……答

→ よく忘れるので注意

(2)　∠A が直角のとき　$\arg\dfrac{z^3-z}{z^2-z}=\pm\dfrac{\pi}{2}$

①より　$\arg(z+1)=\pm\dfrac{\pi}{2}$

これと②より　$z+1=\cos\left(\pm\dfrac{\pi}{2}\right)+i\sin\left(\pm\dfrac{\pi}{2}\right)$　(複号同順)

よって　$\boldsymbol{z=-1\pm i}$　……答

135　複素数平面上の △ABC の外側に，辺 BC，CA，AB を斜辺とする 3 つの直角二等辺三角形 BCD，CAE，ABF を作り，点 A，B，C，D，E，F を表す複素数をそれぞれ α，β，γ，z_1，z_2，z_3 とする。ただし，3 点 A，B，C は右の図のように反時計まわりにこの順で並んでいるものとする。《差がつく》

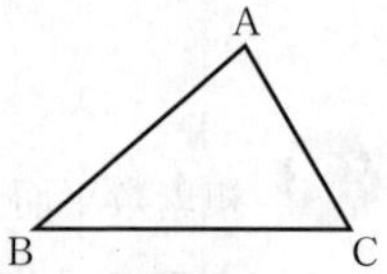

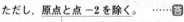

□ (1)　z_1，z_2，z_3 をそれぞれ α，β，γ で表せ。

□ (2)　AD＝EF，AD⊥EF を証明せよ。

14 2次曲線

✪ テストに出る重要ポイント

▶ 放物線

① 定義…平面上で，定点Fとこれを通らない定直線ℓから**等距離**にある点の軌跡を**放物線**といい，Fをその**焦点**，ℓをその**準線**という。

② 標準形

(i) $\boldsymbol{y^2=4px}$　焦点Fの座標は $(p,\ 0)$

(ii) $\boldsymbol{x^2=4py}$　焦点Fの座標は $(0,\ p)$

③ 頂点，準線，軸

(i) $y^2=4px$：頂点O $(0,\ 0)$，準線 $x=-p$，軸 $y=0$ (x軸)

(ii) $x^2=4py$：頂点O $(0,\ 0)$，準線 $y=-p$，軸 $x=0$ (y軸)

▶ 楕円

① 定義…平面上で，異なる2定点F，F′からの距離の**和が一定値**である点の軌跡を**楕円**といい，定点F，F′をその**焦点**という。

② 標準形

$$\boldsymbol{\frac{x^2}{a^2}+\frac{y^2}{b^2}=1}\ (a>0,\ b>0)$$

(i) $a>b>0$ のとき，焦点の座標は $(c,\ 0)$，$(-c,\ 0)$ $(c=\sqrt{a^2-b^2})$

(ii) $b>a>0$ のとき，焦点の座標は $(0,\ c)$，$(0,\ -c)$ $(c=\sqrt{b^2-a^2})$

▶ 双曲線

① 定義…平面上で，異なる2定点F，F′からの距離の**差が0でない一定値**である点の軌跡を**双曲線**といい，定点F，F′をその**焦点**という。

② 標準形

(i) $\boldsymbol{\frac{x^2}{a^2}-\frac{y^2}{b^2}=1}$　焦点の座標は $(c,\ 0)$，$(-c,\ 0)$ $(c=\sqrt{a^2+b^2})$

(ii) $\boldsymbol{\frac{x^2}{a^2}-\frac{y^2}{b^2}=-1}$　焦点の座標は $(0,\ c)$，$(0,\ -c)$ $(c=\sqrt{a^2+b^2})$

③ 主軸と漸近線

(i) 2点F，F′を焦点とする双曲線が，直線FF′と交わる2点を双曲線の**頂点**といい，線分FF′の中点を**中心**という。また直線FF′を**主軸**という。

$\dfrac{x^2}{a^2}-\dfrac{y^2}{b^2}=1$　頂点の座標は $(a,\ 0)$，$(-a,\ 0)$

$\dfrac{x^2}{a^2}-\dfrac{y^2}{b^2}=-1$　頂点の座標は $(0,\ b)$，$(0,\ -b)$

(ii) 2直線 $\boldsymbol{y=\pm\dfrac{b}{a}x}$ が，この双曲線の**漸近線**である。

▶ **2次曲線**…放物線，楕円，双曲線をまとめて**2次曲線**という。

一般に，x，y の2次方程式 $ax^2+bxy+cy^2+dx+ey+f=0$ の表す図形は (i)何も表さない，(ii)1点，(iii)2直線(重なる場合も含む)，(iv)楕円(円を含む)，(v)放物線，(vi)双曲線のいずれかである。

● 離心率と準線…平面上で，定点Fとこれを通らない定直線 ℓ が与えられていて，動点Pの定点Fからの距離PFと，定直線 ℓ からの距離PHとの比の値 $e=\dfrac{\mathrm{PF}}{\mathrm{PH}}$ が一定のとき，点Pの軌跡は次のような2次曲線になる。($p.48$ の**例題研究**参照)

(i) $\boldsymbol{e=1}$ のとき，Fを焦点とする**放物線**

(ii) $\boldsymbol{0<e<1}$ のとき，Fを焦点の1つとする**楕円**

(iii) $\boldsymbol{e>1}$ のとき，Fを焦点の1つとする**双曲線**

また，e の値を2次曲線の**離心率**，ℓ を**準線**という。

▶ **曲線の平行移動**…方程式 $f(x,\ y)=0$ で表される曲線を，x 軸方向に p，y 軸方向に q だけ平行移動した曲線の方程式は

$\boldsymbol{f(x-p,\ y-q)=0}$

基本問題

解答 → 別冊 $p.26$

できたらチェック。

136 次の定点と定直線への距離が等しい点の軌跡の方程式を求めよ。

□ (1) 定点 $(2,\ 0)$，定直線 $x=-2$　　□ (2) 定点 $(0,\ -2)$，定直線 $y=2$

137 次の焦点と準線をもつ放物線の方程式を求めよ。また，グラフをかけ。

□ (1) 焦点 $(4,\ 0)$，準線 $x=-4$　　□ (2) 焦点 $(0,\ -4)$，準線 $y=4$

138 次の放物線の焦点，頂点の座標，軸，準線の方程式を求めよ。

□ (1) $(y-1)^2=4(x-1)$　　□ (2) $(x+1)^2=4(y+1)$

例題研究》 点 A(0, 2) を中心とする半径 1 の円に外接し，x 軸に接する円の中心 C の軌跡を求めよ。

着眼 条件を満たす点を C(x, y) とすれば，A，C 間の距離が円 A と円 C の半径の和に等しい。このことを x, y を使って表す。

解き方 円の中心を C(x, y) とすれば，題意より $y>0$ で円 C の半径は y，円 A と円 C との中心間の距離は $\sqrt{x^2+(y-2)^2}$ となる。また，中心間の距離が半径の和に等しいから

$$\sqrt{x^2+(y-2)^2}=y+1$$
$$x^2+(y-2)^2=(y+1)^2$$
$$x^2=6y-3$$

よって　**放物線 $x^2=6\left(y-\frac{1}{2}\right)$** ……答

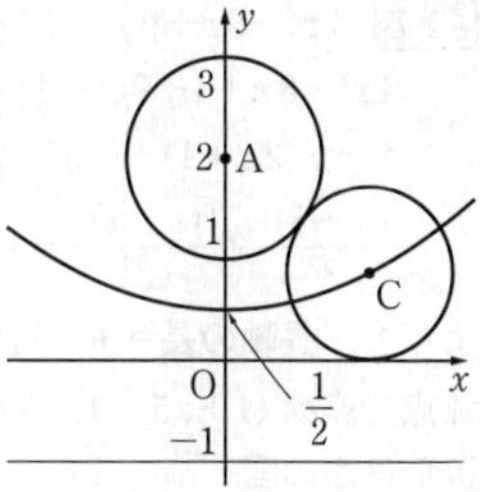

□ **139** 点 A(2, 0) を中心とする半径 1 の円に外接し，y 軸に接する円の中心 C の軌跡を求めよ。

□ **140** 放物線 $y^2=4px$ の頂点を一端とする弦の中点の軌跡を求めよ。なお，弦とは曲線上の 2 点を結ぶ線分のことである。

141 次の問いに答えよ。

□ (1) 2 定点 F(3, 0)，F′(−3, 0) からの距離の和が 10 である点 P の軌跡の方程式を求めよ。

□ (2) 2 定点 F(0, 3)，F′(0, −3) からの距離の和が 10 である点 P の軌跡の方程式を求めよ。

142 次の楕円の長軸，短軸の長さおよび焦点の座標を求めよ。また，その楕円の概形をかけ。 テスト必出

□ (1) $4x^2+5y^2=20$　　□ (2) $x^2+4y^2=4$

143 次の楕円の方程式を求めよ。

□ (1) 2 つの焦点が F(3, 0)，F′(−3, 0)，長軸の長さ 8 の楕円

□ (2) 2 つの焦点が F(0, 3)，F′(0, −3)，短軸の長さ 8 の楕円

□ (3) 2 つの焦点が F(1, 4)，F′(1, 0) で点 (0, 2) を通る楕円

例題研究》 次の楕円の長軸，短軸の長さおよび焦点の座標を求めよ。また，その楕円の概形をかけ。 $4x^2-8x+9y^2-18y-23=0$

着眼 与式を楕円の標準形に変形する。楕円の概形をかくには，中心がどこになるか，長軸，短軸の長さがどうなるかに注意すればよい。

解き方 $4x^2-8x+9y^2-18y-23=0$ を変形すると

$$4x^2-8x+4+9y^2-18y+9=36$$

$$4(x^2-2x+1)+9(y^2-2y+1)=36$$

$$\frac{(x-1)^2}{3^2}+\frac{(y-1)^2}{2^2}=1$$

よって，**長軸の長さ 6，短軸の長さ 4**
焦点の座標 $(1+\sqrt{5},\ 1)$，$(1-\sqrt{5},\ 1)$
概形は右の図 ……答

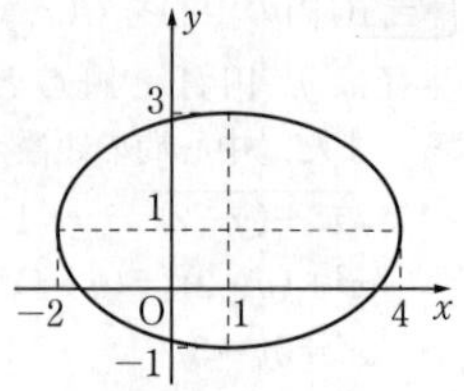

144 次の楕円の長軸，短軸の長さおよび焦点の座標を求めよ。また，その楕円の概形をかけ。

□ (1) $2x^2-8x+y^2+2y+5=0$ □ (2) $x^2+4y^2-6x+8y+12=0$

□ **145** 長さ7の線分ABの両端A，Bがそれぞれ x 軸，y 軸上を動くとき，線分ABを4：3に内分する点Pの軌跡を求めよ。

□ **146** 2定点F(5，0)，F′(−5，0)からの距離の差が8である点の軌跡の方程式を求めよ。

147 次の双曲線の焦点，頂点の座標および漸近線の方程式を求めよ。また，その双曲線の概形をかけ。

□ (1) $\dfrac{x^2}{9}-\dfrac{y^2}{16}=1$ □ (2) $3x^2-4y^2=-12$

□ **148** 焦点が $(\sqrt{13},\ 0)$，$(-\sqrt{13},\ 0)$ で，漸近線が $y=\pm\dfrac{2}{3}x$ であるような双曲線の方程式を求めよ。《テスト必出

□ **149** 焦点が $(0,\ \sqrt{5})$，$(0,\ -\sqrt{5})$ で，頂点間の距離が4であるような双曲線の方程式を求めよ。

例題研究》 次の双曲線の焦点，頂点，中心の座標および漸近線の方程式を求めよ。また，その双曲線の概形をかけ。

$$\frac{(x-1)^2}{9}-\frac{(y+1)^2}{4}=1$$

着眼 双曲線の標準形 $\frac{(x-p)^2}{a^2}-\frac{(y-q)^2}{b^2}=1$ において，$c=\sqrt{a^2+b^2}$ として焦点の座標 $\mathrm{F}(p+c,\ q)$，$\mathrm{F'}(p-c,\ q)$ がわかる。

解き方 $a=3$，$b=2$ より　$c=\sqrt{9+4}=\sqrt{13}$

よって，**焦点は $(1+\sqrt{13},\ -1)$，$(1-\sqrt{13},\ -1)$**

頂点は $(4,\ -1)$，$(-2,\ -1)$

中心は $(1,\ -1)$

漸近線は $y+1=\pm\frac{2}{3}(x-1)$ より

$$y=\frac{2}{3}x-\frac{5}{3},\quad y=-\frac{2}{3}x-\frac{1}{3}$$

概形は右の図のようになる。……答

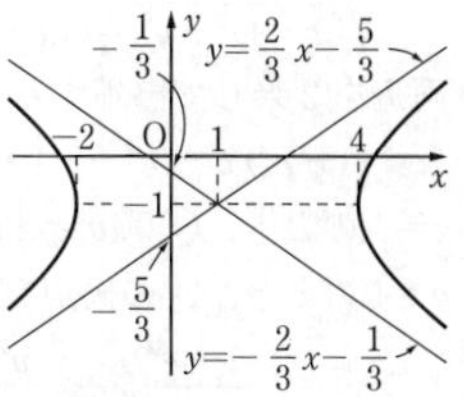

150 次の双曲線の焦点，頂点，中心の座標および漸近線の方程式を求めよ。また，その双曲線の概形をかけ。

□ (1) $\frac{(x+1)^2}{4}-\frac{(y-1)^2}{9}=1$　　□ (2) $\frac{(x-1)^2}{9}-\frac{(y-1)^2}{16}=-1$

応用問題

解答 → 別冊 p. 29

□ **151** 2次関数 $y=ax^2+bx+c$ のグラフは，どのような焦点，頂点，軸，準線をもつ放物線か。

□ **152** 円 $x^2+y^2=4x$ の中心を焦点とし，直線 $x=-4$ を準線とする放物線の方程式を求めよ。〈差がつく〉

153 次の問いに答えよ。

□ (1) 原点Oと2点A(0, 6)，B(8, 2)を通り，x 軸に平行な対称軸をもつ放物線の方程式を求めよ。

□ (2) 線分OA上の点P(0, t)を通り，y 軸に垂直な直線が，(1)の放物線と交わる点をQとする。△OPQの面積 S を t の関数として表せ。

例題研究》 定点 F(1, 0) と直線 ℓ：$x=-1$ が与えられている。動点Pの点Fからの距離PFと，直線 ℓ からの距離PHとの比の値 $e=\dfrac{\mathrm{PF}}{\mathrm{PH}}$ (>0) が一定のとき，点Pの軌跡を e の値で分類せよ。

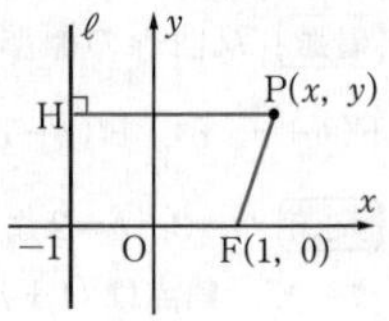

着眼 動点Pの座標を $(x,\ y)$ とおくと
$\mathrm{PF}=\sqrt{(x-1)^2+y^2}$，$\mathrm{PH}=|x+1|$ である。

解き方 $\mathrm{P}(x,\ y)$ とおく。

$e=\dfrac{\mathrm{PF}}{\mathrm{PH}}$ すなわち $\mathrm{PF}=e\mathrm{PH}$ だから

$$\sqrt{(x-1)^2+y^2}=e|x+1|$$

両辺を2乗して整理すると

$$(1-e^2)x^2+y^2-2(1+e^2)x+1-e^2=0\ (e>0)\ \cdots\cdots①$$

$e=1$ のとき，①は $y^2=4x$ これは放物線である。

$e\neq1$ のとき，①の両辺を $1-e^2$ で割って

$$x^2-2\cdot\frac{1+e^2}{1-e^2}x+\frac{y^2}{1-e^2}=-1$$

$$\frac{\left(x-\dfrac{1+e^2}{1-e^2}\right)^2}{\left(\dfrac{2e}{1-e^2}\right)^2}+\frac{y^2}{\dfrac{4e^2}{1-e^2}}=1\ \cdots\cdots②$$

よって，$0<e<1$ のとき，②の y^2 の項の分母は正だから，楕円

$e>1$ のとき，②の y^2 の項の分母は負だから，双曲線

すなわち，**$0<e<1$ のとき楕円，$e=1$ のとき放物線，$e>1$ のとき双曲線**である。……答

□ **154** 放物線 $y^2=4px$ $(p>0)$ の頂点を直角の頂点とし，この放物線上の他の2点を2つの頂点とする直角三角形の斜辺の中点はどのような図形を描くか。

□ **155** 点 A(1, 1) を通る直線が x 軸，y 軸と交わる点をそれぞれ Q，R とするとき，長方形OQPRの頂点Pの軌跡を求めよ。

15 媒介変数表示

テストに出る重要ポイント

- **媒介変数表示**…一般に，平面上の曲線 C が，変数 t によって

  $\boldsymbol{x=f(t),\ y=g(t)}$

  のような形に表されたとき，これを曲線 C の**媒介変数表示**または**パラメータ表示**といい，変数 t を**媒介変数**または**パラメータ**という。

- **2 次曲線の媒介変数表示**

  ① 円　$x^2+y^2=r^2 \longrightarrow \boldsymbol{x=r\cos\theta,\ y=r\sin\theta}$

  ② 楕円　$\dfrac{x^2}{a^2}+\dfrac{y^2}{b^2}=1 \longrightarrow \boldsymbol{x=a\cos\theta,\ y=b\sin\theta}$

  ③ 双曲線　$\dfrac{x^2}{a^2}-\dfrac{y^2}{b^2}=1 \longrightarrow \boldsymbol{x=\dfrac{a}{\cos\theta},\ y=b\tan\theta}$

  ④ 放物線　$y^2=4px \longrightarrow \boldsymbol{x=pt^2,\ y=2pt}$

できたらチェック。 基本問題

解答 ➡ 別冊 p. 29

□ **156** 角 θ を媒介変数として，円 $x^2+y^2=16$ を表せ。

157 点 $\mathrm{P}(x,\ y)$ の座標が次のように表されるとき，点 P はどのような曲線上にあるか。その方程式を求めよ。〈テスト必出〉

□ (1) $\begin{cases} x=\sin\theta+1 \\ y=2\cos\theta-3 \end{cases}$　　□ (2) $\begin{cases} x=4t \\ y=16t^2-4t+3 \end{cases}$ $(t\geqq 0)$

158 次の各放物線において，t の値が変化するとき，頂点はどのような曲線上を動くか。

□ (1) $y=-x^2+2tx+t^2+2t+2$　　□ (2) $y=2x^2+2tx-t^2-3$

159 角 θ を媒介変数として，次の曲線を表せ。

□ (1) $x^2-6x+y^2=0$　　□ (2) $\dfrac{(x+1)^2}{4}-\dfrac{(y-1)^2}{9}=1$

応用問題

解答 ➡ 別冊 p. 30

例題研究》 点 $P(x,\ y)$ の座標が媒介変数 t で次のように表されたとき，点 P はどのような曲線を描くか。　$x=t^2+\dfrac{1}{t^2},\ y=t+\dfrac{1}{t}$

着眼 媒介変数 t を消去する。その際，x，y の値の範囲を求め，図形全体を表すかどうかを調べる必要がある。

解き方 $x=t^2+\dfrac{1}{t^2}=\left(t+\dfrac{1}{t}\right)^2-2=y^2-2$

すなわち　$y^2=x+2$

また，$t^2>0$，$\dfrac{1}{t^2}>0$ であるから，相加平均と相乗平均の関係

より　$x=t^2+\dfrac{1}{t^2}\geqq 2\sqrt{t^2\cdot\dfrac{1}{t^2}}=2$

等号が成り立つのは $t^2=\dfrac{1}{t^2}$，すなわち $t=\pm 1$ のときである。

ゆえに　$x\geqq 2$
→ x の変域がポイント

よって　**放物線 $y^2=x+2$ ($x\geqq 2$)**　……**答**

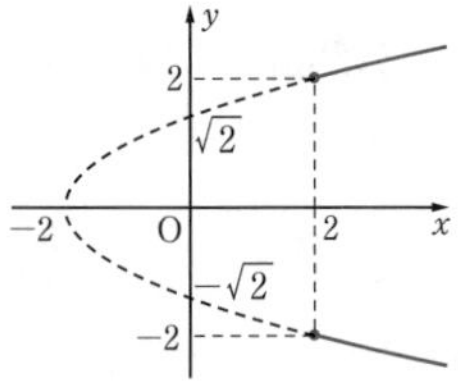

□ **160** 次の式で表される点 $(x,\ y)$ は，どのような曲線を描くか。

$$x=\frac{1+t^2}{1-t^2},\quad y=\frac{2t}{1-t^2}$$

□ **161** θ が $0\leqq\theta\leqq\pi$ の範囲を動くとき，$x=\sin\theta+\cos\theta$，$y=\sin 2\theta$ で表される点 $(x,\ y)$ はどのような曲線上を動くか，図示せよ。**《差がつく》**

ガイド　$(\sin\theta+\cos\theta)^2=\sin^2\theta+2\sin\theta\cos\theta+\cos^2\theta=1+\sin 2\theta$ を利用する。

□ **162** 双曲線 $x^2-y^2=2$ と直線 $y=x-t$ の交点の座標を t を用いて表せ。

□ **163** 円 $x^2+y^2-2x\cos t-2y\sin t=0$ の中心 P は，t の値が変化するとき，どのような曲線上にあるか。

ガイド　円の中心 P の座標を求めるには，与式を円の標準形に変形すればよい。

□ **164** θが$0\leqq\theta\leqq\pi$の範囲で変化するとき，

$$x=a\cos^2\theta+b\sin^2\theta,\quad y=\frac{1}{2}(a-b)\sin 2\theta$$

で表される点$(x,\ y)$は，どのような曲線上にあるか。ただし，a，bは$a\neq b$を満たす定数とする。

例題研究》 点P$(x,\ y)$が楕円$x^2+\dfrac{y^2}{16}=1$上を動くとき，$4x^2+xy+\dfrac{y^2}{2}$の最大値および最小値を求めよ。

着眼 楕円上の点P$(x,\ y)$を媒介変数θを用いて表し，$4x^2+xy+\dfrac{y^2}{2}$をθについての三角関数で表す。

解き方 楕円$x^2+\dfrac{y^2}{16}=1$上の点P$(x,\ y)$は$x=\cos\theta$，$y=4\sin\theta$と表せるから

$$\begin{aligned}4x^2+xy+\frac{y^2}{2}&=4\cos^2\theta+4\cos\theta\sin\theta+8\sin^2\theta\\&=4\cdot\frac{1+\cos 2\theta}{2}+2\sin 2\theta+8\cdot\frac{1-\cos 2\theta}{2}\\&=2\sin 2\theta-2\cos 2\theta+6\\&=2\sqrt{2}\sin\left(2\theta-\frac{\pi}{4}\right)+6\end{aligned}$$

$-1\leqq\sin\left(2\theta-\dfrac{\pi}{4}\right)\leqq1$ より

$$-2\sqrt{2}+6\leqq4x^2+xy+\frac{y^2}{2}\leqq2\sqrt{2}+6$$

ゆえに，**最大値 $2\sqrt{2}+6$，最小値 $-2\sqrt{2}+6$** ……答

165 点P$(x,\ y)$が楕円$2x^2+3y^2=6$上を動くとき，次の式の最大値，最小値を求めよ。〈差がつく〉

□ (1) $x-y$

□ (2) $\sqrt{2}x^2-xy$

□ **166** $x+y\sin\theta=a(1+\cos\theta)$，$x\sin\theta+y=a\sin\theta$から$\theta$を消去せよ。また，この$\theta$を消去した式は$(x,\ y)$を直交座標とすれば，どのような曲線を表すか。ただし，$\cos\theta\neq0$，$a>0$とする。

16 極座標と極方程式

テストに出る重要ポイント

- **極座標**…平面上に基準となる点Oをとり，Oから半直線OXを引く。この平面上の点Pに対して，Pの座標を，OPの長さrとOPがOXとなす角θで表すことができる。このときのr，θの組$(r,\ \theta)$をPの**極座標**という。

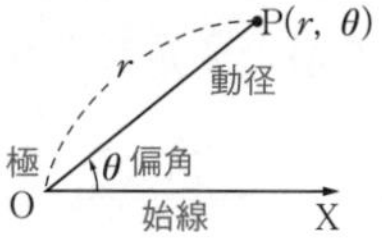

- **極座標と直交座標の関係**

① $x=r\cos\theta$，$y=r\sin\theta$

② $r=\sqrt{x^2+y^2}$，$\cos\theta=\dfrac{x}{r}$，$\sin\theta=\dfrac{y}{r}$

- **極方程式**…極座標$(r,\ \theta)$に関する方程式を**極方程式**という。

① 直線の極方程式

(i) 極Oを通り，始線とのなす角がθ_0の直線の極方程式は　$\boldsymbol{\theta=\theta_0}$

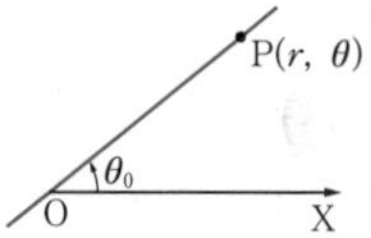

(ii) 点H$(p,\ \alpha)$を通り，線分OHと垂直な直線の極方程式は

$$r\cos(\theta-\alpha)=p$$

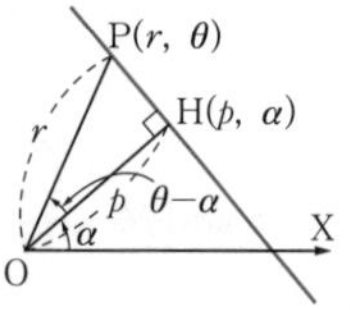

② 円の極方程式

(i) 極Oを中心とする半径r_0の円の極方程式は

$$r=r_0$$

(ii) 中心$(r_0,\ \theta_0)$で，半径aの円の極方程式は

$$a^2=r^2+r_0{}^2-2rr_0\cos(\theta-\theta_0)$$

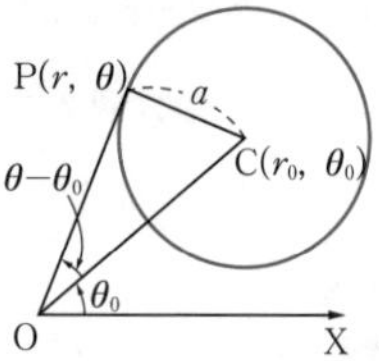

③ 2次曲線の極方程式

右の図のように定点Fと定直線ℓが与えられていて，Fを極，FXを始線とするとき，$\dfrac{\mathrm{PF}}{\mathrm{PH}}=e$を満たす点Pの軌跡の極方程式は　$r=\dfrac{ea}{1-e\cos\theta}$

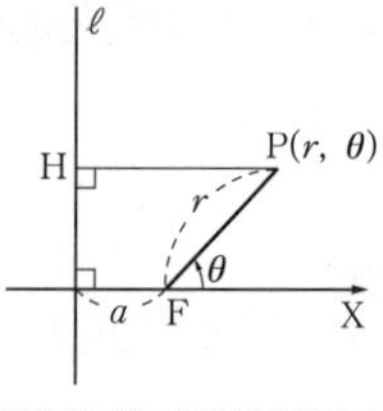

基本問題

解答 → 別冊 p. 31

できたらチェック。

167 次の極座標をもつ点の直交座標を求めよ。

□ (1) $\left(2,\ \dfrac{\pi}{3}\right)$　□ (2) $\left(\sqrt{3},\ -\dfrac{\pi}{3}\right)$　□ (3) $\left(3,\ \dfrac{\pi}{2}\right)$

168 次の直交座標をもつ点の極座標を求めよ。ただし，偏角 θ は $0\leqq\theta<2\pi$ とする。

□ (1) $(-2,\ 2)$　□ (2) $(1,\ \sqrt{3})$　□ (3) $(3\sqrt{3},\ -3)$

例題研究》 極座標で表された 2 点 $\mathrm{P}\left(2,\ \dfrac{5}{6}\pi\right)$，$\mathrm{Q}\left(3,\ \dfrac{\pi}{2}\right)$ 間の距離を求めよ。

着眼 2 点の座標を直交座標に直してもよいが手間がかかるので，余弦定理 $\mathrm{PQ}^2=r_1{}^2+r_2{}^2-2r_1r_2\cos(\theta_1-\theta_2)$ を利用すればよい。

解き方 余弦定理を用いて

$$\mathrm{PQ}^2=2^2+3^2-2\cdot2\cdot3\cos\left(\frac{5}{6}\pi-\frac{\pi}{2}\right)=13-12\cos\frac{\pi}{3}$$
$$=13-6=7$$

$\mathrm{PQ}>0$ より　$\mathbf{PQ=\sqrt{7}}$ ……答

169 極座標で表された次の 2 点 P，Q 間の距離を求めよ。

□ (1) $\mathrm{P}\left(1,\ \dfrac{5}{6}\pi\right)$，$\mathrm{Q}\left(2,\ \dfrac{\pi}{6}\right)$　□ (2) $\mathrm{P}\left(2,\ \dfrac{3}{4}\pi\right)$，$\mathrm{Q}\left(\sqrt{2},\ \dfrac{\pi}{2}\right)$

170 極座標が次のような点を，極 O を中心に正の方向に〔 〕内に示された角度だけ回転移動させた点の極座標を求めよ。また，その点の直交座標を求めよ。

□ (1) $\left(3,\ \dfrac{\pi}{3}\right)$ $\left[\dfrac{\pi}{2}\right]$　□ (2) $\left(2\sqrt{3},\ -\dfrac{\pi}{4}\right)$ $\left[\dfrac{5}{12}\pi\right]$

171 次の円の極方程式を求めよ。

□ (1) $x^2+y^2=2$　□ (2) $(x+2)^2+(y-2)^2=2$

例題研究》 次の極方程式を直交座標での方程式で表し，どのような図形を表すかをいえ。

(1) $r\sin\left(\theta-\frac{5}{4}\pi\right)=-\sqrt{2}$　　(2) $r^2\cos 2\theta=1$

着眼 点Pの極座標 $(r,\ \theta)$ と直交座標 $(x,\ y)$ の関係 $x=r\cos\theta$, $y=r\sin\theta$ を用いる。まず，三角関数の加法定理や2倍角の公式を利用する。

解き方 (1) $\sin\left(\theta-\frac{5}{4}\pi\right)=\sin\theta\cos\frac{5}{4}\pi-\cos\theta\sin\frac{5}{4}\pi=-\frac{1}{\sqrt{2}}\sin\theta+\frac{1}{\sqrt{2}}\cos\theta$

よって，極方程式は　$r\sin\theta-r\cos\theta=2$　となる。

ここで，$x=r\cos\theta$, $y=r\sin\theta$ であるから　$y-x=2$

すなわち　**直線 $y=x+2$**　……答

(2) $\cos 2\theta=\cos^2\theta-\sin^2\theta$ であるから

極方程式は　$r^2(\cos^2\theta-\sin^2\theta)=1$　すなわち　$(r\cos\theta)^2-(r\sin\theta)^2=1$

ここで　$x=r\cos\theta$, $y=r\sin\theta$ であるから　$x^2-y^2=1$

すなわち　**双曲線 $x^2-y^2=1$**　……答

172 次の極方程式を直交座標での方程式で表せ。〈テスト必出〉

□ (1) $r\cos\left(\theta+\frac{\pi}{3}\right)=1$　□ (2) $r=\frac{\cos\theta}{\sin^2\theta}$　□ (3) $r=\frac{1}{1+\cos\theta}$

□ (4) $r=4\sin\theta-6\cos\theta$　□ (5) $r^2\sin 2\theta=4$

173 次の各問いに答えよ。

□ (1) 中心が $C(r_0,\ \theta_0)$ で，極Oを通る円の極方程式を求めよ。

□ (2) 極方程式 $r=\sqrt{3}\cos\theta+\sin\theta$ は円を表すことを示し，その中心の極座標と半径を求めよ。

ガイド (1) 円上の任意の点を $P(r,\ \theta)$ として，r と θ の関係を求める。

174 次の直線，曲線の極方程式を求めよ。〈テスト必出〉

□ (1) 中心の極座標が $(2,\ 0)$ で，半径2の円

□ (2) 極座標が $\left(3,\ \frac{\pi}{3}\right)$ の点Aを通り，OAに垂直な直線

応用問題

解答 ➡ 別冊 p. 33

例題研究》 極 O と異なる定点 A(p, α) (ただし，$p>0$) を通り，線分 OA に垂直な直線の極方程式は $r\cos(\theta-\alpha)=p$ である。このことにより次の直線を図示せよ。

(1) $r\cos\left(\theta+\dfrac{\pi}{3}\right)=3$　　(2) $r\sin\left(\dfrac{2}{3}\pi-\theta\right)=3$

着眼 直線の極方程式 $r\cos(\theta-\alpha)=p$ と比較し，定点 A(p, α) の位置を明らかにする。

解き方 (1) $r\cos\left\{\theta-\left(-\dfrac{\pi}{3}\right)\right\}=3$ より，

A$\left(3,\ -\dfrac{\pi}{3}\right)$ である。

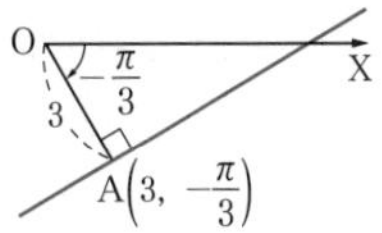

よって，**右の図の点 A を通り線分 OA に垂直な直線** ……答

(2) $\sin\theta=\cos\left(\dfrac{\pi}{2}-\theta\right)$ だから

$$\sin\left(\frac{2}{3}\pi-\theta\right)=\cos\left\{\frac{\pi}{2}-\left(\frac{2}{3}\pi-\theta\right)\right\}$$
$$=\cos\left(\theta-\frac{\pi}{6}\right)$$

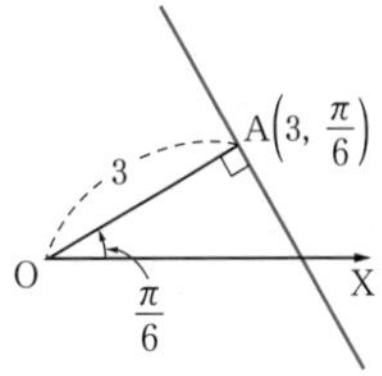

ゆえに，$r\cos\left(\theta-\dfrac{\pi}{6}\right)=3$ より，A$\left(3,\ \dfrac{\pi}{6}\right)$ である。

よって，**右の図の点 A を通り線分 OA に垂直な直線** ……答

175 次の極方程式で表される直線 ℓ を図示せよ。 **差がつく**

□ (1) $r\sin\theta=2$　　□ (2) $r\sin\theta-\sqrt{3}r\cos\theta=4$

□ **176** 極座標で表された 2 点 A$\left(4,\ \dfrac{\pi}{6}\right)$，B$\left(2,\ \dfrac{5}{6}\pi\right)$ を通る直線の極方程式を求めよ。

□ **177** 極方程式で表された 2 直線 $r(\sqrt{3}\cos\theta+\sin\theta)=4$，$r(\cos\theta-\sin\theta)=2$ のなす角 α を求めよ。ただし，$0\leqq\alpha\leqq\dfrac{\pi}{2}$ とする。

例題研究》 極方程式 $r=\dfrac{b}{1-a\cos\theta}$ $(b\neq0,\ 0<a<1)$ で与えられる曲線と，媒介変数表示された曲線 $x=\dfrac{4}{3}\cos t,\ y=\dfrac{2\sqrt{3}}{3}\sin t$ を x 軸方向に $\dfrac{2}{3}$ だけ平行移動した曲線が一致するように $a,\ b$ の値を定めよ。

着眼 極方程式で表されている曲線を直交座標の方程式に直し，媒介変数表示された曲線も $x,\ y$ の方程式に直して，平行移動した方程式と比較せよ。

解き方 $\cos t=\dfrac{3}{4}x,\ \sin t=\dfrac{\sqrt{3}}{2}y$ より　$\cos^2t+\sin^2t=\dfrac{9}{16}x^2+\dfrac{3}{4}y^2=1$

この曲線を x 軸方向に $\dfrac{2}{3}$ だけ平行移動した曲線の方程式は

$$\frac{9}{16}\left(x-\frac{2}{3}\right)^2+\frac{3}{4}y^2=1$$

すなわち　$\dfrac{3}{4}x^2-x+y^2-1=0$　……①

また，極方程式 $r=\dfrac{b}{1-a\cos\theta}$ で表される曲線を直交座標の方程式に直すと

$r(1-a\cos\theta)=b$　　$r-ar\cos\theta=b$

$\sqrt{x^2+y^2}-ax=b$ より移項し，両辺を2乗すると

$x^2+y^2=a^2x^2+2abx+b^2$

すなわち　$(1-a^2)x^2-2abx+y^2-b^2=0$　……②

①，②の方程式で表される曲線が一致することから，係数を比較して

$1-a^2=\dfrac{3}{4},\ 2ab=1,\ b^2=1$

$0<a<1$ より　$a=\dfrac{1}{2}$　このとき　$b=1$

よって　$\boldsymbol{a=\dfrac{1}{2},\ b=1}$　……答

178 次の問いに答えよ。

□ (1) 極方程式 $r=\dfrac{\sqrt{6}}{2+\sqrt{6}\cos\theta}$ の表す曲線を，直交座標 $(x,\ y)$ に関する方程式で表し，その概形を図示せよ。

□ (2) 原点をOとする。(1)の曲線上の点 $\mathrm{P}(x,\ y)$ から直線 $x=a$ に下ろした垂線をPHとし，$k=\dfrac{\mathrm{OP}}{\mathrm{PH}}$ とおく。点Pが(1)の曲線上を動くとき，k が一定となる a の値を求めよ。また，そのときの k の値を求めよ。

17 分数関数と無理関数

テストに出る重要ポイント

- **分数関数**…変数 x の分数式で表される関数を x の**分数関数**という。

  ① $y=\dfrac{k}{x}$ のグラフは**直角双曲線**で，x 軸，y 軸を**漸近線**とする。$k>0$ ならば第 1，3 象限，$k<0$ ならば第 2，4 象限にそれぞれ存在する。
  また，原点に関して対称である。

  ② $y=\dfrac{k}{x-p}+q$ のグラフは $y=\dfrac{k}{x}$ のグラフを **x 軸方向に p，y 軸方向に q だけ平行移動**した直角双曲線である。漸近線は 2 直線 $x=p$，$y=q$

- **無理関数**…根号の中に文字を含む式を**無理式**といい，変数 x の無理式で表される関数を x の**無理関数**という。

  ① $y=\sqrt{ax}$ $(a\neq0)$ のグラフは，x 軸を軸，原点を頂点とする放物線の上半分。

  ② $y=\sqrt{ax+b}+c$ $(a\neq0)$ のグラフは，
  定義域は $ax+b\geqq0$ で
  $y=\sqrt{a\left\{x-\left(-\dfrac{b}{a}\right)\right\}}+c$ と変形できる。
  これは $y=\sqrt{ax}$ のグラフを **x 軸方向に $-\dfrac{b}{a}$，y 軸方向に c だけ平行移動**したものである。

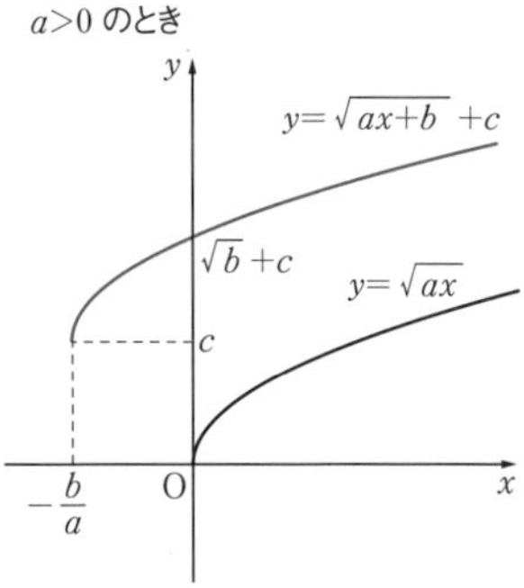

基本問題

解答 ⟹ 別冊 p. 33

チェックできたら。

179 次の分数関数のグラフをかけ。また，その漸近線を求めよ。

□ (1) $y=\dfrac{1}{x-2}+3$　□ (2) $y=\dfrac{2}{x+1}-2$　□ (3) $y=-\dfrac{1}{x+1}$

□ (4) $y=\dfrac{2x-1}{x-2}$　□ (5) $y=-\dfrac{x+1}{x-2}$

180 次の無理関数のグラフをかけ。また，$y=\sqrt{2x}$ のグラフとの位置関係をいえ。

□ (1) $y=-\sqrt{2x}$　□ (2) $y=\sqrt{-2x}$　□ (3) $y=-\sqrt{-2x}$

□ (4) $y=\sqrt{2x-4}$　□ (5) $y=\sqrt{-2x+4}$　□ (6) $y=\sqrt{2x+6}+2$

例題研究》 2直線 $x=-1$，$y=2$ を漸近線とし，点 $(-3,\ 1)$ を通る直角双曲線の方程式を求めよ。

着眼　直角双曲線 $y=\dfrac{k}{x-p}+q$ の**漸近線は $\boldsymbol{x=p}$，$\boldsymbol{y=q}$** である。

解き方　漸近線が2直線 $x=-1$，$y=2$ であるから，求める直角双曲線の方程式は

$y=\dfrac{k}{x+1}+2$ とおくことができる。

これが点 $(-3,\ 1)$ を通るから

$1=\dfrac{k}{-3+1}+2$　　よって　$k=2$

したがって，求める方程式は　$\boldsymbol{y=\dfrac{2}{x+1}+2}$　……答

□ **181** グラフが2点 $(1,\ -2)$，$(-1,\ 0)$ を通り，漸近線が $x=a$，$y=1$ である分数関数(分母も分子も x の1次式のもの)がある。定数 a の値と分数関数を求めよ。

182 次の関数のグラフをかき，値域を求めよ。〈テスト必出

□ (1) $y=\dfrac{2x-1}{x-2}$ $(-1\leqq x\leqq 1)$

□ (2) $y=\dfrac{6x-2}{2x-1}$ $(1\leqq x\leqq 2)$

□ **183** 分数関数 $y=\dfrac{k}{2x}$ のグラフを x 軸方向に1，y 軸方向に -1 だけ平行移動すると $y=\dfrac{-2x+6}{2x-2}$ になった。k の値を求めよ。

応用問題

解答 ➡ 別冊 p. 35

例題研究》 (1) $y=x+1$ および $y=\dfrac{2}{x-1}$ のグラフの交点の座標を求めよ。

(2) 不等式 $x+1>\dfrac{2}{x-1}$ を解け。

着眼 (1) 一般に，分数方程式を解くには，分母を払った方程式を解き，分母を0にする値を除けばよい。

(2) 求める解は，双曲線 $y=\dfrac{2}{x-1}$ のグラフが直線 $y=x+1$ のグラフより下側であるような x の値の集合である。

解き方 (1) $y=x+1$ ……① $y=\dfrac{2}{x-1}$ ……②

①，②のグラフの交点の x 座標は，$x+1=\dfrac{2}{x-1}$ ……③

の解である。③の分母を払うと $(x+1)(x-1)=2$

$x^2-3=0$ よって $x=\pm\sqrt{3}$

これは，③の分母を0にしないから解である。（→ 十分性に注意せよ）

①から，$x=\pm\sqrt{3}$ のとき $y=\pm\sqrt{3}+1$ （複号同順）

したがって，求める交点の座標は $(-\sqrt{3},\ -\sqrt{3}+1)$，$(\sqrt{3},\ \sqrt{3}+1)$ ……答

(2) ①，②のグラフは右の図のようになるから，与えられた不等式の解は，②のグラフが①のグラフより下側であるような x の値の範囲である。

したがって

$-\sqrt{3}<x<1$，$\sqrt{3}<x$ ……答

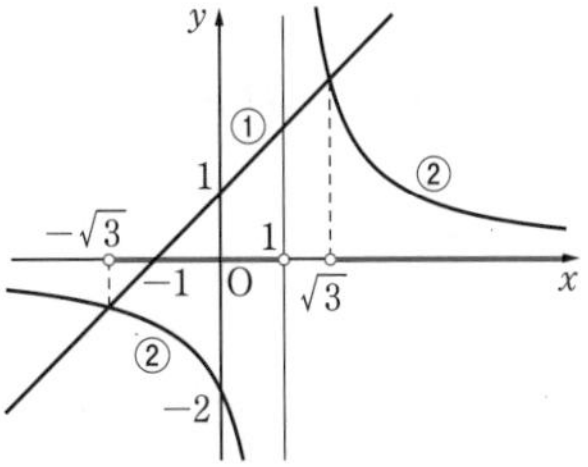

184 次の不等式を解け。

□ (1) $\dfrac{2x+6}{x+1}\leqq x$ □ (2) $\dfrac{-3x+2}{x}\leqq -x$

ガイド (1) $\dfrac{2x+6}{x+1}=2+\dfrac{4}{x+1}$ より，$\dfrac{4}{x+1}\leqq x-2$ と変形して解く。

例題研究》 グラフを利用して，$\sqrt{2x+4}-x \geqq 1$ を満たす x の値の範囲を求めよ。

着眼 $\sqrt{\boldsymbol{ax+b}} > \boldsymbol{mx+n}$ の形にして，両辺のグラフを考えるのがポイント。すなわち，$y=\sqrt{ax+b}$ のグラフが直線 $y=mx+n$ の上側となる x の値の範囲を求める。

解き方 $\sqrt{2x+4}-x \geqq 1$ から $\sqrt{2x+4} \geqq x+1$ ……①

ここで，$y=\sqrt{2x+4}$ ……②，$y=x+1$ ……③

とおいて，グラフをかけば右の図のようになる。

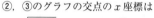

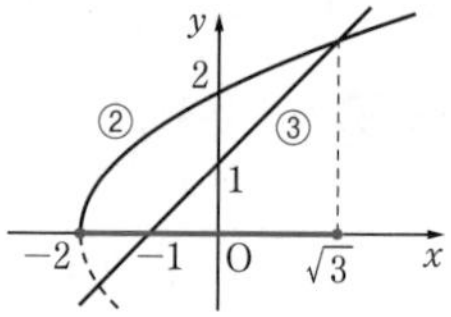

②，③のグラフの交点の x 座標は

$\sqrt{2x+4}=x+1$ ……④

の解である。④の両辺を2乗して整理すれば

$x^2-3=0$ $x=\pm\sqrt{3}$

図から，④の解は，$x=\sqrt{3}$

したがって，①の解，すなわち，②のグラフが③のグラフの上側にあるか，2つのグラフが共有点をもつ x の値の範囲は $\boldsymbol{-2 \leqq x \leqq \sqrt{3}}$ ……答

185 次の不等式を解け。

□ (1) $-x+5 \geqq \sqrt{x+1}$

□ (2) $x+1 > \sqrt{x+3}$

□ **186** 関数 $y=\sqrt{2x-2}$ のグラフが直線 $y=x+k$ に接するように，定数 k の値を定めよ。

□ **187** 関数 $y=\dfrac{2}{x+1}$ のグラフが直線 $y=-2x+k$ に接するように，定数 k の値を定めよ。

□ **188** 関数 $y=\sqrt{2x-4}$ と $y=x+k$ のグラフの共有点の個数を調べよ。ただし，k は定数とする。〈差がつく〉

□ **189** 関数 $y=\sqrt{mx+n}$ が $-1 \leqq x \leqq 3$ の範囲において最大値3，最小値1をとるように，定数 m，n の値を定めよ。

18 逆関数と合成関数

✪ テストに出る重要ポイント

- **逆関数**…関数 $y=f(x)$ において，x の異なる値に対して，y の異なる値がそれぞれ対応するとき，すなわち $a \neq b$ ならば $f(a) \neq f(b)$ であるとき，この関数 $f(x)$ は**1対1**であるという。関数 $y=f(x)$ が1対1であるとき，値域に含まれる y の値を1つ定めれば，それに対応する x の値がただ1つ定まる。この y から x への対応によって定まる関数を $x=f^{-1}(y)$ で表す。関数の変数には，通常 x を用いるから変数を x として，この関数を $\boldsymbol{y=f^{-1}(x)}$ と表し，$y=f(x)$ の**逆関数**という。
  ① 逆関数の求め方
  関数 $y=f(x)$ を x について解き，得られた関数 $x=f^{-1}(y)$ について，x と y を入れかえればよい。
  ② $f^{-1}(x)$ の定義域＝$f(x)$ の値域
  $f^{-1}(x)$ の値域＝$f(x)$ の定義域
  ③ 関数 $y=f(x)$ とその逆関数 $y=f^{-1}(x)$ のグラフは**直線 $\boldsymbol{y=x}$ に関して対称**。
- **合成関数**…関数 $f(x)$，$g(x)$ に対して，$y=f(x)$，$z=g(y)$ とすれば，$f(x)$ の値域が $g(y)$ の定義域に含まれるとき，x を z に対応させる関数 $z=g(f(x))$ が得られる。これを関数 $f(x)$ と $g(y)$ の**合成関数**といい，$\boldsymbol{(g \circ f)(x)}$ で表す。すなわち　$\boldsymbol{(g \circ f)(x)=g(f(x))}$
  一般には　$(g \circ f)(x) \neq (f \circ g)(x)$，$(h \circ (g \circ f))(x)=((h \circ g) \circ f)(x)$

基本問題

解答 → 別冊 p. 36

できたらチェック。

190 次の関数の値域を求めよ。

□ (1) $y=2x-3$ $(-1 \leqq x \leqq 2)$
□ (2) $y=x^2+2x-1$ $(0 \leqq x \leqq 2)$
□ (3) $y=\dfrac{1}{x-1}-4$ $(2 \leqq x \leqq 3)$
□ (4) $y=\sqrt{-x-4}$ $(-8 \leqq x \leqq -4)$

191 次の関数の逆関数を求めよ。また，(3)，(4)については，逆関数の定義域をいえ。

□ (1) $y=-3x-1$
□ (2) $y=3x+2$
□ (3) $y=-x+2$ $(1 \leqq x < 4)$
□ (4) $y=3x-2$ $(0 \leqq x < 3)$

192 次の関数 $f(x)$，$g(x)$ に対して，合成関数 $(g\circ f)(x)$ と $(f\circ g)(x)$ を求めよ。 〈テスト必出〉

□ (1) $f(x)=x-1$，$g(x)=x^2$

□ (2) $f(x)=\sqrt{x}$，$g(x)=3-x^2$

□ (3) $f(x)=a^x$，$g(x)=\log_a x$ $(a>0,\ a\neq 1)$

□ (4) $f(x)=\dfrac{1}{x-1}$，$g(x)=\dfrac{2x}{x+1}$

例題研究》 2次関数 $y=x^2-2x+5$ $(-1\leqq x\leqq 1)$ の逆関数とその定義域を求めよ。

着眼 グラフを利用するとわかりやすい。
まず，右辺を平方完成しておくとよい。

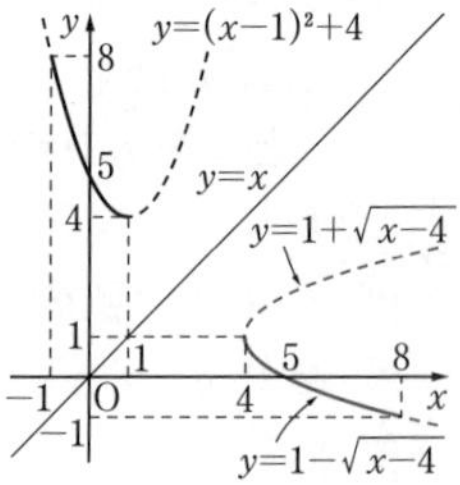

解き方 $y=x^2-2x+5$ ……① $-1\leqq x\leqq 1$ ……②
①を変形すると $y=(x-1)^2+4$ ……③
となるから，②の範囲での①のグラフは右の図の黒実線部分となる。したがって，その値域は
$4\leqq y\leqq 8$ ……④
①を x について解くと，③から $x-1=\pm\sqrt{y-4}$
②の範囲では，$x-1\leqq 0$ であるから
$x-1=-\sqrt{y-4}$ $x=1-\sqrt{y-4}$ ……⑤
逆関数は，⑤で x と y を入れかえて $\boldsymbol{y=1-\sqrt{x-4}}$ ……答
逆関数の定義域は，④から $\boldsymbol{4\leqq x\leqq 8}$ ……答

193 次の関数の逆関数を求めよ。また，逆関数の定義域をいえ。〈テスト必出〉

□ (1) $y=x^2-2$ $(x\geqq 0)$

□ (2) $y=\sqrt{x+1}$

□ (3) $y=x^2+4x$ $(x\geqq 1)$

□ (4) $y=\dfrac{x-1}{x+1}$ $(x\geqq 0)$

応用問題

解答 ➡ 別冊 p. 38

194 次の関数の逆関数を求めよ。また，逆関数の定義域，値域を求め，そのグラフをかけ。

□ (1) $y=\log_2(x-1)-1$

□ (2) $y=\left(\dfrac{1}{3}\right)^{x+1}-1$

例題研究》 関数 $f(x)=\dfrac{ax+b}{cx-d}$ $(d\neq 0)$ と $g(x)=\dfrac{-2x+3}{x-1}$ がある。

$(f\circ g)(x)=x$ となる関数 $f(x)$ を求めよ。

着眼 $(f\circ g)(x)=f(g(x))$，$(f\circ g)(x)=x$ より，x についての恒等式を解けばよい。

解き方 $(f\circ g)(x)=f(g(x))=\dfrac{ag(x)+b}{cg(x)-d}=\dfrac{a\cdot\dfrac{-2x+3}{x-1}+b}{c\cdot\dfrac{-2x+3}{x-1}-d}$

$$=\frac{a(-2x+3)+b(x-1)}{c(-2x+3)-d(x-1)}=\frac{(-2a+b)x+3a-b}{(-2c-d)x+3c+d}$$

$(f\circ g)(x)=x$ であるから

$$\frac{(-2a+b)x+3a-b}{(-2c-d)x+3c+d}=x$$

分母を払って整理すると

$$(-2c-d)x^2+(2a-b+3c+d)x-3a+b=0$$

これが x についての恒等式となるから

$-2c-d=0$ ……①　$2a-b+3c+d=0$ ……②　$-3a+b=0$ ……③

①より　$c=-\dfrac{1}{2}d$ ……①′　②より　$2a-b=\dfrac{1}{2}d$ ……④

③＋④より　$a=-\dfrac{1}{2}d$ ……⑤

③，⑤より　$b=-\dfrac{3}{2}d$ ……⑥

よって，$f(x)$ に①′，⑤，⑥を代入して　$f(x)=\dfrac{-\dfrac{1}{2}dx-\dfrac{3}{2}d}{-\dfrac{1}{2}dx-d}$

$d\neq 0$ であるから，求める関数 $f(x)$ は　$\boldsymbol{f(x)=\dfrac{x+3}{x+2}}$ ……答

□ **195** 関数 $f(x)=x-2$，$g(x)=3x+4$ がある。$(h\circ f)(x)=g(x)$ を満たす 1 次関数 $h(x)$ を求めよ。

196 $f(x)=x^2+1$，$g(x)=2x+3$ に対して

□ (1) $g(h(x))=f(x)$ を満たす関数 $h(x)$ を求めよ。

□ (2) $k(g(x))=f(x)$ を満たす関数 $k(x)$ を求めよ。

例題研究》 分数関数 $f(x)=\dfrac{ax-b}{x-c}$ がある。逆関数 $f^{-1}(x)$ は $f^{-1}(1)=6$ を満たし，合成関数 $(f\circ f)(x)$ は $(f\circ f)\left(\dfrac{9}{4}\right)=1$ を満たしている。また，$y=f(x)$ のグラフの漸近線の1つは $y=2$ である。定数 a，b，c の値を求めよ。

着眼　**逆関数の存在する関数は1対1である。**よって $f(\alpha)=f(\beta)$ ならば $\alpha=\beta$

$y=\dfrac{k}{x-p}+q$ の漸近線は $x=p$，$y=q$ である。

解き方　$f(x)=\dfrac{ax-b}{x-c}=\dfrac{ac-b}{x-c}+a$ で $y=2$ が漸近線だから　$a=2$

$f^{-1}(1)=6$ より　$f(6)=1$

$(f\circ f)\left(\dfrac{9}{4}\right)=1$ だから　$f(6)=(f\circ f)\left(\dfrac{9}{4}\right)=f\left(f\left(\dfrac{9}{4}\right)\right)$

$f(x)$ は1対1だから　$6=f\left(\dfrac{9}{4}\right)$

$f(6)=1$ より　$\dfrac{2\cdot6-b}{6-c}=1$　　$12-b=6-c$　……①

$f\left(\dfrac{9}{4}\right)=6$ より　$\dfrac{2\cdot\frac{9}{4}-b}{\frac{9}{4}-c}=6$　　$\dfrac{9}{2}-b=\dfrac{27}{2}-6c$　……②

①，②より　$b=9$，$c=3$

よって　$\boldsymbol{a=2}$，$\boldsymbol{b=9}$，$\boldsymbol{c=3}$　……答

□ **197** 関数 $f(x)=\dfrac{ax+b}{x+c}$ の逆関数 $f^{-1}(x)$ は $f^{-1}(0)=2$ を満たし，$y=f(x)$ と $y=f^{-1}(x)$ のグラフは点 $(1,\ 1)$ を共有している。また，$y=f(x)$ の漸近線の1つは $x=3$ である。定数 a，b，c の値を求めよ。〈差がつく〉

□ **198** 関数 $f(x)=a+\dfrac{b}{2x-1}$ の逆関数が $g(x)=c+\dfrac{2}{x-1}$ であるとき，定数 a，b，c の値を求めよ。

□ **199** 関数 $f(x)=ax+b$ の逆関数がもとの関数と一致するための必要十分条件を求めよ。

ガイド　$a=0$，$a\neq0$ の場合に分けて考える。

19 数列の極限

テストに出る重要ポイント

- **無限数列の極限値**…項が限りなく続く数列（**無限数列**）$\{a_n\}$ で n が限りなく大きくなるとき，a_n が一定の値 α に限りなく近づくならば $\{a_n\}$ は α に**収束する**といい，α をその**極限値**という。

  $\lim_{n\to\infty} a_n=\alpha$　または　$n\to\infty$ のとき $a_n\to\alpha$　と表す。

  また，数列 $\{a_n\}$ が収束しないとき，数列 $\{a_n\}$ は**発散する**という。

- **無限数列の収束・発散**

  収束　$\lim_{n\to\infty} a_n=\alpha$　（極限値 α）

  発散
  - $\lim_{n\to\infty} a_n=\infty$　（正の無限大に発散する）
  - $\lim_{n\to\infty} a_n=-\infty$　（負の無限大に発散する）
  - 振動する　（極限はない）

- **数列の極限値の性質**

  数列 $\{a_n\}$，$\{b_n\}$ が収束し，$\lim_{n\to\infty} a_n=\alpha$，$\lim_{n\to\infty} b_n=\beta$ のとき

  ① $\boldsymbol{\lim_{n\to\infty} ka_n=k\alpha}$　（ただし，k は定数）

  ② $\boldsymbol{\lim_{n\to\infty}(a_n\pm b_n)=\alpha\pm\beta}$　（複号同順）

  ③ $\boldsymbol{\lim_{n\to\infty} a_nb_n=\alpha\beta}$　④ $\boldsymbol{\lim_{n\to\infty}\frac{a_n}{b_n}=\frac{\alpha}{\beta}}$　（ただし，$\beta\neq 0$）

- **数列の極限と不等式**

  ① $\lim_{n\to\infty} a_n=\alpha$，$\lim_{n\to\infty} b_n=\beta$ のとき，すべての n に対して

  ◦ $a_n\leqq b_n$ ならば $\alpha\leqq\beta$

  ◦ $a_n\leqq c_n\leqq b_n$ かつ $\alpha=\beta$ ならば $\lim_{n\to\infty} c_n=\alpha$　**（はさみうちの原理）**

  ② すべての n に対して $a_n\leqq b_n$ かつ $\lim_{n\to\infty} a_n=\infty$ ならば $\lim_{n\to\infty} b_n=\infty$

基本問題

解答 → 別冊 p. 39

できたらチェック。

200 次の数列の収束，発散を調べよ。

□ (1) $1,\ \frac{4}{3},\ \frac{5}{3},\ 2,\ \frac{7}{3},\ \cdots$　　□ (2) $1,\ -\frac{1}{3},\ \frac{1}{9},\ -\frac{1}{27},\ \cdots$

□ (3) $2,\ 0,\ -2,\ -4,\ \cdots$　　□ (4) $2,\ 1,\ 2,\ 1,\ \cdots$

201 次の無限数列を第4項まで求めて，極限を調べよ。

□ (1) $\left\{1+\frac{1}{n}\right\}$　　□ (2) $\{3n\}$　　□ (3) $\{4-3n\}$

202 次の数列の収束，発散を調べよ。

□ (1) $\{\sqrt{n+1}\}$　　□ (2) $\{(-1)^n+2\}$　　□ (3) $\left\{-\frac{2}{n^2}\right\}$

例題研究》 次の極限を求めよ。

(1) $\lim_{n\to\infty}\frac{3n^2-2n}{4n^2+1}$　　(2) $\lim_{n\to\infty}\frac{3n^3+4n}{(n-1)(n+2)}$

着眼 分母，分子がともに n の整式になっている。このような場合，**分母の最高次の項で，分母，分子を割る**とうまくいく場合が多い。

解き方 (1) $\lim_{n\to\infty}\frac{3n^2-2n}{4n^2+1}=\lim_{n\to\infty}\frac{3-\frac{2}{n}}{4+\frac{1}{n^2}}=\mathbf{\frac{3}{4}}$ ……答

(2) $\lim_{n\to\infty}\frac{3n^3+4n}{(n-1)(n+2)}=\lim_{n\to\infty}\frac{3n+\frac{4}{n}}{\left(1-\frac{1}{n}\right)\left(1+\frac{2}{n}\right)}=\infty$ ……答

203 次の極限を求めよ。

□ (1) $\lim_{n\to\infty}\frac{3n-4}{n-1}$　　□ (2) $\lim_{n\to\infty}\frac{2n^2+4n}{3n^2-4}$

□ (3) $\lim_{n\to\infty}\frac{(2+n)(5n-1)}{2n^2+1}$　　□ (4) $\lim_{n\to\infty}\frac{3n^2+5}{n(n-1)(n+1)}$

例題研究》 次の極限を求めよ。

(1) $\lim_{n\to\infty}\sqrt{n+1}(\sqrt{n+2}-\sqrt{n})$　(2) $\lim_{n\to\infty}(3n^2-4n^3)$

着眼 (1)のような無理式の場合は，分母が1の分数と考えて，**分子の有理化**を行うとうまくいく場合が多い。
(2)のような場合は，**最高次の項をかっこの外にくくり出す**とよい。

解き方 (1) $\lim_{n\to\infty}\sqrt{n+1}(\sqrt{n+2}-\sqrt{n})$

→ $\sqrt{n+2}+\sqrt{n}$ を分母・分子に掛ける

$$=\lim_{n\to\infty}\sqrt{n+1}\cdot\frac{(\sqrt{n+2}-\sqrt{n})(\sqrt{n+2}+\sqrt{n})}{\sqrt{n+2}+\sqrt{n}}$$

$$=\lim_{n\to\infty}\frac{2\sqrt{n+1}}{\sqrt{n+2}+\sqrt{n}}$$

$$=\lim_{n\to\infty}\frac{2\sqrt{1+\frac{1}{n}}}{\sqrt{1+\frac{2}{n}}+1}=\frac{2}{1+1}=\mathbf{1}$$ ……答

(2) $\lim_{n\to\infty}(3n^2-4n^3)=\lim_{n\to\infty}n^3\left(\frac{3}{n}-4\right)=-\infty$ ……答

204 次の極限を求めよ。 **テスト必出**

□ (1) $\lim_{n\to\infty}(\sqrt{n^2+2n-3}-n)$　□ (2) $\lim_{n\to\infty}(n-3)(5-n)$

□ (3) $\lim_{n\to\infty}\frac{\sqrt{n+1}-\sqrt{n+2}}{\sqrt{n+1}-\sqrt{n}}$　□ (4) $\lim_{n\to\infty}\frac{1}{\sqrt{n+1}-\sqrt{n}}$

応用問題

解答 ➡ 別冊 p. 40

205 次の極限を求めよ。

□ (1) $\lim_{n\to\infty}\frac{1+2+3+\cdots+n}{n^2}$　□ (2) $\lim_{n\to\infty}\frac{1+2+3+\cdots+n}{1+3+5+\cdots+(2n-1)}$

206 次の極限を求めよ。

□ (1) $\lim_{n\to\infty}\frac{1^2+2^2+3^2+\cdots+n^2}{n^3}$

□ (2) $\lim_{n\to\infty}\left(\frac{1+2+3+\cdots+n}{n+2}-\frac{n}{2}\right)$

例題研究》 一般項が次の式で表される数列の極限を求めよ。

(1) $\dfrac{(-1)^n}{\sqrt{n}}$　　(2) $\dfrac{1}{2^n}\cos\dfrac{n\pi}{2}$

着眼 いずれも極限値を予想してみる。次に，**一般項をはさむ不等式をみつけ出す**とよい。(はさみうちの原理を利用する)

解き方 (1) $-1 \leqq (-1)^n \leqq 1$ であるから $-\dfrac{1}{\sqrt{n}} \leqq \dfrac{(-1)^n}{\sqrt{n}} \leqq \dfrac{1}{\sqrt{n}}$

ここで，$\lim_{n\to\infty}\left(-\dfrac{1}{\sqrt{n}}\right)=0$，$\lim_{n\to\infty}\dfrac{1}{\sqrt{n}}=0$ より $\lim_{n\to\infty}\dfrac{(-1)^n}{\sqrt{n}}=\mathbf{0}$ ……答

(2) $-1 \leqq \cos\dfrac{n\pi}{2} \leqq 1$ であるから $-\dfrac{1}{2^n} \leqq \dfrac{1}{2^n}\cos\dfrac{n\pi}{2} \leqq \dfrac{1}{2^n}$

ここで，$\lim_{n\to\infty}\left(-\dfrac{1}{2^n}\right)=0$，$\lim_{n\to\infty}\dfrac{1}{2^n}=0$ より $\lim_{n\to\infty}\dfrac{1}{2^n}\cos\dfrac{n\pi}{2}=\mathbf{0}$ ……答

207 次の極限値を求めよ。ただし，$[x]$ は x を超えない最大の整数を表すものとする。《差がつく

□ (1) $\lim_{n\to\infty}\dfrac{\sin n\theta}{2n+1}$　　□ (2) $\lim_{n\to\infty}\dfrac{\left[\dfrac{n}{3}\right]}{n}$

208 一般項が次の式で表される数列の極限を求めよ。

□ (1) $\log_2(2n+1)-\log_2(4n+1)$

□ (2) $\sin\dfrac{n\pi}{n+1}$

209 数列 $\{(1+h)^n\}$ $(h>0,\ n=1,\ 2,\ 3,\ \cdots)$ について，次の問いに答えよ。

□ (1) $(1+h)^n \geqq 1+nh$ を示せ。

□ (2) 数列 $\{(1+h)^n\}$ の極限を求めよ。

20 無限等比数列

テストに出る重要ポイント

- **無限等比数列 $\{r^n\}$ の極限**

$r>1$ のとき $\lim_{n\to\infty} r^n=\infty$

$r=1$ のとき $\lim_{n\to\infty} r^n=1$ ┐
$-1<r<1$ のとき $\lim_{n\to\infty} r^n=0$ ┘収束する

$r\leqq -1$ のとき $\{r^n\}$ は発散(振動)する

基本問題

解答 ➡ 別冊 p. 41

できたらチェック。

210 次の無限等比数列の極限を調べよ。

□ (1) $1,\ \frac{3}{2},\ \frac{9}{4},\ \frac{27}{8},\ \cdots$　□ (2) $2,\ -1,\ \frac{1}{2},\ -\frac{1}{4},\ \cdots$

□ (3) $9,\ 3,\ 1,\ \frac{1}{3},\ \cdots$　□ (4) $-4,\ 10,\ -25,\ \frac{125}{2},\ \cdots$

211 次の数列の極限を調べよ。

□ (1) $\left\{2\left(\frac{1}{3}\right)^n\right\}$　□ (2) $\left\{\left(\frac{1}{\sqrt{3}}\right)^{n+1}\right\}$　□ (3) $\left\{-3\left(\frac{1}{4}\right)^n\right\}$

□ (4) $\left\{\left(\frac{5}{2}\right)^n\right\}$　□ (5) $\{(1-\sqrt{3})^n\}$　□ (6) $\left\{\left(\frac{1}{\sqrt{3}-\sqrt{2}}\right)^n\right\}$

212 次の数列の極限を調べよ。 テスト必出

□ (1) $\left\{\frac{3^n+1}{2^n-3^n}\right\}$　□ (2) $\{3^n-2^n\}$　□ (3) $\{(-2)^n-3^n\}$

□ (4) $\left\{\frac{2\cdot 3^n}{3^n+(-2)^n}\right\}$　□ (5) $\left\{\frac{3^n+\sqrt{3^n}}{\sqrt{9^n}}\right\}$

ガイド (1) 分母の最大の項 3^n で分母，分子を割ればよい。

応用問題

解答 ⟹ 別冊 p. 42

例題研究》 一般項 a_n が次の式で表される数列の極限を求めよ。

$$a_n=\frac{r^n-1}{r^n+1}\ (r \neq -1)$$

着眼 無限等比数列 $\{r^n\}$ の極限が基本であるから，$|r|<1$，$r=1$，$|r|>1$ の場合に分けて考えればよい。

解き方 $|r|<1$ のとき，$\lim_{n\to\infty} r^n=0$

よって　$\lim_{n\to\infty}\frac{r^n-1}{r^n+1}=\frac{0-1}{0+1}=-1$

$r=1$ のとき，$\lim_{n\to\infty}\frac{r^n-1}{r^n+1}=\frac{1-1}{1+1}=0$

$|r|>1$ のとき，$\lim_{n\to\infty}\left(\frac{1}{r}\right)^n=0$

よって　$\lim_{n\to\infty}\frac{r^n-1}{r^n+1}=\lim_{n\to\infty}\frac{1-\left(\frac{1}{r}\right)^n}{1+\left(\frac{1}{r}\right)^n}=\frac{1-0}{1+0}=1$

したがって　**$|r|<1$ のとき -1，$r=1$ のとき 0，$|r|>1$ のとき 1**　……答

213 次の数列の極限を求めよ。

□ (1) $\left\{\frac{r^{n+1}}{1+r^n}\right\}\ (r \neq -1)$　　□ (2) $\left\{\frac{r^{2n}-1}{r^{2n}+1}\right\}$

□ (3) $\left\{\frac{r^n-r^{-n}}{r^n+r^{-n}}\right\}\ (r>0)$　　□ (4) $\left\{\frac{r^{n+1}-3^{n+1}}{r^n+3^n}\right\}\ (r \neq -3)$

ガイド (3) $0<r<1$，$r=1$，$r>1$ の場合に分けて考える。
(4) $|r|<3$，$r=3$，$|r|>3$ の場合に分けて考える。

□ **214** 一般項 a_n が次の式で表される数列の極限を求めよ。〈差がつく〉

$$a_n=\frac{r^{n+2}+2r-2}{r^n+1}\ (r \neq -1)$$

例題研究》 数列 $\left\{\left(\dfrac{x}{1-2x}\right)^n\right\}$ が収束するように，実数 x の値の範囲を定め，そのときの数列の極限値を求めよ。

着眼 **収束条件は $-1<$ 公比 $\leqq 1$ であるから，その不等式を解けばよい。**

解き方 与えられた数列が収束する条件は，$-1<\dfrac{x}{1-2x}\leqq 1$ である。
→ 等号をよく忘れるので注意

すなわち，$\dfrac{x}{1-2x}=1$ または $\left|\dfrac{x}{1-2x}\right|<1$ である。

(i) $\dfrac{x}{1-2x}=1$ のとき，$x=1-2x$ より　$x=\dfrac{1}{3}$

このとき　$\displaystyle\lim_{n\to\infty}\left(\frac{x}{1-2x}\right)^n=1$

(ii) $\left|\dfrac{x}{1-2x}\right|<1$ のとき，$\left(\dfrac{x}{1-2x}\right)^2<1$ より　$x^2<(1-2x)^2$

これより　$x<\dfrac{1}{3}$，$1<x$　このとき　$\displaystyle\lim_{n\to\infty}\left(\frac{x}{1-2x}\right)^n=0$

(i)，(ii)より，収束する条件は　$\boldsymbol{x\leqq\dfrac{1}{3}}$，$\boldsymbol{1<x}$　……答

また，$\boldsymbol{x=\dfrac{1}{3}}$ **のとき**，$\displaystyle\boldsymbol{\lim_{n\to\infty}\left(\frac{x}{1-2x}\right)^n=1}$　……答

$\boldsymbol{x<\dfrac{1}{3}}$，$\boldsymbol{1<x}$ **のとき**，$\displaystyle\boldsymbol{\lim_{n\to\infty}\left(\frac{x}{1-2x}\right)^n=0}$　……答

215 次の数列が収束するような実数 x の値の範囲を求めよ。また，そのときの極限値を求めよ。

□ (1) $\{x(x-1)^{n-1}\}$　　□ (2) $\{(x^2-5x+5)^n\}$

□ (3) $\left\{\left(\dfrac{x-1}{2x+3}\right)^n\right\}$　　□ (4) $\left\{\left(\dfrac{3x}{x^2+2}\right)^n\right\}$

ガイド (1) 与えられた数列が収束する条件は，$x=0$ または $-1<x-1\leqq 1$
(2)〜(4)は，初項＝公比だから，$-1<$公比$\leqq 1$ で収束条件は求められる。

例題研究》 次の問いに答えよ。

(1) $h>0$ のとき，すべての自然数 n に対して，不等式

$$(1+h)^n \geqq 1+nh+\frac{n(n-1)}{2}h^2$$

が成り立つことを示せ。

(2) $r>1$ のとき，数列 $\left\{\dfrac{n}{r^n}\right\}$ の極限を求めよ。

着眼 (1) $n=1$, $n\geqq 2$ の二つの場合に分けて考える。$n\geqq 2$ の場合は二項定理を利用する。

(2) (1)を利用して，$\dfrac{n}{r^n}$ をはさむ不等式を導く。

解き方 (1) $n=1$ のとき　(左辺)$=(1+h)^1=1+h$　　(右辺)$=1+h+0=1+h$

よって，与えられた不等式は成り立つ。

$n\geqq 2$ のとき，二項定理より

$$(1+h)^n=1+{}_nC_1h+{}_nC_2h^2+\cdots\cdots+{}_nC_nh^n$$

$h>0$ であるから　$(1+h)^n\geqq 1+{}_nC_1h+{}_nC_2h^2$

よって　　$(1+h)^n\geqq 1+nh+\dfrac{n(n-1)}{2}h^2$

以上より，すべての自然数 n に対して，与えられた不等式は成り立つ。

(2) $r>1$ のとき，$r=1+h$ とおくと，$h>0$ で　$r^n=(1+h)^n$

これと(1)より，すべての自然数 n に対して

$$r^n\geqq 1+nh+\frac{n(n-1)}{2}h^2>0$$

ゆえに　$0<\dfrac{n}{r^n}\leqq\dfrac{1}{\dfrac{1}{n}+h+\dfrac{n-1}{2}h^2}$

ここで，$\displaystyle\lim_{n\to\infty}\frac{1}{\dfrac{1}{n}+h+\dfrac{n-1}{2}h^2}=0$ より　$\displaystyle\lim_{n\to\infty}\frac{n}{r^n}=\mathbf{0}$　……答

216 次の問いに答えよ。

□ (1) すべての自然数 n に対して，不等式 $2^n>\dfrac{n^3}{6}$ が成り立つことを示せ。

□ (2) $\displaystyle\lim_{n\to\infty}\frac{n^2}{2^n}$ を求めよ。

□ (3) $\displaystyle\lim_{n\to\infty}\frac{2^{n+1}+n^2-3n+2}{2^n+n^2+2n+5}$ を求めよ。

ガイド　(3) 分母・分子を 2^n で割り，(2)の結果を利用する。

21 漸化式と極限

テストに出る重要ポイント

- **漸化式と一般項**…一般項を求めるには，次の方法がある。
  ① 階差数列を利用する。
  ② 漸化式を変形して，等比数列に帰着させる。
  ③ 一般項を類推して，数学的帰納法で証明する。
- **漸化式と極限**…漸化式で定義された数列の極限を求めるには，上記のような方法で一般項を求め，その極限を考えればよい。なお，一般項が容易に求められないときは，まず，極限値の存在を仮定して，極限値 α を推定し，次に，α に収束することを不等式などを用いて証明すればよい。

基本問題

解答 → 別冊 p. 44

できたらチェック。

217 次の漸化式で定義される数列の極限を求めよ。

□ (1) $a_1=2$，$a_{n+1}=3+a_n$　　□ (2) $a_1=1$，$a_{n+1}=2a_n$

□ (3) $a_1=1$，$3a_{n+1}=a_n$　　□ (4) $a_1=2$，$a_{n+1}=-2+a_n$

例題研究》 漸化式 $a_1=1$，$a_{n+1}=\dfrac{1}{3}a_n+2$ で定義される数列の極限を求めよ。

着眼 漸化式から一般項を求めるには，$\boldsymbol{a_{n+1}=\alpha}$，$\boldsymbol{a_n=\alpha}$ として α を求めて，与式を変形する。

解き方 漸化式 $a_{n+1}=\dfrac{1}{3}a_n+2$ は，$\alpha=\dfrac{1}{3}\alpha+2$ を満たす α

すなわち $\alpha=3$ を用いて，$a_{n+1}-3=\dfrac{1}{3}(a_n-3)$ と変形できる。

→ 定型パターンであるから，しっかり覚える

これは，数列 $\{a_n-3\}$ が初項 $a_1-3=-2$，公比 $\dfrac{1}{3}$ の等比数列であることを示している。

$$a_n-3=-2\left(\frac{1}{3}\right)^{n-1} \quad \text{すなわち} \quad a_n=-2\left(\frac{1}{3}\right)^{n-1}+3$$

よって $\displaystyle\lim_{n\to\infty}a_n=\lim_{n\to\infty}\left\{-2\left(\frac{1}{3}\right)^{n-1}+3\right\}=\boldsymbol{3}$ ……答

218 次の漸化式で定義される数列の極限を求めよ。 テスト必出

□ (1) $a_1=1,\ a_{n+1}=\frac{1}{2}a_n+1$　　□ (2) $a_1=-1,\ a_{n+1}=2a_n+3$

□ (3) $a_1=2,\ a_{n+1}=-\frac{1}{3}a_n+4$

応用問題

解答 ➡ 別冊 p. 44

例題研究》 数列 $\{a_n\}$ が，$a_1=1,\ a_{n+1}=\dfrac{a_n}{2a_n+3}$ $(n=1,\ 2,\ 3,\ \cdots)$ で定義されているとき，次の問いに答えよ。

(1) $b_n=\dfrac{1}{a_n}$ とおくとき，b_{n+1} と b_n の関係式を求めよ。

(2) a_n を n の式で表せ。

(3) $\lim\limits_{n\to\infty}a_n$ を求めよ。

着眼 (1) まず $a_n\neq0$ であることを示し，与式の両辺の逆数をとる。
(2) $b_n,\ b_{n+1}$ の関係より b_n を n で表せばよい。

解き方 (1) $a_{n+1}=0$ と仮定すると，$\dfrac{a_n}{2a_n+3}=0$ より　$a_n=0$

よって，$a_{n+1}=a_n=a_{n-1}=\cdots=a_1=0$ となり

$a_1=1$ に反するので　$\underline{a_n\neq0}$　$(n=1,\ 2,\ 3,\ \cdots)$

→ これは，よく忘れるので注意すること

与式の両辺の逆数をとると

$$\frac{1}{a_{n+1}}=\frac{2a_n+3}{a_n}\qquad \frac{1}{a_{n+1}}=3\cdot\frac{1}{a_n}+2$$

したがって　$\boldsymbol{b_{n+1}=3b_n+2}$　……①　……答

(2) ①より　$b_{n+1}+1=3(b_n+1)$

また，$b_1=\dfrac{1}{a_1}=1$ であるから，数列 $\{b_n+1\}$ は初項 $b_1+1=2$，公比 3 の等比数列である。

$$b_n+1=2\cdot3^{n-1}\qquad b_n=2\cdot3^{n-1}-1$$

よって　$\boldsymbol{a_n}=\dfrac{1}{b_n}=\boldsymbol{\dfrac{1}{2\cdot3^{n-1}-1}}$　……答

(3) $\lim\limits_{n\to\infty}a_n=\mathbf{0}$　……答

219 数列 $\{a_n\}$ が，$a_1=1$，$a_{n+1}=\dfrac{2a_n}{6a_n+1}$ $(n=1,\ 2,\ 3,\ \cdots)$ で定義されているとき，次の問いに答えよ。

□ (1) $b_n=\dfrac{1}{a_n}$ とおくとき，b_{n+1} と b_n の関係式を求めよ。

□ (2) a_n を n の式で表せ。

□ (3) $\displaystyle\lim_{n\to\infty}a_n$ を求めよ。

ガイド (1) まず $a_n\neq0$ であることを示す。そのために $a_{n+1}=0$ と仮定すると，条件に反することを示す。あとは，与式の両辺の逆数をとれば b_{n+1} と b_n の関係が求められる。

220 数列 a_1，a_2，a_3，$\cdots$，a_n，$\cdots$において，$a_1=\dfrac{1}{2}$，$a_{n+1}=\dfrac{2}{3-a_n}$ $(n=1,\ 2,\ 3,\ \cdots)$ とするとき，次の問いに答えよ。

□ (1) $\dfrac{1}{1-a_n}=b_n$ とおくとき，b_n と b_{n+1} の関係式を求めよ。

□ (2) a_n を n の式で表せ。

□ (3) $\displaystyle\lim_{n\to\infty}a_n$ を求めよ。

221 数列 $\{a_n\}$ が，$a_1=\dfrac{1}{2}$，$a_{n+1}=a_n+\dfrac{1}{(2n)^2-1}$ $(n\geqq1)$ で定義されているとき，次の問いに答えよ。

□ (1) a_n を n の式で表せ。

□ (2) $\displaystyle\lim_{n\to\infty}a_n$ を求めよ。

222 数列 $\{a_n\}$ が，$a_1=1$，$a_{n+1}-a_n=\dfrac{1}{2}(n+1)(n+2)$ $(n=1,\ 2,\ \cdots)$ で定義されているとき，次の問いに答えよ。差がつく

□ (1) a_n を n の式で表せ。

□ (2) $b_n=\dfrac{1}{3a_n}$ とするとき，$\displaystyle\sum_{k=1}^{n}b_k$ を求めよ。

□ (3) $\displaystyle\lim_{n\to\infty}\sum_{k=1}^{n}b_k$ を求めよ。

例題研究》 $a_1=2,\ a_{n+1}=\dfrac{1}{2}\left(a_n+\dfrac{3}{a_n}\right)$ を満たす数列 $\{a_n\}$ について，次の問いに答えよ。

(1) $0\leqq a_{n+1}-\sqrt{3}\leqq\dfrac{1}{2}(a_n-\sqrt{3})$ を示せ。

(2) $\displaystyle\lim_{n\to\infty}a_n$ を求めよ。

着眼 (1) $a_n>0$ は明らかである。「大小関係は差をとれ」が鉄則である。
(2) はさみうちの原理を利用する。

解き方 (1) $a_n>0$ は明らかである。

$$a_{n+1}-\sqrt{3}=\frac{1}{2}\left(a_n+\frac{3}{a_n}\right)-\sqrt{3}=\frac{{a_n}^2+3-2\sqrt{3}a_n}{2a_n}$$

$$=\frac{(a_n-\sqrt{3})^2}{2a_n}\geqq 0$$

よって　$a_{n+1}-\sqrt{3}\geqq 0$

$a_1=2$ とこれより　$a_n-\sqrt{3}\geqq 0$

したがって　$\dfrac{1}{2}(a_n-\sqrt{3})-(a_{n+1}-\sqrt{3})$

$$=\frac{a_n-\sqrt{3}}{2}-\frac{(a_n-\sqrt{3})^2}{2a_n}=\frac{\sqrt{3}(a_n-\sqrt{3})}{2a_n}\geqq 0$$

よって　$0\leqq a_{n+1}-\sqrt{3}\leqq\dfrac{1}{2}(a_n-\sqrt{3})$ 〔証明終〕

(2) (1)より

$$0\leqq a_n-\sqrt{3}\leqq\frac{1}{2}(a_{n-1}-\sqrt{3})\leqq\left(\frac{1}{2}\right)^2(a_{n-2}-\sqrt{3})$$

$$\leqq\cdots\leqq\left(\frac{1}{2}\right)^{n-1}(a_1-\sqrt{3})=\left(\frac{1}{2}\right)^{n-1}(2-\sqrt{3})$$

$\displaystyle\lim_{n\to\infty}\left(\frac{1}{2}\right)^{n-1}(2-\sqrt{3})=0$ だから，はさみうちの原理より　$\displaystyle\lim_{n\to\infty}(a_n-\sqrt{3})=0$

よって　$\displaystyle\lim_{n\to\infty}a_n=\boldsymbol{\sqrt{3}}$ ……答

223 関数 $f(x)=4x-x^2$ に対し，数列 $\{a_n\}$ を

$a_1=c,\ a_{n+1}=\sqrt{f(a_n)}$ $(n=1,\ 2,\ 3,\ \cdots)$ で与える。

ただし，c は $0<c<2$ を満たす定数である。

□ (1) $0<a_n<2,\ a_n<a_{n+1}$ $(n=1,\ 2,\ 3,\ \cdots)$ を示せ。

□ (2) $2-a_{n+1}<\dfrac{2-c}{2}(2-a_n)$ $(n=1,\ 2,\ 3,\ \cdots)$ を示せ。

□ (3) $\displaystyle\lim_{n\to\infty}a_n$ を求めよ。

22 無限級数の和

✪ テストに出る重要ポイント

▶ Σ の性質と数列の和

① $\displaystyle\sum_{k=1}^{n}(\alpha a_k+\beta b_k)=\alpha\sum_{k=1}^{n}a_k+\beta\sum_{k=1}^{n}b_k$　(α, β は定数)

② $\displaystyle\sum_{k=1}^{n}c=nc$　(c は定数)　　③ $\displaystyle\sum_{k=1}^{n}k=\frac{1}{2}n(n+1)$

④ $\displaystyle\sum_{k=1}^{n}k^2=\frac{1}{6}n(n+1)(2n+1)$　　⑤ $\displaystyle\sum_{k=1}^{n}r^{k-1}=\frac{1-r^n}{1-r}$　($r\neq1$)

▶ **無限級数の収束，発散**…無限数列 $\{a_n\}$ の各項を順に加えた式を**無限級数**といい，$a_1+a_2+a_3+\cdots+a_n+\cdots=\displaystyle\sum_{n=1}^{\infty}\boldsymbol{a_n}$ と書く。

無限級数に対して，初項から第 n 項までの和 $\displaystyle\sum_{k=1}^{n}a_k=a_1+a_2+a_3+\cdots+a_n$ を無限級数の**部分和**という。

無限級数 $\displaystyle\sum_{n=1}^{\infty}a_n=a_1+a_2+a_3+\cdots+a_n+\cdots$ について

部分和の数列 $\{S_n\}$：S_1, S_2, S_3, …, S_n, …　($S_n=a_1+a_2+\cdots+a_n$) が，

① 収束して，**$\displaystyle\lim_{n\to\infty}S_n=S$ のとき，$\displaystyle\sum_{n=1}^{\infty}a_n$ は収束して，和は S**

② 発散するとき，$\displaystyle\sum_{n=1}^{\infty}a_n$ は発散する

▶ 無限級数と数列の極限

① **無限級数 $\displaystyle\sum_{n=1}^{\infty}a_n$ が収束するならば $\displaystyle\lim_{n\to\infty}a_n=0$**

② 数列 $\{a_n\}$ が 0 に収束しないならば無限級数 $\displaystyle\sum_{n=1}^{\infty}a_n$ は発散する

▶ 無限等比級数 $\displaystyle\sum_{n=1}^{\infty}ar^{n-1}$ の収束，発散

① **$a=0$ のとき，収束し，その和は 0**

$a\neq0$ のとき，$|r|<1$ ならば収束し，その和は $\dfrac{a}{1-r}$

② **$a\neq0$ かつ $|r|\geqq1$ ならば発散する**

▶ **循環小数**…無限等比級数と考えて，分数で表すことができる。

基本問題

解答 ⟹ 別冊 p. 46

例題研究》 次の無限級数の収束，発散を調べ，収束するものについては，その和を求めよ。

(1) $\dfrac{1}{1\cdot 3}+\dfrac{1}{3\cdot 5}+\dfrac{1}{5\cdot 7}+\cdots+\dfrac{1}{(2n-1)(2n+1)}+\cdots$

(2) $\dfrac{1}{1+\sqrt{3}}+\dfrac{1}{\sqrt{3}+\sqrt{5}}+\dfrac{1}{\sqrt{5}+\sqrt{7}}+\cdots+\dfrac{1}{\sqrt{2n-1}+\sqrt{2n+1}}+\cdots$

着眼 部分和 S_n を求めることができるものについては，$\lim_{n\to\infty}S_n$ を調べればよい。極限値が存在すれば，その値が和で，存在しないときは無限級数は発散する。

解き方 (1) 第 n 項は $\dfrac{1}{(2n-1)(2n+1)}=\dfrac{1}{2}\left(\dfrac{1}{2n-1}-\dfrac{1}{2n+1}\right)$ と変形できるから，部分和を S_n とすると

$$S_n=\frac{1}{1\cdot 3}+\frac{1}{3\cdot 5}+\frac{1}{5\cdot 7}+\cdots+\frac{1}{(2n-1)(2n+1)}$$
$$=\frac{1}{2}\left\{\left(\frac{1}{1}-\frac{1}{3}\right)+\left(\frac{1}{3}-\frac{1}{5}\right)+\left(\frac{1}{5}-\frac{1}{7}\right)+\cdots+\left(\frac{1}{2n-1}-\frac{1}{2n+1}\right)\right\}$$
$$=\frac{1}{2}\left(1-\frac{1}{2n+1}\right)$$

よって　$\lim_{n\to\infty}S_n=\lim_{n\to\infty}\dfrac{1}{2}\left(1-\dfrac{1}{2n+1}\right)=\dfrac{1}{2}$

したがって，この級数は**収束し**，**その和は $\dfrac{1}{2}$** である。……答

(2) 第 n 項 $\dfrac{1}{\sqrt{2n-1}+\sqrt{2n+1}}$ を有理化すると $\dfrac{\sqrt{2n-1}-\sqrt{2n+1}}{-2}$ であるから，部分和を S_n とすると

$$S_n=\frac{1-\sqrt{3}}{-2}+\frac{\sqrt{3}-\sqrt{5}}{-2}+\frac{\sqrt{5}-\sqrt{7}}{-2}+\cdots+\frac{\sqrt{2n-1}-\sqrt{2n+1}}{-2}$$
$$=\frac{1-\sqrt{2n+1}}{-2}=\frac{\sqrt{2n+1}-1}{2}$$

よって　$\lim_{n\to\infty}S_n=\lim_{n\to\infty}\dfrac{\sqrt{2n+1}-1}{2}=\infty$

したがって，この級数は**発散する**。……答

できたらチェック。

224 次の無限級数の収束，発散を調べ，収束するものについては，その和を求めよ。

□ (1) $\dfrac{1}{2^2-1}+\dfrac{1}{4^2-1}+\dfrac{1}{6^2-1}+\cdots+\dfrac{1}{(2n)^2-1}+\cdots$

□ (2) $\dfrac{1}{2}+\dfrac{2}{3}+\dfrac{3}{4}+\cdots+\dfrac{n}{n+1}+\cdots$

□ (3) $\dfrac{1}{1\cdot3}+\dfrac{1}{2\cdot4}+\dfrac{1}{3\cdot5}+\cdots+\dfrac{1}{n(n+2)}+\cdots$

□ (4) $\dfrac{1}{1+\sqrt{2}}+\dfrac{1}{\sqrt{2}+\sqrt{3}}+\dfrac{1}{\sqrt{3}+2}+\cdots+\dfrac{1}{\sqrt{n}+\sqrt{n+1}}+\cdots$

225 次の無限等比級数の収束，発散を調べ，収束するものについては，その和を求めよ。

□ (1) $1-\dfrac{1}{3}+\dfrac{1}{9}-\dfrac{1}{27}+\cdots$

□ (2) $1+\sqrt{5}+5+\cdots$

□ (3) $9-6+4-\dfrac{8}{3}+\cdots$

□ (4) $\dfrac{1}{16}+\dfrac{1}{8}+\dfrac{1}{4}+\cdots$

226 次の無限等比級数が収束するような x の値の範囲とそのときの和を求めよ。

□ (1) $1+2x+4x^2+\cdots$

□ (2) $3-x+\dfrac{x^2}{3}-\cdots$

227 次の無限級数の和を求めよ。 テスト必出

□ (1) $\displaystyle\sum_{n=1}^{\infty}\left(\frac{1}{2^n}+\frac{1}{3^n}\right)$

□ (2) $\displaystyle\sum_{n=1}^{\infty}\frac{2^n-1}{5^n}$

□ **228** 次の無限級数の和を求めよ。

$$\left(1-\frac{1}{2}\right)+\left(\frac{1}{3}-\frac{1}{4}\right)+\left(\frac{1}{9}-\frac{1}{8}\right)+\left(\frac{1}{27}-\frac{1}{16}\right)+\cdots$$

229 次の循環小数を分数に直せ。(4)は計算し，結果を循環小数で表せ。

□ (1) $0.\dot{3}$

□ (2) $0.\dot{3}\dot{6}$

□ (3) $0.3\dot{4}\dot{5}$

□ (4) $1.\dot{2}\dot{5}\div0.0\dot{5}$

応用問題

解答 ⟹ 別冊 p. 48

例題研究》 次の無限等比級数が収束するように x の値の範囲を定め，その和を求めよ。

$$x+x(3-x^2)+x(3-x^2)^2+\cdots$$

着眼 初項 a，公比 r の無限等比級数は **$a=0$ のとき，0 に収束し，$a\neq0$ のとき，$|r|<1$ ならば $\dfrac{a}{1-r}$ に収束**する。したがって，初項が 0 か 0 でないかでまず場合分けをする。

解き方 $x=0$ のとき
この級数は $0+0+0+\cdots$ となり収束し，その和は 0 である。
$x\neq0$ のとき
公比は $3-x^2$ であるから，収束条件は　$-1<3-x^2<1$
$-1<3-x^2$ より　$x^2-4<0$　$-2<x<0,\ 0<x<2$　……①
$3-x^2<1$ より　$x^2-2>0$　$x<-\sqrt{2},\ \sqrt{2}<x$　……②
①，②より　$-2<x<-\sqrt{2},\ \sqrt{2}<x<2$
このとき，和は $\dfrac{x}{1-(3-x^2)}=\dfrac{x}{x^2-2}$
これは $x=0$ のときも成り立つ。
よって，**$-2<x<-\sqrt{2}$，$x=0$，$\sqrt{2}<x<2$ のとき収束して，和は $\dfrac{x}{x^2-2}$**　……答

230 次の無限等比級数が収束するように x の値の範囲を定め，その和を求めよ。

□ (1) $1+(x^2-2)+(x^2-2)^2+\cdots$

□ (2) $\cos x+\cos x(1-4\cos^2 x)+\cos x(1-4\cos^2 x)^2+\cdots$　$(0<x<\pi)$

□ (3) $x+x(x^2-x+1)+x(x^2-x+1)^2+\cdots$　$(x>0)$

□ **231** 和が 1 の無限等比級数がある。この各項を 2 乗して作った無限等比級数の和は 3 である。各項を 3 乗して作った無限等比級数の和を求めよ。

例題研究》 ∠A＝60°，∠C＝90°，AC＝2 である直角三角形 ABC の内部に，右の図のように正方形 S_1，S_2，S_3，…を作るとき，S_1，S_2，S_3，…の周の長さの和を求めよ。

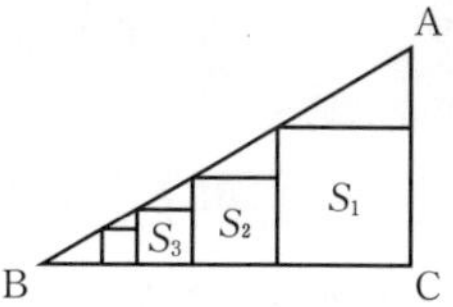

着眼 S_n の 1 辺の長さを a_n として，a_{n+1}，a_n の関係を∠A＝60° であることから考えよ。

解き方 S_n の 1 辺の長さを a_n とすると　$a_{n+1}=\sqrt{3}(a_n-a_{n+1})$

よって　$a_{n+1}=\dfrac{\sqrt{3}}{1+\sqrt{3}}a_n$

また，$a_1=\sqrt{3}(2-a_1)$ より　$a_1=\dfrac{2\sqrt{3}}{1+\sqrt{3}}$

よって，$\{a_n\}$ は初項 $\dfrac{2\sqrt{3}}{1+\sqrt{3}}$，公比 $\dfrac{\sqrt{3}}{1+\sqrt{3}}$ の等比数列であるから

$$a_n=2\left(\frac{\sqrt{3}}{1+\sqrt{3}}\right)^n$$

S_n の周の長さを l_n とおくと　$l_n=4a_n=4\cdot 2\left(\dfrac{\sqrt{3}}{1+\sqrt{3}}\right)^n$

よって，$\{l_n\}$ は初項 $\dfrac{8\sqrt{3}}{1+\sqrt{3}}$，公比 $\dfrac{\sqrt{3}}{1+\sqrt{3}}$ の等比数列であるから求める和は

$$\frac{\dfrac{8\sqrt{3}}{1+\sqrt{3}}}{1-\dfrac{\sqrt{3}}{1+\sqrt{3}}}=\mathbf{8\sqrt{3}}$$ ……答

□ **232** あるボールを床に落とすと，常に落ちる高さの $\dfrac{4}{5}$ まではね返る。このボールを 5m の高さから落としたとき，静止するまでに，このボールが移動した距離の和を求めよ。

□ **233** 次の無限級数の収束，発散を調べ，収束する場合は和も求めよ。

《差がつく》

$$1+\frac{1}{3}+\frac{1}{2}+\frac{1}{9}+\frac{1}{4}+\frac{1}{27}+\frac{1}{8}+\frac{1}{81}+\cdots$$

ガイド　第 $2k$ 項までの部分和 S_{2k} について $\lim\limits_{k\to\infty}S_{2k}$ を求め，同様にして第 $2k-1$ 項までの部分和 S_{2k-1} について $\lim\limits_{k\to\infty}S_{2k-1}$ を求める。

23 関数の極限

テストに出る重要ポイント

- **極限値の性質**…$\lim_{x \to a} f(x)=\alpha$，$\lim_{x \to a} g(x)=\beta$ のとき

　① $\boldsymbol{\lim_{x \to a} kf(x)=k\alpha}$　（k は定数）

　② $\boldsymbol{\lim_{x \to a}\{f(x)\pm g(x)\}=\alpha\pm\beta}$　（複号同順）

　③ $\boldsymbol{\lim_{x \to a} f(x)g(x)=\alpha\beta}$　　④ $\boldsymbol{\lim_{x \to a}\frac{f(x)}{g(x)}=\frac{\alpha}{\beta}}$　（$\beta \neq 0$）

- **右側極限と左側極限**…x が a より大きい値をとりながら a に限りなく近づくときの $f(x)$ の極限を**右側極限**といい，$\lim_{x \to a+0} f(x)$ と表す。同様に，x が a より小さい値をとりながら a に近づくときの極限を**左側極限**といい，$\lim_{x \to a-0} f(x)$ と表す。

　なお，$\boldsymbol{\lim_{x \to a+0} f(x)=\lim_{x \to a-0} f(x)=\alpha}$ のとき　$\boldsymbol{\lim_{x \to a} f(x)=\alpha}$

　　$\boldsymbol{\lim_{x \to a+0} f(x)\neq\lim_{x \to a-0} f(x)}$ のとき　$\boldsymbol{\lim_{x \to a} f(x)}$ はない。

- **関数の極限と不等式**…$\lim_{x \to a} f(x)=\alpha$，$\lim_{x \to a} g(x)=\beta$ のとき

　① x が a に近いとき，常に $f(x) \leqq g(x)$　ならば　$\alpha \leqq \beta$

　② x が a に近いとき，常に $f(x) \leqq h(x) \leqq g(x)$ かつ $\alpha=\beta$　ならば

　　$\lim_{x \to a} h(x)=\alpha$　（はさみうちの原理）

- **指数関数，対数関数の極限**

　① $a>1$　　のとき　$\lim_{x \to \infty} a^x=\infty$，$\lim_{x \to -\infty} a^x=0$

　　$0<a<1$ のとき　$\lim_{x \to \infty} a^x=0$，$\lim_{x \to -\infty} a^x=\infty$

　② $a>1$　　のとき　$\lim_{x \to \infty} \log_a x=\infty$，$\lim_{x \to +0} \log_a x=-\infty$

　　$0<a<1$ のとき　$\lim_{x \to \infty} \log_a x=-\infty$，$\lim_{x \to +0} \log_a x=\infty$

- **三角関数の極限**

$\boldsymbol{\lim_{x \to 0}\frac{\sin x}{x}=1}$　$\left(\lim_{x \to 0}\frac{x}{\sin x}=1\right)$（$x$ の単位はラジアン）

基本問題

解答 ➡ 別冊 p. 50

できたらチェック。

234 次の極限を求めよ。

□ (1) $\lim_{x \to 1}(x^2+2x+1)$　□ (2) $\lim_{x \to 3}\sqrt{-x+3}$　□ (3) $\lim_{x \to 0}(2x^2+3)$

□ (4) $\lim_{x \to 0}\frac{x^2-2x+1}{x-1}$　□ (5) $\lim_{x \to 1}\frac{x^2-3}{x+1}$　□ (6) $\lim_{x \to 0}\frac{2x^2-3}{x^2-1}$

235 次の極限を求めよ。

□ (1) $\lim_{x \to 2}\frac{x^2+x-6}{x-2}$　□ (2) $\lim_{x \to \infty}\frac{x-3}{3+x^2}$

□ (3) $\lim_{x \to -\infty}\frac{x^3-1}{x^2-2}$　□ (4) $\lim_{x \to -2}\frac{x^3+8}{x^2-x-6}$

236 次の極限を求めよ。 テスト必出

□ (1) $\lim_{x \to 2+0}\frac{1}{x-2}$　□ (2) $\lim_{x \to +0}\frac{2x+1}{(x-1)^3}$　□ (3) $\lim_{x \to -0}\left(1-\frac{1}{x^2}\right)$

□ (4) $\lim_{x \to \infty}\frac{2x-1}{\sqrt{x^2+1}}$　□ (5) $\lim_{x \to 2}\frac{x-2}{\sqrt{x}-\sqrt{2}}$　□ (6) $\lim_{x \to 1}\frac{\sqrt{x+3}-2}{x-1}$

237 次の極限を求めよ。 テスト必出

□ (1) $\lim_{x \to 0}\frac{\sin 2x}{x}$　□ (2) $\lim_{x \to 0}\frac{\sin 3x}{\sin 5x}$　□ (3) $\lim_{x \to 0}\frac{1-\cos x}{x}$

□ (4) $\lim_{x \to 0}\frac{\sin 6x}{\tan x}$　□ (5) $\lim_{x \to 0}\frac{2x}{x+\sin x}$　□ (6) $\lim_{x \to 0}\frac{\sin x-\tan x}{x^3}$

ガイド (4), (6) $\tan x$ を $\sin x$, $\cos x$ で表せ。

238 次の極限を求めよ。

□ (1) $\lim_{x \to \infty}\frac{2^{x+1}}{1+2^x}$　□ (2) $\lim_{x \to \infty}\log_a(x-\sqrt{x^2-1})$ $(a>0,\ a\neq 1)$

□ (3) $\lim_{x \to 1}\{\log_2|x^2-1|-\log_2|x-1|\}$

ガイド (2) まず $\lim_{x \to \infty}(x-\sqrt{x^2-1})$ を調べ，$0<a<1$，$a>1$ の場合について考えよ。

応用問題

解答 ➡ 別冊 p. 51

例題研究》 次の極限を求めよ。

(1) $\lim_{x\to-\infty}(\sqrt{x^2+3x+1}+x)$　　(2) $\lim_{x\to\infty}\frac{\sin x}{x}$

着眼 (1) $t=-x$ とおくと $x\to-\infty$ のとき $t\to\infty$ となる。
(2) はさみうちの原理を利用する。

解き方 (1) $t=-x$ とおくと $x\to-\infty$ のとき $t\to\infty$ となるので
→ ポイント

$$\text{与式}=\lim_{t\to\infty}\{\sqrt{(-t)^2+3(-t)+1}+(-t)\}$$

$$=\lim_{t\to\infty}\frac{(\sqrt{t^2-3t+1}-t)(\sqrt{t^2-3t+1}+t)}{\sqrt{t^2-3t+1}+t}$$

$$=\lim_{t\to\infty}\frac{t^2-3t+1-t^2}{\sqrt{t^2-3t+1}+t}=\lim_{t\to\infty}\frac{-3+\frac{1}{t}}{\sqrt{1-\frac{3}{t}+\frac{1}{t^2}}+1}=-\frac{3}{2}$$ ……答

(2) $x>0$ のとき，$-1\leqq\sin x\leqq1$ より

$$-\frac{1}{x}\leqq\frac{\sin x}{x}\leqq\frac{1}{x}$$

$\lim_{x\to\infty}\left(-\frac{1}{x}\right)=0$，$\lim_{x\to\infty}\frac{1}{x}=0$ だから　$\lim_{x\to\infty}\frac{\sin x}{x}=\mathbf{0}$ ……答

239 次の極限を求めよ。

□ (1) $\lim_{x\to-\infty}\log_3|\cos 4^x|$　　□ (2) $\lim_{x\to\infty}\frac{3\cos x}{x}$

□ (3) $\lim_{x\to0}\frac{\sin(\sin x)}{x}$　　□ (4) $\lim_{x\to1}\frac{\sin\pi x}{x-1}$

240 次の極限を求めよ。〈差がつく〉

□ (1) $\lim_{x\to\infty}(\sqrt{x+2}-\sqrt{x})$　　□ (2) $\lim_{x\to-\infty}x(\sqrt{x^2+2}+x)$

□ (3) $\lim_{x\to-\infty}\frac{x-2}{\sqrt{x^2+1}+1}$　　□ (4) $\lim_{x\to-\infty}\frac{\sqrt{x^2+1}-3}{x-2}$

241 次の極限を求めよ。

□ (1) $\lim_{x\to0}\frac{2x}{|x|}$　　□ (2) $\lim_{x\to0}\frac{x^2-2x}{|x|}$

例題研究》 次の等式が成り立つように，定数 a，b の値を定めよ。

$$\lim_{x\to 2}\frac{\sqrt{x-a}+b}{x-2}=\frac{1}{6}$$

着眼 極限値が存在し，$x\to 2$ のとき**分母 →0 だから分子 →0** となる必要がある。

解き方 $\lim_{x\to 2}(x-2)=0$ であるから　$\lim_{x\to 2}(\sqrt{x-a}+b)=\lim_{x\to 2}\frac{\sqrt{x-a}+b}{x-2}\cdot(x-2)=\frac{1}{6}\cdot 0=0$

一方　$\lim_{x\to 2}(\sqrt{x-a}+b)=\sqrt{2-a}+b$　よって　$\sqrt{2-a}+b=0$

すなわち　$b=-\sqrt{2-a}$　……①

$$与式=\lim_{x\to 2}\frac{\sqrt{x-a}-\sqrt{2-a}}{x-2}\cdot\frac{\sqrt{x-a}+\sqrt{2-a}}{\sqrt{x-a}+\sqrt{2-a}}$$

$$=\lim_{x\to 2}\frac{x-2}{(x-2)(\sqrt{x-a}+\sqrt{2-a})}=\frac{1}{2\sqrt{2-a}}$$

よって　$\frac{1}{2\sqrt{2-a}}=\frac{1}{6}$　$\sqrt{2-a}=3$　$2-a=9$　$a=-7$

①より　$b=-3$

したがって　$\boldsymbol{a=-7,\ b=-3}$　……答

242 次の等式が成り立つように，定数 a，b の値を定めよ。〈差がつく〉

□ (1) $\lim_{x\to 3}\frac{x^2-ax-b}{x-3}=7$

□ (2) $\lim_{x\to 1}\frac{a\sqrt{x+1}+b}{x-1}=1$

□ (3) $\lim_{x\to -3}\frac{\sqrt{ax-b}-1}{x^2+8x+15}=\frac{5}{4}$

□ (4) $\lim_{x\to\infty}(\sqrt{9x^2-ax+5}+bx)=1$

□ **243** $f(x)=ax^3-bx^2+cx-d$ のとき

$\lim_{x\to\infty}\frac{f(x)}{x^2-1}=1$　$\lim_{x\to 1}\frac{f(x)}{x^2-1}=2$　となるように，定数 a，b，c，d の値を定めよ。

□ **244** 次の等式を満たす整式 $f(x)$ を求めよ。ただし，a は $a\neq 0$ かつ $a\neq 1$ を満たす実数の定数とする。

$$\lim_{x\to\infty}\frac{f(x)}{x^3-1}=a,\ \lim_{x\to 1}\frac{f(x)}{x^3-1}=\frac{2}{3},\ \lim_{x\to a}\frac{f(x)}{x-a}=-6$$

ガイド　1 つ目の条件より $f(x)$ は 3 次式で x^3 の係数は a である。

24 関数の連続性

テストに出る重要ポイント

- **連続の定義**…関数 $y=f(x)$ の定義域に属する a に対して，$\boldsymbol{f(a)}$ **と極限値** $\lim\limits_{x\to a}f(x)$ **が存在し，かつ** $\lim\limits_{x\to a}f(x)=f(a)$ であるとき，関数 $y=f(x)$ は $x=a$ で**連続である**という。
- **連続関数の性質**…関数 $f(x)$，$g(x)$ がともに $x=a$ で連続であるとき，$kf(x)$ (k は定数)，$f(x)+g(x)$，$f(x)-g(x)$，$f(x)g(x)$，$\dfrac{f(x)}{g(x)}$ $(g(a)\neq0)$ も $x=a$ で連続である。
- **中間値の定理**
  ① 関数 $y=f(x)$ が閉区間 $[a,\ b]$ で連続で，$f(a)\neq f(b)$ ならば，$f(a)$ と $f(b)$ の間の任意の k に対して，$f(c)=k$ となる実数 c が，a と b の間に少なくとも1つ存在する。
  ② 関数 $y=f(x)$ が閉区間 $[a,\ b]$ で連続で，$f(a)$ と $f(b)$ が異符号ならば，方程式 $f(x)=0$ は，a と b の間に少なくとも1つ実数解をもつ。

基本問題

解答 ➡ 別冊 p. 53

245 次の関数について，与えられた x の値における連続，不連続を調べよ。ただし，$[x]$ は x を超えない最大の整数を表す。

できたらチェック。

□ (1) $f(x)=2x-1$ $(x=0)$　　□ (2) $f(x)=x^2-1$ $(x=1)$

□ (3) $f(x)=x^3-2x$ $(x=1)$　　□ (4) $f(x)=[x]$ $(x=1)$

□ (5) $f(x)=\dfrac{x+2}{x^2-1}$ $(x=0)$　　□ (6) $f(x)=[\cos x]$ $(x=0)$

246 次の方程式は与えられた区間に実数解をもつことを示せ。 テスト必出

□ (1) $x^3-3x+1=0$ $(0,\ 1)$　　□ (2) $3x-\cos x-2=0$ $(-1,\ 1)$

□ **247** 方程式 $x\sin x=\cos x$ は0と1の間に少なくとも1つの実数解をもつことを示せ。

□ **248** 方程式 $\sin x=\dfrac{\pi}{4}-x$ は $0<x<\dfrac{\pi}{2}$ の範囲に実数解をもつことを示せ。

例題研究》 次の関数 $f(x)$ が不連続となる x の値を求めよ。(n は整数)

$$f(x)=\begin{cases}\dfrac{|\sin x|}{\sin x} & (x\neq n\pi)\\ 0 & (x=n\pi)\end{cases}$$

[着眼] $f(x)$ が $x=a$ で不連続であるというのは,
[1] $\lim_{x\to a}f(x)$ が存在しない, [2] $\lim_{x\to a}f(x)$ と $f(a)$ が一致しない
のうち, いずれかが成り立つ場合である。グラフでいえば, 切れ目がある点で不連続である。

[解き方] $x=n\pi$ のとき, $f(x)=0$
$x\neq n\pi$ のとき, nが偶数とすると
$n\pi<x<(n+1)\pi$ では, $\sin x>0$ より $f(x)=1$ だから, $f(x)$ は連続。
$(n-1)\pi<x<n\pi$ では, $\sin x<0$ より $f(x)=-1$ だから, $f(x)$ は連続。
また $\displaystyle\lim_{x\to n\pi+0}\frac{|\sin x|}{\sin x}=\lim_{x\to n\pi+0}\frac{\sin x}{\sin x}=1$

$\displaystyle\lim_{x\to n\pi-0}\frac{|\sin x|}{\sin x}=\lim_{x\to n\pi-0}\frac{-\sin x}{\sin x}=-1$

よって, $\lim_{x\to n\pi}f(x)$ は存在しない。
n が奇数とすると, $n\pi<x<(n+1)\pi$ では $\sin x<0$
$(n-1)\pi<x<n\pi$ では $\sin x>0$
よって, $\lim_{x\to n\pi+0}f(x)=-1$, $\lim_{x\to n\pi-0}f(x)=1$ より, $\lim_{x\to n\pi}f(x)$ は存在しない。
以上より, $f(x)$ が不連続となる x の値は $\boldsymbol{x=n\pi}$ ……[答]

249 次の関数 $f(x)$ が不連続となる x の値を求めよ。ただし, $[x]$ は x を超えない最大の整数を表す。

□ (1) $f(x)=\begin{cases}\dfrac{|x|-1}{|x-1|} & (x\neq 1)\\ 1 & (x=1)\end{cases}$

□ (2) $f(x)=[x]-x$

応用問題

解答 ⟹ 別冊 p. 54

例題研究》 次の極限によって定義される関数 $f(x)$ の連続性を調べ，$y=f(x)$ のグラフをかけ。ただし，$x \neq -1$ とする。

$$f(x)=\lim_{n\to\infty}\frac{x^n-1}{x^n+1}$$

着眼 この極限は，x のおのおのの値に対する極限であるから，関数の極限ではなく，数列の極限である。$|x|$ と1の大小で場合に分けて考えればよい。

解き方 (i)　$|x|>1$ のとき　$\lim_{n\to\infty}\frac{1}{x^n}=0$ だから

$$f(x)=\lim_{n\to\infty}\frac{x^n-1}{x^n+1}=\lim_{n\to\infty}\frac{1-\frac{1}{x^n}}{1+\frac{1}{x^n}}=1$$

(ii)　$x=1$ のとき　$f(x)=\lim_{n\to\infty}\frac{1^n-1}{1^n+1}=0$

(iii)　$|x|<1$ のとき　$\lim_{n\to\infty}x^n=0$ だから

$$f(x)=\lim_{n\to\infty}\frac{x^n-1}{x^n+1}=-1$$

よって，$x=1$ で**不連続**である。グラフは右の図である。 ……答

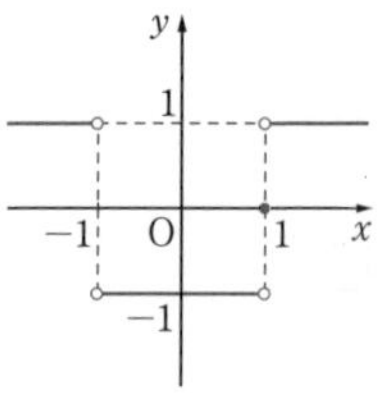

250 次の関数について，$y=f(x)$ のグラフをかき，関数の連続性を調べよ。

差がつく

□ (1)　$f(x)=\lim_{n\to\infty}\frac{x^2}{1+x^{2n}}$

□ (2)　$f(x)=\lim_{n\to\infty}\frac{x^{2n+1}+1}{x^{2n}+1}$

251 次の関数の連続性を調べよ。ただし，n は整数とし，$[x]$ は x を超えない最大の整数を表すものとする。

□ (1)　$f(x)=\begin{cases}\dfrac{\cos x}{1-\sin x} & \left(x\neq\left(2n+\dfrac{1}{2}\right)\pi\right)\\ 0 & \left(x=\left(2n+\dfrac{1}{2}\right)\pi\right)\end{cases}$

□ (2)　$f(x)=\begin{cases}\log_{10}|1-x| & (x\neq1)\\ 0 & (x=1)\end{cases}$

□ (3)　$f(x)=x[x]$　$(0\leqq x\leqq3)$

□ (4)　$f(x)=x^2-[x]$　$(-1\leqq x\leqq1)$

例題研究》 $f(x)=\lim_{n\to\infty}\frac{x^{2n-1}-ax^2-bx}{2x^{2n}+1}$ で定義された関数が，すべての実数 x について連続であるように，定数 a，b の値を定めよ。

着眼 「$f(x)$ が $x=m$ で連続である」というのは，
「$\lim_{x\to m-0}f(x)=\lim_{x\to m+0}f(x)=f(m)$ が成り立つ」ということである。

解き方 $|x|<1$ のとき $f(x)=\lim_{n\to\infty}\frac{x^{2n-1}-ax^2-bx}{2x^{2n}+1}=-ax^2-bx$

$|x|>1$ のとき $f(x)=\lim_{n\to\infty}\dfrac{\frac{1}{x}-\frac{a}{x^{2n-2}}-\frac{b}{x^{2n-1}}}{2+\frac{1}{x^{2n}}}=\frac{1}{2x}$

$f(1)=\frac{1-a-b}{2+1}=\frac{1-a-b}{3}$

$f(-1)=\frac{-1-a+b}{2+1}=\frac{-1-a+b}{3}$

$x=1$ で連続である条件は

$\lim_{x\to1-0}f(x)=\lim_{x\to1+0}f(x)=f(1)$ より

$-a-b=\frac{1}{2}=\frac{1-a-b}{3}$ ……①

$x=-1$ で連続である条件は

$\lim_{x\to-1-0}f(x)=\lim_{x\to-1+0}f(x)=f(-1)$ より

$-\frac{1}{2}=-a+b=\frac{-1-a+b}{3}$ ……②

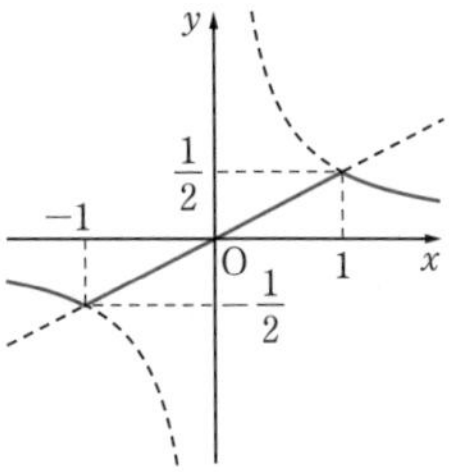

①，②より **$a=0$，$b=-\frac{1}{2}$** ……**答**

252 a，b を定数とするとき，$f(x)=\lim_{n\to\infty}\frac{2x^{2n+1}-ax-b}{x^{2n+2}+4x^{2n+1}+5}$ で定義される関数について，次の問いに答えよ。

□ (1) (i) $|x|>1$ (ii) $|x|<1$ のそれぞれの場合について関数 $f(x)$ を求めよ。

□ (2) 関数 $f(x)$ がすべての実数 x について連続であるように，定数 a，b の値を定めよ。

25 微分係数と導関数

テストに出る重要ポイント

- **微分係数**

$$f'(a)=\lim_{h\to 0}\frac{f(a+h)-f(a)}{h}=\lim_{x\to a}\frac{f(x)-f(a)}{x-a}$$

- **微分可能と連続**…関数 $f(x)$ について，$x=a$ における微分係数 $f'(a)$ が存在するとき，$f(x)$ は $x=a$ において**微分可能**であるという。
関数 $f(x)$ が $x=a$ で微分可能ならば，$f(x)$ は $x=a$ で連続である。
逆は成り立たない。

- **導関数**

$$f'(x)=\lim_{h\to 0}\frac{f(x+h)-f(x)}{h}=\lim_{\Delta x\to 0}\frac{\Delta y}{\Delta x}=\lim_{\Delta x\to 0}\frac{f(x+\Delta x)-f(x)}{\Delta x}$$

- **和・差・積・商の微分法**

① $\{kf(x)+lg(x)\}'=kf'(x)+lg'(x)$　（k，l は定数）

② $\{f(x)g(x)\}'=f'(x)g(x)+f(x)g'(x)$

③ $\left\{\frac{f(x)}{g(x)}\right\}'=\frac{f'(x)g(x)-f(x)g'(x)}{\{g(x)\}^2}$　とくに $\left\{\frac{1}{g(x)}\right\}'=-\frac{g'(x)}{\{g(x)\}^2}$

- **x^n の導関数**

n が整数のとき　$(x^n)'=nx^{n-1}$

基本問題

解答 → 別冊 p. 56

できたらチェック。

253 次の関数を微分せよ。

□ (1) $y=x^3-2x^2+x-3$

□ (2) $y=x-2+\frac{1}{x}$

□ (3) $y=(x-1)(x^2+x+2)$

□ (4) $y=(x^2-x+1)(x^2+x)$

□ (5) $y=\frac{x-1}{x^2}$

□ (6) $y=\frac{1}{x^2-1}$

□ (7) $y=\left(x-\frac{1}{x^2}\right)^2$

□ (8) $y=\frac{x^2+x-3}{x^2-x+1}$

例題研究》 定義にしたがって，次の関数を微分せよ。

(1) $f(x)=\sqrt{x-1}$　　　(2) $f(x)=\dfrac{1}{x^2}$

着眼 $y=f(x)$ のとき，導関数の定義の式は

$$f'(x)=\lim_{h\to 0}\frac{f(x+h)-f(x)}{h}=\lim_{\Delta x\to 0}\frac{\Delta y}{\Delta x}=\lim_{\Delta x\to 0}\frac{f(x+\Delta x)-f(x)}{\Delta x}$$

解き方 (1) $f(x+h)-f(x)=\sqrt{(x+h)-1}-\sqrt{x-1}=\dfrac{h}{\sqrt{x+h-1}+\sqrt{x-1}}$

よって　$f'(x)=\lim\limits_{h\to 0}\dfrac{f(x+h)-f(x)}{h}=\lim\limits_{h\to 0}\dfrac{1}{\sqrt{x+h-1}+\sqrt{x-1}}=\dfrac{\mathbf{1}}{\mathbf{2\sqrt{x-1}}}$ ……答

(2) $f(x+h)-f(x)=\dfrac{1}{(x+h)^2}-\dfrac{1}{x^2}=\dfrac{-2xh-h^2}{x^2(x+h)^2}$

よって　$f'(x)=\lim\limits_{h\to 0}\dfrac{f(x+h)-f(x)}{h}=\lim\limits_{h\to 0}\dfrac{-2x-h}{x^2(x+h)^2}$

$$=\frac{-2x}{x^4}=-\frac{\mathbf{2}}{\boldsymbol{x^3}}$$ ……答

254 定義にしたがって，次の関数を微分せよ。〈テスト必出

□ (1) $f(x)=-x^3$

□ (2) $f(x)=\sqrt[3]{x}$

□ (3) $f(x)=\dfrac{1}{x^2-1}$

□ (4) $f(x)=\dfrac{1}{\sqrt{x}-1}$

255 定義にしたがって，次の関数の $x=a$ における微分係数を求めよ。

□ (1) $f(x)=2x^3$

□ (2) $f(x)=\dfrac{1}{x}$

256 $z=\dfrac{2x}{x-y}$ のとき，次の問いに答えよ。

□ (1) z を x で微分せよ。

□ (2) z を y で微分せよ。

257 次の関数を〔 〕内の文字について微分せよ。

□ (1) $S=2t-\dfrac{1}{t^3}$　〔t〕

□ (2) $m=\dfrac{2n+3}{n-1}$　〔n〕

応用問題

解答 ➡ 別冊 p. 57

例題研究 次の極限値を $f'(a)$, $f(a)$ を用いて表せ。

(1) $\displaystyle\lim_{h\to 0}\frac{(a+h)f(a+3h)-af(a)}{h}$　　(2) $\displaystyle\lim_{x\to a}\frac{af(x)-xf(a)}{x-a}$

着眼 (1)は $f'(a)$ の定義を使えるよう変形すればよい。
(2)は $\dfrac{f(x)-f(a)}{x-a}$ の形が現れるように変形する。

解き方 (1) 与式 $\displaystyle=\lim_{h\to 0}\frac{hf(a+3h)+af(a+3h)-af(a)}{h}$

→ この変形がポイント

$\displaystyle=\lim_{h\to 0}\left\{f(a+3h)+a\cdot\frac{f(a+3h)-f(a)}{3h}\cdot 3\right\}$

→ 忘れないように！

$=\boldsymbol{f(a)+3af'(a)}$ ……答

(2) 与式 $\displaystyle=\lim_{x\to a}\frac{af(x)-af(a)+af(a)-xf(a)}{x-a}$

→ テクニックとして覚えておこう

$\displaystyle=\lim_{x\to a}\frac{a\{f(x)-f(a)\}-f(a)(x-a)}{x-a}=\lim_{x\to a}\left\{a\cdot\frac{f(x)-f(a)}{x-a}-f(a)\right\}$

$=\boldsymbol{af'(a)-f(a)}$ ……答

258 次の極限値を $f'(a)$, $f(a)$ を用いて表せ。 差がつく

□ (1) $\displaystyle\lim_{h\to 0}\left[\frac{1}{h}\left\{\frac{1}{f(a+2h)}-\frac{1}{f(a)}\right\}\right]$　　□ (2) $\displaystyle\lim_{x\to a}\frac{a^2f(x)-x^2f(a)}{x-a}$

259 次の関数 $f(x)$ が $x=0$ で微分可能かどうかを調べよ。

□ (1) $x<0$ のとき $f(x)=x^2$, $x\geqq 0$ のとき $f(x)=-x^2$

□ (2) $x<0$ のとき $f(x)=x$, $x\geqq 0$ のとき $f(x)=-x$

□ **260** $f(x)=\begin{cases}x^2+1 & (x\leqq 1)\\ -2x^2-ax-b & (x>1)\end{cases}$

で関数 $f(x)$ を定めるとき, $f(x)$ が $x=1$ で微分可能となる a, b を求めよ。

□ **261** 関数 $f(x)=x|x|$ の $x=0$ における連続性と微分可能性を調べよ。

ガイド　微分可能ならば連続である。しかし, 逆は成り立たない。

26 合成関数の微分法

テストに出る重要ポイント

- **合成関数の微分法**…y が微分可能な 2 つの関数 $y=f(u)$, $u=g(x)$ の合成関数であるとき

$$\frac{dy}{dx}=\frac{dy}{du}\cdot\frac{du}{dx} \quad \text{あるいは} \quad \frac{d}{dx}f(g(x))=f'(g(x))g'(x)$$

とくに，n が整数のとき $[\{f(x)\}^n]'=n\{f(x)\}^{n-1}f'(x)$

- **x^r の微分法**

r が有理数のとき $(x^r)'=rx^{r-1}$

- **曲線の方程式と微分法**

y が x の関数のとき $\dfrac{d}{dx}f(y)=f'(y)\dfrac{dy}{dx}$

- **逆関数の微分法**

$$\frac{dy}{dx}=\frac{1}{\dfrac{dx}{dy}} \quad \left(\frac{dx}{dy}\neq 0\right)$$

基本問題

解答 → 別冊 p. 58

できたらチェック。

262 次の関数を微分せよ。

□ (1) $y=(2x+1)^3$　□ (2) $y=(2-3x)^2$　□ (3) $y=(x^2-2)^3$

□ (4) $y=(x^2-2x+3)^4$　□ (5) $y=(x-3)^{-2}$　□ (6) $y=(1-x)^{-4}$

263 次の関数を微分せよ。

□ (1) $y=\dfrac{1}{(x-1)^2}$　□ (2) $y=\dfrac{1}{(2x+3)^3}$　□ (3) $y=\dfrac{x}{(x+1)^3}$

264 次の関数を微分せよ。

□ (1) $y=x^{\frac{1}{3}}$　□ (2) $y=x^{-\frac{4}{3}}$　□ (3) $y=x^2\sqrt{x}$

□ (4) $y=\sqrt[3]{x^4}$　□ (5) $y=-\dfrac{1}{\sqrt{x}}$　□ (6) $y=\dfrac{2}{x\sqrt{x}}$

265 次の関数を微分せよ。

□ (1) $y=\sqrt{3x-1}$　□ (2) $y=\sqrt{x^2-2x+3}$　□ (3) $y=\sqrt[3]{x^2-1}$

□ (4) $y=\dfrac{1}{\sqrt{2x-1}}$　□ (5) $y=\dfrac{x}{\sqrt{x^2-1}}$　□ (6) $y=\sqrt{\dfrac{x+1}{x-1}}$

266 次の関数を微分せよ。〈テスト必出

□ (1) $y=(x^2+3)^3(2x-5)^2$　□ (2) $y=(3x-1)^2(x^2+3x)^3$

□ (3) $y=\sqrt[3]{x^2+2x-3}$　□ (4) $y=(x-\sqrt{x^2+1})^2$

267 次の方程式から $\dfrac{dy}{dx}$ を求めよ。

□ (1) $xy=2$　□ (2) $y^2=3x$

□ (3) $x^2+y^2=4$　□ (4) $4x^2-9y^2=36$

応用問題

解答 ➡ 別冊 *p.* 59

例題研究》 関数 $y=\sqrt[3]{\dfrac{(1+x)^2}{1+x^2}}$ を微分せよ。

着眼　指数を使って表すと $y=(1+x)^{\frac{2}{3}}(1+x^2)^{-\frac{1}{3}}$ となり，**合成関数の微分法**で求められる。対数微分法を使うこともできる(*p.*98 **例題研究**参照)。

解き方　$y=(1+x)^{\frac{2}{3}}(1+x^2)^{-\frac{1}{3}}$ と表せるから

$$y'=\frac{2}{3}(1+x)^{-\frac{1}{3}}(1+x^2)^{-\frac{1}{3}}+(1+x)^{\frac{2}{3}}\cdot\left(-\frac{1}{3}\right)(1+x^2)^{-\frac{4}{3}}\cdot 2x$$

$$=\frac{2}{3}(1+x)^{-\frac{1}{3}}(1+x^2)^{-\frac{4}{3}}\{(1+x^2)-x(1+x)\}$$

$$=\frac{2(1-x)}{3(1+x)^{\frac{1}{3}}(1+x^2)^{\frac{4}{3}}}=\boldsymbol{\frac{2(1-x)}{3(1+x^2)\sqrt[3]{(1+x)(1+x^2)}}}$$ ……答

268 次の関数を微分せよ。

□ (1) $y=(x+1)\sqrt{3x+1}$　□ (2) $y=\sqrt{x+\sqrt{x-1}}$

□ (3) $y=\dfrac{1}{x+\sqrt{x^2+1}}$　□ (4) $y=\dfrac{x-\sqrt{x^2+2}}{x+\sqrt{x^2+2}}$

例題研究》 方程式 $x^2+y^2=10$ で定められる x の関数 y について，$x=-1$，$y=3$ における微分係数を求めよ。

着眼 $\dfrac{d}{dx}f(y)=f'(y)\dfrac{dy}{dx}$ に注意して，与式の両辺を x で微分し，$\dfrac{dy}{dx}$ を求める。
求める微分係数は円 $x^2+y^2=10$ 上の点 $(-1,\ 3)$ における接線の傾きを表している。

解き方 $x^2+y^2=10$ の両辺を x で微分すると

$$2x+2y\frac{dy}{dx}=0$$

$y\neq 0$ のとき　$\dfrac{dy}{dx}=-\dfrac{x}{y}$　……①

$x=-1$，$y=3$ を①に代入して，求める微分係数は　$-\dfrac{-1}{3}=\mathbf{\dfrac{1}{3}}$　……答

269 次の方程式で定められる x の関数 y について，（　）内の x，y の値における微分係数を求めよ。

□ (1) $xy=5$　$(x=1,\ y=5)$
□ (2) $y^2=3x$　$(x=3,\ y=-3)$

270 次の方程式から $\dfrac{dy}{dx}$ を求めよ。〈差がつく〉

□ (1) $y^2=4x-1$
□ (2) $\sqrt{x}-\sqrt{y}=1$
□ (3) $\dfrac{x^2}{4}+\dfrac{y^2}{9}=1$
□ (4) $\dfrac{x^2}{4}-\dfrac{y^2}{3}=1$
□ (5) $xy=(x-y)^2$
□ (6) $x^3+3xy-y^3=0$

271 逆関数の微分法を用いて，次の関数の導関数 $\dfrac{dy}{dx}$ を求めよ。

□ (1) $y=x^{\frac{1}{4}}$
□ (2) $y=\sqrt{3x-1}$
□ (3) $y=\sqrt[3]{x+2}$
□ (4) $x=y^2-1$ $(y>0)$

ガイド (1) $x=y^4$ より $\dfrac{dx}{dy}$ を求める。
(2), (3) x について解き，その両辺を y について微分すればよい。

27 いろいろな関数の微分法

テストに出る重要ポイント

- **三角関数の導関数**

$(\sin x)'=\cos x$，$(\cos x)'=-\sin x$，$(\tan x)'=\dfrac{1}{\cos^2 x}$

- **指数関数の導関数**

$(e^x)'=e^x$，$(a^x)'=a^x\log a$

- **対数関数の導関数**

$(\log x)'=\dfrac{1}{x}$，$(\log|x|)'=\dfrac{1}{x}$，$(\log_a x)'=\dfrac{1}{x\log a}$，　$(\log_a|x|)'=\dfrac{1}{x\log a}$

- **対数微分法**

両辺の自然対数をとってから両辺を微分する方法を**対数微分法**という。

- **x^α の導関数**

α が実数のとき　$(x^\alpha)'=\alpha x^{\alpha-1}$

- **第 n 次導関数**

関数 $f(x)$ を n 回微分した関数を**第 n 次導関数**といい，

$y^{(n)}$，$f^{(n)}(x)$，$\dfrac{d^n y}{dx^n}$，$\dfrac{d^n}{dx^n}f(x)$ で表す。

- **媒介変数で表された関数の導関数**

$x=f(t)$，$y=g(t)$ のとき　$\dfrac{dy}{dx}=\dfrac{\frac{dy}{dt}}{\frac{dx}{dt}}=\dfrac{g'(t)}{f'(t)}$ $\left(\dfrac{dx}{dt}\neq 0\right)$

基本問題

解答 ⟹ 別冊 p. 61

できたらチェック。

272 次の関数を微分せよ。

□ (1) $y=\sin 4x$　　□ (2) $y=\cos(3x-1)$　　□ (3) $y=\tan\dfrac{x}{3}$

□ (4) $y=\sin^2 x$　　□ (5) $y=\dfrac{1}{\cos^3 x}$　　□ (6) $y=\tan^2 x$

□ (7) $y=\sin(3x+2)$　　□ (8) $y=\cos^2(x-1)$

273 次の関数を微分せよ。

□ (1) $y=\log 3x$　□ (2) $y=\log(3x+2)$　□ (3) $y=\log_{10}x$

□ (4) $y=(\log x)^2$　□ (5) $y=x^3\log x$　□ (6) $y=\log|x^2-2|$

274 次の関数を微分せよ。

□ (1) $y=e^{4x}$　□ (2) $y=10^x$　□ (3) $y=a^{-x}$ $(a>0)$

□ (4) $y=e^{x^3}$　□ (5) $y=xe^x$　□ (6) $y=e^x\log x$

275 次の関数の第 2 次導関数と第 3 次導関数を求めよ。 **テスト必出**

□ (1) $y=x^4$　□ (2) $y=\cos 3x$　□ (3) $y=2^x$

□ (4) $y=\log(x+2)$　□ (5) $y=\dfrac{1}{x-2}$　□ (6) $y=\sqrt{3x-1}$

□ (7) $y=\cos x-\sin x$　□ (8) $y=xe^x$

276 次の等式を証明せよ。

□ (1) $y=-x+1+\dfrac{a}{2}e^{-x}$ のとき，$y'+y+x=0$

□ (2) $x^2+y^2=3$ のとき，$1+(y')^2+yy''=0$

277 媒介変数表示された次の関数について，$\dfrac{dy}{dx}$ を求めよ。 **テスト必出**

□ (1) $x=t-1$，$y=2t-1$　□ (2) $x=\sqrt{t}$，$y=t^2-2t+1$

□ (3) $x=t-\dfrac{1}{t}$，$y=\dfrac{1}{t}+1$　□ (4) $x=\dfrac{1-t^2}{1+t^2}$，$y=\dfrac{2t}{1+t^2}$

応用問題

解答 ➡ 別冊 p. 62

278 次の関数を微分せよ。

□ (1) $y=e^x\sin 3x$　□ (2) $y=x^3\cos x$　□ (3) $y=\log|\sin x|$

□ (4) $y=x\log x$　□ (5) $y=\dfrac{\log x}{x}$　□ (6) $y=x^3e^{-x}$

279 次の関数を微分せよ。

□ (1) $y=\cos x\log x$　□ (2) $y=e^{3x}\log x$

□ (3) $y=\dfrac{\cos x}{x}$　□ (4) $y=\dfrac{\sin x+\cos x}{\sin x-\cos x}$

例題研究》 対数を利用した微分法を用いて，次の関数を微分せよ。

$y=x^{\log x}$ $(x>0)$

着眼 まず，両辺の自然対数をとり，$\dfrac{d}{dx}\log y=\dfrac{d}{dy}\log y\cdot\dfrac{dy}{dx}=\dfrac{1}{y}\cdot y'$ を用いる。

解き方 $x>0$ より，$x^{\log x}>0$ だから，両辺の自然対数をとると

$\log y=\log x^{\log x}=\log x\cdot\log x=(\log x)^2$

両辺を x で微分すると

$\dfrac{1}{y}\cdot y'=2\log x(\log x)'=2(\log x)\cdot\dfrac{1}{x}=\dfrac{2}{x}\log x$

よって　$y'=y\cdot\dfrac{2}{x}\log x=x^{\log x}\cdot\dfrac{2}{x}\log x=\boldsymbol{2x^{-1+\log x}\log x}$　……答

280 対数を利用した微分法を用いて，次の関数を微分せよ。

□ (1) $y=x^{\sqrt{5}}$ $(x>0)$

□ (2) $y=2^x$

□ (3) $y=x^{-x}$ $(x>0)$

□ (4) $y=x^{\cos x}$ $(x>0)$

□ (5) $y=\sqrt[3]{(x+1)(x^2+3)}$

□ (6) $y=\sqrt[x]{x}$ $(x>0)$

□ (7) $y=\dfrac{x+1}{(x+3)^2(x+2)^3}$

□ (8) $y=\sqrt{\dfrac{1+\cos x}{1-\cos x}}$

□ (9) $y=(\tan x)^{\sin x}$ $\left(0<x<\dfrac{\pi}{2}\right)$

□ (10) $y=(\log x)^x$ $(x>1)$

281 次の関数の第2次導関数と第3次導関数を求めよ。

□ (1) $y=x\sin x$

□ (2) $y=e^x\log x$

□ **282** 次の等式を証明せよ。

$(x-a)^2+(y-b)^2=r^2$ のとき，$(ry'')^2=\{1+(y')^2\}^3$　(a，b，r は定数)

283 関数 $f(x)$ の $x=0$ における微分係数の定義 $f'(0)=\lim_{h\to 0}\dfrac{f(h)-f(0)}{h}$ を用いて，次の極限値を求めよ。　〈差がつく

□ (1) $\lim_{h\to 0}\dfrac{e^h-1}{h}$

□ (2) $\lim_{h\to 0}\dfrac{\log(1+h)}{h}$

ガイド (1) $f(x)=e^x$ とおく。(2) $f(x)=\log(1+x)$ とおく。

例題研究》 関数 $f(x)=xe^x$ の第 n 次導関数を推定し，数学的帰納法で証明せよ。

着眼 $f'(x)$，$f''(x)$，$f'''(x)$ を求めて，$f^{(n)}(x)$ を推定する。

解き方 $f'(x)=e^x+xe^x=e^x(1+x)$

$f''(x)=e^x(1+x)+e^x=e^x(2+x)$

$f'''(x)=e^x(2+x)+e^x=e^x(3+x)$

よって

$f^{(n)}(x)=e^x(n+x)$ ……①

と推定できる。

①を数学的帰納法を用いて証明する。

(I) $n=1$ のとき　左辺$=f'(x)=e^x+xe^x=e^x(1+x)$，右辺$=e^x(1+x)$

よって，$n=1$ のとき①は成り立つ。

(II) $n=k$ のとき，①が成り立つと仮定する。

すなわち，$f^{(k)}(x)=e^x(k+x)$ が成り立つと仮定する。

このとき　$f^{(k+1)}(x)=\{e^x(k+x)\}'=e^x(k+x)+e^x$

$=e^x\{(k+1)+x\}$

これは，①が $n=k+1$ のときも成り立つことを示している。

ゆえに(I)，(II)より，①はすべての自然数 n について成り立つ。

したがって　$f^{(n)}(x)=e^x(n+x)$ 〔証明終〕

284 次の関数の第 n 次導関数を推定し，数学的帰納法で証明せよ。 **差がつく**

□ (1) $y=\log x$　　□ (2) $y=\sin x$

285 媒介変数表示された次の関数について，$\dfrac{dy}{dx}$ を求めよ。

□ (1) $x=\log(\log t)$，$y=\log t$

□ (2) $x=a\cos^3 t$，$y=a\sin^3 t$

□ **286** 3 次以上の整式 $f(x)$ が $(x-\alpha)^3$ で割り切れるための必要十分条件は，$f(\alpha)=f'(\alpha)=f''(\alpha)=0$ であることを証明せよ。

ガイド 商を $Q(x)$，余りを px^2+qx+r とおくと，$f(x)=(x-\alpha)^3Q(x)+px^2+qx+r$

28 接線と法線

✪ テストに出る重要ポイント

- **接線と法線の方程式**…曲線 $y=f(x)$ 上の点 $(x_1,\ y_1)$ における
  接線の方程式：$y-y_1=f'(x_1)(x-x_1)$
  法線の方程式：$y-y_1=-\dfrac{1}{f'(x_1)}(x-x_1)$　$(f'(x_1)\neq 0)$
- **2次曲線の接線の方程式**…各曲線上の点 $(x_1,\ y_1)$ における接線の方程式は
  ① $ax^2+by^2=c$ のとき　$ax_1x+by_1y=c$
  $a(x-h)^2+b(y-k)^2=c$ のとき
  $a(x_1-h)(x-h)+b(y_1-k)(y-k)=c$
  ② $y^2=4px$ のとき　$y_1y=2p(x+x_1)$

基本問題

解答 → 別冊 p. 65

できたらチェック。

287 次の曲線上の点Pにおける接線および法線の方程式を求めよ。

□ (1) $y=x^2-x$　P(2, 2)
□ (2) $y=x^3+x$　P(1, 2)
□ (3) $y=e^{2x}$　P(0, 1)
□ (4) $y=\log x$　P(e, 1)
□ (5) $y=3\sin x$　P$\left(\dfrac{\pi}{3},\ \dfrac{3\sqrt{3}}{2}\right)$
□ (6) $y=\sqrt{x-1}$　P(2, 1)
□ (7) $y=\dfrac{1}{x-1}$　P(2, 1)
□ (8) $y=\log\dfrac{1}{x}$　P(e, -1)

288 次の2次曲線上の点Pにおける接線および法線の方程式を求めよ。

□ (1) $x^2+y^2=5$　P(1, -2)
□ (2) $y^2=3x$　P(2, $-\sqrt{6}$)
□ (3) $x^2-y^2=2$　P(-2, $\sqrt{2}$)
□ (4) $xy=5$　P(5, 1)

□ **289** 曲線 $y=e^x+2e^{-x}$ 上の点Pにおける接線の傾きが1であるとき，この接線の方程式と接点Pの座標を求めよ。

□ **290** 曲線 $y=x\log x$ に点 $(0,\ -3)$ から引いた接線の方程式を求めよ。 テスト必出

応用問題

解答 ⟹ 別冊 *p. 66*

例題研究》 次の式で表される曲線上の点 $(2,\ 4)$ における接線の方程式を求めよ。 $x=t^2-t,\ y=t^2+t-2$

着眼 曲線 $x=f(t),\ y=g(t)$ の $t=t_1$ における接線の傾き m は $\boldsymbol{m=\dfrac{g'(t_1)}{f'(t_1)}}$ である。

解き方 $x=2$ とおくと $t^2-t=2$ $(t+1)(t-2)=0$ $t=2,\ -1$

$t=2$ のとき $y=4$, $t=-1$ のとき $y=-2$ よって $t=2$

一方 $\dfrac{dx}{dt}=2t-1,\ \dfrac{dy}{dt}=2t+1$

よって $\dfrac{dy}{dx}=\dfrac{\dfrac{dy}{dt}}{\dfrac{dx}{dt}}=\dfrac{2t+1}{2t-1}$ $t=2$ のとき $\dfrac{dy}{dx}=\dfrac{5}{3}$

したがって, 点 $(2,\ 4)$ における接線の方程式は

$y-4=\dfrac{5}{3}(x-2)$ $\boldsymbol{y=\dfrac{5}{3}x+\dfrac{2}{3}}$ ……答

□ **291** 曲線 $x=\cos t,\ y=\cos 2t$ の $t=\dfrac{\pi}{3}$ に対応する点における接線の方程式を求めよ。

□ **292** 曲線 $x=\cos^3 t,\ y=\sin^3 t$ の $t=\dfrac{\pi}{6}$ に対応する点における接線および法線の方程式を求めよ。

□ **293** 曲線 $x=\sqrt{t},\ y=t^2+1$ の $t=4$ に対応する点における接線および法線の方程式を求めよ。

□ **294** 曲線 $x=a\cos\theta,\ y=b\sin\theta$ $(a>0,\ b>0,\ 0\leqq\theta<2\pi)$ 上の $\theta=\dfrac{\pi}{6}$ に対応する点における接線の方程式を求めよ。

例題研究》 2曲線 $y=x^2$, $y=\dfrac{1}{x}$ の共通接線の方程式と接点の座標を求めよ。

着眼 曲線 $y=x^2$ 上の点における接線と曲線 $y=\dfrac{1}{x}$ 上の点における接線が一致する。

解き方 曲線 $y=x^2$ 上の点 $(a,\ a^2)$ における接線の方程式を求めると

$y'=2x$ より　$y-a^2=2a(x-a)$　　$y=2ax-a^2$　……①

曲線 $y=\dfrac{1}{x}$ 上の点 $\left(b,\ \dfrac{1}{b}\right)$ における接線の方程式を求めると

$y'=-\dfrac{1}{x^2}$ より　$y-\dfrac{1}{b}=-\dfrac{1}{b^2}(x-b)$　　$y=-\dfrac{1}{b^2}x+\dfrac{2}{b}$　……②

この2つの接線が共通接線となるためには，①，②が一致すればよい。

係数を比較して　$2a=-\dfrac{1}{b^2}$　……③，$-a^2=\dfrac{2}{b}$　……④

③より　$a=-\dfrac{1}{2b^2}$　……③′　これを④に代入して　$-\dfrac{1}{4b^4}=\dfrac{2}{b}$　　$b^3=-\dfrac{1}{8}$

よって　$b=-\dfrac{1}{2}$

これを③′に代入して　$a=-2$

したがって，**求める共通接線の方程式は　$y=-4x-4$**　……答

また，**曲線 $y=x^2$ 上の接点の座標は $(-2,\ 4)$**　……答

曲線 $y=\dfrac{1}{x}$ 上の接点の座標は $\left(-\dfrac{1}{2},\ -2\right)$　……答

□ **295** 曲線 $y=(2x-a)^2$ と曲線 $y=e^x$ が共有点をもち，その点における2曲線の接線が一致するとき，定数 a の値を求めよ。〈差がつく〉

296 2曲線 $C_1:y=e^{x+\alpha}+\beta$, $C_2:y=\log x$ について，点 $(1,\ 0)$ における C_2 の接線が C_1 にも接しているものとする。

□ (1) β を α で表せ。

□ (2) C_1, C_2 の共通接線の方程式をすべて求め，α を用いて表せ。

□ **297** 点 $(a,\ 0)$ から曲線 $y=xe^x$ に2本の接線が引けるような，定数 a の値の範囲を求めよ。ただし，この曲線に2点で接する接線は存在しないことを用いてもよい。

29 関数の値の変化

✪ テストに出る重要ポイント

- **平均値の定理**

  関数 $f(x)$ が $a \leqq x \leqq b$ で連続で，$a<x<b$ で微分可能なとき

  ① $\boldsymbol{\dfrac{f(b)-f(a)}{b-a}=f'(c)}$，**$a<c<b$ を満たす c が存在する。**

  ② $f(a+h)=f(a)+hf'(a+\theta h)$，$0<\theta<1$ を満たす θ が存在する。

- **関数の増減**…$a \leqq x \leqq b$ で連続で，$a<x<b$ で微分可能な関数 $f(x)$ に対して，区間 $a<x<b$ で常に

  $\boldsymbol{f'(x)>0}$ のとき，$f(x)$ は $a \leqq x \leqq b$ で**増加**

  $\boldsymbol{f'(x)=0}$ のとき，$f(x)$ は $a \leqq x \leqq b$ で**定数**

  $\boldsymbol{f'(x)<0}$ のとき，$f(x)$ は $a \leqq x \leqq b$ で**減少**

- **関数の極値の判定**

  関数 $f(x)$ に対して，$f'(a)=0$ であるとき，$x=a$ を境にして

  $f'(x)$ の符号が**正から負に**変わるとき，$x=a$ で**極大**，**極大値** $f(a)$

  $f'(x)$ の符号が**負から正に**変わるとき，$x=a$ で**極小**，**極小値** $f(a)$

- **極値と微分係数**…関数 $f(x)$ が $x=a$ で極値をとり，$f'(a)$ が存在するならば，$f'(a)=0$ である。しかし，$f'(a)=0$ のとき，$f(x)$ が $x=a$ で極値をとるとは限らない。

基本問題

解答 ➡ 別冊 p. 68

できたらチェック。

298 次の関数について，平均値の定理 $f(b)-f(a)=(b-a)f'(c)$ $(a<c<b)$ を満たす c の値を求めよ。

□ (1) $f(x)=x^2$，$a=0$，$b=2$　　□ (2) $f(x)=e^x$，$a=0$，$b=2$

□ (3) $f(x)=\sqrt{x}$，$a=2$，$b=4$　　□ (4) $f(x)=\log x$，$a=1$，$b=e$

299 次の関数について，平均値の定理 $f(a+h)=f(a)+hf'(a+\theta h)$ $(0<\theta<1)$ を満たす θ の値を求めよ。

□ (1) $f(x)=\sqrt{x+1}$，$a=0$，$h=2$　　□ (2) $f(x)=e^x$，$a=0$，$h=2$

例題研究》 次の関数の増減を調べ，極値を求めよ。

$$f(x)=\sin x+\frac{1}{2}\sin 2x \quad (0\leqq x\leqq 2\pi)$$

着眼 関数 $f(x)$ の増減は，その導関数 **$f'(x)$ の符号で判定**することができる。
$f'(x)>0$ ならば，$f(x)$ は増加，$f'(x)<0$ ならば，$f(x)$ は減少。

解き方 $f'(x)=\cos x+\cos 2x=\cos x+2\cos^2 x-1$
$=(\cos x+1)(2\cos x-1)$

$f'(x)=0$ とおくと　$\cos x=-1,\ \frac{1}{2}$

この解は，$0\leqq x\leqq 2\pi$ では　$x=\frac{\pi}{3},\ \pi,\ \frac{5}{3}\pi$

$0\leqq x\leqq 2\pi$ における $f(x)$ の増減表は次のようになる。

x	0	$\cdots$	$\frac{\pi}{3}$	$\cdots$	π	$\cdots$	$\frac{5}{3}\pi$	$\cdots$	2π
$f'(x)$		$+$	0	$-$	0	$-$	0	$+$	
$f(x)$	0	↗	$\frac{3\sqrt{3}}{4}$	↘	0	↘	$-\frac{3\sqrt{3}}{4}$	↗	0

よって，$\boldsymbol{0\leqq x\leqq \frac{\pi}{3},\ \frac{5}{3}\pi\leqq x\leqq 2\pi}$ **のとき増加**

$\boldsymbol{\frac{\pi}{3}\leqq x\leqq \frac{5}{3}\pi}$ **のとき減少**　……答

$\boldsymbol{x=\frac{\pi}{3}}$ **のとき極大値** $\boldsymbol{\frac{3\sqrt{3}}{4}}$，$\boldsymbol{x=\frac{5}{3}\pi}$ **のとき極小値** $\boldsymbol{-\frac{3\sqrt{3}}{4}}$　……答

300 次の関数の増減を調べよ。

□ (1) $f(x)=2x^3+3x^2$

□ (2) $f(x)=x^2e^x$

□ (3) $f(x)=\frac{x-2}{x+1}$

□ (4) $f(x)=\frac{x}{e^x}$

301 次の関数の増減を調べ，極値を求めよ。

□ (1) $f(x)=\sqrt{x(2-x)}$

□ (2) $f(x)=e^x\sin x \quad (0\leqq x\leqq \pi)$

□ (3) $f(x)=\frac{x-1}{x^2+3}$

□ (4) $f(x)=x+\frac{1}{x}$

302 次の関数の増減を調べ，極値を求めよ。〈テスト必出

□ (1) $f(x)=x^2(x-1)$

□ (2) $f(x)=x-\log x$

□ (3) $f(x)=e^x+e^{-x}$

□ (4) $f(x)=\sin x-x \quad (0\leqq x\leqq 2\pi)$

応用問題

解答 → 別冊 p. 70

例題研究》 平均値の定理を利用して，$x>0$ のとき，$0<\log\dfrac{e^x-1}{x}<x$ であることを証明せよ。

着眼 平均値の定理は，「関数 $f(x)$ が $a\leqq x\leqq b$ で連続で，$a<x<b$ で微分可能なとき，$\dfrac{f(b)-f(a)}{b-a}=f'(c)$，$a<c<b$ を満たす c が存在する。」

解き方 $f(t)=e^t$ とおくと，$f(t)$ は実数全体で微分可能で　$f'(t)=e^t$

$0\leqq t\leqq x$ で平均値の定理を用いると

$\dfrac{f(x)-f(0)}{x-0}=f'(c)$，$0<c<x$ を満たす c が存在する。

すなわち，$\dfrac{e^x-1}{x}=e^c$ より　$c=\log\dfrac{e^x-1}{x}$

$0<c<x$ であるから　$0<\log\dfrac{e^x-1}{x}<x$ 〔証明終〕

□ **303** 平均値の定理を利用して，$m<n$ のとき，$e^m<\dfrac{e^n-e^m}{n-m}<e^n$ を証明せよ。

差がつく

304 平均値の定理を利用して，次の不等式を証明せよ。

□ (1) $x>0$ のとき　$\dfrac{x}{x+1}<\log(x+1)<x$

□ (2) n は 2 以上の整数で，$x>0$ のとき　$x^n-1\geqq n(x-1)$

□ **305** 関数 $f(x)=x^3$ について，平均値の定理 $f(a+h)=f(a)+hf'(a+\theta h)$ $(a>0,\ h>0,\ 0<\theta<1)$ を満たす θ を a，h を用いて表せ。

また，$\displaystyle\lim_{h\to 0}\theta$ を求めよ。

ガイド　$f'(x)$ を求め，条件式より θ を求める。

例題研究》 平均値の定理を利用して，極限値 $\lim_{x\to 0}\frac{\sin x-\sin x^2}{x-x^2}$ を求めよ。

着眼 平均値の定理とはさみうちの原理を組み合わせて利用する。

解き方 $f(t)=\sin t$ とおくと，$f(t)$ は実数全体で微分可能で，
$f'(t)=\cos t$

(i) $0<x<1$ のとき，$x^2<x$ より，$x^2\leqq t\leqq x$ で平均値の定理を用いると

$\frac{\sin x-\sin x^2}{x-x^2}=\frac{f(x)-f(x^2)}{x-x^2}=f'(c)$，$x^2<c<x$ を満たす c が存在する。

$x\to +0$ のとき，$x^2\to 0$ であるから，はさみうちの原理により，$c\to 0$

よって，$\lim_{x\to +0}\frac{\sin x-\sin x^2}{x-x^2}=\lim_{c\to 0}f'(c)=\lim_{c\to 0}\cos c=1$

(ii) $-1<x<0$ のとき，$x<x^2$ であり，$x\leqq t\leqq x^2$ で平均値の定理を用いると

$\frac{\sin x-\sin x^2}{x-x^2}=\frac{\sin x^2-\sin x}{x^2-x}=\frac{f(x^2)-f(x)}{x^2-x}=f'(c)$，$x<c<x^2$ を満たす c が存在する。

$x\to -0$ のとき，$x^2\to 0$ であるから，はさみうちの原理により，$c\to 0$

よって，$\lim_{x\to -0}\frac{\sin x-\sin x^2}{x-x^2}=\lim_{c\to 0}f'(c)=\lim_{c\to 0}\cos c=1$

(i), (ii)より　$\lim_{x\to 0}\frac{\sin x-\sin x^2}{x-x^2}=\mathbf{1}$　……答

306 平均値の定理を利用して，次の極限値を求めよ。

□ (1) $\lim_{x\to 0}\frac{\cos x-\cos x^2}{x-x^2}$　　□ (2) $\lim_{x\to 0}\frac{e^x-e^{\sin x}}{x-\sin x}$

307 次の関数の増減を調べ，極値を求めよ。

□ (1) $f(x)=\frac{2x+3}{x^2-2}$

□ (2) $f(x)=\frac{x^2-x+1}{x^2+x+1}$

□ (3) $f(x)=\frac{\sin x}{1+\sin x}$ $\left(0\leqq x\leqq 2\pi,\ ただし，x\neq\frac{3}{2}\pi\right)$

例題研究》 関数 $f(x)=\dfrac{ax^2-bx+4}{x^2+1}$ が $x=1$ で極大値 7 をとるとき，定数 a, b の値を求めよ。

着眼 $f(x)$ は微分可能であるから，$x=1$ で極大値 7 をとる必要条件は
$f(1)=7$ かつ $f'(1)=0$

解き方 $f'(x)=\dfrac{(2ax-b)(x^2+1)-(ax^2-bx+4)\cdot 2x}{(x^2+1)^2}$

$=\dfrac{bx^2+2(a-4)x-b}{(x^2+1)^2}$

$f'(1)=0$ より　$b+2a-8-b=0$　　よって　$a=4$
また，$f(1)=7$ より　$a-b+4=14$
$a=4$ であるから　$b=-6$
$a=4$, $b=-6$ のとき　$f'(x)=-\dfrac{6(x^2-1)}{(x^2+1)^2}=-\dfrac{6(x+1)(x-1)}{(x^2+1)^2}$
→ 十分性を示すことを忘れるな
となるので，$f'(x)$ は $x=1$ の前後で正から負に変わる。
よって，$f(x)$ は $x=1$ で極大となる。
したがって　$\boldsymbol{a=4}$, $\boldsymbol{b=-6}$　……答

□ **308** 関数 $f(x)=x-\dfrac{a}{x}$ が $x=1$ で極値をとるように，定数 a の値を定めよ。

□ **309** 関数 $f(x)=\dfrac{ax-b}{x^2-1}$ が $x=2$ で極値 1 をとるように，定数 a, b の値を定めよ。〈差がつく

ガイド　$x=2$ で極値 1 をとるから $f(2)=1$, $f'(2)=0$ より a, b を求める。

310 関数 $f(x)=\dfrac{e^x}{1-ax^2}$ について，次の問いに答えよ。ただし，$a<0$ とする。

□ (1) $f'(x)$ を求めよ。

□ (2) $f(x)$ が極値をもつ a の値の範囲を求めよ。

ガイド　微分可能な関数 $f(x)$ が $x=t$ で極値をとるとは，$f'(t)=0$ かつ $f'(x)$ が $x=t$ の前後で符号が変わることである。

30 最大・最小

テストに出る重要ポイント

- **最大・最小を調べるときの注意**

  ① **定義域全体にわたって調べる**こと。とくに，端点における関数の状況の吟味を忘れてはいけない。

  ② 閉区間で連続な関数は，最大値および最小値を必ずもつ。**極値と端点での値を比べて**決定する。

基本問題

解答 ➡ 別冊 p. 72

例題研究》 $f(x)=|x-1|+\sqrt{x}\ (0\leqq x\leqq 2)$ の最大値，最小値を求めよ。

着眼　変域の場合分けをして，$f(x)$ の増減表を作る。$x=0$，2 のときの $f(x)$ の値と増減表より最大値，最小値を求めればよい。

解き方　$f(x)=\begin{cases} x-1+\sqrt{x} & (1\leqq x\leqq 2) \\ 1-x+\sqrt{x} & (0\leqq x<1) \end{cases}$ より $f'(x)=\begin{cases} 1+\dfrac{1}{2\sqrt{x}} & (1<x\leqq 2) \\ -1+\dfrac{1}{2\sqrt{x}} & (0<x<1) \end{cases}$

したがって，増減表は下の通り。

x	0	$\cdots$	$\frac{1}{4}$	$\cdots$	1	$\cdots$	2
$f'(x)$	／	$+$	0	$-$	／	$+$	
$f(x)$	1	↗	$\frac{5}{4}$	↘	1	↗	$1+\sqrt{2}$

よって

$\begin{cases} x=2 \text{ のとき，最大値 } 1+\sqrt{2} \\ x=0,\ 1 \text{ のとき，最小値 } 1 \end{cases}$ ……答

できたらチェック。

311 次の関数の最大値と最小値を求めよ。 〈テスト必出〉

□ (1) $f(x)=x-2\sqrt{x}\quad(0\leqq x\leqq 1)$

□ (2) $f(x)=x+\dfrac{1}{x}\quad\left(\dfrac{1}{3}\leqq x\leqq 2\right)$

□ (3) $f(x)=x+2\sin x\quad(0\leqq x\leqq \pi)$

□ (4) $f(x)=x-e^{|x|}\quad(-1\leqq x\leqq 1)$

応用問題

解答 ➡ 別冊 p. 73

例題研究》 関数 $f(x)=\dfrac{x-2}{x^2+1}$ の最大値，最小値を求めよ。

着眼 定義域は実数全体であるから，極大，極小のほかに $\lim\limits_{x\to-\infty} f(x)$，$\lim\limits_{x\to\infty} f(x)$ を調べる必要がある。

解き方 $f'(x)=\dfrac{1\cdot(x^2+1)-(x-2)\cdot 2x}{(x^2+1)^2}=-\dfrac{x^2-4x-1}{(x^2+1)^2}$

$f'(x)=0$ とおくと　$x^2-4x-1=0$ より　$x=2\pm\sqrt{5}$

$$f(2+\sqrt{5})=\frac{(2+\sqrt{5})-2}{(2+\sqrt{5})^2+1}=\frac{\sqrt{5}}{10+4\sqrt{5}}=\frac{\sqrt{5}-2}{2}$$

$$f(2-\sqrt{5})=\frac{(2-\sqrt{5})-2}{(2-\sqrt{5})^2+1}=\frac{-\sqrt{5}}{10-4\sqrt{5}}=-\frac{\sqrt{5}+2}{2}$$

増減表は次のようになる。

x	$\cdots$	$2-\sqrt{5}$	$\cdots$	$2+\sqrt{5}$	$\cdots$
$f'(x)$	$-$	0	$+$	0	$-$
$f(x)$	↘	極小 $-\dfrac{\sqrt{5}+2}{2}$	↗	極大 $\dfrac{\sqrt{5}-2}{2}$	↘

ところで　$\lim\limits_{x\to-\infty}\dfrac{x-2}{x^2+1}=0$，$\lim\limits_{x\to\infty}\dfrac{x-2}{x^2+1}=0$

したがって，$\boldsymbol{x=2+\sqrt{5}}$ **のとき最大値** $\boldsymbol{\dfrac{\sqrt{5}-2}{2}}$

$\boldsymbol{x=2-\sqrt{5}}$ **のとき最小値** $\boldsymbol{-\dfrac{\sqrt{5}+2}{2}}$ ……答

312 次の関数の最大値，最小値を求めよ。

□ (1)　$y=x+\sqrt{1-x^2}$

□ (2)　$y=\sqrt{1+x}+\sqrt{1-x}$

□ (3)　$y=\dfrac{2-x}{x^2+2}$

□ (4)　$y=x\sqrt{4-x^2}$

□ (5)　$y=\dfrac{x^2-4x}{x^2+4}$

313 次の関数の最大値，最小値を求めよ。

□ (1)　$y=\sin x+\sin^2 x$　$(0\leqq x\leqq \pi)$

□ (2)　$y=(x-1)\sin x+\cos x$　$(0\leqq x\leqq \pi)$

□ (3)　$y=x\log x$

□ (4)　$y=\log(x^2+1)-\log x$　$\left(\dfrac{1}{2}\leqq x\leqq 2\right)$

□ **314** 関数 $f(x)=(3x-2x^2)e^{-x}$ $(x\geqq 0)$ の最大値，最小値を求めよ。ただし，必要ならば $\displaystyle\lim_{x\to\infty} xe^{-x}=0$，$\displaystyle\lim_{x\to\infty} x^2e^{-x}=0$ を用いてもよい。**＜差がつく**

例題研究》 半径 r の円に内接する頂角の大きさが θ の二等辺三角形の面積を S とする。

(1)　S を r，θ で表せ。

(2)　S を最大にする θ の値を求めよ。

着眼 題意より図を正確にかいて考える。頂角の大きさが θ であるから，円周角と中心角の関係に気がつけば簡単である。

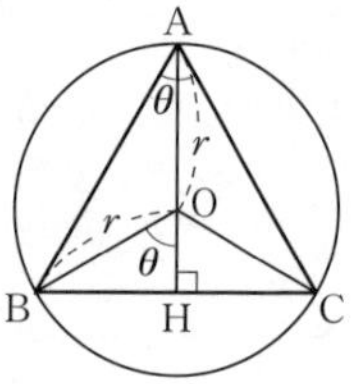

解き方 (1)　$0<\theta<\dfrac{\pi}{2}$ のとき，右の図より，二等辺三角形の底辺は $BC=2r\sin\theta$，高さは $AH=r+r\cos\theta$ となる。

これは $\dfrac{\pi}{2}\leqq\theta<\pi$ のときも成り立つ。

よって，二等辺三角形の面積 S は

$$S=\frac{1}{2}\cdot 2r\sin\theta\cdot(r+r\cos\theta)$$

$$=\boldsymbol{r^2\sin\theta(1+\cos\theta)}\quad\cdots\cdots\text{答}$$

(2)　$$\frac{dS}{d\theta}=r^2\{\cos\theta(1+\cos\theta)-\sin\theta\cdot\sin\theta\}$$

$$=r^2(2\cos^2\theta+\cos\theta-1)$$

$$=r^2(\cos\theta+1)(2\cos\theta-1)$$

$\dfrac{dS}{d\theta}=0$ とすると　$\cos\theta=-1,\ \dfrac{1}{2}$

題意より，$0<\theta<\pi$ であるから　$\theta=\dfrac{\pi}{3}$
（$0<\theta<\pi$ → 隠れた条件）

S の増減表は右のようになって

$\theta=\dfrac{\pi}{3}$ のとき，S は最大となる。

したがって　$\boldsymbol{\theta=\dfrac{\pi}{3}}$　……答

θ	0	…	$\dfrac{\pi}{3}$	…	π
$\dfrac{dS}{d\theta}$	／	＋	0	－	／
S	／	↗	極大 $\dfrac{3\sqrt{3}}{4}r^2$	↘	／

315 半径 a の円に内接する頂角の大きさが 2θ の二等辺三角形がある。

□ (1) この三角形の周の長さ l を θ で表せ。

□ (2) l を最大にする θ の値と，そのときの l の値を求めよ。

□ **316** 長さ $2a$ の線分 AB を直径とする半円がある。直径 AB に平行な弦 PQ を引いたとき，台形 PABQ の面積を最大にする ∠PAB の大きさを求めよ。

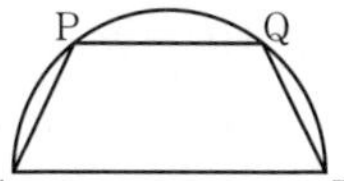

ガイド 半円の中心（AB の中点）を O として，$\angle POA=\theta$ とおくと簡単。

□ **317** 半径 a の球 O に外接する直円錐の体積の最小値を求めよ。

□ **318** 表面積が一定値 S の直円柱で，体積が最大のものを作りたい。底面の直径と高さの比をいくらにすればよいか。 差がつく

□ **319** 半径 r，高さ r の直円柱に外接する直円錐の体積の最小値を r で表せ。

□ **320** 曲線 $y=e^x$ 上の点 $\mathrm{P}(a,\ e^a)$ における接線と，x 軸，y 軸とで囲まれる三角形の面積を S とするとき，S の最大値とそのときの a の値を求めよ。ただし，$a<0$ とする。

□ **321** 楕円 $\dfrac{x^2}{9}+\dfrac{y^2}{4}=1$ の第 1 象限内の弧の上の点 P における接線が，x 軸，y 軸と交わる点をそれぞれ Q，R とする。線分 QR の長さが最小となるような接点 P とそのときの線分 QR の長さを求めよ。

ガイド 楕円の接線の公式を利用し，Q，R の座標を求めてみよう。

□ **322** 平面上を動く 2 点 P，Q の時刻 t における座標が，それぞれ $\mathrm{P}(\sqrt{2}\cos t,\ \sin t)$，$\mathrm{Q}(\sin t,\ \sqrt{2})$ で与えられている。このとき，P と Q の距離が最大および最小となる時刻 t をそれぞれ求めよ。ただし，$0 \leqq t \leqq 2\pi$ とする。

ガイド 2 点間の距離は PQ であるが，PQ^2 を t の関数で表せ。

31 第2次導関数の応用

テストに出る重要ポイント

- **第2次導関数による極値の判定**…第2次導関数をもつ関数 $f(x)$ で
  $\boldsymbol{f'(a)=0}$, $\boldsymbol{f''(a)>0}$ のとき，$f(a)$ は**極小値**
  $\boldsymbol{f'(a)=0}$, $\boldsymbol{f''(a)<0}$ のとき，$f(a)$ は**極大値**

- **曲線の凹凸**
  $\boldsymbol{f''(x)>0}$ である区間で，曲線 $y=f(x)$ は**下に凸**
  $\boldsymbol{f''(x)<0}$ である区間で，曲線 $y=f(x)$ は**上に凸**

- **変曲点**…$f''(a)=0$ であって，$f''(x)$ の符号が $x=a$ の前後で変わるならば，点 $(a,\ f(a))$ は曲線 $y=f(x)$ の**変曲点**である。

- **グラフをかく手順**
  ① 定義域を確かめる。
  ② 対称性(x 軸，y 軸，原点などに関して対称か)を調べる。
  ③ 関数の増減，極値を調べる。
  ④ グラフの凹凸，変曲点を調べる。
  ⑤ 座標軸との交点が求められれば求めておく。
  ⑥ 遠方での曲線のようすを調べる。とくに，漸近線があれば求める。

- **漸近線の求め方**
  ① x 軸に垂直な漸近線
  $\displaystyle\lim_{x\to a+0} f(x)$ または $\displaystyle\lim_{x\to a-0} f(x)$ が ∞ か $-\infty$ ならば直線 $x=a$ が漸近線
  ② y 軸に垂直な漸近線
  $\displaystyle\lim_{x\to\infty} f(x)=b$ または $\displaystyle\lim_{x\to-\infty} f(x)=b$ ならば直線 $y=b$ が漸近線
  ③ x 軸に垂直でない漸近線
  $\displaystyle\lim_{x\to\infty}\{f(x)-(ax+b)\}=0$ または $\displaystyle\lim_{x\to-\infty}\{f(x)-(ax+b)\}=0$ ならば
  直線 $y=ax+b$ が漸近線
  $\displaystyle a=\lim_{x\to\pm\infty}\frac{f(x)}{x}$，$\displaystyle b=\lim_{x\to\pm\infty}\{f(x)-ax\}$ より求める。

基本問題

解答 ➡ 別冊 p. 76

できたらチェック。

323 次の関数の第2次導関数を求めよ。

□ (1) $y=x^3-3x^2$ □ (2) $y=\sqrt{x-1}$

□ (3) $y=\dfrac{1}{x+2}$ □ (4) $y=\dfrac{\log x}{x}$

□ (5) $y=\sin x$ □ (6) $y=(x-1)e^x$

324 第2次導関数を用いて，次の関数の極値を求めよ。

□ (1) $y=x^3+3x^2$ □ (2) $y=x^2e^{-x}$

□ (3) $y=x+2\cos x$ $(0\leqq x\leqq 2\pi)$ □ (4) $y=\dfrac{2}{x^2+1}$

ガイド $f'(a)=0$，$f''(a)<0$ ならば $f(a)$ は極大値，$f'(a)=0$，$f''(a)>0$ ならば $f(a)$ は極小値である。

例題研究》 次の曲線の凹凸を調べ，変曲点を求めよ。

$y=x-2\cos x$ $(0\leqq x\leqq 2\pi)$

着眼 変曲点は「上に凸から下に凸へ」または「下に凸から上に凸へ」と変化する点である。すなわち，**y'' の符号が変わる点**である。

解き方 $y'=1+2\sin x$，$y''=2\cos x$ よって，y'' の符号を調べると下の表のようになる。

x	0	…	$\frac{\pi}{2}$	…	$\frac{3}{2}\pi$	…	2π
y''		+	0	−	0	+	
y	−2	下に凸	$\frac{\pi}{2}$	上に凸	$\frac{3}{2}\pi$	下に凸	$2\pi-2$

(i) $0<x<\dfrac{\pi}{2}$，$\dfrac{3}{2}\pi<x<2\pi$ のとき $y''>0$ であるから，下に凸。

(ii) $\dfrac{\pi}{2}<x<\dfrac{3}{2}\pi$ のとき $y''<0$ であるから，上に凸。

よって，**$\dfrac{\pi}{2}<x<\dfrac{3}{2}\pi$ のとき上に凸，$0<x<\dfrac{\pi}{2}$，$\dfrac{3}{2}\pi<x<2\pi$ のとき下に凸** ……答

また，$x=\dfrac{\pi}{2}$ と $x=\dfrac{3}{2}\pi$ の前後で y'' は符号を変えるから，

変曲点は $\left(\dfrac{\pi}{2},\ \dfrac{\pi}{2}\right)$，$\left(\dfrac{3}{2}\pi,\ \dfrac{3}{2}\pi\right)$ ……答

325 次の曲線の凹凸を調べ，変曲点を求めよ。〈テスト必出〉

□ (1)　$y=x^3-3x^2+2$　　□ (2)　$y=-x^4+x^3+1$

□ (3)　$y=e^{-x^2}$　　□ (4)　$y=\log(1+x^2)$

□ (5)　$y=-\sin^2 x+2\sin x$ $(0<x<2\pi)$

326 次の関数のグラフの漸近線を求めよ。

□ (1)　$y=\dfrac{x^2}{x-1}$　　□ (2)　$y=\dfrac{x^2}{x+1}$

□ (3)　$y=2x-\dfrac{1}{x-1}+\dfrac{1}{x+1}$

例題研究》　関数 $y=\dfrac{x^2-3x+2}{x^2}$ のグラフをかけ。

着眼　$p.112$ の「グラフをかく手順」にしたがって，調べていけばよい。

解き方　$y=1-\dfrac{3}{x}+\dfrac{2}{x^2}$ と変形して

$$y'=\frac{3}{x^2}-\frac{4}{x^3}=\frac{3x-4}{x^3}$$

$$y''=-\frac{6}{x^3}+\frac{12}{x^4}=-\frac{6(x-2)}{x^4}$$

x	…	0	…	$\frac{4}{3}$	…	2	…
y'	+	/	−	0	+	+	+
y''	+	/	+	+	+	0	−
y	↗	/	↘	$-\frac{1}{8}$	↗	0	↗

y'，y'' の符号を調べて，表を作ると右のようになる。よって，$x=\dfrac{4}{3}$ のとき極小値 $-\dfrac{1}{8}$ をとる。変曲点は $(2,\ 0)$

また，$\displaystyle\lim_{x\to\infty}\left(1-\frac{3}{x}+\frac{2}{x^2}\right)=1$，

$\displaystyle\lim_{x\to-\infty}\left(1-\frac{3}{x}+\frac{2}{x^2}\right)=1$ だから，直線 $y=1$ は漸近線。

$\displaystyle\lim_{x\to+0}\frac{x^2-3x+2}{x^2}=\infty$，$\displaystyle\lim_{x\to-0}\frac{x^2-3x+2}{x^2}=\infty$

だから，直線 $x=0$ は漸近線。

以上より，グラフの概形は**右の図**　……答

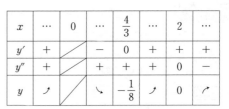

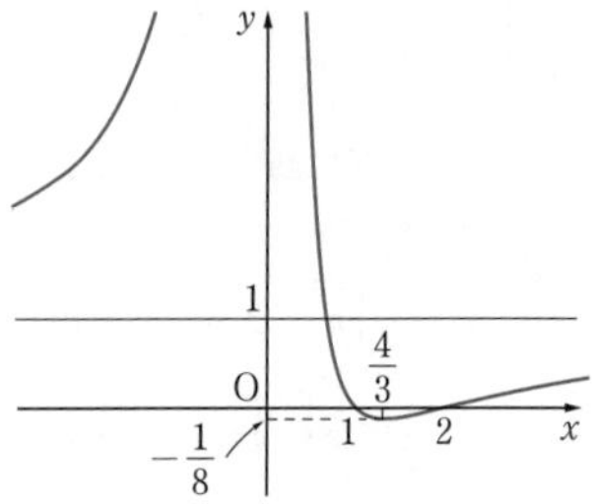

327 次の関数のグラフをかけ。 **テスト必出**

□ (1) $y=\dfrac{x^2+1}{x-1}$　　　□ (2) $y=\dfrac{2x^2-1}{1-x^2}$

応用問題

解答 ⟹ 別冊 p. 77

例題研究》 関数 $y=2\sin x+\sin 2x\ (0\leqq x\leqq 2\pi)$ のグラフをかけ。

着眼 $0\leqq x\leqq 2\pi$ での y', y'' の符号を調べる。

解き方 定義域 $0\leqq x\leqq 2\pi$ ……① で，y は連続である。

$$y'=2\cos x+2\cos 2x=2\cos x+2(2\cos^2 x-1)$$
$$=2(2\cos^2 x+\cos x-1)=2(\cos x+1)(2\cos x-1)$$

$y'=0$ とおくと，①の範囲では　$x=\dfrac{\pi}{3}$, π, $\dfrac{5}{3}\pi$

また　$y''=-2\sin x-4\sin 2x=-2\sin x-4(2\sin x\cos x)$
$$=-2\sin x(4\cos x+1)$$

$y''=0$ とおくと，①の範囲では　$x=0$, α_1, π, α_2, 2π

$\left(\text{ただし，}\alpha_1,\ \alpha_2\text{ は }\cos x=-\dfrac{1}{4}\text{ を満たし，}\dfrac{\pi}{2}<\alpha_1<\pi<\alpha_2<\dfrac{3}{2}\pi\right)$

y', y'' の符号を調べて，表を作ると，次のようになる。

x	0	…	$\dfrac{\pi}{3}$	…	α_1	…	π	…	α_2	…	$\dfrac{5}{3}\pi$	…	2π
y'		+	0	−	−	−	0	−	−	−	0	+	
y''		−	−	−	0	+	0	−	0	+	+	+	
y	0	↗	極大 $\dfrac{3\sqrt{3}}{2}$	↘	$\dfrac{3\sqrt{15}}{8}$	↘	0	↘	$-\dfrac{3\sqrt{15}}{8}$	↘	極小 $-\dfrac{3\sqrt{3}}{2}$	↗	0

$x=\dfrac{\pi}{3}$ のとき極大値 $\dfrac{3\sqrt{3}}{2}$, $x=\dfrac{5}{3}\pi$ のとき極小値 $-\dfrac{3\sqrt{3}}{2}$ をとる。

座標軸との共有点は

$(0,\ 0)$, $(\pi,\ 0)$, $(2\pi,\ 0)$

変曲点は $(\pi,\ 0)$ および $\left(\alpha_1,\ \dfrac{3\sqrt{15}}{8}\right)$, $\left(\alpha_2,\ -\dfrac{3\sqrt{15}}{8}\right)$ である。

また，漸近線はない。

以上より，グラフの概形は**右の図** ……**答**

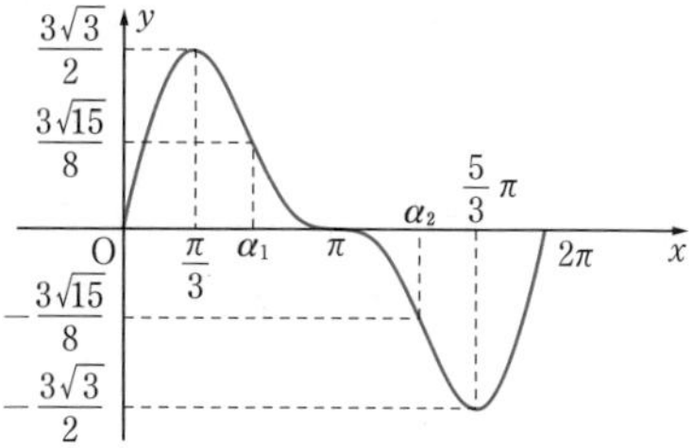

□ **328** 関数 $y=x^2e^{-x}$ のグラフをかけ。ただし，$\lim_{x\to\infty} x^2e^{-x}=0$ を用いてもよい。

差がつく

例題研究》 関数 $y=\log\frac{x+1}{1-x}$ $(-1<x<1)$ のグラフは，その変曲点に関して対称であることを証明せよ。

着眼 曲線 $y=f(x)$ が原点に関して対称ならば　$f(-x)=-f(x)$

解き方 $y=\log(x+1)-\log(1-x)$ より

$$y'=\frac{1}{x+1}+\frac{1}{1-x}$$

$$y''=\frac{-1}{(x+1)^2}+\frac{1}{(x-1)^2}=\frac{4x}{(x+1)^2(x-1)^2}$$

y'' の符号を調べると右の表のようになる。
この表より，変曲点は (0, 0) である。

x	-1	$\cdots$	0	$\cdots$	1
y''	／	$-$	0	$+$	／
y	／	上に凸	0	下に凸	／

$f(x)=\log\frac{x+1}{1-x}$ とおくと

$$f(-x)=\log\frac{-x+1}{1+x}=\log\left(\frac{x+1}{1-x}\right)^{-1}=-\log\frac{x+1}{1-x}=-f(x)$$

となるから，$y=f(x)$ のグラフは原点に関して対称である。すなわち，$y=f(x)$ のグラフは変曲点に関して対称である。〔証明終〕

□ **329** 曲線 $y=x^3-3x^2-12x+1$ は変曲点に関して対称であることを示せ。

□ **330** 方程式 $y^2=x^2(1+x)$ が表す曲線の概形をかけ。

ガイド　y について解くと，$y=\pm x\sqrt{1+x}$ だから，曲線 $y=x\sqrt{1+x}$ と曲線 $y=-x\sqrt{1+x}$ をあわせてかけばよい。

□ **331** 曲線 $x=t^2+1$，$y=2t-t^2$ のグラフをかけ。

ガイド　t を消去して，x，y の関係式を作ればよい。

32 方程式・不等式への応用

テストに出る重要ポイント

方程式の実数解の個数

① 方程式 $f(x)=0$ の実数解の個数は **$y=f(x)$ のグラフと x 軸との共有点の個数**に等しい。また，方程式 $f(x)=g(x)$ の実数解の個数は **$y=f(x)$ のグラフと $y=g(x)$ のグラフの共有点の個数**に等しい。

② 方程式が定数 a を含み，$a=f(x)$ の形に変形できるときは，$f(x)$ の値の変化を調べればよい。すなわち，**$y=f(x)$ のグラフと直線 $y=a$ の共有点の個数**を調べる。

不等式の証明

① 「$x>a$ のとき $f(x)>0$」の証明は，$f(x)$の最小値 >0 を示す。
とくに，$f(x)$ が増加関数のときは，$f(a)\geqq 0$ を示す。つまり，
$f'(x)>0$，$f(a)\geqq 0$ を示す。

② 「$f(x)>g(x)$」の証明は，$F(x)=f(x)-g(x)>0$ すなわち，
$F(x)$ の最小値 >0 を示す。

③ 平均値の定理を利用して，不等式を証明する。

基本問題

解答 → 別冊 p. 78

例題研究 方程式 $e^x=3x$ の異なる実数解の個数を調べよ。

着眼 $f(x)=\dfrac{e^x}{x}$ とおき，$y=f(x)$ のグラフと $y=3$ のグラフの共有点の個数を調べる。

解き方 $x=0$ は $e^x=3x$ の解ではないから，

$e^x=3x$ の解と $3=\dfrac{e^x}{x}$ の解は一致する。

x	$\cdots$	0	$\cdots$	1	$\cdots$
$f'(x)$	$-$	／	$-$	0	$+$
$f(x)$	↘	／	↘	e	↗

$f(x)=\dfrac{e^x}{x}$ とおくと　$f'(x)=\dfrac{e^x(x-1)}{x^2}$

$$\lim_{x\to-\infty}\frac{e^x}{x}=0,\quad \lim_{x\to\infty}\frac{e^x}{x}=\infty,\quad \lim_{x\to-0}\frac{e^x}{x}=-\infty,\quad \lim_{x\to+0}\frac{e^x}{x}=\infty$$

→ p.118 例題研究参照

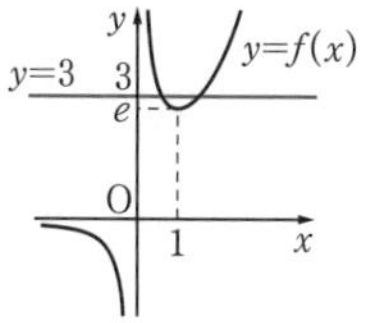

$y=f(x)$ のグラフと直線 $y=3$ の共有点の個数が $e^x=3x$ の解の個数に等しいから　**2 個**　……答

できたらチェック。

332 次の方程式の異なる実数解の個数を求めよ。

□ (1) $e^x=x+2$　　□ (2) $2x-\cos x=0$

□ (3) $4\log x=x$　　□ (4) $x^4-6x^2-5=0$

例題研究》 (1) $x>0$ のとき，不等式 $e^x>1+x$ が成立することを証明せよ。

(2) $x>0$ のとき，不等式 $e^x>1+x+\dfrac{x^2}{2}$ が成立することを証明し，これを利用して $\displaystyle\lim_{x\to\infty}\frac{e^x}{x}=\infty$ を示せ。

着眼 $p(x)>q(x)$ を示すには $\boldsymbol{f(x)=p(x)-q(x)}$ **とおき**，$f(x)$ の増減を調べて $f(x)>0$ が成立することを示す。

解き方 (1) $f(x)=e^x-(1+x)$ とおくと　$f'(x)=e^x-1$

$x>0$ のとき，$f'(x)>0$ である。

また，$f(0)=0$ であり，$f(x)$ は連続であるから

$x>0$ のとき，$f(x)>0$ である。

すなわち，$x>0$ のとき　$e^x>1+x$ 〔証明終〕

x	0	…
$f'(x)$		+
$f(x)$	0	↗

(2) $g(x)=e^x-\left(1+x+\dfrac{x^2}{2}\right)$ とおくと，

$g'(x)=e^x-(1+x)$ で，(1)の結果より，

$x>0$ のとき，$e^x>1+x$ であるから，$g'(x)>0$ である。

x	0	…
$g'(x)$		+
$g(x)$	0	↗

また，$g(0)=0$ であり，$g(x)$ は連続であるから，$x>0$ のとき，$g(x)>0$ である。

すなわち　$x>0$ のとき　$e^x>1+x+\dfrac{x^2}{2}$ 〔証明終〕

この両辺を $x\,(x>0)$ で割ると　$\dfrac{e^x}{x}>\dfrac{1}{x}+1+\dfrac{x}{2}$

ここで $\displaystyle\lim_{x\to\infty}\left(\frac{1}{x}+1+\frac{x}{2}\right)=\infty$ であるから　$\displaystyle\lim_{x\to\infty}\frac{e^x}{x}=\infty$ 〔証明終〕

333 次の不等式が成り立つことを証明せよ。 テスト必出

□ (1) $x>1$ のとき　$x^4-4x+3>0$

□ (2) $x\geqq -1$ のとき　$1+\dfrac{1}{2}x\geqq\sqrt{1+x}$

□ (3) $x>0$ のとき　$x>\log(x+1)$

応用問題

解答 ⟹ 別冊 p. 79

例題研究》 3 次方程式 $x^3-3x^2-3ax-a-2=0$ の相異なる実数解の個数を調べよ。ただし，a は実数の定数とする。

着眼 $\boldsymbol{f(x)=a}$（$\boldsymbol{f(x)}$ は $\boldsymbol{a}$ を含まない形）に変形し，$y=f(x)$，$y=a$ のグラフの共有点の個数を調べればよい。

解き方 $x^3-3x^2-3ax-a-2=0$ より　$x^3-3x^2-2=(3x+1)a$　……①

①は $x=-\dfrac{1}{3}$ を解にもたないので，$\dfrac{x^3-3x^2-2}{3x+1}=a$　……②

と同値である。

$f(x)=\dfrac{x^3-3x^2-2}{3x+1}$ とおくと

$$f'(x)=\frac{(3x^2-6x)(3x+1)-(x^3-3x^2-2)\cdot 3}{(3x+1)^2}=\frac{6(x^3-x^2-x+1)}{(3x+1)^2}$$

$$=\frac{6(x+1)(x-1)^2}{(3x+1)^2}$$

$f'(x)=0$ とおくと　$x=\pm 1$

$f'(x)$ の符号を調べ，増減表を作ると，次のようになる。

x	$\cdots$	-1	$\cdots$	$-\frac{1}{3}$	$\cdots$	1	$\cdots$
$f'(x)$	$-$	0	$+$	／	$+$	0	$+$
$f(x)$	↘	3	↗	／	↗	-1	↗

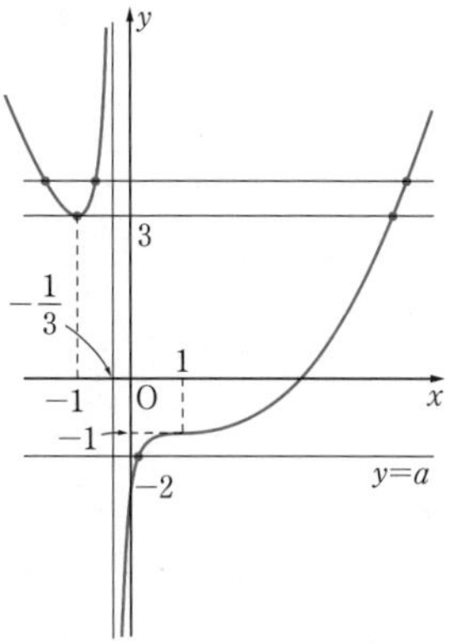

ところで　$\displaystyle\lim_{x\to\pm\infty}f(x)=\infty$

また，$\displaystyle\lim_{x\to-\frac{1}{3}-0}f(x)=\infty$，$\displaystyle\lim_{x\to-\frac{1}{3}+0}f(x)=-\infty$ より，

$y=f(x)$ のグラフは $x=-\dfrac{1}{3}$ を漸近線としている。

以上より，$y=f(x)$ のグラフをかくと，右の図のようになる。$y=f(x)$ と直線 $y=a$ との共有点の個数を考えて，方程式②，すなわち，方程式①の実数解の個数は

$\boldsymbol{a<3}$ のとき 1 個，$\boldsymbol{a=3}$ のとき 2 個，$\boldsymbol{a>3}$ のとき 3 個　……答

□ **334** k を実数の定数とするとき，x についての方程式
$x^2(x+8)+k(x^2-1)(x+4)=0$ の相異なる実数解の個数を求めよ。〈差がつく〉

例題研究》 x が1でない正の数であるとき，次の不等式を証明せよ。

$$\sqrt{x}<\frac{x-1}{\log x}<\frac{x+1}{2}$$

着眼 与えられた不等式は $x>1$ のとき，$\dfrac{2(x-1)}{x+1}<\log x<\dfrac{x-1}{\sqrt{x}}$ と同値。

解き方 $g(x)=\log x-\dfrac{2(x-1)}{x+1}$ とおくと　$g'(x)=\dfrac{(x-1)^2}{x(x+1)^2}$

ゆえに，$x>0$，$x\neq 1$ ならば　$g'(x)>0$　また，$g(1)=0$ であるから

(i)　$0<x<1$ のとき　$g(x)<0$

　よって　$\dfrac{2(x-1)}{x+1}>\log x$

　ここで，$\log x<0$，$x+1>0$ だから　$\dfrac{x-1}{\log x}<\dfrac{x+1}{2}$

(ii)　$x>1$ のとき　$g(x)>0$

　よって　$\dfrac{2(x-1)}{x+1}<\log x$

　ここで，$\log x>0$，$x+1>0$ だから　$\dfrac{x-1}{\log x}<\dfrac{x+1}{2}$

(i)，(ii)いずれの場合も　$\dfrac{x-1}{\log x}<\dfrac{x+1}{2}$　……①

また，$h(x)=\dfrac{x-1}{\sqrt{x}}-\log x$ とおくと　$h'(x)=\dfrac{(\sqrt{x}-1)^2}{2x\sqrt{x}}$

ゆえに，$x>0$，$x\neq 1$ ならば　$h'(x)>0$　また，$h(1)=0$ であるから

$g(x)$ の場合と同様にして　$\sqrt{x}<\dfrac{x-1}{\log x}$　……②

①，②より　$\sqrt{x}<\dfrac{x-1}{\log x}<\dfrac{x+1}{2}$　〔証明終〕

□ **335** $0<x<1$ のとき，次の不等式を証明せよ。

$$\left(\frac{x+1}{2}\right)^{x+1}<x^x$$

ガイド　両辺の自然対数をとってから差を考える。

□ **336** $0<x<1$ のとき，$1-x^2$，$\sqrt{1-x^2}$，$\cos x$ の値の大小を比較せよ。

ガイド　例えば，$x=\dfrac{1}{2}$ とすると　$1-x^2=\dfrac{3}{4}$　　$\sqrt{1-x^2}=\dfrac{\sqrt{3}}{2}=\dfrac{2\sqrt{3}}{4}$

$x=\dfrac{\pi}{4}$ とすると　$\sqrt{1-x^2}=\dfrac{\sqrt{16-\pi^2}}{4}$　　$\cos x=\dfrac{\sqrt{2}}{2}=\dfrac{2\sqrt{2}}{4}$

これらより，$1-x^2<\sqrt{1-x^2}<\cos x$ であると推測できる。

33 極限値への応用

✪ テストに出る重要ポイント

○ 関数の極限値を求める問題

① 微分係数の定義の式 $\boldsymbol{f'(a)=\lim_{h\to 0}\frac{f(a+h)-f(a)}{h}=\lim_{x\to a}\frac{f(x)-f(a)}{x-a}}$ に帰着させる。

② $\boldsymbol{\lim_{h\to 0}(1+h)^{\frac{1}{h}}=e}$ を使う。

応用問題

解答 ➡ 別冊 p. 80

337 $f(x)$ が $x=a$ で微分可能であるとき，次の極限値を $f(a)$，$f'(a)$ を用いて表せ。

できたらチェック。

□ (1) $\lim_{x\to a}\frac{x^3f(a)-a^3f(x)}{x-a}$

□ (2) $\lim_{h\to 0}\frac{f(a+3h)-f(a-2h)}{h}$

338 微分係数の定義を利用して，次の極限値を求めよ。

□ (1) $\lim_{x\to a}\frac{\sin x-\sin a}{\sin(x-a)}$

□ (2) $\lim_{x\to 0}\frac{\log(x+1)}{e^{3x}-1}$

□ (3) $\lim_{x\to a}\frac{\tan x-\tan a}{\sqrt{x}-\sqrt{a}}$

□ (4) $\lim_{x\to 0}\frac{\sin(a+x)-\sin a}{\sqrt[3]{a+x}-\sqrt[3]{a}}$

ガイド 与えられた式を変形して $\lim_{x\to a}\frac{f(x)-f(a)}{x-a}=f'(a)$ が使えるようにする。

例題研究》 $\lim_{h\to 0}(1+h)^{\frac{1}{h}}=e$ であることを用いて，次の極限値を求めよ。

(1) $\lim_{x\to\infty}\left(1+\frac{3}{x}\right)^x$　　(2) $\lim_{x\to 0}\frac{\log(1+3x)}{x}$

着眼 (1) $h=\frac{3}{x}$ とおき換える。

(2) $\frac{\log(1+3x)}{x}=\log(1+3x)^{\frac{1}{x}}$ となるから $h=3x$ とおき換える。

解き方 (1) $h=\frac{3}{x}$ とおくと　$x\to\infty$ のとき　$h\to 0$

よって　$\lim_{x\to\infty}\left(1+\frac{3}{x}\right)^x=\lim_{h\to 0}(1+h)^{\frac{3}{h}}=\lim_{h\to 0}\{(1+h)^{\frac{1}{h}}\}^3=\boldsymbol{e^3}$　……答

(2) $h=3x$ とおくと　$x\to 0$ のとき　$h\to 0$

よって　$\lim_{x\to 0}\frac{\log(1+3x)}{x}=\lim_{x\to 0}\log(1+3x)^{\frac{1}{x}}=\lim_{h\to 0}\log(1+h)^{\frac{3}{h}}$

$=\lim_{h\to 0}3\log(1+h)^{\frac{1}{h}}=3\log e=\boldsymbol{3}$　……答

339 $\lim_{h\to 0}(1+h)^{\frac{1}{h}}=e$ であることを用いて，次の極限値を求めよ。〈差がつく〉

□ (1) $\lim_{x\to\infty}\left(1-\frac{2}{x}\right)^x$　□ (2) $\lim_{x\to 0}\frac{e^{3x}-1}{x}$　□ (3) $\lim_{x\to 0}\frac{4^x-1}{x}$

340 次の極限値を求めよ。ただし，ロピタルの定理

「$\lim_{x\to a}f(x)=0$，$\lim_{x\to a}g(x)=0$ のとき，すなわち $\lim_{x\to a}\frac{f(x)}{g(x)}$ が $\frac{0}{0}$ の不定形であるとき，次式の右辺が存在すれば，左辺が存在し，等号が成り立つ。

$\lim_{x\to a}\frac{f(x)}{g(x)}=\lim_{x\to a}\frac{f'(x)}{g'(x)}$」

を用いてもよい。

□ (1) $\lim_{x\to +0}\frac{\log(\sin x)}{\log x}$　□ (2) $\lim_{x\to\infty}\frac{x^2}{e^x-1}$　□ (3) $\lim_{x\to 0}\frac{\sin 3x}{x+\sin x}$

ガイド 「ロピタルの定理」は，$\lim_{x\to a}\frac{f(x)}{g(x)}$ が $\frac{\infty}{\infty}$ の不定形の場合にも使える。

34 速度と近似式

✪ テストに出る重要ポイント

- **直線上の運動**…数直線上の動点Pの座標 x が，時刻 t の関数として，$x=f(t)$ で表されるとき

  ① **速度** $v=\dfrac{dx}{dt}=f'(t)$，**速さ** $|v|$

  ② **加速度** $\alpha=\dfrac{dv}{dt}=\dfrac{d^2x}{dt^2}=f''(t)$，**加速度の大きさ** $|\alpha|$

- **平面上の運動**…座標平面上の動点Pの座標 $(x,\ y)$ が，時刻 t の関数として表されるとき

  ① **速度（速度ベクトル）** $\vec{v}=\left(\dfrac{dx}{dt},\ \dfrac{dy}{dt}\right)$，**速さ** $|\vec{v}|=\sqrt{\left(\dfrac{dx}{dt}\right)^2+\left(\dfrac{dy}{dt}\right)^2}$

  ② **加速度（加速度ベクトル）** $\vec{\alpha}=\left(\dfrac{d^2x}{dt^2},\ \dfrac{d^2y}{dt^2}\right)$，

  加速度の大きさ $|\vec{\alpha}|=\sqrt{\left(\dfrac{d^2x}{dt^2}\right)^2+\left(\dfrac{d^2y}{dt^2}\right)^2}$

- **1次の近似式**

  ① h **が 0 に近いとき**　$f(a+h)\fallingdotseq f(a)+f'(a)h$

  ② x **が 0 に近いとき**　$f(x)\fallingdotseq f(0)+f'(0)x$

基本問題

解答 → 別冊 p. 82

341 初速度 v_0 で真上に投げ上げた物体の t 秒後の高さ h は

できたらチェック。

$h=v_0t-\dfrac{1}{2}gt^2$ で与えられる。次の問いに答えよ。ただし，g は定数とする。

□ (1) t 秒後の速度と加速度を求めよ。

□ (2) 物体が最高点に到達するのは何秒後か。

342 数直線上を動く点Pの動き始めてから t 秒後の座標 x が，$x=t^3-6t^2$ で表されているとき，次の問いに答えよ。 テスト必出

□ (1) 1秒後の点Pの位置，速度，速さ，運動の向き，加速度を求めよ。

□ (2) 点Pが運動の向きを変えるのは，何秒後か。

例題研究》 数直線上を運動する点Pの座標 x が時刻 t の関数として $x=\sin 2t+\cos 2t$ で表されるとき，次の問いに答えよ。

(1) Pの速さが最大となる時刻および速さの最大値を求めよ。

(2) Pの加速度はPの座標に比例することを示せ。

着眼 速さは $|\boldsymbol{v}|=\left|\dfrac{d\boldsymbol{x}}{d\boldsymbol{t}}\right|$，加速度は $\boldsymbol{\alpha}=\dfrac{d\boldsymbol{v}}{d\boldsymbol{t}}=\dfrac{d^2\boldsymbol{x}}{d\boldsymbol{t}^2}$ である。

解き方 (1) Pの速度を v とすると

$$v=\frac{dx}{dt}=2\cos 2t-2\sin 2t=2\sqrt{2}\sin\left(2t+\frac{3}{4}\pi\right)$$

よって　$|v|=2\sqrt{2}\left|\sin\left(2t+\dfrac{3}{4}\pi\right)\right|\leqq 2\sqrt{2}$

したがって，**速さの最大値は $2\sqrt{2}$**　……答

速さが最大となる時刻は

$$2t+\frac{3}{4}\pi=\frac{\pi}{2}+n\pi\ (n\text{ は整数})$$

すなわち　$\boldsymbol{t=-\dfrac{\pi}{8}+\dfrac{1}{2}n\pi}$ (**n は整数**)　……答

(2) Pの加速度を α とすると

$$\alpha=\frac{dv}{dt}=-4\sin 2t-4\cos 2t=-4(\sin 2t+\cos 2t)$$
$$=-4x$$

すなわち，Pの加速度はPの座標に比例する。　〔証明終〕

□ **343** 数直線上を運動する点Pの座標 x が $x=2t-\sin t$ で表されるとき，Pの速さが最大となる時刻およびそのときの速さの最大値を求めよ。

□ **344** 動点Pの座標 $(x,\ y)$ が時刻 t の関数として，$x=t+2$，$y=t^2-2t$ で表されるとき，$t=2$ における速度ベクトル，速さ，加速度ベクトル，加速度の大きさを求めよ。

□ **345** 時刻 t における点Pの座標 $(x,\ y)$ が，$x=\sqrt{2}\cos\dfrac{\pi}{4}t$，$y=\sqrt{2}\sin\dfrac{\pi}{4}t$ で与えられるとき，$t=2$ における速度ベクトル $\vec{v}$ と加速度ベクトル $\vec{\alpha}$ を求めよ。

346 $x \fallingdotseq 0$ のとき，次の関数の1次の近似式を求めよ。

□ (1) $(1+x)^4$　□ (2) $\sin x$　□ (3) e^{x+2}

□ (4) $\sqrt{1+x}$　□ (5) $\dfrac{1}{1+x}$

347 1次の近似式を使って，次の数の近似値を求めよ。

□ (1) $\sqrt[3]{7.9}$　□ (2) $\sin 61°$

応用問題

解答 ⟹ 別冊 p. 82

例題研究》 動点Pの座標 $(x,\ y)$ が時刻 t の関数として，$x=e^t\sin t$，$y=e^t\cos t$ で表されるとき，速度ベクトル $\vec{v}$ と位置ベクトル $\overrightarrow{\mathrm{OP}}$ のなす角 θ を求めよ。ただし，O は原点とする。

着眼 $\vec{v}$ と $\overrightarrow{\mathrm{OP}}$ のなす角を θ とするとき，$\boldsymbol{\cos\theta=\dfrac{\vec{v}\cdot\overrightarrow{\mathrm{OP}}}{|\vec{v}||\overrightarrow{\mathrm{OP}}|}}$ となることを用いる。

解き方 $\dfrac{dx}{dt}=e^t\sin t+e^t\cos t$，$\dfrac{dy}{dt}=e^t\cos t-e^t\sin t$

ゆえに　$\vec{v}=(e^t(\sin t+\cos t),\ e^t(\cos t-\sin t))$

$|\vec{v}|=\sqrt{e^{2t}(\sin t+\cos t)^2+e^{2t}(\cos t-\sin t)^2}=\sqrt{2}e^t$

また　$\overrightarrow{\mathrm{OP}}=(e^t\sin t,\ e^t\cos t)$

$|\overrightarrow{\mathrm{OP}}|=\sqrt{e^{2t}\sin^2 t+e^{2t}\cos^2 t}=e^t$

ここで　$\vec{v}\cdot\overrightarrow{\mathrm{OP}}=e^t(\sin t+\cos t)\cdot e^t\sin t+e^t(\cos t-\sin t)\cdot e^t\cos t$

$=e^{2t}(\sin^2 t+\cos^2 t)=e^{2t}$

したがって　$\cos\theta=\dfrac{\vec{v}\cdot\overrightarrow{\mathrm{OP}}}{|\vec{v}||\overrightarrow{\mathrm{OP}}|}=\dfrac{e^{2t}}{\sqrt{2}e^t\cdot e^t}=\dfrac{1}{\sqrt{2}}$

$0\leqq\theta\leqq\pi$ であるから　$\boldsymbol{\theta=\dfrac{\pi}{4}}$ ……答

348 平面上を運動する動点Pの座標 $(x,\ y)$ が $x=a\cos\dfrac{\pi}{4}t$，$y=a\sin\dfrac{\pi}{4}t$ $(a>0)$ で与えられるとき，次の問いに答えよ。〈差がつく〉

□ (1) 時刻 t におけるPの速さ，加速度の大きさを求めよ。

□ (2) t が0から8まで変わるとき，Pはどのような曲線を描くか。

□ **349** 点P$(x,\ y)$が時刻tを媒介変数として$x=a(t-\sin t)$，$y=a(1-\cos t)$で表されるサイクロイドを描くとき，点Pの加速度$\vec{\alpha}$の大きさは一定であることを示せ。ただし，$a>0$とする。

例題研究》 水面から10mの高さの岸壁から，80mの綱で船を引き寄せている。毎秒3mの速さで綱をたぐるとき，20秒後の船の速さを求めよ。ただし，四捨五入によって小数第1位までの値で答えよ。

着眼 船の速さは，綱をたぐる速さの水平成分であると速断してはいけない。船と岸壁との距離および綱の長さが時刻tの関数であることに着目せよ。

解き方 船の始めの位置をA，t秒後の位置をP，岸壁をBとし，右の図のように座標軸をとる。

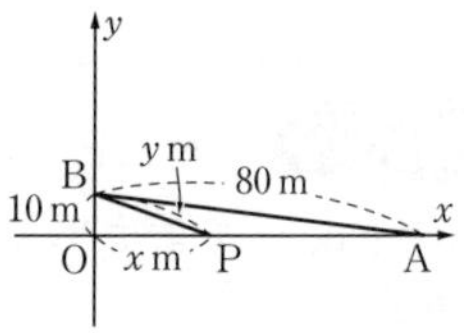

OP$=x$m，BP$=y$mとすると

$$x^2+100=y^2 \quad \cdots\cdots ①$$

$x,\ y$はtの関数であるから

①の両辺をtで微分すると

$$2x\frac{dx}{dt}=2y\frac{dy}{dt} \qquad よって \quad \frac{dx}{dt}=\frac{y}{x}\cdot\frac{dy}{dt} \quad \cdots\cdots ②$$

$t=20$のとき　$y=80-3\cdot20=20$　……③

このとき，①より

$$x=\sqrt{20^2-100}=\sqrt{300}=10\sqrt{3} \quad \cdots\cdots ④$$

また，条件より

$$\frac{dy}{dt}=-3(\text{m/秒}) \quad \cdots\cdots ⑤$$

③，④，⑤を②に代入すると，20秒後の船の速さは

$$\left|\frac{dx}{dt}\right|=\left|\frac{20}{10\sqrt{3}}\cdot(-3)\right|=2\sqrt{3}\fallingdotseq 3.46$$

答 **3.5m/秒**

□ **350** 鉛直な壁に立てかけた長さ5mのはしごがある。このはしごの下端を毎秒10cmの一定の速さで水平に引く。下端が壁から2mになった瞬間における上端の速さは毎秒何cmか。ただし，四捨五入によって小数第1位までの値で答えよ。

例題研究》 右の図のような半径 5cm，高さ 10cm の直円錐形の容器がある。これに毎秒 2cm^3 の割合で水を注ぐとき，深さが 6cm に達したときの水面の上昇する速さ，および水面の面積の広がる速さを求めよ。

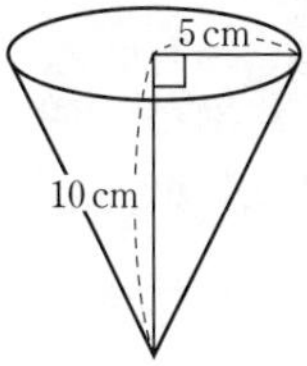

着眼 t 秒後の水の深さを $h$cm，水面の面積を $S\text{cm}^2$ とすると

水面の上昇する速さは $\dfrac{dh}{dt}$cm/秒　水面の面積の広がる速さは $\dfrac{dS}{dt}\text{cm}^2$/秒

解き方 t 秒後の水の深さを $h$cm，水面の半径を $r$cm，水の量を $V\text{cm}^3$ とすると

$V=\dfrac{1}{3}\pi r^2h$ ……①　　また，$r:5=h:10$ より　$r=\dfrac{1}{2}h$ ……②

②を①に代入して　$V=\dfrac{1}{12}\pi h^3$

V，h はともに t の関数であるから，この両辺を t で微分すると

$\dfrac{dV}{dt}=\dfrac{1}{4}\pi h^2\dfrac{dh}{dt}$ ……③

題意より　$\dfrac{dV}{dt}=2(\text{cm}^3/秒)$　これと，$h=6$ を③に代入して

$2=\dfrac{1}{4}\pi\cdot 6^2\cdot\dfrac{dh}{dt}$　　よって　$\dfrac{dh}{dt}=\dfrac{2}{9\pi}$(cm/秒) ……④

また，水面の面積を $S\text{cm}^2$ とすると　$S=\pi r^2$ ……⑤

②を⑤に代入して　$S=\dfrac{1}{4}\pi h^2$

S，h はともに t の関数であるから，この両辺を t で微分すると

$\dfrac{dS}{dt}=\dfrac{1}{2}\pi h\dfrac{dh}{dt}$ ……⑥

$h=6$ と④を⑥に代入して

$\dfrac{dS}{dt}=\dfrac{1}{2}\pi\cdot 6\cdot\dfrac{2}{9\pi}=\dfrac{2}{3}(\text{cm}^2/秒)$

よって

水面の上昇する速さは $\dfrac{2}{9\pi}$cm/秒
水面の面積の広がる速さは $\dfrac{2}{3}\text{cm}^2$/秒 ……答

□ **351** 体積が毎分 1m^3 の割合で増大する球がある。その直径が 10m になった瞬間における表面積の増大する速さを求めよ。〈差がつく〉

35 不定積分

テストに出る重要ポイント

- **不定積分**……関数 $f(x)$ に対して，$\boldsymbol{F'(x)=f(x)}$ **を満たす関数** $\boldsymbol{F(x)}$ を，$f(x)$の**不定積分**(**原始関数**)といい

  $\displaystyle\int \boldsymbol{f(x)dx=F(x)+C}$ （C は積分定数）と表される。

- **不定積分の性質**

  ① $\displaystyle\int \boldsymbol{kf(x)dx=k\int f(x)dx}$ （k は 0 ではない定数）

  ② $\displaystyle\int \boldsymbol{\{f(x)\pm g(x)\}dx=\int f(x)dx\pm\int g(x)dx}$ （複号同順）

- **基本的な関数の不定積分**（C は積分定数）

  ① $\displaystyle\int x^{\alpha}dx=\frac{1}{\alpha+1}x^{\alpha+1}+C$ （$\alpha \neq -1$），$\displaystyle\int \frac{1}{x}dx=\log|x|+C$

  ② $\displaystyle\int \sin x dx=-\cos x+C$，$\displaystyle\int \cos x dx=\sin x+C$

  $\displaystyle\int \frac{1}{\cos^2 x}dx=\tan x+C$，$\displaystyle\int \frac{1}{\sin^2 x}dx=-\frac{1}{\tan x}+C$

  ③ $\displaystyle\int e^x dx=e^x+C$，$\displaystyle\int a^x dx=\frac{a^x}{\log a}+C$

基本問題

解答 → 別冊 p. 83

できたらチェック。

352 次の不定積分を求めよ。 テスト必出

□ (1) $\displaystyle\int x^2(x^3-x)dx$

□ (2) $\displaystyle\int \left(1+\frac{1}{x}+\frac{1}{x^2}\right)dx$

□ (3) $\displaystyle\int \frac{(x+1)^2}{x^3}dx$

□ (4) $\displaystyle\int \frac{(\sqrt{x}-1)^2}{x}dx$

353 次の不定積分を求めよ。

□ (1) $\displaystyle\int (2-3e^x)dx$

□ (2) $\displaystyle\int (2^x-5^x)dx$

□ (3) $\displaystyle\int (e^{2x-2}-3e^{x-4})e^{-x+2}dx$

例題研究》 次の不定積分を求めよ。

(1) $\displaystyle\int \tan^2 x dx$ (2) $\displaystyle\int \frac{\cos^2 x}{1-\sin x}dx$

着眼 基本公式が使える形に変形する。すなわち被積分関数を $\boldsymbol{\sin x}$, $\boldsymbol{\cos x}$, $\boldsymbol{\dfrac{1}{\cos^2 x}}$ で表す。

解き方 (1) $\tan^2 x = \dfrac{1}{\cos^2 x} - 1$ だから

$$\int \tan^2 x dx = \int\left(\frac{1}{\cos^2 x} - 1\right)dx$$
$$= \boldsymbol{\tan x - x + C} \text{（}C\text{ は積分定数）} \cdots\cdots \text{答}$$

(2) $\cos^2 x = 1-\sin^2 x = (1+\sin x)(1-\sin x)$ だから

$$\int \frac{\cos^2 x}{1-\sin x}dx = \int (1+\sin x)dx$$
$$= \boldsymbol{x - \cos x + C} \text{（}C\text{ は積分定数）} \cdots\cdots \text{答}$$

354 次の不定積分を求めよ。

□ (1) $\displaystyle\int (1+\tan x)\cos x dx$

□ (2) $\displaystyle\int \frac{3-2\cos^2 x}{1-\sin^2 x}dx$

□ (3) $\displaystyle\int \sin x\left(\frac{\tan x}{\cos x} - 1\right)dx$

応用問題

解答 ➡ 別冊 p. 84

355 次の不定積分を求めよ。

□ (1) $\displaystyle\int \frac{x^2-2x+2}{\sqrt{x}}dx$

□ (2) $\displaystyle\int \sqrt{x}\left(1-\frac{1}{\sqrt{x}}\right)^2 dx$

□ (3) $\displaystyle\int (\sqrt[3]{x}+2)^3 dx$

□ (4) $\displaystyle\int \frac{(x-2)^2}{\sqrt[3]{x}}dx$

36 不定積分の計算法

テストに出る重要ポイント

置換積分法（C は積分定数）

① $x=g(t)$ とおくと　$\int f(x)dx=\int f(g(t))g'(t)dt$

② $g(x)=t$ とおくと　$\int f(g(x))g'(x)dx=\int f(t)dt$

③ $f(x)$ の不定積分の1つを $F(x)$ とするとき

$$\int f(ax+b)dx=\frac{1}{a}F(ax+b)+C\ \ (a\neq 0)$$

④ $\int \frac{f'(x)}{f(x)}dx=\log|f(x)|+C$

部分積分法

$$\int f(x)g'(x)dx=f(x)g(x)-\int f'(x)g(x)dx$$

分数関数の不定積分

① 分子を分母で割って，分子の次数を下げる。

② 部分分数に分解する。すなわち，簡単な分数の和の形に書きなおす。

三角関数の不定積分…次の公式を用いて，公式が使える形に変形。

① 2倍角の公式，半角の公式

$$\sin\theta\cos\theta=\frac{1}{2}\sin 2\theta,\ \ \sin^2\theta=\frac{1-\cos 2\theta}{2},\ \ \cos^2\theta=\frac{1+\cos 2\theta}{2}$$

② 3倍角の公式

$$\sin 3\theta=3\sin\theta-4\sin^3\theta,\ \ \cos 3\theta=4\cos^3\theta-3\cos\theta$$

③ 積→和の公式

$$2\sin\alpha\cos\beta=\sin(\alpha+\beta)+\sin(\alpha-\beta)$$

$$2\cos\alpha\sin\beta=\sin(\alpha+\beta)-\sin(\alpha-\beta)$$

$$2\cos\alpha\cos\beta=\cos(\alpha+\beta)+\cos(\alpha-\beta)$$

$$2\sin\alpha\sin\beta=-\{\cos(\alpha+\beta)-\cos(\alpha-\beta)\}$$

基本問題

解答 ⟹ 別冊 p. 84

例題研究》 次の不定積分を求めよ。

(1) $\displaystyle\int\frac{dx}{(3x+4)^5}$　　(2) $\displaystyle\int\frac{2x-3}{x^2-3x+2}dx$

着眼 (1)は $f(ax+b)$ の形であるから，前ページの置換積分法③が利用できる。
(2)は前ページの置換積分法④が利用できる。

解き方 (1) $\displaystyle\int\frac{dx}{(3x+4)^5}=\int(3x+4)^{-5}dx=\frac{1}{3}\cdot\frac{(3x+4)^{-4}}{-4}+C$

$\displaystyle=-\frac{\mathbf{1}}{\mathbf{12(3x+4)^4}}+\boldsymbol{C}$（$C$ は積分定数） ……**答**

(2) $\displaystyle\int\frac{2x-3}{x^2-3x+2}dx=\int\frac{(x^2-3x+2)'}{x^2-3x+2}dx$

$=\mathbf{\log|x^2-3x+2|+C}$（$C$ は積分定数） ……**答**

できたらチェック。

356 次の不定積分を求めよ。

□ (1) $\displaystyle\int(2^{2x}+3^{3x})dx$　　□ (2) $\displaystyle\int(2^x-4^{2x})dx$

357 次の不定積分を求めよ。

□ (1) $\displaystyle\int\frac{dx}{(3x+1)^2}$　　□ (2) $\displaystyle\int\sin(2x-1)dx$

□ (3) $\displaystyle\int\sqrt{2x+3}\,dx$　　□ (4) $\displaystyle\int\frac{dx}{x\log x}$

358 次の不定積分を求めよ。〈テスト必出〉

□ (1) $\displaystyle\int x\sin x\,dx$　　□ (2) $\displaystyle\int x\cos2x\,dx$

□ (3) $\displaystyle\int xe^x dx$　　□ (4) $\displaystyle\int(3x-1)e^x dx$

ガイド 部分積分法を利用する。前ページの公式で，$g'(x)$ は積分しやすいものを選び，$f(x)$ は微分すると簡単になるものを選ぶのがコツである。

359 次の不定積分を求めよ。

□ (1) $\int \frac{dx}{x(x+2)}$　　□ (2) $\int \frac{dx}{x^2+x-6}$

□ (3) $\int \frac{x}{x^2+x-2}dx$

ガイド (3) $\frac{x}{x^2+x-2}=\frac{x}{(x-1)(x+2)}=\frac{A}{x-1}+\frac{B}{x+2}$ とおいて，A，B を求める。

360 次の不定積分を求めよ。

□ (1) $\int \sin^2 x dx$　　□ (2) $\int \sin 2x \sin 4x dx$

例題研究》 次の不定積分を求めよ。

(1) $\int \frac{e^{3x}+1}{e^x+1}dx$　　(2) $\int \frac{dx}{\sqrt{x}-\sqrt{x-1}}$

着眼 (1) 被積分関数の分子を因数分解して，基本公式が使える形に変形する。
また，$(e^{2x})'=2e^{2x}$ だから，$\int e^{2x}dx=\frac{1}{2}e^{2x}+C$ となる。

(2) 被積分関数を有理化して，基本公式が使える形に変形する。

解き方 (1) $\int \frac{e^{3x}+1}{e^x+1}dx=\int \frac{(e^x+1)(e^{2x}-e^x+1)}{e^x+1}dx=\int (e^{2x}-e^x+1)dx$

$=\boldsymbol{\frac{1}{2}e^{2x}-e^x+x+C}$（$C$ は積分定数） ……答

(2) $\int \frac{dx}{\sqrt{x}-\sqrt{x-1}}=\int \frac{\sqrt{x}+\sqrt{x-1}}{(\sqrt{x}-\sqrt{x-1})(\sqrt{x}+\sqrt{x-1})}dx=\int (\sqrt{x}+\sqrt{x-1})dx$

$=\frac{2}{3}\left\{x^{\frac{3}{2}}+(x-1)^{\frac{3}{2}}\right\}+C$

$=\boldsymbol{\frac{2}{3}\{x\sqrt{x}+(x-1)\sqrt{x-1}\}+C}$（$C$ は積分定数） ……答

361 次の不定積分を求めよ。 テスト必出

□ (1) $\int \frac{e^{3x}-e^{-3x}}{e^x-e^{-x}}dx$　　□ (2) $\int \frac{3}{\sqrt{x+1}+\sqrt{x-2}}dx$

例題研究》 次の不定積分を求めよ。

(1) $\int (x^3-1)^4 x^2 dx$　　(2) $\int \cos^4 x \sin x dx$

着眼 (1)は $x^3-1=t$，(2)は $\cos x=t$ とおくと，p.130 の置換積分法②が利用できる。

解き方 (1) $x^3-1=t$ とおくと，$3x^2dx=dt$ より

$$\int (x^3-1)^4 x^2 dx=\frac{1}{3}\int (x^3-1)^4\cdot 3x^2 dx=\frac{1}{3}\int t^4 dt$$

$$=\frac{1}{15}t^5+C=\boldsymbol{\frac{1}{15}(x^3-1)^5+C}$$ （C は積分定数） ……答

(2) $\cos x=t$ とおくと，$-\sin x dx=dt$ より

$$\int \cos^4 x \sin x dx=-\int \cos^4 x\cdot(-\sin x)dx$$

$$=-\int t^4 dt=-\frac{1}{5}t^5+C$$

$$=\boldsymbol{-\frac{1}{5}\cos^5 x+C}$$ （C は積分定数） ……答

362 次の不定積分を求めよ。

□ (1) $\int x(3x+1)^4 dx$　　□ (2) $\int 6x\sqrt{3x^2-1}\,dx$

□ (3) $\int (x+1)\sqrt{x-1}\,dx$　　□ (4) $\int (2x+1)(x^2+x-1)dx$

363 次の不定積分を求めよ。

□ (1) $\int \cos^3 x dx$　　□ (2) $\int \sin^3 x \cos^2 x dx$

□ (3) $\int \frac{\tan x}{\cos x}dx$　　□ (4) $\int \frac{dx}{\cos^4 x}$

364 次の不定積分を求めよ。

□ (1) $\int \frac{4x+1}{\sqrt{1-2x}}dx$　　□ (2) $\int \frac{dx}{\sqrt[3]{2x-3}}$

□ (3) $\int x\sqrt{x-1}\,dx$　　□ (4) $\int x\sqrt[3]{2x+1}\,dx$

例題研究》 次の不定積分を求めよ。

(1) $\int x^2 e^{-x}dx$　　(2) $\int \log x dx$

着眼 (1) x^2 を2回微分すれば定数になることに着目する。
(2) $\log x=\log x\cdot(x)'$ と考え，$\boldsymbol{f(x)=\log x}$，$\boldsymbol{g'(x)=1}$ とすればよい。

解き方 (1) 部分積分法を用いると

$$\int x^2e^{-x}dx=\int x^2(-e^{-x})'dx=x^2(-e^{-x})-\int 2x(-e^{-x})dx$$
$$=-x^2e^{-x}+2\int xe^{-x}dx$$

ふたたび部分積分法を用いると

$$\int x^2e^{-x}dx=-x^2e^{-x}+2\int x(-e^{-x})'dx$$
$$=-x^2e^{-x}+2\left\{x(-e^{-x})-\int(-e^{-x})dx\right\}$$
$$=-x^2e^{-x}-2xe^{-x}+2\int e^{-x}dx$$
$$=-x^2e^{-x}-2xe^{-x}-2e^{-x}+C$$
$$=\boldsymbol{-(x^2+2x+2)e^{-x}+C}\ (C\text{ は積分定数})$$ ……答

(2) 部分積分法を用いると

$$\int\log x dx=\int\log x\cdot(x)'dx=x\log x-\int\frac{1}{x}\cdot xdx=x\log x-\int dx$$
$$=\boldsymbol{x\log x-x+C}\ (C\text{ は積分定数})$$ ……答

365 次の不定積分を求めよ。

□ (1) $\int x\log x dx$　　□ (2) $\int\log(x-1)dx$

□ (3) $\int(\log x)^2dx$　　□ (4) $\int x^2\cos 2x dx$

ガイド (3) $(\log x)^2$ を $(\log x)^2\cdot 1$ と考えるとうまくいく。

応用問題

解答 ⟹ 別冊 p. 86

366 次の問いに答えよ。〈差がつく〉

□ (1) 次の等式が成り立つように定数 a，b，c の値を定めよ。

$$\frac{-3x+5}{(x-1)^2(x+1)}=\frac{a}{(x-1)^2}+\frac{b}{x+1}+\frac{c}{x-1}$$

□ (2) $\int\frac{-3x+5}{(x-1)^2(x+1)}dx$ を求めよ。

例題研究》 次の不定積分を求めよ。

(1) $\displaystyle\int\frac{2x^2}{x+1}dx$　　(2) $\displaystyle\int\sin^5 x\,dx$

着眼 (1) (分子の次数)≧(分母の次数)ならば，**まず分子の次数を下げる。**
(2) $\sin^5 x=\sin^4 x\cdot\sin x=(1-\cos^2 x)^2\sin x$ と変形して，$\cos x=t$ とおく。

解き方 (1) $\displaystyle\int\frac{2x^2}{x+1}dx=\int\left(2x-2+\frac{2}{x+1}\right)dx$

$\boldsymbol{=x^2-2x+2\log|x+1|+C}$ (C は積分定数) ……答

(2) $\sin^5 x=(1-\cos^2 x)^2\sin x$ となるから，$\cos x=t$ とおくと　$-\sin x\,dx=dt$

よって $\displaystyle\int\sin^5 x\,dx=-\int(1-\cos^2 x)^2\cdot(-\sin x)dx$

$\displaystyle=-\int(1-t^2)^2dt$

$\displaystyle=-\int(t^4-2t^2+1)dt$

$\displaystyle=-\frac{1}{5}t^5+\frac{2}{3}t^3-t+C$

$\boldsymbol{\displaystyle=-\frac{1}{5}\cos^5 x+\frac{2}{3}\cos^3 x-\cos x+C}$ (C は積分定数) ……答

367 次の不定積分を求めよ。《差がつく

□ (1) $\displaystyle\int\frac{x^2+x+3}{x+1}dx$　　□ (2) $\displaystyle\int\frac{dx}{\cos x}$

□ (3) $\displaystyle\int\frac{\sin^3 x}{\cos^2 x}dx$　　□ (4) $\displaystyle\int\frac{\sin x}{1-\sin x}dx$

368 次の不定積分を求めよ。

□ (1) $\displaystyle\int x\sin^2 x\,dx$　　□ (2) $\displaystyle\int x\log(x^2-1)dx$

□ (3) $\displaystyle\int x\sin x\cos x\,dx$　　□ (4) $\displaystyle\int\cos x\log(\sin x)dx$

ガイド (1) $\sin^2 x=\dfrac{1-\cos 2x}{2}$ と次数を下げてから，部分積分法を用いる。

37 定積分の計算法

✪ テストに出る重要ポイント

- **定積分**…関数 $f(x)$ の不定積分の1つを $F(x)$ とするとき

$$\int_a^b f(x)dx=\Big[F(x)\Big]_a^b=F(b)-F(a)$$

- **定積分の性質**

① $\displaystyle\int_a^b kf(x)dx=k\int_a^b f(x)dx$ （k は定数）

② $\displaystyle\int_a^b \{f(x)\pm g(x)\}dx=\int_a^b f(x)dx\pm\int_a^b g(x)dx$ （複号同順）

③ $\displaystyle\int_a^b f(x)dx=-\int_b^a f(x)dx$　とくに　$\displaystyle\int_a^a f(x)dx=0$

④ $\displaystyle\int_a^b f(x)dx=\int_a^c f(x)dx+\int_c^b f(x)dx$

⑤ $f(x)$ が偶関数のとき　$\displaystyle\int_{-a}^a f(x)dx=2\int_0^a f(x)dx$

$f(x)$ が奇関数のとき　$\displaystyle\int_{-a}^a f(x)dx=0$

- **置換積分法**

① $x=g(t)$ のとき　$a=g(\alpha)$，$b=g(\beta)$ ならば

$$\int_a^b f(x)dx=\int_\alpha^\beta f(g(t))g'(t)dt$$

② $g(x)=t$ のとき　$g(a)=u$，$g(b)=v$ ならば

$$\int_a^b f(g(x))g'(x)dx=\int_u^v f(t)dt$$

- **部分積分法**

$$\int_a^b f(x)g'(x)dx=\Big[f(x)g(x)\Big]_a^b-\int_a^b f'(x)g(x)dx$$

基本問題

解答 → 別冊 p. 87

できたらチェック。

369 次の定積分を求めよ。

□ (1) $\displaystyle\int_0^1 \sqrt[5]{x}\,dx$　□ (2) $\displaystyle\int_{-1}^0 \frac{1}{x-1}dx$　□ (3) $\displaystyle\int_0^{\log 9} e^{-x}dx$

□ (4) $\displaystyle\int_0^{\frac{\pi}{2}} \sin x\,dx$　□ (5) $\displaystyle\int_0^2 (2x-1)^2dx$　□ (6) $\displaystyle\int_1^{\frac{1}{e}} \frac{dx}{x}$

例題研究》 次の定積分を求めよ。

(1) $\displaystyle\int_0^1 \frac{x}{(3+x)^2}dx$　(2) $\displaystyle\int_0^{\log 2} e^{-2x}dx$

着眼 被積分関数に $\boldsymbol{f(ax+b)}$ を含むタイプは $\boldsymbol{ax+b=t}$ とおけばよい。積分区間の対応に注意すること。

解き方 (1) $3+x=t$ すなわち $x=t-3$ とおくと $dx=dt$

積分区間の対応は，右の表のようになるから

x	$0 \to 1$
t	$3 \to 4$

$$\int_0^1 \frac{x}{(3+x)^2}dx=\int_3^4 \frac{t-3}{t^2}dt$$
$$=\int_3^4\left(\frac{1}{t}-\frac{3}{t^2}\right)dt=\left[\log|t|+\frac{3}{t}\right]_3^4$$
$$=\left(\log 4+\frac{3}{4}\right)-(\log 3+1)=\boldsymbol{-\frac{1}{4}+\log\frac{4}{3}} \quad \cdots\cdots 答$$

(2) $-2x=t$ すなわち $x=-\dfrac{1}{2}t$ とおくと $dx=-\dfrac{1}{2}dt$

積分区間の対応は，右の表のようになるから

x	$0 \to \log 2$
t	$0 \to -2\log 2$

$$\int_0^{\log 2} e^{-2x}dx=\int_0^{-2\log 2} e^t\left(-\frac{1}{2}\right)dt$$
$$=\frac{1}{2}\int_{-2\log 2}^0 e^t dt=\frac{1}{2}\Big[e^t\Big]_{-2\log 2}^0=\frac{1}{2}(1-e^{-2\log 2})$$
$$=\frac{1}{2}\left(1-e^{\log\frac{1}{4}}\right)=\frac{1}{2}\left(1-\frac{1}{4}\right)=\boldsymbol{\frac{3}{8}} \quad \cdots\cdots 答$$

(別解) $\displaystyle\int_0^{\log 2} e^{-2x}dx=\left[-\frac{1}{2}e^{-2x}\right]_0^{\log 2}=-\frac{1}{2}(e^{-2\log 2}-1)=-\frac{1}{2}\left(\frac{1}{4}-1\right)=\boldsymbol{\frac{3}{8}}$

としてもよい。

370 次の定積分を求めよ。

□ (1) $\int_1^4 \sqrt[3]{(2x-1)^2}dx$

□ (2) $\int_0^{\frac{\pi}{3}} \cos 3x dx$

□ (3) $\int_{-\frac{\pi}{4}}^{\frac{\pi}{4}} (\cos x+\sin x)dx$

□ (4) $\int_{-\frac{1}{2}}^{\frac{1}{2}} \frac{x^3}{x^2-1}dx$

371 次の定積分を求めよ。 テスト必出

□ (1) $\int_0^1 xe^x dx$

□ (2) $\int_1^e \log x dx$

□ (3) $\int_0^{\pi} x\cos 2x dx$

□ (4) $\int_1^e x(\log x)^2 dx$

応用問題

解答 ➡ 別冊 *p. 88*

例題研究》 定積分 $\int_0^{\sqrt{3}} \frac{dx}{\sqrt{4-x^2}}$ を求めよ。

着眼 $\sqrt{a^2-x^2}$ を含むタイプは，$x=a\sin\theta$ とおくと計算が簡単になる場合が多い。

解き方 $x=2\sin\theta$ とおくと　$dx=2\cos\theta d\theta$

積分区間の対応は，右の表のようになる。

x	$0 \to \sqrt{3}$
θ	$0 \to \frac{\pi}{3}$

また，$0 \leqq \theta \leqq \frac{\pi}{3}$ で $\cos\theta>0$ だから

$$\sqrt{4-x^2}=\sqrt{4-4\sin^2\theta}=2\sqrt{\cos^2\theta}=2\cos\theta$$

よって　$\int_0^{\sqrt{3}} \frac{dx}{\sqrt{4-x^2}}=\int_0^{\frac{\pi}{3}} \frac{1}{2\cos\theta}\cdot 2\cos\theta d\theta=\int_0^{\frac{\pi}{3}} d\theta=\Big[\theta\Big]_0^{\frac{\pi}{3}}=\frac{\pi}{3}$　……答

372 次の定積分を求めよ。 差がつく

□ (1) $\int_0^1 \sqrt{2x-x^2}dx$

□ (2) $\int_0^{\sqrt{3}} \frac{dx}{x^2+3}$

ガイド (2) $\frac{1}{x^2+a^2}$ を含むタイプは，$x=a\tan\theta$ とおくと計算が簡単になる場合が多い。

例題研究》 次の定積分を求めよ。

(1) $\displaystyle\int_0^6 \sqrt{|x-3|}\,dx$　　(2) $\displaystyle\int_0^9 e^{-\sqrt{x}}\,dx$

着眼 (1) 被積分関数の絶対値記号をはずすことを考えればよい。

(2) $\sqrt{x}=t$ とおいて，置換積分法により変形しておいてから部分積分法を用いるタイプである。

解き方 (1) $|x-3|=\begin{cases} 3-x & (0\leqq x\leqq 3) \\ x-3 & (3\leqq x\leqq 6) \end{cases}$

$$\int_0^6 \sqrt{|x-3|}\,dx=\int_0^3 \sqrt{3-x}\,dx+\int_3^6 \sqrt{x-3}\,dx$$

$$=\left[-\frac{2}{3}(3-x)^{\frac{3}{2}}\right]_0^3+\left[\frac{2}{3}(x-3)^{\frac{3}{2}}\right]_3^6$$

$$=2\sqrt{3}+2\sqrt{3}=\boldsymbol{4\sqrt{3}}$$ ……答

(2) $\sqrt{x}=t$　すなわち　$x=t^2$ とおくと　$dx=2tdt$

積分区間の対応は，右の表のようになる。

x	$0\to 9$
t	$0\to 3$

したがって

$$\int_0^9 e^{-\sqrt{x}}\,dx=\int_0^3 e^{-t}\cdot 2tdt=\left[-e^{-t}\cdot 2t\right]_0^3-\int_0^3(-e^{-t})\cdot 2dt$$

$$=-6e^{-3}+2\left[-e^{-t}\right]_0^3=-6e^{-3}+2(-e^{-3}+1)$$

$$=-8e^{-3}+2=\boldsymbol{2-\frac{8}{e^3}}$$ ……答

373 次の定積分を求めよ。

□ (1) $\displaystyle\int_0^{\pi} |\cos x|\,dx$　　□ (2) $\displaystyle\int_1^4 |x-3|\,dx$

□ (3) $\displaystyle\int_{-2}^2 |2^x-1|\,dx$　　□ (4) $\displaystyle\int_0^{\pi} |\sin x+\sqrt{3}\cos x|\,dx$

374 次の定積分を求めよ。

□ (1) $\displaystyle\int_0^4 \log(\sqrt{x}+1)\,dx$　　□ (2) $\displaystyle\int_0^1 e^{x^2}x^3\,dx$

38 定積分のいろいろな問題

✪ テストに出る重要ポイント

- **定積分で表された関数**

$$\frac{d}{dx}\int_a^x f(t)dt=f(x),\quad \lim_{x\to a}\frac{1}{x-a}\int_a^x f(t)dt=f(a)$$

- **定積分と不等式**

① **区間 $a\leqq x\leqq b$ で，$f(x)\geqq g(x)$ ならば** $\displaystyle\int_a^b f(x)dx\geqq\int_a^b g(x)dx$

等号は，常に $f(x)=g(x)$ のときに成り立つ。

② $\displaystyle\left|\int_a^b f(x)dx\right|\leqq\int_a^b |f(x)|dx$

③ $\displaystyle\left(\int_a^b\{f(x)\}^2dx\right)\left(\int_a^b\{g(x)\}^2dx\right)\geqq\left\{\int_a^b f(x)g(x)dx\right\}^2$ （シュワルツの不等式）

- **区分求積法**…区間 $0\leqq x\leqq 1$ を n 等分したときの分点を

$x=\dfrac{1}{n},\ \dfrac{2}{n},\ \cdots,\ \dfrac{n-1}{n}$ とすると，次の等式が成り立つ。

$$\int_0^1 f(x)dx=\lim_{n\to\infty}\frac{1}{n}\sum_{k=1}^{n}f\left(\frac{k}{n}\right)$$

基本問題

解答 → 別冊 p. 89

例題研究》 $\displaystyle f(t)=\int_0^2(x-t)dx,\ g(x)=\int_0^2(x-t)dt$ を満たす関数 $f(t),\ g(x)$ を求めよ。

着眼　被積分関数に文字が入っているとき，$\displaystyle\int_a^b f(x,\ t)dx$ の積分変数は x で，**t は定数と**みなす。$\displaystyle\int_a^b f(x,\ t)dt$ の積分変数は t で，**x は定数とみなす。**

解き方　$\displaystyle f(t)=\int_0^2 xdx-t\int_0^2 dx=\left[\frac{x^2}{2}\right]_0^2-t\Big[x\Big]_0^2=\boldsymbol{-2t+2}$ ……答

$\displaystyle g(x)=x\int_0^2 dt-\int_0^2 tdt=x\Big[t\Big]_0^2-\left[\frac{t^2}{2}\right]_0^2=\boldsymbol{2x-2}$ ……答

できたらチェック。

375 次の式で表される関数 $f(t)$, $g(x)$ をそれぞれ求めよ。

□ (1) $f(t)=\int_1^2(3t^2+2x^2)dx$, $g(x)=\int_1^2(3t^2+2x^2)dt$

□ (2) $f(t)=\int_0^1 t^2e^x dx$, $g(x)=\int_0^1 t^2e^x dt$

376 次の関数を x について微分せよ。

□ (1) $\int_{\frac{\pi}{2}}^x \cos t dt$　　□ (2) $\int_0^x \sqrt{1+t^2}dt$

□ (3) $\int_1^x \frac{dt}{t^2+1}$　　□ (4) $\int_e^x e^t \log t dt$

例題研究》 次の関数を x について微分せよ。

(1) $f(x)=\int_x^{x^2}\log t dt$　　(2) $g(x)=\int_0^x (x-t)\cos 2t dt$

着眼 (1) $\frac{d}{dx}\int_{g(x)}^{h(x)}f(t)dt=f(h(x))h'(x)-f(g(x))g'(x)$ を利用する。

(2) 積分変数は t だから，x は定数とみなす。

解き方 (1) $\log t$ の不定積分の1つを $F(t)$ とする。

$f(x)=F(x^2)-F(x)$, $F'(t)=\log t$ より

$$f'(x)=\frac{d}{dx}\int_x^{x^2}\log t dt=2xF'(x^2)-F'(x)$$

$$=2x\log x^2-\log x=\mathbf{(4x-1)\log x}\quad \cdots\cdots \text{答}$$

(2) $g(x)=x\int_0^x \cos 2t dt-\int_0^x t\cos 2t dt$

$$g'(x)=\left(x\int_0^x \cos 2t dt\right)'-\frac{d}{dx}\int_0^x t\cos 2t dt$$

$$=\int_0^x \cos 2t dt+x\cdot\frac{d}{dx}\int_0^x \cos 2t dt-x\cos 2x$$

$$=\left[\frac{1}{2}\sin 2t\right]_0^x+x\cos 2x-x\cos 2x=\mathbf{\frac{1}{2}\sin 2x}\quad \cdots\cdots \text{答}$$

377 次の関数を x について微分せよ。

□ (1) $f(x)=\int_x^{2x}\sin^2 t dt$　　□ (2) $f(x)=\int_x^{x^2}e^t\cos t dt$

例題研究》 次の等式を満たす関数 $f(x)$ を求めよ。

$$f(x)=\sqrt{x}+\int_1^4 f(t)dt$$

着眼 $\int_1^4 f(t)dt$ は定数である。これを文字でおく。

解き方 $\int_1^4 f(t)dt=a$ とおくと $f(x)=\sqrt{x}+a$

ゆえに，$f(t)=\sqrt{t}+a$ より $a=\int_1^4(\sqrt{t}+a)dt=\left[\frac{2}{3}t\sqrt{t}+at\right]_1^4=\frac{14}{3}+3a$

すなわち $a=\frac{14}{3}+3a$ よって $a=-\frac{7}{3}$ したがって $f(x)=\sqrt{\boldsymbol{x}}-\frac{\mathbf{7}}{\mathbf{3}}$ ……答

378 次の等式を満たす関数 $f(x)$ を求めよ。

□ (1) $f(x)=\cos x+\int_0^{\frac{\pi}{2}} f(t)dt$

□ (2) $f(x)=e^x-\int_0^1 tf(t)dt$

□ (3) $f(x)=\int_0^1 e^{x+t}f(t)dt+x$

例題研究》 次の等式を満たす関数 $f(x)$ と定数 $a(0\leqq a<2\pi)$ の値を求めよ。

$$\int_a^x f(t)dt=\sin x-1$$

着眼 等式の両辺を x で微分する。

解き方 与えられた等式の両辺を x で微分すると $f(x)=\mathbf{cos}\boldsymbol{x}$ ……答

また，与えられた等式の両辺に $x=a$ を代入すると $0=\sin a-1$

すなわち $\sin a=1$ $0\leqq a<2\pi$ より $a=\frac{\boldsymbol{\pi}}{\mathbf{2}}$ ……答

379 次の等式を満たす関数 $f(x)$ と定数 a の値を求めよ。

□ (1) $\int_a^x f(t)dt=e^{2x}-2$

□ (2) $\int_a^x f(t)dt=\log(\tan x)-x+a$ $\left(0<a<\frac{\pi}{2}\right)$

380 定積分を用いて，次の極限値を求めよ。 テスト必出

□ (1) $\displaystyle\lim_{n\to\infty} n\left\{\frac{1}{(n+1)^2}+\frac{1}{(n+2)^2}+\cdots+\frac{1}{(2n)^2}\right\}$

□ (2) $\displaystyle\lim_{n\to\infty}\left(\frac{1}{n^2+1^2}+\frac{2}{n^2+2^2}+\cdots+\frac{n}{n^2+n^2}\right)$

□ (3) $\displaystyle\lim_{n\to\infty}\frac{1}{\sqrt{n}}\left(\frac{1}{\sqrt{n+1}}+\frac{1}{\sqrt{n+2}}+\cdots+\frac{1}{\sqrt{2n}}\right)$

応用問題

解答 ➡ 別冊 p. 91

例題研究》 $f(x)=\displaystyle\int_0^{\frac{\pi}{2}}|\sin t-\sin x|\,dt\ \left(0\leqq x\leqq\frac{\pi}{2}\right)$ とする。

(1) $f(x)$ を x で表せ。

(2) $f(x)$ の最大値，最小値を求めよ。

着眼 (1) 絶対値記号をはずし，x を定数とみて積分する。

(2) $f'(x)$ を求め，増減表を作る。

解き方 (1) $y=\sin t$ は $0\leqq t\leqq\dfrac{\pi}{2}$ で単調増加であるから，$0\leqq x\leqq\dfrac{\pi}{2}$ のとき

$$|\sin t-\sin x|=\begin{cases}-(\sin t-\sin x)\ (0\leqq t\leqq x)\\ \sin t-\sin x\ \left(x\leqq t\leqq\dfrac{\pi}{2}\right)\end{cases}$$

$$\boldsymbol{f(x)}=-\int_0^x(\sin t-\sin x)dt+\int_x^{\frac{\pi}{2}}(\sin t-\sin x)dt$$

$$=-\Big[-\cos t-(\sin x)t\Big]_0^x+\Big[-\cos t-(\sin x)t\Big]_x^{\frac{\pi}{2}}$$

$$=\cos x+x\sin x-1-\frac{\pi}{2}\sin x+\cos x+x\sin x$$

$$=\boldsymbol{\left(2x-\frac{\pi}{2}\right)\sin x+2\cos x-1}\ \cdots\cdots\text{答}$$

(2) $f'(x)=\left(2x-\dfrac{\pi}{2}\right)\cos x$

$f'(x)=0$ とおくと，$0\leqq x\leqq\dfrac{\pi}{2}$ より $x=\dfrac{\pi}{4},\ \dfrac{\pi}{2}$

したがって，増減表は，右のようになる。

x	0	…	$\frac{\pi}{4}$	…	$\frac{\pi}{2}$
$f'(x)$		$-$	0	$+$	
$f(x)$	1	↘	極小 $\sqrt{2}-1$	↗	$\frac{\pi}{2}-1$

よって，**$x=0$ のとき最大値 1**，**$x=\dfrac{\pi}{4}$ のとき最小値 $\sqrt{2}-1$** ……答

□ **381** x の関数 $f(x)=\int_{-2}^{2}\sqrt{|t-x|}\,dt$ の最小値を求めよ。

例題研究》 関数 $f(x)$ は，$f(0)=1$ を満たすものとし，また，

$g(x)=\int_0^x (e^x+e^t)f'(t)dt$ とおく。

(1) $g(x)$ の導関数 $g'(x)$ を計算せよ。

(2) $e^x f(x)=-3x^2e^x+g(x)$ が成り立つとき，$f(x)$ を求めよ。

着眼 $\boldsymbol{\frac{d}{dx}\int_a^x f(t)dt=f(x)}$ を利用する。

解き方 (1) $g(x)=e^x\int_0^x f'(t)dt+\int_0^x e^t f'(t)dt$ であるから

$g'(x)=e^x\int_0^x f'(t)dt+e^x f'(x)+e^x f'(x)$

$=e^x\{f(x)-f(0)\}+2e^x f'(x)=\boldsymbol{e^x f(x)+2e^x f'(x)-e^x}$ ……答

(2) $e^x f(x)=-3x^2e^x+g(x)$ の両辺を x で微分すると

$e^x f(x)+e^x f'(x)=-(3x^2+6x)e^x+e^x f(x)+2e^x f'(x)-e^x$

$e^x f'(x)=(3x^2+6x+1)e^x$

$e^x\neq 0$ であるから，両辺を e^x で割ると　$f'(x)=3x^2+6x+1$

よって　$f(x)=\int(3x^2+6x+1)dx=x^3+3x^2+x+C$（$C$ は積分定数）

条件より，$f(0)=1$ であるから　$C=1$

したがって　$\boldsymbol{f(x)=x^3+3x^2+x+1}$ ……答

□ **382** a，b を実数とする。a，b の値を変化させたときの定積分

$\int_0^1\{\cos\pi x-(ax+b)\}^2dx$ の最小値，およびそのときの a，b の値を求めよ。

《差がつく

383 閉区間 $[0,\ 1]$ で定義された連続な関数 $f(x)$ が，$0\leqq x\leqq\frac{1}{3}$ のとき

$f(x)=\frac{1}{2}f(3x)$，$\frac{1}{3}\leqq x\leqq 1$ のとき $f(x)=\frac{1}{2}f\left(\frac{3x-1}{2}\right)+\frac{1}{2}$ を満たすとする。

□ (1) $\int_0^1 f(x)dx$ と $\int_0^1 xf(x)dx$ を求めよ。

□ (2) $F(x)=\int_0^x f(y)dy$ とおく。$\int_0^1 F(x)dx$ を求めよ。

例題研究》 次の不等式を証明せよ。

$$\frac{1}{2}<\int_0^1\frac{dx}{1+x^3}<1$$

着眼 $0\leqq x\leqq 1$ の範囲で $f(x)\leqq\dfrac{1}{1+x^3}\leqq g(x)$ となる $f(x)$，$g(x)$ で

$\displaystyle\int_0^1 f(x)dx=\frac{1}{2}$，$\displaystyle\int_0^1 g(x)dx=1$ となるものをみつける。

解き方 $0\leqq x\leqq 1$ の範囲では $1\leqq 1+x^3\leqq 2$ だから

$$\frac{1}{2}\leqq\frac{1}{1+x^3}\leqq 1$$

等号は常には成り立たないから

$$\int_0^1\frac{1}{2}dx<\int_0^1\frac{dx}{1+x^3}<\int_0^1 dx$$

したがって $\displaystyle\frac{1}{2}\Big[x\Big]_0^1<\int_0^1\frac{dx}{1+x^3}<\Big[x\Big]_0^1$

よって $\displaystyle\frac{1}{2}<\int_0^1\frac{dx}{1+x^3}<1$ 〔証明終〕

384 次の問いに答えよ。

□ (1) 不等式 $\displaystyle\frac{1}{2}<\int_0^{\frac{1}{2}}\frac{dx}{\sqrt{1-x^4}}<2-\sqrt{2}$ を証明せよ。

□ (2) $0<x<\dfrac{\pi}{2}$ のとき，$\dfrac{2}{\pi}x<\sin x<x$ が成立することを示し，

不等式 $\displaystyle\pi\log 2<\frac{\pi}{2}+\int_0^{\frac{\pi}{2}}\log(1+\sin x)dx<\left(1+\frac{\pi}{2}\right)\log\left(1+\frac{\pi}{2}\right)$ を証明せよ。

□ **385** 次の不等式を証明せよ。（ただし，n は 2 以上の自然数とする。）

差がつく

$$\log(n+1)<1+\frac{1}{2}+\frac{1}{3}+\cdots+\frac{1}{n}<1+\log n$$

386 次の極限値を求めよ。

□ (1) $\displaystyle\lim_{x\to\infty}\int_1^x\frac{dt}{t^3}$

□ (2) $\displaystyle\lim_{x\to 0}\frac{1}{x}\int_0^x(\sin 2t-\cos t)dt$

39 面積

テストに出る重要ポイント

- **曲線と x 軸との間の面積**…曲線 $y=f(x)$ と x 軸および2直線 $x=a$，$x=b$ $(a<b)$ で囲まれた部分の面積は　$S=\int_a^b |f(x)|dx$
  計算するときは，$f(x)\geqq 0$，$f(x)\leqq 0$ の場合に分け，絶対値をはずして計算する。
- **曲線と y 軸との間の面積**…曲線 $x=g(y)$ と y 軸および2直線 $y=a$，$y=b$ $(a<b)$ で囲まれた部分の面積は　$S=\int_a^b |g(y)|dy$
- **2曲線の間の面積**…2曲線 $y=f(x)$，$y=g(x)$ と2直線 $x=a$，$x=b$ $(a<b)$ で囲まれた部分の面積は　$S=\int_a^b |f(x)-g(x)|dx$
- **媒介変数で表された曲線で囲まれた図形の面積**…関数 $x=f(t)$，$y=g(t)$ について，$a\leqq x\leqq b$ で $y\geqq 0$，$a=f(\alpha)$，$b=f(\beta)$ のとき，関数のグラフと x 軸および2直線 $x=a$，$x=b$ で囲まれた部分の面積は

$$S=\int_a^b y\,dx=\int_\alpha^\beta g(t)f'(t)\,dt$$

基本問題

解答 ➡ 別冊 p. 94

例題研究》　曲線 $y=e^x-2$ と x 軸，y 軸および直線 $x=3$ で囲まれた部分の面積を求めよ。

着眼　曲線と x 軸との交点を求め，グラフの概形をかく。これにより，積分区間および曲線と x 軸との上下関係がわかる。

解き方　曲線と x 軸との交点の x 座標を考えると
$e^x-2=0$ より　$e^x=2$　　よって　$x=\log 2$
求める面積 S は右の図の斜線部分の面積で

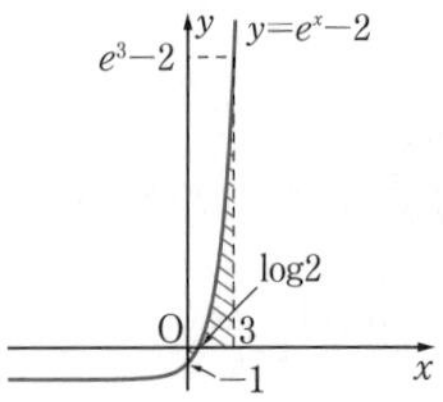

$$S=-\int_0^{\log 2}(e^x-2)dx+\int_{\log 2}^3 (e^x-2)dx$$
$$=-\Big[e^x-2x\Big]_0^{\log 2}+\Big[e^x-2x\Big]_{\log 2}^3$$
$$=\boldsymbol{e^3+4\log 2-9}$$ ……答

□ **387** 曲線 $y=\sqrt{2-x}$ と x 軸，y 軸で囲まれた部分の面積を求めよ。

□ **388** 曲線 $y=\log(x+1)-2$ と x 軸，y 軸で囲まれた部分の面積を求めよ。

□ **389** 曲線 $y=\cos x$ $(0\leqq x\leqq\pi)$ と直線 $x=0$，$x=\pi$ および x 軸で囲まれた部分の面積を求めよ。テスト必出

□ **390** 曲線 $x=e^y$ と直線 $y=0$，$y=2$ および y 軸で囲まれた部分の面積を求めよ。

□ **391** 曲線 $x=y^2$ と y 軸および 2 直線 $y=1$，$y=9$ で囲まれた部分の面積を求めよ。

392 次の曲線や直線および x 軸によって囲まれた部分の面積を求めよ。

□ (1) $y=x^3-3x^2+2x$　　□ (2) $y=-x^4+2x^2-1$

□ (3) $y=\dfrac{3}{x}-2$，$x=1$，$x=3$　　□ (4) $y=\tan x$，$x=-\dfrac{\pi}{3}$，$x=\dfrac{\pi}{3}$

393 次の曲線や直線で囲まれた部分の面積を求めよ。

□ (1) $y=\sqrt{x}$，$y=2x$　　□ (2) $xy=6$，$x+y=5$

□ (3) $y=\sin x$，$y=\cos x$ $\left(\dfrac{\pi}{4}\leqq x\leqq\dfrac{5}{4}\pi\right)$

□ **394** 曲線 $y=\log x$ と原点からこの曲線に引いた接線および x 軸で囲まれた部分の面積を求めよ。テスト必出

ガイド　曲線上の点 $(a,\ \log a)$ における接線の方程式が点 $(0,\ 0)$ を通る a の値を求める。

□ **395** 曲線 $y=\log x$ と点 $(0,\ 2)$ からこの曲線に引いた接線および x 軸，y 軸で囲まれた部分の面積を求めよ。

例題研究》 曲線 $\dfrac{x^2}{16}+y^2=1$ によって囲まれた部分の面積を求めよ。

着眼 $\int_{-a}^{a}\sqrt{a^2-x^2}\,dx$ は半径 a の半円の面積を表す。

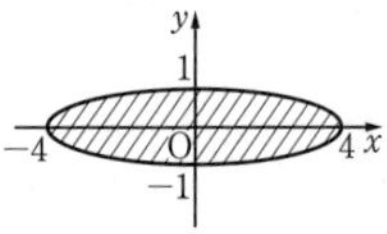

解き方 曲線の方程式を y について解くと

$y=\pm\dfrac{1}{4}\sqrt{16-x^2}$

ただし，$16-x^2\geqq 0$ より　$-4\leqq x\leqq 4$

ゆえに，求める面積 S は

$S=2\int_{-4}^{4}\dfrac{1}{4}\sqrt{16-x^2}\,dx=\dfrac{1}{2}\int_{-4}^{4}\sqrt{16-x^2}\,dx=\dfrac{1}{2}\cdot\dfrac{16}{2}\pi=\mathbf{4\pi}$　……答

396 次の曲線によって囲まれた部分の面積を求めよ。

□ (1)　$4x^2+9y^2=36$　　□ (2)　$x^2+4y^2=1$

応用問題

解答 ➡ 別冊 *p. 96*

例題研究》 曲線 $y=xe^{1-x}$ と直線 $y=x$ で囲まれた部分の面積を求めよ。

着眼 交点を求め，増減を調べてから曲線のグラフをかく。このとき，**y'' の符号を調べてみると**，曲線と直線の上下の位置関係がわかりやすい。

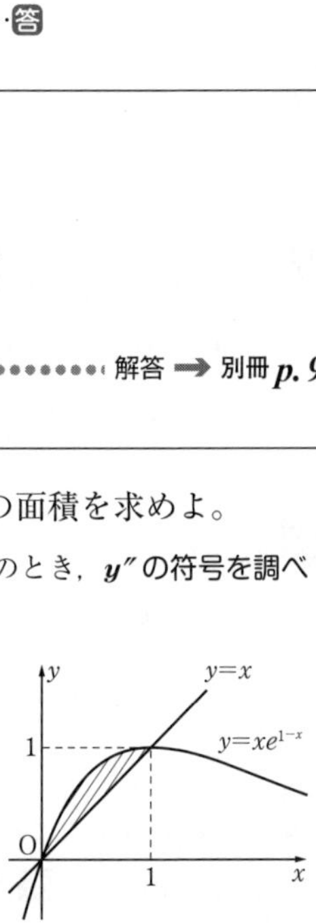

解き方 曲線と直線の交点の x 座標を求めると

$xe^{1-x}=x$ より　$x(e^{1-x}-1)=0$

よって　$x=0,\ 1$

また，$y=xe^{1-x}$ について

$y'=e^{1-x}-xe^{1-x}=e^{1-x}(1-x)$

$y''=-e^{1-x}(1-x)+e^{1-x}\cdot(-1)$

$=e^{1-x}(x-2)$

したがって，$x=1$ で極大　かつ　$0<x<1$ で $y''<0$

ゆえに，グラフは右上の図のようになり，求める面積 S は図の斜線部分の面積であるから

$S=\int_0^1(xe^{1-x}-x)\,dx=\int_0^1 xe^{1-x}\,dx-\int_0^1 x\,dx$

$=\Big[-xe^{1-x}\Big]_0^1+\int_0^1 e^{1-x}\,dx-\Big[\dfrac{x^2}{2}\Big]_0^1=-1+\Big[-e^{1-x}\Big]_0^1-\dfrac{1}{2}$

$=\boldsymbol{e-\dfrac{5}{2}}$　……答

□ **397** $0 \leqq x \leqq \pi$ のとき，2 曲線 $y=\sin x$ と $y=\sin 2x$ で囲まれた部分の面積を求めよ。〈差がつく〉

ガイド 2 曲線の交点を求め，グラフをかいてみよう。

□ **398** 2 曲線 $y=\sqrt{x}$，$y=\dfrac{e}{2}\log x$ と x 軸で囲まれた部分の面積を求めよ。

□ **399** $0<x<\pi$ のとき，2 曲線 $y=4\sin x$ と $y=\dfrac{1}{\sin x}$ で囲まれた部分の面積を求めよ。

例題研究》 曲線 $x^2-xy+y^2=1$ によって囲まれた部分の面積を求めよ。

着眼 まず，グラフの概形を調べる必要がある。曲線の方程式を y について解けばよい。

解き方 曲線の方程式を y について解くと

$$y=\frac{x\pm\sqrt{4-3x^2}}{2}$$

ただし，$4-3x^2 \geqq 0$ より $-\dfrac{2\sqrt{3}}{3} \leqq x \leqq \dfrac{2\sqrt{3}}{3}$

$y=\dfrac{x+\sqrt{4-3x^2}}{2}$ のとき $y'=\dfrac{1}{2}\left(1-\dfrac{3x}{\sqrt{4-3x^2}}\right)$

$y'=0$ とすると $x=\dfrac{\sqrt{3}}{3}$

x	$-\frac{2\sqrt{3}}{3}$	$\cdots$	$\frac{\sqrt{3}}{3}$	$\cdots$	$\frac{2\sqrt{3}}{3}$
y'	／	$+$	0	$-$	／
y	$-\frac{\sqrt{3}}{3}$	↗	$\frac{2\sqrt{3}}{3}$	↘	$\frac{\sqrt{3}}{3}$

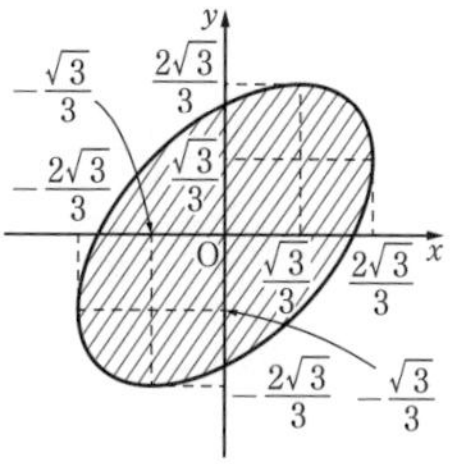

与えられた曲線の式は，x を $-x$，y を $-y$ におきかえても成り立つので，曲線は原点に関して対称である。増減表から，グラフは右の図のようになる。

求める面積 S は右の図の斜線部分の面積であるから

$$S=\int_{-\frac{2\sqrt{3}}{3}}^{\frac{2\sqrt{3}}{3}}\left(\frac{x+\sqrt{4-3x^2}}{2}-\frac{x-\sqrt{4-3x^2}}{2}\right)dx$$

$$=\int_{-\frac{2\sqrt{3}}{3}}^{\frac{2\sqrt{3}}{3}}\sqrt{4-3x^2}\,dx=\sqrt{3}\int_{-\frac{2\sqrt{3}}{3}}^{\frac{2\sqrt{3}}{3}}\sqrt{\frac{4}{3}-x^2}\,dx=\boldsymbol{\frac{2\sqrt{3}}{3}}\pi \quad \cdots\cdots 答$$

注：$\displaystyle\int_{-\frac{2\sqrt{3}}{3}}^{\frac{2\sqrt{3}}{3}}\sqrt{\frac{4}{3}-x^2}\,dx$ は半径 $\dfrac{2\sqrt{3}}{3}$ の半円の面積を表す。

□ **400** 曲線 $2x^2+2xy+y^2=4$ によって囲まれた部分の面積を求めよ。

例題研究》 (1)　$x \geqq 0$ とする。関数 $F(x)=\frac{1}{2}\{x\sqrt{x^2+1}+\log(x+\sqrt{x^2+1})\}$ の導関数を求めよ。

(2)　xy 平面上の点 P は，方程式 $x^2-y^2=1$ で表される曲線 C 上にあり，第1象限の点である。原点 O と点 P を結ぶ線分 OP，x 軸，および曲線 C で囲まれた図形の面積が $\frac{S}{2}$ であるとき，点 P の座標を S を用いて表せ。

着眼 (2)　題意より求める第1象限の図形を図示し，面積の公式を用いる。このとき，y について積分する方が計算が早い。

解き方 (1)　$F(x)=\frac{1}{2}\{x\sqrt{x^2+1}+\log(x+\sqrt{x^2+1})\}$ より

$$F'(x)=\frac{1}{2}\left(\sqrt{x^2+1}+x\cdot\frac{x}{\sqrt{x^2+1}}+\frac{1+\frac{x}{\sqrt{x^2+1}}}{x+\sqrt{x^2+1}}\right)$$

$$=\frac{1}{2}\left(\sqrt{x^2+1}+\frac{x^2}{\sqrt{x^2+1}}+\frac{1}{\sqrt{x^2+1}}\right)=\boldsymbol{\sqrt{x^2+1}}$$ ……答

(2)　P$(m,\ n)$とすると　$m^2-n^2=1$　……①

面積は　$\frac{S}{2}=\int_0^n xdy-\frac{1}{2}mn$　……②

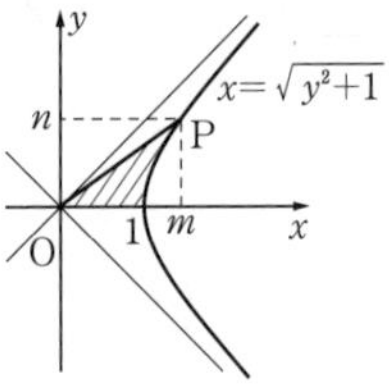

$x \geqq 0$ のとき，$x^2-y^2=1$ から　$x=\sqrt{y^2+1}$

ゆえに　$m=\sqrt{n^2+1}$　これと(1)を用いて

$$\int_0^n xdy=\int_0^n \sqrt{y^2+1}\,dy=\left[\frac{1}{2}\{y\sqrt{y^2+1}+\log(y+\sqrt{y^2+1})\}\right]_0^n$$

$$=\frac{1}{2}\{n\sqrt{n^2+1}+\log(n+\sqrt{n^2+1})\}=\frac{1}{2}\{mn+\log(m+n)\}$$ ……③

③を②に代入して　$\frac{S}{2}=\frac{1}{2}\log(m+n)$　$S=\log(m+n)$

$m+n=e^S$　……④

①より，$(m+n)(m-n)=1$　であるから，④を代入して

$m-n=e^{-S}$　……⑤

④，⑤より　$m=\frac{e^S+e^{-S}}{2}$，$n=\frac{e^S-e^{-S}}{2}$

よって，点 P の座標は　$\boldsymbol{\left(\frac{e^S+e^{-S}}{2},\ \frac{e^S-e^{-S}}{2}\right)}$　……答

401　$f(x)=e^x$，$g_n(x)=ne^{-x}$（n は2以上の自然数）について

□ (1)　$y=f(x)$，$y=g_n(x)$ および y 軸で囲まれる部分の面積 S_n を求めよ。

□ (2)　$\lim_{n\to\infty}(S_{n+1}-S_n)$ を求めよ。

例題研究》 実数 t を媒介変数として $x=2t^2$, $y=3t-t^3$ で表される曲線を考える。

(1) この曲線を xy 平面上に図示せよ。

(2) この曲線によって囲まれた部分の面積を求めよ。

着眼 媒介変数表示された曲線である。$f(t)=2t^2$, $g(t)=3t-t^3$ とすると $f(-t)=f(t)$, $g(-t)=-g(t)$ より, $t\leqq 0$ の部分と $t\geqq 0$ の部分は x 軸について対称だから, $t\geqq 0$ での増減表を作ってグラフをかけばよい。

解き方 (1) $t\geqq 0$ で考える。

$$\frac{dy}{dx}=\frac{\frac{dy}{dt}}{\frac{dx}{dt}}=\frac{3-3t^2}{4t}=\frac{-3(t+1)(t-1)}{4t}$$

$t\geqq 0$ での増減表は右のようになる。

t	0	$\cdots$	1	$\cdots$
x	0	$\cdots$	2	$\cdots$
$\frac{dy}{dx}$	／	+	0	−
y	0	↗	2	↘

また, $y=0$ となるのは $3t-t^3=0$ より　$t=0$, $\sqrt{3}$ $(t\geqq 0)$ のとき。

$t=0$ のとき $x=0$, $t=\sqrt{3}$ のとき $x=6$

$t<0$ のとき, 対称性を考えて, グラフは**右の図**のようになる。……答

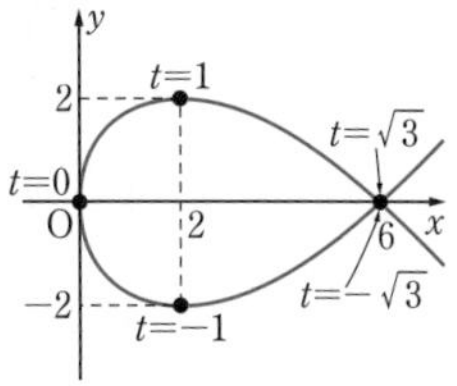

(2) 求める面積を S とすると, $dx=4tdt$ より

$$S=2\int_0^6|y|dx=2\int_0^{\sqrt{3}}|3t-t^3|\cdot 4tdt$$

$$=8\left[t^3-\frac{t^5}{5}\right]_0^{\sqrt{3}}=\frac{\mathbf{48\sqrt{3}}}{\mathbf{5}}$$ ……答

□ **402** 曲線 $x=t^3+1$, $y=1-t^2$ と x 軸で囲まれた部分の面積を求めよ。

□ **403** 曲線 $x=3\cos\theta$, $y=2\sin\theta$ $(0\leqq\theta\leqq 2\pi)$ によって囲まれた部分の面積を求めよ。《差がつく

□ **404** 曲線 $x=\theta-\sin\theta$, $y=1-\cos\theta$ $(0\leqq\theta\leqq 2\pi)$ と x 軸で囲まれる部分の面積を求めよ。

40 体積と曲線の長さ

テストに出る重要ポイント

体積

① $a \leqq x \leqq b$ において，x 軸に垂直な平面による切り口の面積が $S(x)$ である立体の体積 V は

$$\boldsymbol{V=\int_a^b S(x)dx}$$

② $a \leqq x \leqq b$ において，曲線 $y=f(x)$ と x 軸および 2 直線 $x=a$，$x=b$ で囲まれた図形を x 軸のまわりに 1 回転させてできる回転体の体積 V は

$$\boldsymbol{V=\pi\int_a^b \{f(x)\}^2 dx}$$

③ $c \leqq y \leqq d$ において，曲線 $x=g(y)$ と y 軸および 2 直線 $y=c$，$y=d$ で囲まれた図形を y 軸のまわりに 1 回転させてできる回転体の体積 V は

$$\boldsymbol{V=\pi\int_c^d \{g(y)\}^2 dy}$$

④ $a \leqq x \leqq b$ において，2 つの曲線 $y=f(x)$，$y=g(x)$ $(f(x)\cdot g(x) \geqq 0)$ と 2 直線 $x=a$，$x=b$ で囲まれた図形を x 軸のまわりに 1 回転させてできる回転体の体積 V は

$$\boldsymbol{V=\pi\int_a^b \left|\{f(x)\}^2-\{g(x)\}^2\right| dx}$$

($f(x)\cdot g(x) \geqq 0$ は 2 曲線が x 軸の一方の側にあることを表す。)

曲線の長さ

① 曲線 $x=f(t)$，$y=g(t)$ $(\alpha \leqq t \leqq \beta)$ の長さ L は

$$\boldsymbol{L=\int_\alpha^\beta \sqrt{\{f'(t)\}^2+\{g'(t)\}^2}\,dt}$$

② 曲線 $y=f(x)$ $(a \leqq x \leqq b)$ の長さ L は

$$\boldsymbol{L=\int_a^b \sqrt{1+\{f'(x)\}^2}\,dx}$$

▶ 直線上の運動

x 軸上を運動する点Pの時刻 t における速度を $v(t)$，$t=a$ のときの点Pの座標を $x(a)$ とすると

① $t=b$ のときの点Pの位置：$\boldsymbol{x(b)=\int_a^b v(t)dt+x(a)}$

② $t=a$ から $t=b$ までの点Pの位置の変化量：$\boldsymbol{s=\int_a^b v(t)dt}$

③ $t=a$ から $t=b$ までの点Pの道のり：$\boldsymbol{l=\int_a^b |v(t)|dt}$

基本問題

解答 ➡ 別冊 p. 98

例題研究》 底面の半径 r，高さ h の円錐の体積を，積分を用いて求めよ。

着眼 切り口の面積 $S(x)$ が，x の簡単な式で表せるように座標軸をとることが大切。この問題では，底面に垂直に x 軸をとれば，相似の関係から，$S(x)$ が求められる。

解き方 右の図のように，底面に垂直に x 軸をとり，頂点の x 座標が0となるように原点Oをとる。$0 \leqq x \leqq h$ のとき，x 座標が x の点を通り，x 軸に垂直な平面で円錐を切ったときの切り口の面積を $S(x)$ とすると

$S(x):\pi r^2=x^2:h^2$

$S(x)=\dfrac{\pi r^2}{h^2}x^2$

求める体積 V は

$V=\displaystyle\int_0^h \frac{\pi r^2}{h^2}x^2dx=\frac{\pi r^2}{h^2}\left[\frac{x^3}{3}\right]_0^h=\boldsymbol{\frac{1}{3}\pi r^2 h}$ ……答

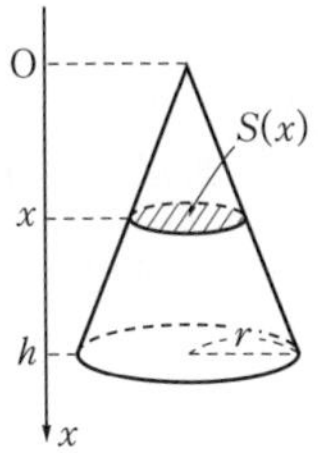

できたらチェック。

□ **405** 底面積 S，高さ h の三角錐の体積を，積分を用いて求めよ。

ガイド 相似比が $m:n$ ならば，面積の比は $m^2:n^2$ となることを用いる。

□ **406** 底から $x$cm の高さにある平面での切り口が，1辺 $x$cm の正三角形となる容器がある。高さが 2cm のとき，この容器の容積 V を求めよ。

例題研究》 曲線 $y=e^{-x}$ と2直線 $y=e$, $y=e^3$ および y 軸で囲まれた図形を y 軸のまわりに1回転させてできる立体の体積を求めよ。

着眼 y 軸のまわりの回転体の体積の公式 $\boldsymbol{V=\pi\int_c^d x^2dy}$ を利用する。
なお，曲線の方程式も $\boldsymbol{x=g(y)}$ の形に変形しておくこと。

解き方 $y=e^{-x}$ より　$x=-\log y$
右の図から求める体積 V は

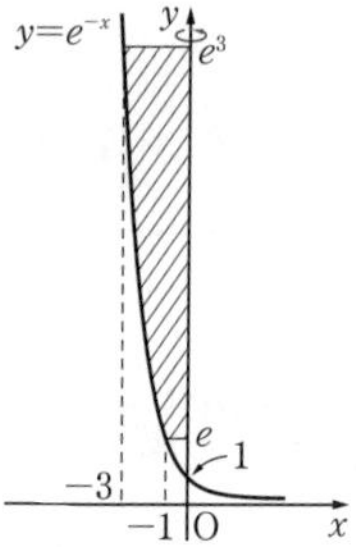

$$V=\pi\int_e^{e^3}(-\log y)^2dy=\pi\int_e^{e^3}(\log y)^2dy$$
$$=\pi\Big[y(\log y)^2\Big]_e^{e^3}-\pi\int_e^{e^3}y\cdot(2\log y)\cdot\frac{1}{y}dy$$
$$=\pi(9e^3-e)-2\pi\int_e^{e^3}\log y\,dy$$

ここで　$\displaystyle\int_e^{e^3}\log y\,dy=\Big[y\log y\Big]_e^{e^3}-\int_e^{e^3}y\cdot\frac{1}{y}dy$

$$=(3e^3-e)-\int_e^{e^3}dy=(3e^3-e)-\Big[y\Big]_e^{e^3}=2e^3$$

よって　$V=\pi(9e^3-e)-4\pi e^3=\boldsymbol{5\pi e^3-\pi e}$　……答

□ **407** 曲線 $y=\tan x$ と直線 $x=\dfrac{\pi}{4}$ および x 軸で囲まれた図形を x 軸のまわりに1回転させてできる立体の体積を求めよ。

□ **408** 曲線 $y=\dfrac{1}{\sqrt{x+1}}$ と x 軸，y 軸および直線 $x=e+1$ で囲まれた図形を x 軸のまわりに1回転させてできる立体の体積を求めよ。

□ **409** 曲線 $y=\log(x+1)$ と直線 $y=2$ および y 軸で囲まれた図形を y 軸のまわりに1回転させてできる立体の体積を求めよ。〈テスト必出

□ **410** 曲線 $y=e^x+e^{-x}$ と2直線 $x=1$, $x=-1$ および x 軸で囲まれた図形を x 軸のまわりに1回転させてできる立体の体積を求めよ。

例題研究》 円 $x^2+(y-3)^2=1$ を x 軸のまわりに1回転させてできる回転体の体積を求めよ。

着眼 2曲線ではさまれた部分を回転して得られる回転体の体積は，次のように考える。
(外側の回転体の体積)－(内側の回転体の体積)

解き方 $x^2+(y-3)^2=1$ を y について解くと　$y=3\pm\sqrt{1-x^2}$
ここで，$y_1=3+\sqrt{1-x^2}$，$y_2=3-\sqrt{1-x^2}$ とおくと
右の図から，求める回転体の体積 V は

$$V=\pi\int_{-1}^{1}y_1{}^2dx-\pi\int_{-1}^{1}y_2{}^2dx=\pi\int_{-1}^{1}(y_1+y_2)(y_1-y_2)dx$$

$$=\pi\int_{-1}^{1}6\cdot2\sqrt{1-x^2}dx=24\pi\int_{0}^{1}\sqrt{1-x^2}dx$$

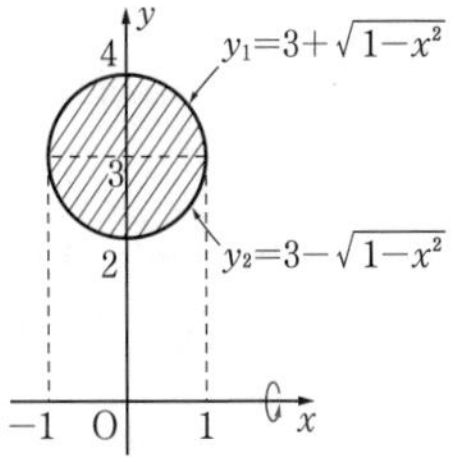

ここで $\int_0^1\sqrt{1-x^2}dx$ は半径1の四分円の面積を表すから
→ これは覚えておこう。便利だよ！

$$V=24\pi\cdot\frac{\pi\cdot1^2}{4}=\mathbf{6\pi^2}$$ ……答

□ **411** 楕円 $\dfrac{x^2}{9}+(y-2)^2=1$ を x 軸のまわりに1回転させてできる回転体の体積を求めよ。〈テスト必出

□ **412** 放物線 $y=x^2-2x$ と x 軸で囲まれた図形を，y 軸のまわりに1回転させてできる立体の体積を求めよ。

413 次の曲線の長さを求めよ。

□ (1) $x=3(\theta-\sin\theta)$，$y=3(1-\cos\theta)$ $(0\leqq\theta\leqq2\pi)$

□ (2) $x=\cos^3\theta$，$y=\sin^3\theta$ $(0\leqq\theta\leqq2\pi)$

□ (3) $x=3t^2$，$y=3t-t^3$ $(0\leqq t\leqq\sqrt{3})$

□ (4) $y=\dfrac{1}{2}(e^x+e^{-x})$ $(0\leqq x\leqq\log5)$

414 数直線上を運動する点Pの時刻 t における速度が $v(t)=\sin2t-\sin t$ で与えられている。

□ (1) $t=0$ から $t=\pi$ までのPの位置の変化量 s を求めよ。

□ (2) $t=0$ から $t=\pi$ までにPが通過する道のり l を求めよ。

応用問題

解答 ⟹ 別冊 p. 100

例題研究》 底面が曲線 $y=\sin x$ $(0\leqq x\leqq \pi)$ と x 軸で囲まれた図形で，x 軸に垂直な平面で切った切り口が正三角形であるような立体の体積を求めよ。

着眼 まず，題意よりどんな立体なのか図示することから始めよう。切り口が正三角形であるから，その面積 $S(x)$ を求めてみよう。

解き方 正三角形の3つの頂点をP，Q，Rとし，P$(x,\ 0)$，Q$(x,\ \sin x)$ とすると，正三角形 PQR の面積 $S(x)$ は

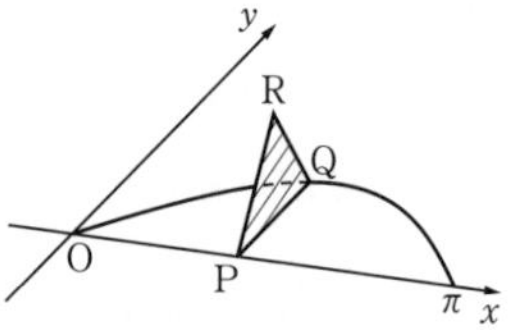

$$S(x)=\frac{1}{2}\mathrm{PQ}^2\cdot\sin\frac{\pi}{3}=\frac{\sqrt{3}}{4}\mathrm{PQ}^2=\frac{\sqrt{3}}{4}\sin^2 x$$

よって，求める立体の体積 V は

$$V=\int_0^{\pi}\frac{\sqrt{3}}{4}\sin^2 x dx=\frac{\sqrt{3}}{4}\int_0^{\pi}\frac{1-\cos 2x}{2}dx=\frac{\sqrt{3}}{4}\left[\frac{x}{2}-\frac{\sin 2x}{4}\right]_0^{\pi}$$

$$=\frac{\sqrt{3}}{8}\pi \quad \cdots\cdots 答$$

□ **415** 底面の半径が a，高さが $2a$ の直円柱がある。この直円柱を，底面の1つの直径 AB を通り，底面と $60°$ の角をなす平面 α で切ったとき，小さい方の立体の体積を求めよ。

□ **416** 半径 a の円の直径 AB 上に点 P をとる。点 P を通り直径 AB に垂直な弦 QR を1辺とする正三角形 QRS を，円を含む平面に垂直な平面上につくる。点 P を点 A から点 B まで動かすとき，三角形 QRS が通過してできる立体の体積を求めよ。

417 次の曲線または直線で囲まれた図形を（　）内の直線のまわりに1回転させてできる回転体の体積を求めよ。

□ (1) $y=\log(x-2)$，$y=\log 2$，x軸，y軸　　（y軸）

□ (2) $y=\sqrt{x}$，$y=\dfrac{x}{2}$　　（y軸）

□ (3) $x^2+(y-3)^2=1$　　（$y=1$）

例題研究》 2 曲線 $y=\sin x$, $y=\sin 2x$ と直線 $x=\dfrac{\pi}{2}$ で囲まれた図形を x 軸のまわりに 1 回転させてできる立体の体積を求めよ。ただし, $\dfrac{\pi}{2}\leqq x\leqq\pi$ とする。

着眼 回転させる図形が, 回転軸の両側にある場合である。このような場合には, **回転のもとになる図形を, 回転軸の一方の側に対称移動**してから考える。

解き方 2 曲線 $y=\sin x$, $y=\sin 2x$ の共有点の x 座標を考えると
$\sin x=\sin 2x$ より $\sin x(2\cos x-1)=0$

よって, $\sin x=0$ または $\cos x=\dfrac{1}{2}$

したがって, $\dfrac{\pi}{2}\leqq x\leqq\pi$ では $x=\pi$

題意の領域は, 右の図の斜線部分であるから,

$y=\sin 2x$ の $\dfrac{\pi}{2}\leqq x\leqq\pi$ の部分を x 軸に関して対称に折り返して考えると, 求める体積 V は

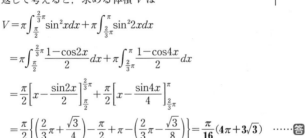

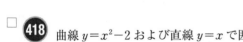

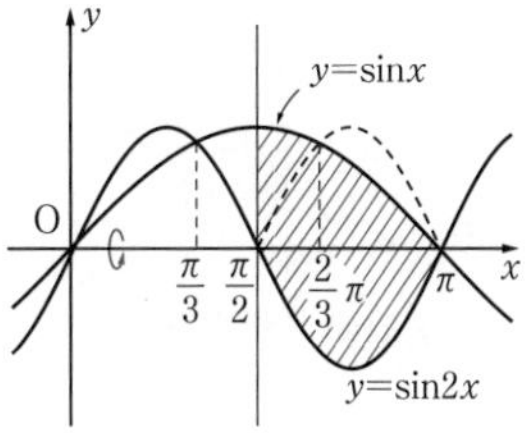

$$V=\pi\int_{\frac{\pi}{2}}^{\frac{2}{3}\pi}\sin^2 x\,dx+\pi\int_{\frac{2}{3}\pi}^{\pi}\sin^2 2x\,dx$$

$$=\pi\int_{\frac{\pi}{2}}^{\frac{2}{3}\pi}\frac{1-\cos 2x}{2}dx+\pi\int_{\frac{2}{3}\pi}^{\pi}\frac{1-\cos 4x}{2}dx$$

$$=\frac{\pi}{2}\left[x-\frac{\sin 2x}{2}\right]_{\frac{\pi}{2}}^{\frac{2}{3}\pi}+\frac{\pi}{2}\left[x-\frac{\sin 4x}{4}\right]_{\frac{2}{3}\pi}^{\pi}$$

$$=\frac{\pi}{2}\left\{\left(\frac{2}{3}\pi+\frac{\sqrt{3}}{4}\right)-\frac{\pi}{2}+\pi-\left(\frac{2}{3}\pi-\frac{\sqrt{3}}{8}\right)\right\}=\boldsymbol{\frac{\pi}{16}(4\pi+3\sqrt{3})}$$ ……答

□ **418** 曲線 $y=x^2-2$ および直線 $y=x$ で囲まれた図形を x 軸のまわりに 1 回転させてできる回転体の体積を求めよ。

ガイド 回転させる図形が回転軸の両側にあるから一方の側に対称移動して考える。

□ **419** 2 曲線 $y=\sin x$, $y=\cos x$ と 2 直線 $x=0$, $x=\pi$ で囲まれた図形を x 軸のまわりに 1 回転させてできる立体の体積を求めよ。ただし, $0\leqq x\leqq\pi$ とする。

差がつく

例題研究》 $f(x)=x\sin x\ (x\geqq 0)$ とする。点 $\left(\dfrac{\pi}{2},\ \dfrac{\pi}{2}\right)$ における $y=f(x)$ の法線と，$y=f(x)$ のグラフの $0\leqq x\leqq\dfrac{\pi}{2}$ の部分，および y 軸で囲まれる図形を考える。この図形を x 軸のまわりに1回転させてできる回転体の体積を求めよ。

着眼　まず，$y=f(x)$ と法線のグラフをかいて囲まれた図形を確定し，x 軸のまわりに回転する回転体の体積を求めればよい。

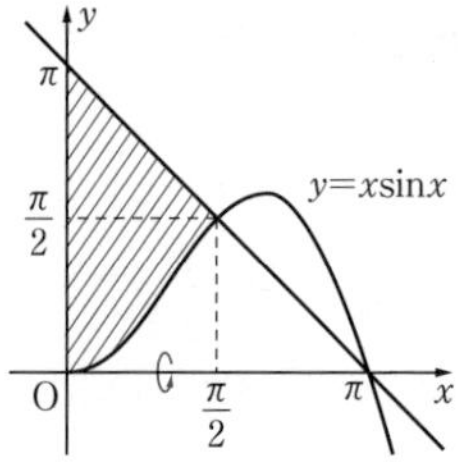

解き方　$f(x)=x\sin x$ より　$f'(x)=\sin x+x\cos x$

$0\leqq x\leqq\dfrac{\pi}{2}$ で　$f'(x)\geqq 0$

$f(0)=0,\ f\left(\dfrac{\pi}{2}\right)=\dfrac{\pi}{2}$ より，$y=f(x)$ のグラフは右の図のようになる。

次に法線の方程式を求めると，$f'\left(\dfrac{\pi}{2}\right)=1$ より，法線の傾きは -1 であるから

$$y=-\left(x-\frac{\pi}{2}\right)+\frac{\pi}{2}=-x+\pi$$

したがって，求める体積 V は

$$V=\pi\int_0^{\frac{\pi}{2}}(-x+\pi)^2dx-\pi\int_0^{\frac{\pi}{2}}\{f(x)\}^2dx$$

$$=\pi\int_0^{\frac{\pi}{2}}(x-\pi)^2dx-\pi\int_0^{\frac{\pi}{2}}x^2\sin^2 x dx$$

$$=\pi\left[\frac{(x-\pi)^3}{3}\right]_0^{\frac{\pi}{2}}-\frac{\pi}{2}\int_0^{\frac{\pi}{2}}x^2(1-\cos 2x)dx=\frac{7}{24}\pi^4-\frac{\pi}{2}\left[\frac{x^3}{3}\right]_0^{\frac{\pi}{2}}+\frac{\pi}{2}\int_0^{\frac{\pi}{2}}x^2\cos 2x dx$$

$$=\frac{13}{48}\pi^4+\frac{\pi}{2}\left(\left[\frac{1}{2}x^2\sin 2x\right]_0^{\frac{\pi}{2}}-\int_0^{\frac{\pi}{2}}x\sin 2x dx\right)=\frac{13}{48}\pi^4-\frac{\pi}{2}\int_0^{\frac{\pi}{2}}x\sin 2x dx$$

$$=\frac{13}{48}\pi^4-\frac{\pi}{2}\left(\left[-\frac{1}{2}x\cos 2x\right]_0^{\frac{\pi}{2}}+\frac{1}{2}\int_0^{\frac{\pi}{2}}\cos 2x dx\right)$$

$$=\frac{13}{48}\pi^4-\frac{\pi^2}{8}-\frac{\pi}{4}\left[\frac{1}{2}\sin 2x\right]_0^{\frac{\pi}{2}}=\boldsymbol{\frac{\pi^2}{48}(13\pi^2-6)}$$ ……答

420　関数 $f(x)=x+\sqrt{2}\sin x\ (0\leqq x\leqq\pi)$ は $x=a$ で最大値 $f(a)$ をとる。

□ (1)　$a,\ f(a)$ の値を求めよ。

□ (2)　曲線 $y=f(x)$ と x 軸および直線 $x=a$ で囲まれた図形を，x 軸のまわりに1回転させてできる回転体の体積 V を求めよ。

例題研究》 サイクロイド $x=a(\theta-\sin\theta)$, $y=a(1-\cos\theta)$ $(a>0,\ 0\leqq\theta\leqq2\pi)$ と x 軸で囲まれた図形を x 軸のまわりに1回転させてできる立体の体積を求めよ。

着眼 x 軸のまわりの回転体であるから，$\pi\int_a^b y^2dx$ を用いるが，y は θ を媒介変数とする x の関数と考えて，置換積分を行う。

解き方 θ にいろいろな値を代入してグラフをかくと右の図のようになる。したがって，求める体積を V とすると

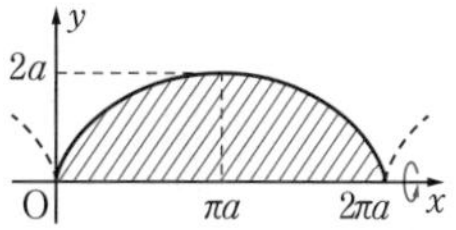

$$V=\pi\int_0^{2\pi a}y^2dx$$

ここで，$x=a(\theta-\sin\theta)$ だから

$$\frac{dx}{d\theta}=a(1-\cos\theta)$$

積分区間の対応は右のようになるから

x	$0\to2\pi a$
θ	$0\to2\pi$

$$V=\pi\int_0^{2\pi}y^2\frac{dx}{d\theta}d\theta=\pi\int_0^{2\pi}a^2(1-\cos\theta)^2\cdot a(1-\cos\theta)d\theta$$

$$=\pi a^3\int_0^{2\pi}(1-\cos\theta)^3d\theta=\pi a^3\int_0^{2\pi}(1-3\cos\theta+3\cos^2\theta-\cos^3\theta)d\theta$$

$$=\pi a^3\int_0^{2\pi}\left\{1-3\cos\theta+\frac{3}{2}(1+\cos2\theta)-(1-\sin^2\theta)\cos\theta\right\}d\theta$$

$$=\pi a^3\int_0^{2\pi}\left\{\frac{5}{2}-4\cos\theta+\frac{3}{2}\cos2\theta+\sin^2\theta(\sin\theta)'\right\}d\theta$$

$$=\pi a^3\left[\frac{5}{2}\theta-4\sin\theta+\frac{3}{4}\sin2\theta+\frac{1}{3}\sin^3\theta\right]_0^{2\pi}$$

$=\mathbf{5\pi^2a^3}$ ……答

□ **421** 曲線 $x=3\cos\theta$, $y=2\sin\theta$ $(0\leqq\theta\leqq2\pi)$ を x 軸のまわりに1回転してできる回転体の体積を求めよ。《差がつく》

422 次の曲線の長さを求めよ。

□ (1) $x=\cos\theta+\theta\sin\theta$, $y=\sin\theta-\theta\cos\theta$ $(0\leqq\theta\leqq2\pi)$

□ (2) $x=e^t\cos t$, $y=e^t\sin t$ $\left(0\leqq t\leqq\dfrac{\pi}{2}\right)$

□ 執筆協力　㈲四月社
□ 編集協力　㈲四月社　踊堂憲道
□ 図版作成　㈲四月社　㈲デザインスタジオエキス.

シグマベスト
シグマ基本問題集
数学Ⅲ＋C

編　者　文英堂編集部
発行者　益井英郎
印刷所　中村印刷株式会社
発行所　株式会社文英堂
〒601-8121　京都市南区上鳥羽大物町28
〒162-0832　東京都新宿区岩戸町17
(代表)03-3269-4231

●落丁・乱丁はおとりかえします。

ΣBEST シグマベスト

シグマ基本問題集

数学Ⅲ+C

正解答集

◎『検討』で問題の解き方が完璧にわかる

◎『テスト対策』で定期テスト対策も万全

文英堂

1　ベクトルとその演算

基本問題 本冊 p. 5

❶

答 (1) ①と⑪，②と⑫
(2) ①と⑤と⑥と⑩と⑪と⑬，②と⑧と⑫，⑨と⑭
(3) ①と⑪，②と⑫，③と⑮

検討 (1) 等しいベクトルとは，有向線分の向きも長さも等しいもの。
(2) 大きさの等しいベクトルとは，有向線分の長さの等しいもの。
(3) 向きの等しいベクトルとは，有向線分の向きの等しいもの。

❷

答 (1) $\vec{a}=\overrightarrow{OA}=\overrightarrow{CB}$，$\vec{c}=\overrightarrow{OC}=\overrightarrow{AB}$
(2) $\vec{b}=\overrightarrow{OD}=\overrightarrow{DB}$
(3) $\vec{a}$ の逆ベクトル$=\overrightarrow{AO}=\overrightarrow{BC}$

検討 (1) $\overrightarrow{OA}=\vec{a}$ とおいているので，$\vec{a}$ に等しいベクトルの中にはもちろん $\overrightarrow{OA}$ も含まれる。
(2) 平行四辺形の対角線は互いに他を 2 等分する。
(3) $\vec{a}$ の逆ベクトルとは，$\vec{a}$ と大きさが等しく，向きが反対のベクトルである。

❸

答 (1) $\overrightarrow{CD}$，$\overrightarrow{OE}$，$\overrightarrow{AF}$　(2) $\overrightarrow{BC}$，$\overrightarrow{OD}$，$\overrightarrow{FE}$
(3) $\overrightarrow{BA}$，$\overrightarrow{CO}$，$\overrightarrow{OF}$，$\overrightarrow{DE}$

検討 正六角形は，対角線によって，合同な 6 つの正三角形に分けられる。

❹

答 下図

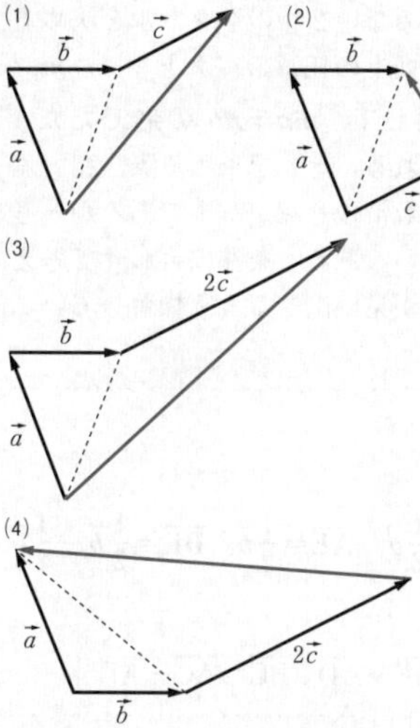

検討 (1)は $(\vec{a}+\vec{b})+\vec{c}$，(2)は $(\vec{a}+\vec{b})-\vec{c}$ と考えればよい。(2)は $(\vec{a}+\vec{b})+(-\vec{c})$ だから，$\vec{a}$ と $\vec{b}$ の和に $\vec{c}$ の逆ベクトル $-\vec{c}$ を加えてもよい。
(3)，(4) $2\vec{c}$ は，$\vec{c}$ と同じ向きで，大きさが 2 倍のベクトルである。(3)は $\vec{a}$ と $\vec{b}$ の和に $2\vec{c}$ を加える。(4)は $\vec{a}$ と $\vec{b}$ の差 $\vec{a}-\vec{b}$ から $2\vec{c}$ を引く。あるいは，$(\vec{a}-\vec{b})+(-2\vec{c})$と考えてもよい。

❺

答 (1) $-\vec{a}$　(2) $-\vec{b}$　(3) $\vec{a}+\vec{b}$
(4) $\vec{a}-\vec{b}$　(5) $\vec{b}$　(6) $\frac{1}{2}(\vec{a}+\vec{b})$

検討 (5) $\overrightarrow{AB}+\overrightarrow{BC}+\overrightarrow{CD}=\overrightarrow{AC}+\overrightarrow{CD}=\overrightarrow{AD}$
(6) $\overrightarrow{AO}=\frac{1}{2}\overrightarrow{AC}$

テスト対策

$\overrightarrow{AB}=\vec{a}$，$\overrightarrow{BC}=\vec{b}$ のように，平面上で，$\vec{0}$ でなく平行でない2つのベクトルを決めると，その平面上の任意のベクトルは，**m，n を実数として，$m\vec{a}+n\vec{b}$ の形でただ1通りに表される**。それを求める際，和・差の定義，実数倍の意味が基本であるが，考え方はいろいろある。条件に合わせて考えやすい方法が見い出せるよう練習していこう。

6

答　$\overrightarrow{AD}=\frac{1}{2}\vec{a}$，$\overrightarrow{AE}=\frac{1}{2}\vec{b}$，$\overrightarrow{DE}=\frac{1}{2}\vec{b}-\frac{1}{2}\vec{a}$，$\overrightarrow{BC}=\vec{b}-\vec{a}$

検討　$\overrightarrow{DE}=\overrightarrow{AE}-\overrightarrow{AD}$，$\overrightarrow{BC}=\overrightarrow{AC}-\overrightarrow{AB}$

テスト対策

〔三角形の中点連結定理〕

本問では，DE∥BC，$DE=\frac{1}{2}BC$ の関係が成り立つ。これをベクトルで考えると

$\overrightarrow{DE}=\frac{1}{2}\vec{b}-\frac{1}{2}\vec{a}=\frac{1}{2}(\vec{b}-\vec{a})$，$\overrightarrow{BC}=\vec{b}-\vec{a}$

だから，$\overrightarrow{DE}=\frac{1}{2}\overrightarrow{BC}$ が成り立つということ。

一般に，**$\overrightarrow{AB}$∥$\overrightarrow{CD}$ ⟺ $\overrightarrow{AB}=k\overrightarrow{CD}$ となる実数 k が存在する**　ということである。

7

答　(1) $\frac{1}{2}(\vec{b}-\vec{a})$　(2) $\frac{1}{2}(\vec{a}+\vec{b})$　(3) $\frac{1}{2}\vec{a}$

検討　(1) $\overrightarrow{AE}=\frac{1}{2}\overrightarrow{AC}=\frac{1}{2}(\overrightarrow{BC}-\overrightarrow{BA})$

(2) $\overrightarrow{BE}=\overrightarrow{BA}+\overrightarrow{AE}$　(3) $\overrightarrow{DE}=\overrightarrow{BE}-\overrightarrow{BD}$

8

答　(1) $11\vec{a}-2\vec{b}-9\vec{c}$　(2) $\frac{5}{6}\vec{a}-\frac{1}{6}\vec{b}-\frac{5}{6}\vec{c}$

検討　文字式の計算と同じように計算できる。

9

答　(1) $2\vec{a}+\vec{b}-\vec{c}$　(2) $5\vec{a}+\vec{b}$

10

答　(1) $\frac{1}{4}(3\vec{a}+\vec{b})$　(2) $-3\vec{a}-2\vec{b}$

検討　$\vec{x}$ を未知数と考えればよい。

応用問題

本冊 p. 6

11

答　$\frac{2\vec{a}+\vec{b}}{4}$

検討　$\overrightarrow{AP}=\vec{x}$ とおくと

$\overrightarrow{PA}+\overrightarrow{PB}+\overrightarrow{PC}+\overrightarrow{PD}$

$=-\vec{x}+(-\vec{x}+\vec{a})+(-\vec{x}+\vec{a}+\vec{b})$

$+(-\vec{x}+\vec{a}+\vec{b}+\vec{c})=-4\vec{x}+3\vec{a}+2\vec{b}+\vec{c}$

また，$\overrightarrow{AD}=\vec{a}+\vec{b}+\vec{c}$ だから，条件式より

$4\vec{x}=2\vec{a}+\vec{b}$

テスト対策

あるベクトルが他のベクトルの和や差に等しい，あるいはいくつかのベクトルの和が $\vec{0}$ であるといった，ベクトルの等式において，**着目するベクトルを求めることは**，そのベクトルを未知数と考えて，**方程式を解くことと同様**に考えればよい。

12

答　(1) **120°**　(2) **$\sqrt{3}$ 倍**

検討　(1) $\overrightarrow{OA}=\vec{a}$，$\overrightarrow{OB}=\vec{b}$ とする。

OA，OB を2辺とする平行四辺形 OACB を考えると　$\overrightarrow{OC}=\vec{a}+\vec{b}$

条件より　OA＝OB＝OC

よって，△OAC，△OBC は正三角形となるから　∠AOC＝60°，∠COB＝60°

(2) $\vec{a}-\vec{b}=\overrightarrow{BA}$

よって　$|\vec{a}-\vec{b}|=BA=\sqrt{3}OA$

2　ベクトルの成分表示

基本問題　本冊 p. 7

13

答　下図

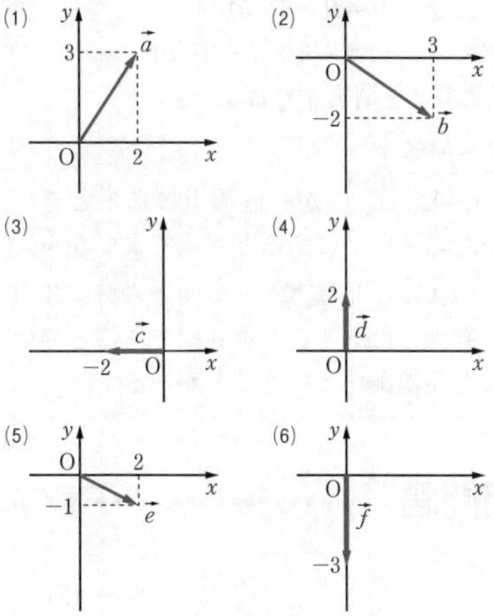

検討　$\vec{e_1}=(1,\ 0)$, $\vec{e_2}=(0,\ 1)$である。

14

答　(1) $(\mathbf{0},\ \mathbf{-1})$, $\mathbf{1}$　(2) $(\mathbf{-1},\ \mathbf{2})$, $\sqrt{\mathbf{5}}$
(3) $(\mathbf{-7},\ \mathbf{9})$, $\sqrt{\mathbf{130}}$

検討　(1) $\vec{a}+\vec{b}=(-2,\ 2)+(2,\ -3)=(0,\ -1)$
$|\vec{a}+\vec{b}|=\sqrt{0^2+(-1)^2}=1$
(2) $-2\vec{b}+\vec{c}=-2(2,\ -3)+(3,\ -4)$
$=(-4,\ 6)+(3,\ -4)=(-1,\ 2)$
$|-2\vec{b}+\vec{c}|=\sqrt{(-1)^2+2^2}=\sqrt{5}$
(3) $\vec{a}-\vec{b}-\vec{c}=(-2,\ 2)-(2,\ -3)-(3,\ -4)$
$=(-7,\ 9)$
$|\vec{a}-\vec{b}-\vec{c}|=\sqrt{(-7)^2+9^2}=\sqrt{130}$

テスト対策

ベクトルの成分による演算は，これまで作図によって確認していたことを，数値による具体的な計算におきかえたものである。
$\vec{a}=(a_1,\ a_2)$, $\vec{b}=(b_1,\ b_2)$のとき
- $|\vec{a}|=\sqrt{a_1{}^2+a_2{}^2}$
- $\vec{a}=\vec{b} \iff a_1=b_1$ かつ $a_2=b_2$
- $\vec{a}\pm\vec{b}=(a_1\pm b_1,\ a_2\pm b_2)$（複号同順）
- $m\vec{a}=(ma_1,\ ma_2)$（mは実数）

15

答　$\boldsymbol{l=6}$, $\boldsymbol{m=-6}$

検討　$3(l,\ 2)-2(3,\ m)=(12,\ 18)$より
$3l-6=12$, $6-2m=18$

16

答　(1) $\vec{c}=7\vec{a}-9\vec{b}$　(2) $\vec{c}=-\dfrac{10}{11}\vec{a}+\dfrac{58}{11}\vec{b}$

検討　(1) $m\vec{a}+n\vec{b}=m(3,\ 4)+n(2,\ 4)$
$=(3m+2n,\ 4m+4n)$
$3m+2n=3$, $4m+4n=-8$より求められる。
(2) $m\vec{a}+n\vec{b}=(2m+3n,\ 5m+2n)$
$2m+3n=14$, $5m+2n=6$

17

答　(1) $\vec{a}=\left(-\dfrac{1}{2},\ \dfrac{1}{2}\right)$, $\vec{b}=\left(-\dfrac{5}{2},\ \dfrac{7}{2}\right)$
(2) $|\vec{a}|=\dfrac{\sqrt{2}}{2}$, $|\vec{b}|=\dfrac{\sqrt{74}}{2}$

検討　2式を加えれば$\vec{a}$が求められ，2式の差をとれば$\vec{b}$が求められる。

18

答　(1) $(\mathbf{4},\ \mathbf{0})$, $\mathbf{4}$　(2) $(\mathbf{-1},\ \mathbf{6})$, $\sqrt{\mathbf{37}}$
(3) $(\mathbf{-3},\ \mathbf{-6})$, $\mathbf{3\sqrt{5}}$

検討　(1) 点A(4, 0) $\iff \overrightarrow{OA}=(4,\ 0)$, $|\overrightarrow{OA}|=4$
(2) 同様に　点B(3, 6) $\iff \overrightarrow{OB}=(3,\ 6)$
$\overrightarrow{AB}=\overrightarrow{OB}-\overrightarrow{OA}=(3,\ 6)-(4,\ 0)=(-1,\ 6)$
$|\overrightarrow{AB}|=\sqrt{(-1)^2+6^2}=\sqrt{37}$
(3) $\overrightarrow{BO}=-\overrightarrow{OB}=-(3,\ 6)=(-3,\ -6)$

$|\overrightarrow{BO}|=\sqrt{(-3)^2+(-6)^2}=3\sqrt{5}$

テスト対策

〔座標と成分表示〕

$A(a_1,\ a_2)$，$B(b_1,\ b_2)$ のとき

・$\boldsymbol{A(a_1,\ a_2) \Longleftrightarrow \overrightarrow{OA}=(a_1,\ a_2)}$

・$\boldsymbol{\overrightarrow{AB}=\overrightarrow{OB}-\overrightarrow{OA}=(b_1-a_1,\ b_2-a_2)}$

・$\boldsymbol{AB=|\overrightarrow{AB}|=\sqrt{(b_1-a_1)^2+(b_2-a_2)^2}}$

19

答 $x=\dfrac{1}{2}$

検討 $\vec{a}+2\vec{b}=(2,\ 4)+(2x,\ 2)=(2+2x,\ 6)$

$2\vec{a}-\vec{b}=(4,\ 8)-(x,\ 1)=(4-x,\ 7)$

$\vec{a}+2\vec{b}$ と $2\vec{a}-\vec{b}$ は平行だから

$\vec{a}+2\vec{b}=k(2\vec{a}-\vec{b})$

ゆえに　$(2+2x,\ 6)=k(4-x,\ 7)$

よって　$2+2x=k(4-x)$　……①

$6=7k$　……②

②より　$k=\dfrac{6}{7}$　　①に代入して　$x=\dfrac{1}{2}$

20

答 $\vec{e}$ は $\vec{a}$ と同じ向きの単位ベクトルだから

$\boldsymbol{\vec{e}=k\vec{a}\ (k>0)}$　また，$|\vec{e}|=1$

$|\vec{e}|=|k\vec{a}|=k|\vec{a}|$　よって　$k=\dfrac{|\vec{e}|}{|\vec{a}|}=\dfrac{1}{|\vec{a}|}$

ゆえに　$\vec{e}=\dfrac{1}{|\vec{a}|}\vec{a}$

$\vec{a}$ と平行な単位ベクトル：$\left(-\dfrac{5}{13},\ \dfrac{12}{13}\right)$，

$\left(\dfrac{5}{13},\ -\dfrac{12}{13}\right)$

検討 $\vec{a}=(-5,\ 12)$ と平行な単位ベクトルは，

向きが反対のものもあるから　$\pm\dfrac{1}{|\vec{a}|}\vec{a}$

$|\vec{a}|=\sqrt{(-5)^2+12^2}=13$ より　$\pm\dfrac{1}{13}(-5,\ 12)$

21

答 $(-2,\ 8)$

検討 $A(x,\ y)$ として，$\overrightarrow{AB}=\overrightarrow{DC}$ より

$(3-x,\ 4-y)=(5,\ -4)$

22

答 $\boldsymbol{5a+6b+13=0}$

検討 $\overrightarrow{AC}=t\overrightarrow{AB}$（$t$ は実数）より

$\overrightarrow{OC}-\overrightarrow{OA}=t(\overrightarrow{OB}-\overrightarrow{OA})$

$(a-1,\ b+3)=t(-6,\ 5)$

よって　$a-1=-6t$，$b+3=5t$

2式より t を消去すればよい。

テスト対策

3点A，B，Cが一直線上にあるとき，Cが直線AB上にあると考えてよいから，$\boldsymbol{\overrightarrow{AC}=t\overrightarrow{AB}}$（$t$ は実数）が条件となる。3点が一直線上にあることを共線であるといい，これを共線条件ということがある。

応用問題 ……………… 本冊 p. 9

23

答 (1) $\sqrt{61}$　(2) $\dfrac{\sqrt{2}}{2}$

検討 (1) $\vec{c}=(2,\ 3)+3(1,\ 1)=(5,\ 6)$

(2) $\vec{c}=(2+t,\ 3+t)$ より

$|\vec{c}|^2=(2+t)^2+(3+t)^2=2t^2+10t+13$

$=2\left(t+\dfrac{5}{2}\right)^2+\dfrac{1}{2}$

$t=-\dfrac{5}{2}$ のとき最小となり，最小値 $\dfrac{\sqrt{2}}{2}$

3 ベクトルの内積

基本問題 ……………… 本冊 p. 10

24

答 (1) **3**　(2) **0**　(3) $\dfrac{15\sqrt{3}}{2}$

25

答 $\boldsymbol{\vec{a}\cdot\vec{a}=|\vec{a}|^2=0}$　$\boldsymbol{|\vec{a}|=0}$　よって　$\boldsymbol{\vec{a}=\vec{0}}$

26

答 (1) $\frac{9}{2}$ (2) $-\frac{9}{2}$ (3) 0 (4) $\frac{9}{2}$ (5) $\frac{9}{4}$

検討 (2) $\overrightarrow{AB}$, $\overrightarrow{BC}$ のなす角は 120° である。

27

答 (1) $-\frac{1}{2}$ (2) $\frac{1}{2}$ (3) $-\frac{3}{2}$

検討 (1) $\overrightarrow{AB}$ と $\overrightarrow{EF}$ のなす角は 120°

(2) $\overrightarrow{AB}$ と $\overrightarrow{FA}$ のなす角は 60°

(3) $\overrightarrow{AB}$ と $\overrightarrow{DF}$ のなす角は 150°, $|\overrightarrow{DF}|=\sqrt{3}$

28

答 $\vec{a}=\vec{0}$ または $\vec{b}=\vec{0}$ のときは明らかだから, $\vec{a}\neq\vec{0}$, $\vec{b}\neq\vec{0}$ とする。

$\vec{a}$, $\vec{b}$ のなす角を θ とすると, $|\cos\theta|\leqq 1$ だから $|\vec{a}\cdot\vec{b}|=|\vec{a}||\vec{b}||\cos\theta|\leqq|\vec{a}||\vec{b}|$

等号成立は, $\vec{a}=\vec{0}$, $\vec{b}=\vec{0}$, $\vec{a}$, $\vec{b}$ のなす角が 0° または 180° のいずれかのとき。

29

答 (1) 左辺$=(\vec{a}+\vec{b})\cdot(\vec{a}+\vec{b})$

$=\vec{a}\cdot(\vec{a}+\vec{b})+\vec{b}\cdot(\vec{a}+\vec{b})$

$=\vec{a}\cdot\vec{a}+\vec{a}\cdot\vec{b}+\vec{b}\cdot\vec{a}+\vec{b}\cdot\vec{b}$

$=|\vec{a}|^2+2\vec{a}\cdot\vec{b}+|\vec{b}|^2=$右辺

(2) 左辺$=(\vec{a}+\vec{b})\cdot(\vec{a}-\vec{b})$

$=\vec{a}\cdot\vec{a}-\vec{a}\cdot\vec{b}+\vec{b}\cdot\vec{a}-\vec{b}\cdot\vec{b}$

$=|\vec{a}|^2-|\vec{b}|^2=$右辺

(3) 左辺$=(k\vec{a}+l\vec{b})\cdot(k\vec{a}+l\vec{b})$

$=(k\vec{a})\cdot(k\vec{a})+(k\vec{a})\cdot(l\vec{b})$

$\quad+(l\vec{b})\cdot(k\vec{a})+(l\vec{b})\cdot(l\vec{b})$

$=k^2|\vec{a}|^2+2kl(\vec{a}\cdot\vec{b})+l^2|\vec{b}|^2=$右辺

(4) 左辺$=|\vec{a}+\vec{b}|^2+|\vec{a}-\vec{b}|^2$

$=(\vec{a}+\vec{b})\cdot(\vec{a}+\vec{b})+(\vec{a}-\vec{b})\cdot(\vec{a}-\vec{b})$

$=|\vec{a}|^2+2\vec{a}\cdot\vec{b}+|\vec{b}|^2+|\vec{a}|^2-2\vec{a}\cdot\vec{b}+|\vec{b}|^2$

$=2(|\vec{a}|^2+|\vec{b}|^2)=$右辺

検討 交換法則 $\vec{a}\cdot\vec{b}=\vec{b}\cdot\vec{a}$ が成り立つので，ふつうの文字式の計算の要領で計算してよい。

30

答 $\vec{a}\cdot\vec{b}=\frac{3}{2}$, $|\vec{a}-\vec{b}|=\sqrt{10}$

検討 $|\vec{a}+\vec{b}|=4$ より $|\vec{a}+\vec{b}|^2=16$

ゆえに $|\vec{a}|^2+2\vec{a}\cdot\vec{b}+|\vec{b}|^2=16$

$|\vec{a}|=2$, $|\vec{b}|=3$ より $4+2\vec{a}\cdot\vec{b}+9=16$

よって $\vec{a}\cdot\vec{b}=\frac{3}{2}$

次に $|\vec{a}-\vec{b}|^2=|\vec{a}|^2-2\vec{a}\cdot\vec{b}+|\vec{b}|^2$

$=4-2\cdot\frac{3}{2}+9=10$

$|\vec{a}-\vec{b}|\geqq 0$ だから $|\vec{a}-\vec{b}|=\sqrt{10}$

31

答 $\sqrt{14}$

検討 $|\vec{a}+\vec{b}|^2=|\vec{a}|^2+2\vec{a}\cdot\vec{b}+|\vec{b}|^2=9+2\cdot2+1$

$=14$

よって $|\vec{a}+\vec{b}|=\sqrt{14}$

テスト対策

〔ベクトルの大きさと内積〕

$|\vec{a}|^2=\vec{a}\cdot\vec{a}$ (| $|^2$ を作り，内積計算)

32

答 90°

検討 $|\vec{a}-\vec{b}|^2=13$ だから

$|\vec{a}|^2-2\vec{a}\cdot\vec{b}+|\vec{b}|^2=13$

$|\vec{a}|=2$, $|\vec{b}|=3$ を代入して，$\vec{a}\cdot\vec{b}$ を求めると

$\vec{a}\cdot\vec{b}=0$

$\vec{a}\neq\vec{0}$, $\vec{b}\neq\vec{0}$ だから，$\vec{a}$ と $\vec{b}$ のなす角は 90°

33

答 (1) 4 (2) −16

検討 (1) $\vec{a}\cdot\vec{b}=1\cdot(-2)+2\cdot3=4$

(2) $\vec{a}=\overrightarrow{PA}=(-3-1,\ 4-2)=(-4,\ 2)$

$\vec{b}=\overrightarrow{PB}=(2-1,\ -4-2)=(1,\ -6)$

$\vec{a}\cdot\vec{b}=(-4)\cdot1+2\cdot(-6)=-16$

34

答 (1) 90° (2) 120° (3) 60°

検討 (1) $\vec{a}\cdot\vec{b}=4\cdot2+2\cdot(-4)=0$

(2) $\vec{a}\cdot\vec{b}=1\cdot\sqrt{2}+\sqrt{3}\cdot(-\sqrt{6})=\sqrt{2}-3\sqrt{2}=-2\sqrt{2}$

$|\vec{a}|=\sqrt{1+3}=2,\ |\vec{b}|=\sqrt{2+6}=2\sqrt{2}$

$\cos\theta=\dfrac{-2\sqrt{2}}{2\cdot2\sqrt{2}}=-\dfrac{1}{2}$　　よって　$\theta=120°$

(3) $\cos\theta=\dfrac{2}{2\sqrt{2}\cdot\sqrt{2}}=\dfrac{1}{2}$　　よって　$\theta=60°$

テスト対策

〔2つのベクトルのなす角〕

$\vec{a}=(a_1,\ a_2),\ \vec{b}=(b_1,\ b_2)$ のなす角 θ は

$$\boldsymbol{\cos\theta=\frac{\vec{a}\cdot\vec{b}}{|\vec{a}||\vec{b}|}=\frac{a_1b_1+a_2b_2}{\sqrt{a_1^2+a_2^2}\sqrt{b_1^2+b_2^2}}}$$

よく使うので，しっかり覚えておこう。

35

答　平行のとき：$\boldsymbol{a=1,\ -3}$

垂直のとき：$\boldsymbol{a=-\dfrac{1}{2}}$

検討　・平行のとき，なす角 θ は $0°$ または $180°$ だから

$\cos\theta=\dfrac{4a+2}{\sqrt{a^2+1}\sqrt{a^2+4a+13}}=\pm1$

$4a+2=\pm\sqrt{(a^2+1)(a^2+4a+13)}$

両辺を2乗して　$a^4+4a^3-2a^2-12a+9=0$

$(a-1)^2(a+3)^2=0$　　よって　$a=1,\ -3$

・垂直のとき，内積は0だから

$3a+a+2=0$　　よって　$a=-\dfrac{1}{2}$

(平行のときの別解)

$\vec{a}\parallel\vec{b}\iff\vec{b}=t\vec{a}$ より　$(3,\ a+2)=t(a,\ 1)$

ゆえに　$3=ta,\ a+2=t$

この2式から t を消去して　$3=a(a+2)$

よって　$a=1,\ -3$

36

答　$\boldsymbol{\left(\dfrac{\sqrt{2}}{2},\ \dfrac{3\sqrt{2}}{2}\right),\ \left(-\dfrac{\sqrt{2}}{2},\ -\dfrac{3\sqrt{2}}{2}\right)}$

検討　$\vec{b}=(m,\ n)$ とおくと，

$\vec{a}\cdot\vec{b}=0$ より　$3m-n=0$　……①

$|\vec{b}|=\sqrt{5}$ より　$m^2+n^2=5$　……②

①より　$n=3m$　……③

これを②に代入して

$m^2+9m^2=5$　$m^2=\dfrac{1}{2}$　よって　$m=\pm\dfrac{\sqrt{2}}{2}$

③より，$m=\dfrac{\sqrt{2}}{2}$ のとき　$n=\dfrac{3\sqrt{2}}{2}$

$m=-\dfrac{\sqrt{2}}{2}$ のとき　$n=-\dfrac{3\sqrt{2}}{2}$

37

答　(1) **0°**　(2) **180°**　(3) **30°**　(4) **60°**

検討　(1) $\cos\theta=\dfrac{10}{2\cdot5}=1$　　よって　$\theta=0°$

(2) $\cos\theta=\dfrac{\vec{a}\cdot\vec{b}}{|\vec{a}||\vec{b}|}=-1$　　よって　$\theta=180°$

(3) $|\vec{a}|^2=|\vec{b}|^2=\dfrac{2}{\sqrt{3}}\vec{a}\cdot\vec{b}=k^2\ (k>0)$ とおくと

$\cos\theta=\dfrac{\frac{\sqrt{3}}{2}k^2}{k\cdot k}=\dfrac{\sqrt{3}}{2}$　　よって　$\theta=30°$

(4) $|\vec{b}-\vec{a}|^2=3$ だから　$|\vec{b}|^2-2\vec{a}\cdot\vec{b}+|\vec{a}|^2=3$

$|\vec{a}|=2,\ |\vec{b}|=1$ を代入して　$\vec{a}\cdot\vec{b}=1$

$\cos\theta=\dfrac{1}{2\cdot1}=\dfrac{1}{2}$　　よって　$\theta=60°$

4　位置ベクトル

基本問題

本冊 p. 13

38

答　$\boldsymbol{\overrightarrow{AB}=\vec{b}-\vec{a},\ \vec{m}=\dfrac{1}{2}(\vec{a}+\vec{b})}$

検討　M は AB の中点だから　$\overrightarrow{AM}=\dfrac{1}{2}\overrightarrow{AB}$

ゆえに　$\vec{m}-\vec{a}=\dfrac{1}{2}(\vec{b}-\vec{a})$

よって　$\vec{m}=\vec{a}+\dfrac{1}{2}\vec{b}-\dfrac{1}{2}\vec{a}=\dfrac{1}{2}(\vec{a}+\vec{b})$

39

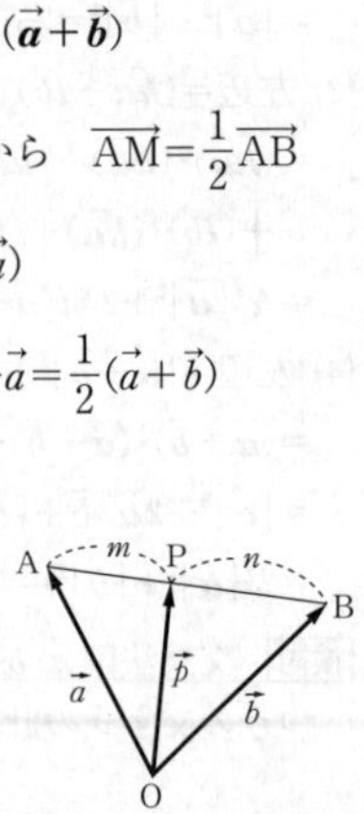

答　**P は直線 AB 上の点だから，$\overrightarrow{AP}=k\overrightarrow{AB}$ と表せる。**

内分の場合

$k=\dfrac{m}{m+n}$ だから $\overrightarrow{AP}=\dfrac{m}{m+n}\overrightarrow{AB}$

ゆえに $\vec{p}-\vec{a}=\dfrac{m}{m+n}(\vec{b}-\vec{a})$

よって

$\vec{p}=\vec{a}-\dfrac{m}{m+n}\vec{a}+\dfrac{m}{m+n}\vec{b}=\dfrac{n\vec{a}+m\vec{b}}{m+n}$

外分の場合，$mn<0$ で，$|m|>|n|$ ならば，P は線分 AB の B を越える延長上にあり，$n<0<m$ とすると

$\overrightarrow{AP}=\dfrac{m}{m-(-n)}\overrightarrow{AB}=\dfrac{m}{m+n}\overrightarrow{AB}$

$|m|<|n|$ ならば，P は線分 AB の A を越える延長上にあり，$n<0<m$ とすると

$\overrightarrow{AP}=\dfrac{m}{(-n)-m}\overrightarrow{BA}=\dfrac{m}{m+n}\overrightarrow{AB}$

いずれの場合も結果の式は同じになる。

40

答 (1) 内分：$\dfrac{1}{3}(\vec{a}+2\vec{b})$　外分：$-\vec{a}+2\vec{b}$

(2) 内分：$\dfrac{1}{8}(5\vec{a}+3\vec{b})$　外分：$\dfrac{1}{2}(5\vec{a}-3\vec{b})$

検討 (1) 外分のときは 2 : (−1) か (−2) : 1 と考える。

41

答 (1) $\overrightarrow{EL}=\dfrac{1}{2}(\vec{b}+\vec{c}-\vec{a})$,

$\overrightarrow{FM}=\dfrac{1}{2}(\vec{c}+\vec{a}-\vec{b})$, $\overrightarrow{GN}=\dfrac{1}{2}(\vec{a}+\vec{b}-\vec{c})$

(2) 線分 EL の中点を S とすると，

$\overrightarrow{OS}=\overrightarrow{OE}+\dfrac{1}{2}\overrightarrow{EL}=\dfrac{1}{4}(\vec{a}+\vec{b}+\vec{c})$ であるから

$\overrightarrow{OS}=\dfrac{1}{2}(\overrightarrow{OF}+\overrightarrow{OM})=\dfrac{1}{2}(\overrightarrow{OG}+\overrightarrow{ON})$

よって，S は線分 FM，GN の中点でもある。
ゆえに，線分 EL，FM，GN は 1 点で交わる。

検討 (1) $\overrightarrow{OE}=\dfrac{1}{2}\overrightarrow{OA}=\dfrac{1}{2}\vec{a}$,

$\overrightarrow{OL}=\dfrac{1}{2}(\overrightarrow{OB}+\overrightarrow{OC})=\dfrac{1}{2}(\vec{b}+\vec{c})$,

$\overrightarrow{EL}=\overrightarrow{OL}-\overrightarrow{OE}$

42

答 $a=-\dfrac{1}{3}$, $b=-\dfrac{1}{2}$

検討 $\overrightarrow{PD}=\dfrac{2\overrightarrow{PB}+3\overrightarrow{PC}}{3+2}=\dfrac{2}{5}\overrightarrow{PB}+\dfrac{3}{5}\overrightarrow{PC}$

$\overrightarrow{PA}=-\dfrac{5}{6}\overrightarrow{PD}$ より

$\overrightarrow{PA}=-\dfrac{5}{6}\left(\dfrac{2}{5}\overrightarrow{PB}+\dfrac{3}{5}\overrightarrow{PC}\right)=-\dfrac{1}{3}\overrightarrow{PB}-\dfrac{1}{2}\overrightarrow{PC}$

43

答 平行四辺形だから $\overrightarrow{DA}=\overrightarrow{CB}$

これより $\overrightarrow{PA}-\overrightarrow{PD}=\overrightarrow{PB}-\overrightarrow{PC}$

よって $\overrightarrow{PA}+\overrightarrow{PC}=\overrightarrow{PB}+\overrightarrow{PD}$

44

答 $\overrightarrow{OA}=\vec{a}$, $\overrightarrow{OB}=2\vec{b}$, $\overrightarrow{OC}=3\vec{a}-4\vec{b}$ とすると

$\overrightarrow{AB}=\overrightarrow{OB}-\overrightarrow{OA}=2\vec{b}-\vec{a}$

$\overrightarrow{AC}=\overrightarrow{OC}-\overrightarrow{OA}=3\vec{a}-4\vec{b}-\vec{a}=2\vec{a}-4\vec{b}$

$=-2(2\vec{b}-\vec{a})$

ゆえに $\overrightarrow{AC}=-2\overrightarrow{AB}$

よって，3 点 A，B，C は一直線上にある。

45

答 A，B，C，D，P，Q の位置ベクトルを $\vec{a}$, $\vec{b}$, $\vec{c}$, $\vec{d}$, $\vec{p}$, $\vec{q}$ とし，$\dfrac{AP}{AD}=\dfrac{BQ}{BC}=k$

とおくと，$\overrightarrow{AP}=k\overrightarrow{AD}$，$\overrightarrow{BQ}=k\overrightarrow{BC}$ より

$\vec{p}=(1-k)\vec{a}+k\vec{d}$, $\vec{q}=(1-k)\vec{b}+k\vec{c}$

$\overrightarrow{MN}=\dfrac{1}{2}(\vec{c}+\vec{d})-\dfrac{1}{2}(\vec{a}+\vec{b})$

$=\dfrac{1}{2}(\vec{c}+\vec{d}-\vec{a}-\vec{b})$

$\overrightarrow{MR}=\dfrac{1}{2}(\vec{p}+\vec{q})-\dfrac{1}{2}(\vec{a}+\vec{b})$

$=\dfrac{1}{2}\{(1-k)(\vec{a}+\vec{b})+k(\vec{c}+\vec{d})\}-\dfrac{1}{2}(\vec{a}+\vec{b})$

$=\dfrac{k}{2}(\vec{c}+\vec{d}-\vec{a}-\vec{b})$

ゆえに $\overrightarrow{MR}=k\overrightarrow{MN}$

よって，3 点 M，R，N は一直線上にある。

46

答　**3PB=AB，4BQ=BD より，**

$\overrightarrow{\mathbf{BP}}=\frac{1}{3}\overrightarrow{\mathbf{BA}}$，$\overrightarrow{\mathbf{BQ}}=\frac{1}{4}\overrightarrow{\mathbf{BD}}$ だから

$\overrightarrow{\mathbf{CP}}=\overrightarrow{\mathbf{BP}}-\overrightarrow{\mathbf{BC}}=\frac{1}{3}\overrightarrow{\mathbf{BA}}-\overrightarrow{\mathbf{BC}}$

$\overrightarrow{\mathbf{CQ}}=\overrightarrow{\mathbf{BQ}}-\overrightarrow{\mathbf{BC}}=\frac{1}{4}\overrightarrow{\mathbf{BD}}-\overrightarrow{\mathbf{BC}}$

$=\frac{1}{4}(\overrightarrow{\mathbf{BA}}+\overrightarrow{\mathbf{BC}})-\overrightarrow{\mathbf{BC}}=\frac{1}{4}\overrightarrow{\mathbf{BA}}-\frac{3}{4}\overrightarrow{\mathbf{BC}}$

$=\frac{3}{4}\left(\frac{1}{3}\overrightarrow{\mathbf{BA}}-\overrightarrow{\mathbf{BC}}\right)$

ゆえに　$\overrightarrow{\mathbf{CQ}}=\frac{3}{4}\overrightarrow{\mathbf{CP}}$

よって，**3 点 P，Q，C は一直線上にある。**

47

答　(1) $\frac{3}{2}\overrightarrow{\mathbf{AB}}+2\overrightarrow{\mathbf{AD}}$

(2) $\overrightarrow{\mathbf{PC}}=\overrightarrow{\mathbf{AC}}-\overrightarrow{\mathbf{AP}}=\overrightarrow{\mathbf{AB}}+\overrightarrow{\mathbf{AD}}-\frac{1}{2}\overrightarrow{\mathbf{AB}}$

$=\frac{1}{2}(\overrightarrow{\mathbf{AB}}+2\overrightarrow{\mathbf{AD}})$

$\overrightarrow{\mathbf{PQ}}=\overrightarrow{\mathbf{AQ}}-\overrightarrow{\mathbf{AP}}=\frac{3}{2}\overrightarrow{\mathbf{AB}}+2\overrightarrow{\mathbf{AD}}-\frac{1}{2}\overrightarrow{\mathbf{AB}}$

$=\overrightarrow{\mathbf{AB}}+2\overrightarrow{\mathbf{AD}}$

ゆえに　$\overrightarrow{\mathbf{PC}}=\frac{1}{2}\overrightarrow{\mathbf{PQ}}$

よって，**3 点 P，C，Q は一直線上にある。**

検討　(1) AQ は △AED の A からの中線だから

$\overrightarrow{AQ}=\frac{1}{2}(\overrightarrow{AD}+\overrightarrow{AE})=\frac{1}{2}(\overrightarrow{AD}+3\overrightarrow{AC})$

$=\frac{1}{2}\{\overrightarrow{AD}+3(\overrightarrow{AB}+\overrightarrow{AD})\}$

48

答　**CP=2AP より　AP：PC=1：2**

ゆえに　$\overrightarrow{\mathbf{AP}}=\frac{1}{3}\overrightarrow{\mathbf{AC}}$

$\overrightarrow{\mathbf{BP}}=\overrightarrow{\mathbf{AP}}-\overrightarrow{\mathbf{AB}}=\frac{1}{3}\overrightarrow{\mathbf{AC}}-\overrightarrow{\mathbf{AB}}$

$\overrightarrow{\mathbf{BN}}=\overrightarrow{\mathbf{AN}}-\overrightarrow{\mathbf{AB}}=\frac{1}{2}\overrightarrow{\mathbf{AM}}-\overrightarrow{\mathbf{AB}}$

$=\frac{1}{4}(\overrightarrow{\mathbf{AB}}+\overrightarrow{\mathbf{AC}})-\overrightarrow{\mathbf{AB}}=\frac{1}{4}\overrightarrow{\mathbf{AC}}-\frac{3}{4}\overrightarrow{\mathbf{AB}}$

$=\frac{3}{4}\left(\frac{1}{3}\overrightarrow{\mathbf{AC}}-\overrightarrow{\mathbf{AB}}\right)$

ゆえに　$\overrightarrow{\mathbf{BN}}=\frac{3}{4}\overrightarrow{\mathbf{BP}}$

よって，**3 点 B，N，P は一直線上にある。**

応用問題

本冊 *p. 15*

49

答　**P$\left(\frac{7}{2},\ 3\right)$，Q$\left(\frac{14}{3},\ 4\right)$**

AQ：QB=2：1

検討　$\overrightarrow{OA}=(2,\ 8)$，$\overrightarrow{OB}=(6,\ 2)$

AP：PN=t：$(1-t)$，MP：PB=s：$(1-s)$

とおくと

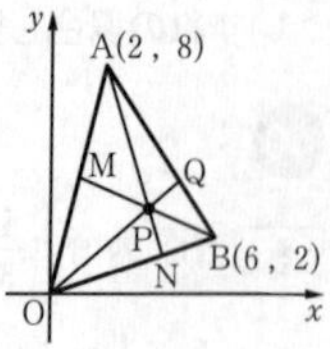

$\overrightarrow{OP}=(1-t)\overrightarrow{OA}+t\overrightarrow{ON}$

$=(1-t)\overrightarrow{OA}+\frac{2}{3}t\overrightarrow{OB}$

$\overrightarrow{OP}=(1-s)\overrightarrow{OM}+s\overrightarrow{OB}$

$=\frac{1-s}{2}\overrightarrow{OA}+s\overrightarrow{OB}$

ゆえに　$1-t=\frac{1-s}{2}$，$\frac{2}{3}t=s$

これを解いて　$t=\frac{3}{4}$，$s=\frac{1}{2}$

よって　$\overrightarrow{OP}=\frac{1}{4}\overrightarrow{OA}+\frac{1}{2}\overrightarrow{OB}$

$=\frac{1}{4}(2,\ 8)+\frac{1}{2}(6,\ 2)=\left(\frac{7}{2},\ 3\right)$

次に　$\overrightarrow{OQ}=k\overrightarrow{OP}=\frac{k}{4}\overrightarrow{OA}+\frac{k}{2}\overrightarrow{OB}$

点 Q は直線 AB 上にあるから

$\frac{k}{4}+\frac{k}{2}=1$　　ゆえに　$k=\frac{4}{3}$

よって　$\overrightarrow{OQ}=\frac{1}{3}\overrightarrow{OA}+\frac{2}{3}\overrightarrow{OB}$

$=\frac{1}{3}(2,\ 8)+\frac{2}{3}(6,\ 2)=\left(\frac{14}{3},\ 4\right)$

また，点 Q は辺 AB を 2：1 に内分する。

50

答　**P は AB を 1：2 に内分する点**

△ACP：△BCP=1：2

検討　A，B，C，P の位置ベクトルを $\vec{a}$，$\vec{b}$，

$\vec{c}$，$\vec{p}$ とすると，$\overrightarrow{PA}+\overrightarrow{PB}+\overrightarrow{PC}=\overrightarrow{AC}$ より

$(\vec{a}-\vec{p})+(\vec{b}-\vec{p})+(\vec{c}-\vec{p})=\vec{c}-\vec{a}$

ゆえに　$\vec{p}=\dfrac{2\vec{a}+\vec{b}}{3}$

よって，点 P は AB を 1：2 に内分する点である。

ゆえに　△ACP：△BCP＝1：2

5　内積と図形

基本問題　本冊 *p. 17*

51

答　**4**

検討　$|\overrightarrow{OA}|=\sqrt{10}$，$|\overrightarrow{OB}|=\sqrt{10}$，

$\overrightarrow{OA}\cdot\overrightarrow{OB}=6$ だから，$\overrightarrow{OA}$，$\overrightarrow{OB}$ のなす角を θ $(0°\leqq\theta\leqq180°)$ とすると

$\cos\theta=\dfrac{6}{\sqrt{10}\sqrt{10}}=\dfrac{3}{5}$

$0°\leqq\theta\leqq180°$ では $\sin\theta\geqq0$ だから

$\sin\theta=\sqrt{1-\cos^2\theta}=\sqrt{1-\dfrac{9}{25}}=\dfrac{4}{5}$

$\triangle OAB=\dfrac{1}{2}|\overrightarrow{OA}||\overrightarrow{OB}|\sin\theta$

$=\dfrac{1}{2}\cdot\sqrt{10}\sqrt{10}\cdot\dfrac{4}{5}=4$

下の三角形の面積の公式を用いても求められる。

テスト対策

〔三角形の面積の公式〕

$\overrightarrow{OP}=(x_1,\ y_1)$，$\overrightarrow{OQ}=(x_2,\ y_2)$ のとき

$\triangle OPQ=\dfrac{1}{2}\sqrt{|\overrightarrow{OP}|^2|\overrightarrow{OQ}|^2-(\overrightarrow{OP}\cdot\overrightarrow{OQ})^2}$

$=\dfrac{1}{2}|x_1y_2-x_2y_1|$

52

答　$AB^2+AC^2=|\vec{a}|^2+|\vec{b}|^2$　……①

一方　$AM^2=|\overrightarrow{AM}|^2$

$=\dfrac{1}{4}|\vec{a}+\vec{b}|^2=\dfrac{1}{4}(|\vec{a}|^2+2\vec{a}\cdot\vec{b}+|\vec{b}|^2)$

同様にして，$BM^2=\dfrac{1}{4}|\vec{b}-\vec{a}|^2$

$=\dfrac{1}{4}(|\vec{a}|^2-2\vec{a}\cdot\vec{b}+|\vec{b}|^2)$ だから

$AM^2+BM^2=\dfrac{1}{2}(|\vec{a}|^2+|\vec{b}|^2)$　……②

①，②より　$AB^2+AC^2=2(AM^2+BM^2)$

検討　$AB^2=|\overrightarrow{AB}|^2$ とおきかえる。

53

答　$\vec{a}$ と $\vec{b}$ は垂直で大きさが等しいから

$\vec{a}\cdot\vec{b}=0$，$|\vec{a}|=|\vec{b}|$　……①

$(2\vec{a}+3\vec{b})\cdot(3\vec{a}-2\vec{b})$

$=6|\vec{a}|^2+5\vec{a}\cdot\vec{b}-6|\vec{b}|^2=0$　(①より)

よって　$(2\vec{a}+3\vec{b})\perp(3\vec{a}-2\vec{b})$

次に　$|2\vec{a}+3\vec{b}|^2=4|\vec{a}|^2+12\vec{a}\cdot\vec{b}+9|\vec{b}|^2$

$=13|\vec{a}|^2$　(①より)

$|3\vec{a}-2\vec{b}|^2=9|\vec{a}|^2-12\vec{a}\cdot\vec{b}+4|\vec{b}|^2$

$=13|\vec{a}|^2$　(①より)

ゆえに　$|2\vec{a}+3\vec{b}|^2=|3\vec{a}-2\vec{b}|^2$

よって　$|2\vec{a}+3\vec{b}|=|3\vec{a}-2\vec{b}|$

テスト対策

〔内積の利用〕

・ベクトルのなす角 $\theta\longrightarrow\cos\theta=\dfrac{\vec{a}\cdot\vec{b}}{|\vec{a}||\vec{b}|}$

・ベクトルの大きさ ⟶ $|\quad|^2$ を作り内積を計算。

・ベクトルの垂直 ⟶ $\vec{a}\cdot\vec{b}=0\Longleftrightarrow\vec{a}\perp\vec{b}$

54

答　$\dfrac{1}{6}(b^2+3c^2-a^2)$

検討　辺 BC の中点を M とすると，重心 G は線分 AM を 2：1 に内分する点だから

$\overrightarrow{AG}=\dfrac{2}{3}\overrightarrow{AM}=\dfrac{2}{3}\cdot\dfrac{1}{2}(\overrightarrow{AB}+\overrightarrow{AC})$

$=\dfrac{1}{3}(\overrightarrow{AB}+\overrightarrow{AC})$

よって　$\overrightarrow{AB}\cdot\overrightarrow{AG}=\dfrac{1}{3}\overrightarrow{AB}\cdot(\overrightarrow{AB}+\overrightarrow{AC})$

$=\dfrac{1}{3}(|\overrightarrow{AB}|^2+\overrightarrow{AB}\cdot\overrightarrow{AC})$

ところで　$|\overrightarrow{BC}|^2=|\overrightarrow{AC}-\overrightarrow{AB}|^2$

$=|\overrightarrow{AC}|^2-2\overrightarrow{AB}\cdot\overrightarrow{AC}+|\overrightarrow{AB}|^2$

$BC=a$, $CA=b$, $AB=c$ であるから

$\overrightarrow{AB}\cdot\overrightarrow{AC}=\frac{1}{2}(b^2+c^2-a^2)$

これを上の式に代入して

$\overrightarrow{AB}\cdot\overrightarrow{AG}=\frac{1}{3}\left\{c^2+\frac{1}{2}(b^2+c^2-a^2)\right\}$

$=\frac{1}{6}(b^2+3c^2-a^2)$

55

答　**OA⊥BC だから**

$\overrightarrow{OA}\cdot\overrightarrow{BC}=\overrightarrow{OA}\cdot(\overrightarrow{OC}-\overrightarrow{OB})=0$

ゆえに　$\overrightarrow{OA}\cdot\overrightarrow{OC}=\overrightarrow{OA}\cdot\overrightarrow{OB}$　……①

OB⊥CA だから

$\overrightarrow{OB}\cdot\overrightarrow{CA}=\overrightarrow{OB}\cdot(\overrightarrow{OA}-\overrightarrow{OC})=0$

ゆえに　$\overrightarrow{OA}\cdot\overrightarrow{OB}=\overrightarrow{OB}\cdot\overrightarrow{OC}$　……②

①，②より

$\overrightarrow{OA}\cdot\overrightarrow{OB}=\overrightarrow{OB}\cdot\overrightarrow{OC}=\overrightarrow{OC}\cdot\overrightarrow{OA}$　……③

ところで

$\overrightarrow{OC}\cdot\overrightarrow{AB}=\overrightarrow{OC}\cdot(\overrightarrow{OB}-\overrightarrow{OA})$

$=\overrightarrow{OB}\cdot\overrightarrow{OC}-\overrightarrow{OC}\cdot\overrightarrow{OA}$

$=0$　（③より）

よって　**OC⊥AB**

応用問題 ・・・・・・・・・・・・・・・・・・ 本冊 p. 18

56

答　正三角形

検討　与式より　$\overrightarrow{AB}\cdot\overrightarrow{BC}=\overrightarrow{CA}\cdot\overrightarrow{AB}$

ゆえに　$\overrightarrow{AB}\cdot(\overrightarrow{AC}-\overrightarrow{AB})=-\overrightarrow{AB}\cdot\overrightarrow{AC}$

よって　$|\overrightarrow{AB}|^2=2\overrightarrow{AB}\cdot\overrightarrow{AC}$　……①

また　$\overrightarrow{BC}\cdot\overrightarrow{CA}=\overrightarrow{CA}\cdot\overrightarrow{AB}$

ゆえに　$-\overrightarrow{AC}\cdot(\overrightarrow{AC}-\overrightarrow{AB})=-\overrightarrow{AB}\cdot\overrightarrow{AC}$

よって　$|\overrightarrow{AC}|^2=2\overrightarrow{AB}\cdot\overrightarrow{AC}$　……②

次に　$|\overrightarrow{BC}|^2=|\overrightarrow{AC}-\overrightarrow{AB}|^2$

$=|\overrightarrow{AC}|^2-2\overrightarrow{AB}\cdot\overrightarrow{AC}+|\overrightarrow{AB}|^2$

①，②を代入すると

$|\overrightarrow{BC}|^2=2\overrightarrow{AB}\cdot\overrightarrow{AC}$　……③

①，②，③より　$|\overrightarrow{AB}|^2=|\overrightarrow{AC}|^2=|\overrightarrow{BC}|^2$

よって　$|\overrightarrow{AB}|=|\overrightarrow{AC}|=|\overrightarrow{BC}|$

したがって，△ABC は正三角形。

(別解)

$\overrightarrow{AB}\cdot\overrightarrow{BC}=\overrightarrow{BC}\cdot\overrightarrow{CA}$ より　$\overrightarrow{BC}\cdot(\overrightarrow{AB}+\overrightarrow{AC})=0$

辺 BC の中点を M とすると，

$\overrightarrow{AM}=\frac{1}{2}(\overrightarrow{AB}+\overrightarrow{AC})$ だから　$\overrightarrow{BC}\cdot(2\overrightarrow{AM})=0$

ゆえに　BC⊥AM　　よって　AB＝AC

また，$\overrightarrow{BC}\cdot\overrightarrow{CA}=\overrightarrow{CA}\cdot\overrightarrow{AB}$ より

$\overrightarrow{CA}\cdot(\overrightarrow{BC}+\overrightarrow{BA})=0$

辺 CA の中点を N とすると，

$\overrightarrow{BN}=\frac{1}{2}(\overrightarrow{BC}+\overrightarrow{BA})$ だから　$\overrightarrow{CA}\cdot(2\overrightarrow{BN})=0$

ゆえに　CA⊥BN　　よって　BC＝BA

したがって　AB＝AC＝BC

よって，△ABC は正三角形。

57

答　正三角形

検討　$\vec{a}+\vec{b}+\vec{c}=\vec{0}$ より　$\vec{c}=-\vec{a}-\vec{b}$,

$|\vec{a}|=|\vec{b}|=|\vec{c}|$ より　$|\vec{a}|^2=|\vec{b}|^2=|\vec{c}|^2$

よって　$|\vec{a}|^2=|\vec{b}|^2=|-\vec{a}-\vec{b}|^2$

ゆえに　$|\vec{a}|^2=|\vec{b}|^2=|\vec{a}|^2+2\vec{a}\cdot\vec{b}+|\vec{b}|^2$

よって　$2\vec{a}\cdot\vec{b}=-|\vec{a}|^2=-|\vec{b}|^2$　……①

このとき　$AB^2-BC^2=|\vec{b}-\vec{a}|^2-|\vec{c}-\vec{b}|^2$

$=|\vec{b}-\vec{a}|^2-|-\vec{a}-2\vec{b}|^2$

$=-3(|\vec{b}|^2+2\vec{a}\cdot\vec{b})=0$（①より）

よって　AB＝BC

同様にして，AB＝CA が導かれる。

58

答　**AB＝AC の二等辺三角形**

検討　与式より　$|\vec{b}|^2-|\vec{c}|^2=2\vec{a}\cdot\vec{b}-2\vec{a}\cdot\vec{c}$

よって　$|\vec{b}|^2-2\vec{a}\cdot\vec{b}=|\vec{c}|^2-2\vec{a}\cdot\vec{c}$

この式の両辺に $|\vec{a}|^2$ を加えると

$|\vec{b}|^2-2\vec{a}\cdot\vec{b}+|\vec{a}|^2=|\vec{c}|^2-2\vec{a}\cdot\vec{c}+|\vec{a}|^2$

よって　$|\vec{b}-\vec{a}|^2=|\vec{c}-\vec{a}|^2$

$\vec{b}-\vec{a}=\overrightarrow{OB}-\overrightarrow{OA}=\overrightarrow{AB}$,

$\vec{c}-\vec{a}=\overrightarrow{OC}-\overrightarrow{OA}=\overrightarrow{AC}$ だから

$|\overrightarrow{AB}|^2=|\overrightarrow{AC}|^2$　　よって　AB＝AC

すなわち，△ABC は AB＝AC の二等辺三角形。

(別解)

$|\vec{b}|^2-|\vec{c}|^2=(\vec{b}+\vec{c})\cdot(\vec{b}-\vec{c})$ だから，

与式は　$(\vec{b}+\vec{c})\cdot(\vec{b}-\vec{c})-2\vec{a}\cdot(\vec{b}-\vec{c})=0$

よって　$(\vec{b}+\vec{c}-2\vec{a})\cdot(\vec{b}-\vec{c})=0$

$\vec{b}-\vec{c}=\overrightarrow{OB}-\overrightarrow{OC}=\overrightarrow{CB}$

辺 BC の中点を M とすると，$\overrightarrow{OM}=\frac{1}{2}(\vec{b}+\vec{c})$

だから　$\vec{b}+\vec{c}-2\vec{a}=2\overrightarrow{OM}-2\overrightarrow{OA}=2\overrightarrow{AM}$

ゆえに　$2\overrightarrow{AM}\cdot\overrightarrow{CB}=0$　よって　AM⊥CB

よって，AM が辺 BC の垂直二等分線となるから，△ABC は AB＝AC の二等辺三角形。

6 ベクトル方程式

基本問題 ……………… 本冊 *p. 20*

59

答　(1) $\vec{p}=\vec{c}+t(\vec{b}-\vec{a})$

(2) $4x-3y+2=0$

検討　(2) 点 (1, 2) の位置ベクトルを $\vec{a}$ とすれば

$\vec{p}=\vec{a}+t\vec{b}$　　$(x,\ y)=(1,\ 2)+t(3,\ 4)$

$x=1+3t,\ y=2+4t$

2 式より t を消去すればよい。

テスト対策

〔直線の方程式の表示〕

- 位置ベクトルと媒介変数で表示する。
- 成分と媒介変数で表示する。$\vec{p}=(x,\ y)$
- 座標系で表示する……媒介変数を消去する。

60

答　$x+y=3$

検討　$\overrightarrow{OP}=\overrightarrow{OA}+t\overrightarrow{AB}$ を成分で表すと

$(x,\ y)=(1,\ 2)+t(-2,\ 2)$

ゆえに　$x=1-2t,\ y=2+2t$ (媒介変数表示)

t を消去すると　$x+y=3$

61

答　**O と線分 AB の中点を通る直線**
$|\vec{a}|=|\vec{b}|$ のときは ∠AOB の二等分線

検討　AB の中点を M とし，$\overrightarrow{OM}=\vec{m}$ とすれば，$\vec{a}+\vec{b}=2\vec{m}$ であるから　$\vec{p}=2t\vec{m}$

また，$|\vec{a}|=|\vec{b}|$ のとき，△OAB は二等辺三角形であるから，∠AOB の二等分線を表す。

62

答　**(−1, 8)**

検討　$\vec{p}=(1,\ 2)+t(-1,\ 3)$
$=(1-t,\ 2+3t)$　……①

$\vec{p}=(3,\ 6)+s(2,\ -1)$
$=(3+2s,\ 6-s)$　……②

①，②より　$1-t=3+2s,\ 2+3t=6-s$

これを解くと　$t=2,\ s=-2$

①に代入して　$\vec{p}=(1-2,\ 2+6)=(-1,\ 8)$

63

答　**原点を中心とする半径 a の円**

検討　$\mathrm{P}(x,\ y)$ とすると

$\overrightarrow{AP}=(x+a,\ y),\ \overrightarrow{BP}=(x-a,\ y)$

$\overrightarrow{AP}\cdot\overrightarrow{BP}=0$ より　$(x+a)(x-a)+y^2=0$

よって　$x^2+y^2=a^2$

これは点 A, B を直径の両端とする円である。

64

答　**$\mathrm{A}(-\vec{a})$ を中心とする半径 $2|\vec{a}|$ の円**

検討　$\vec{p}\cdot\vec{p}+2\vec{a}\cdot\vec{p}-3\vec{a}\cdot\vec{a}=0$

$\vec{p}\cdot\vec{p}+2\vec{a}\cdot\vec{p}+\vec{a}\cdot\vec{a}-4\vec{a}\cdot\vec{a}=0$

$(\vec{p}+\vec{a})\cdot(\vec{p}+\vec{a})=4\vec{a}\cdot\vec{a}$

$|\vec{p}+\vec{a}|^2=4|\vec{a}|^2$

ゆえに　$|\vec{p}+\vec{a}|=2|\vec{a}|$

よって　$|\vec{p}-(-\vec{a})|=2|\vec{a}|$

$-\vec{a}$ を位置ベクトルとする点を A とすると，$\mathrm{A}(-\vec{a})$ を中心とする半径 $2|\vec{a}|$ の円。

65

答 位置ベクトル $\vec{a}$, $\vec{b}$ で表される点を A, B とすると

(1) A を中心とし，B を通る円（半径 AB）

(2) B を通り OA に垂直な直線

(3) A を中心とし，O を通る円（半径 OA）

検討 位置ベクトル $\vec{a}$, $\vec{b}$, $\vec{p}$ で表される点を A, B, P とすると，（O は位置ベクトルの基点）

(1) $|\vec{p}-\vec{a}|=|\vec{b}-\vec{a}| \Longleftrightarrow |\overrightarrow{AP}|=|\overrightarrow{AB}|$

(2) $\vec{p}\cdot\vec{a}=\vec{a}\cdot\vec{b}$ より　$\vec{p}\cdot\vec{a}-\vec{a}\cdot\vec{b}=0$

よって　$\vec{a}\cdot(\vec{p}-\vec{b})=0 \Longleftrightarrow \overrightarrow{OA}\perp\overrightarrow{BP}$

(3) $\vec{p}\cdot\vec{p}=2\vec{p}\cdot\vec{a}$ より　$\vec{p}\cdot\vec{p}-2\vec{a}\cdot\vec{p}=0$

$\vec{p}\cdot\vec{p}-2\vec{a}\cdot\vec{p}+\vec{a}\cdot\vec{a}=\vec{a}\cdot\vec{a}$

よって　$|\vec{p}-\vec{a}|^2=|\vec{a}|^2 \Longleftrightarrow |\vec{p}-\vec{a}|=|\vec{a}|$

$\Longleftrightarrow |\overrightarrow{AP}|=|\overrightarrow{OA}|$

66

答 P$(x,\ y)$ が点 A$(x_1,\ y_1)$ における接線上にある条件は　$\overrightarrow{AP}\perp\overrightarrow{OA} \Longleftrightarrow \overrightarrow{AP}\cdot\overrightarrow{OA}=0$

$\overrightarrow{AP}=(x-x_1,\ y-y_1)$, $\overrightarrow{OA}=(x_1,\ y_1)$ だから

$x_1(x-x_1)+y_1(y-y_1)=0$

ゆえに　$x_1x+y_1y=x_1^2+y_1^2$

A は円上の点だから　$x_1^2+y_1^2=r^2$

よって　$x_1x+y_1y=r^2$

応用問題 ……………… 本冊 p. 22

67

答 (1) $l:\vec{p}\cdot(\vec{b}-\vec{a})=0$, $m:(\vec{p}-\vec{a})\cdot\vec{b}=0$

(2) H の位置ベクトルを $\vec{h}$ とすれば

$\vec{h}\cdot(\vec{b}-\vec{a})=0$ かつ $(\vec{h}-\vec{a})\cdot\vec{b}=0$

ゆえに　$\vec{h}\cdot\vec{a}=\vec{h}\cdot\vec{b}=\vec{a}\cdot\vec{b}$　……①

$\overrightarrow{BH}\cdot\overrightarrow{OA}=(\vec{h}-\vec{b})\cdot\vec{a}=\vec{h}\cdot\vec{a}-\vec{a}\cdot\vec{b}$

①より　$\overrightarrow{BH}\cdot\overrightarrow{OA}=0$　　よって　BH⊥OA

検討 このような点 H を △OAB の垂心という。

68

答 接線上の任意の点 X の位置ベクトルを $\vec{x}$ とすれば

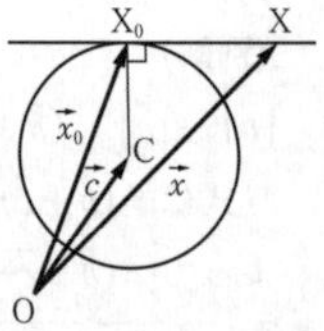

$\overrightarrow{X_0X}=\vec{x}-\vec{x_0}$

$\overrightarrow{CX_0}=\vec{x_0}-\vec{c}$

$|\vec{x_0}-\vec{c}|=r$

$\overrightarrow{X_0X}\perp\overrightarrow{CX_0}$ であるから

$\overrightarrow{X_0X}\cdot\overrightarrow{CX_0}=0 \Longleftrightarrow (\vec{x}-\vec{x_0})\cdot(\vec{x_0}-\vec{c})=0$

よって　$(\vec{x}-\vec{c}+\vec{c}-\vec{x_0})\cdot(\vec{x_0}-\vec{c})=0$

$(\vec{x}-\vec{c})\cdot(\vec{x_0}-\vec{c})=|\vec{x_0}-\vec{c}|^2=r^2$

7 空間の座標

基本問題 ……………… 本冊 p. 23

69

答 (1) $\overrightarrow{AC}=\vec{b}+\vec{d}$, $\overrightarrow{AF}=\vec{b}+\vec{e}$, $\overrightarrow{AH}=\vec{d}+\vec{e}$

(2) $\vec{b}=\dfrac{1}{2}(\vec{p}+\vec{q}-\vec{r})$, $\vec{d}=\dfrac{1}{2}(\vec{r}+\vec{p}-\vec{q})$,

$\vec{e}=\dfrac{1}{2}(\vec{q}+\vec{r}-\vec{p})$

(3) $\overrightarrow{AG}=\dfrac{1}{2}(\vec{p}+\vec{q}+\vec{r})$

検討 (2)は，(1)を $\vec{b}$, $\vec{d}$, $\vec{e}$ について解く。

70

答 A$(\vec{a})$, B$(\vec{b})$, C$(\vec{c})$, D$(\vec{d})$ とすると，K, L, M, N は

K$\left(\dfrac{\vec{a}+\vec{b}}{2}\right)$, L$\left(\dfrac{\vec{b}+\vec{c}}{2}\right)$, M$\left(\dfrac{\vec{c}+\vec{d}}{2}\right)$, N$\left(\dfrac{\vec{d}+\vec{a}}{2}\right)$

となり　$\overrightarrow{KL}=\overrightarrow{NM}=\dfrac{\vec{c}-\vec{a}}{2}$

よって，四角形 KLMN は平行四辺形である。

71

答 $\overrightarrow{OG}=\dfrac{1}{3}(\vec{a}+\vec{b}+\vec{c})$

また　$\overrightarrow{OL}=\dfrac{1}{2}(\vec{a}+\vec{b})$, $\overrightarrow{OM}=\dfrac{1}{2}(\vec{b}+\vec{c})$,

$\overrightarrow{ON}=\dfrac{1}{2}(\vec{c}+\vec{a})$

ゆえに

$$\overrightarrow{OG'}=\frac{1}{3}\left\{\frac{1}{2}(\vec{a}+\vec{b})+\frac{1}{2}(\vec{b}+\vec{c})+\frac{1}{2}(\vec{c}+\vec{a})\right\}$$
$$=\frac{1}{3}(\vec{a}+\vec{b}+\vec{c})$$

よって，G と G′ は一致する。

テスト対策

〔三角形の重心〕

空間の 3 点 A，B，C の位置ベクトルが $\vec{a}$，$\vec{b}$，$\vec{c}$ であるとき，△ABC の重心 G の位置ベクトル $\vec{g}$ は

$$\vec{g}=\frac{1}{3}(\vec{a}+\vec{b}+\vec{c})$$

72

答　O を基点として，点 A，B，C の位置ベクトルを $\vec{a}$，$\vec{b}$，$\vec{c}$ とすると

$\overrightarrow{OG}=\frac{1}{3}(\vec{a}+\vec{b}+\vec{c})$

また，$\overrightarrow{OG_1}=\frac{1}{3}(\vec{a}+\vec{b})$，$\overrightarrow{OG_2}=\frac{1}{3}(\vec{b}+\vec{c})$，

$\overrightarrow{OG_3}=\frac{1}{3}(\vec{c}+\vec{a})$ より

$\overrightarrow{OG_4}=\frac{1}{3}(\overrightarrow{OG_1}+\overrightarrow{OG_2}+\overrightarrow{OG_3})=\frac{2}{9}(\vec{a}+\vec{b}+\vec{c})$

ゆえに　$\overrightarrow{OG_4}=\frac{2}{3}\overrightarrow{OG}$

よって，3 点 O，G_4，G は一直線上にある。

73

答　x 軸 (1，0，0)，y 軸 (0，2，0)，
z 軸 (0，0，3)，xy 平面 (−1，−2，0)，
yz 平面 (0，−2，−3)，zx 平面 (−1，0，−3)

74

答　(1) (−1，−2，−3)
(2) (1，−2，−3)　(3) (−1，−2，3)
(4) (1，2，−3)　(5) (0，3，4)
(6) (−2，1，−4)　(7) (3，1，0)

検討　(2) x 軸に引いた垂線と x 軸との交点 (1，0，0) が中点となる。

(4) xy 平面に引いた垂線と xy 平面との交点 (1，2，0) が中点となる。

(5) 平面 $x=1$ に引いた垂線と平面 $x=1$ との交点 (1，3，4) が中点となる。

応用問題 ・・・・・・・・・・・・・・・・・・ 本冊 p. 25

75

答　この平面上の任意の点 P に対して，
$\overrightarrow{AP}=l\overrightarrow{AB}+m\overrightarrow{AC}$ であるような実数 l，m が存在する。

また，$\overrightarrow{AP}=\overrightarrow{OP}-\vec{a}$，$\overrightarrow{AB}=\vec{b}-\vec{a}$，
$\overrightarrow{AC}=\vec{c}-\vec{a}$ だから，上式に代入すれば

$\overrightarrow{OP}-\vec{a}=l(\vec{b}-\vec{a})+m(\vec{c}-\vec{a})$

ゆえに　$\overrightarrow{OP}=(1-l-m)\vec{a}+l\vec{b}+m\vec{c}$

$1-l-m=k$ とおくと

$\overrightarrow{OP}=k\vec{a}+l\vec{b}+m\vec{c}$，$k+l+m=1$

76

答　(1) $\overrightarrow{OS}=\frac{1}{7}\vec{b}+\frac{2}{7}\vec{c}$

(2) BT : CT = 2 : 1

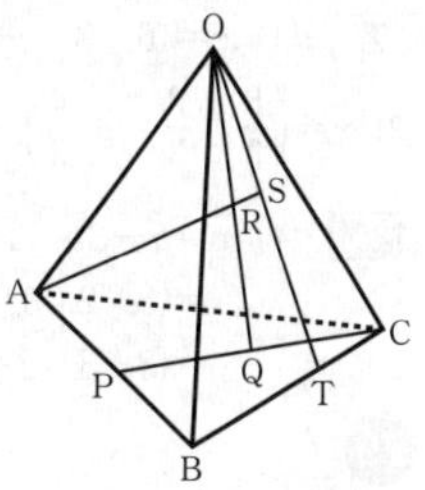

検討　(1) $\overrightarrow{OP}=\vec{p}$，
$\overrightarrow{OQ}=\vec{q}$，$\overrightarrow{OR}=\vec{r}$
とおくと，題意から

$\vec{p}=\frac{\vec{a}+\vec{b}}{2}$

$\vec{q}=\frac{\vec{p}+\vec{c}}{2}$

$=\frac{\vec{a}+\vec{b}+2\vec{c}}{4}$

$\vec{r}=\frac{\vec{q}}{2}=\frac{\vec{a}+\vec{b}+2\vec{c}}{8}$

ところで，点 S は平面 OBC 上の点であるから，$\overrightarrow{OS}=m\overrightarrow{OB}+n\overrightarrow{OC}=m\vec{b}+n\vec{c}$ と表される。

また，点 S は AR の延長上の点であるから

$\overrightarrow{OS}=\overrightarrow{OA}+k\overrightarrow{AR}=\vec{a}+k(\vec{r}-\vec{a})$

$=\left(1-\frac{7}{8}k\right)\vec{a}+\frac{k}{8}\vec{b}+\frac{k}{4}\vec{c}$

ゆえに　$1-\frac{7}{8}k=0$，$\frac{k}{8}=m$，$\frac{k}{4}=n$

よって　$k=\frac{8}{7}$，$m=\frac{1}{7}$，$n=\frac{2}{7}$

したがって　$\overrightarrow{OS}=\frac{1}{7}\vec{b}+\frac{2}{7}\vec{c}$

(2) (1)より，$\frac{7}{3}\overrightarrow{OS}=\frac{\vec{b}+2\vec{c}}{3}=\overrightarrow{OT'}$ とおくと，点 T′ は線分 BC を 2：1 に内分する点を表す。

また，$\overrightarrow{OT'}=\frac{7}{3}\overrightarrow{OS}$ より，点 T′ は OS の延長上の点である。したがって，点 T′ は T と一致し BT：CT＝2：1

8 空間のベクトルと成分

基本問題 ･･････････････････ 本冊 p. 26

77

答　(1) **(3, 6, 9)**　(2) **(−2, −4, −6)**
(3) **(−4, 2, 4)**　(4) **(6, −3, −6)**
(5) **(−1, 3, 5)**　(6) **(3, 1, 1)**
(7) **(−4, 7, 12)**　(8) **(−11, −2, −1)**

検討　z 成分がはいっただけである。平面のベクトルと同じように計算すればよい。

78

答　(1) $\vec{x}=(6,\ 8,\ -8)$，$|\vec{x}|=2\sqrt{41}$
(2) $\vec{x}=\left(\frac{8}{3},\ \frac{8}{3},\ -\frac{4}{3}\right)$，$|\vec{x}|=4$

検討　(1) $\vec{x}=\vec{a}-3\vec{b}$
$=(3,\ 2,\ 1)-3(-1,\ -2,\ 3)$
$=(3+3,\ 2+6,\ 1-9)$

79

答　$m=\frac{7}{2}$，$n=-1$

検討　$(6,\ 8,\ 4)=m(2,\ 4,\ 2)+n(1,\ 6,\ 3)$
$6=2m+n$，$8=4m+6n$，$4=2m+3n$
この 3 式を満たす m，n を求めればよい。

80

答　$\vec{d}=-3\vec{a}+\vec{b}+2\vec{c}$

検討　$p\vec{a}+q\vec{b}+r\vec{c}$
$=p(-3,\ 1,\ 2)+q(2,\ 0,\ 3)$
$\quad +r(-1,\ 4,\ -1)$
$=(-3p+2q-r,\ p+4r,\ 2p+3q-r)$
$\begin{cases}-3p+2q-r=9\\ p+4r=5\\ 2p+3q-r=-5\end{cases}$ を満たす p，q，r を求めればよい。

81

答　(1) **(−1, −2, −2)**　(2) **(−2, 1, 3)**
(3) **(3, 1, −1)**　(4) **(1, −3, −5)**

検討　(3) $\overrightarrow{CB}+\overrightarrow{BA}=\overrightarrow{CA}$
(4) $\overrightarrow{AB}+\overrightarrow{CB}=\overrightarrow{AB}-\overrightarrow{BC}$

82

答　(1) $\overrightarrow{AB}=(6,\ 2,\ -2)$，$|\overrightarrow{AB}|=2\sqrt{11}$
$\overrightarrow{AC}=(18,\ 6,\ -6)$，$|\overrightarrow{AC}|=6\sqrt{11}$
(2) **3 点 A，B，C が一直線上にあることは，$\overrightarrow{AB}=t\overrightarrow{AC}$ となる実数 t が存在することを示せばよい。**
$(6,\ 2,\ -2)=t(18,\ 6,\ -6)$ より，$t=\frac{1}{3}$
であるから，3 点は一直線上にある。

83

答　$x=2$，$y=2$

検討　3 点 A，B，C が一直線上にあるための条件は，$\overrightarrow{AB}=t\overrightarrow{AC}$ となる実数 t が存在することである。
$(x-1,\ 3-y,\ -2)=t(2,\ 4-y,\ -4)$ より
$x-1=2t$，$3-y=(4-y)t$，$-2=-4t$
第 3 式より，$t=\frac{1}{2}$ となるので，x，y を求めればよい。

84

答　(1) $\left(-\frac{2}{3},\ 0,\ 0\right)$　(2) $\left(-1,\ \frac{7}{2},\ 0\right)$

検討　(1) 求める点を $P(x,\ 0,\ 0)$ とおくと
$|\overrightarrow{AP}|=|\overrightarrow{BP}| \Longleftrightarrow |\overrightarrow{AP}|^2=|\overrightarrow{BP}|^2$
よって
$(x-4)^2+(-4)^2+(-5)^2=(x-7)^2+(-2)^2$
(2) 求める点を $P(x,\ y,\ 0)$ とおくと
$|\overrightarrow{AP}|=|\overrightarrow{BP}|=|\overrightarrow{CP}| \Longleftrightarrow |\overrightarrow{AP}|^2=|\overrightarrow{BP}|^2=|\overrightarrow{CP}|^2$
よって　$x^2+(y-4)^2+(-3)^2$
$=(x-1)^2+(y-2)^2+(-2)^2$
$=(x+2)^2+(y-4)^2+3^2$

85

答　(1) **0**　(2) **−4**　(3) **0**　(4) **4**　(5) **−4**

検討　2つのベクトルのなす角は
(1) 90°　(2) 180°　(3) 90°
(4) $\overrightarrow{BG}=\overrightarrow{AH}$ で，△AFH は正三角形だから
∠FAH=60°　$\overrightarrow{AF}$ と $\overrightarrow{BG}$ のなす角も 60°
(5) △AFC は正三角形だから　∠AFC=60°
$\overrightarrow{AF}$ と $\overrightarrow{FC}$ のなす角は　180°−60°=120°

86

答　(1) **6**　(2) **−3**

応用問題
本冊 p. 28

87

答　(1) $\mathbf{B(1,\ \sqrt{3},\ 0)}$，$\mathbf{C\left(1,\ \dfrac{\sqrt{3}}{3},\ \pm\dfrac{2\sqrt{6}}{3}\right)}$

(2) 点 **H** は，**C** から $\boldsymbol{xy}$ 平面に引いた垂線と $\boldsymbol{xy}$ 平面との交点だから　$\mathbf{H\left(1,\ \dfrac{\sqrt{3}}{3},\ 0\right)}$

一方，△**OAB** の重心を **G** とすると

$$\overrightarrow{OG}=\frac{1}{3}(\overrightarrow{OA}+\overrightarrow{OB})$$
$$=\frac{1}{3}(3,\ \sqrt{3},\ 0)=\left(1,\ \frac{\sqrt{3}}{3},\ 0\right)$$

よって，点 **H** と **G** が一致するから，**H** は △**OAB** の重心である。

検討　(1) △OAB は正三角形だから，
B$(1,\ \sqrt{3},\ 0)$，C$(x,\ y,\ z)$ とすると，
$|\overrightarrow{OC}|=|\overrightarrow{AC}|=|\overrightarrow{BC}|=2$ だから

$$x^2+y^2+z^2=(x-2)^2+y^2+z^2$$
$$=(x-1)^2+(y-\sqrt{3})^2+z^2=4$$

これを解いて x，y，z を求める。

88

答　**A(−3，2，8)**，**B(7，−4，−2)**，**C(5，−2，0)**

検討　題意より　$2\overrightarrow{OL}=\overrightarrow{OB}+\overrightarrow{OC}$，
$2\overrightarrow{OM}=\overrightarrow{OC}+\overrightarrow{OA}$，$2\overrightarrow{ON}=\overrightarrow{OA}+\overrightarrow{OB}$
これを $\overrightarrow{OA}$，$\overrightarrow{OB}$，$\overrightarrow{OC}$ について解くと
$\overrightarrow{OA}=-\overrightarrow{OL}+\overrightarrow{OM}+\overrightarrow{ON}$
$\overrightarrow{OB}=\overrightarrow{OL}-\overrightarrow{OM}+\overrightarrow{ON}$
$\overrightarrow{OC}=\overrightarrow{OL}+\overrightarrow{OM}-\overrightarrow{ON}$
これを成分で表す。

テスト対策
点の座標とベクトルの成分表示は一体の関係。つまり，点 A$(a_1,\ a_2,\ a_3)$ のとき，$\overrightarrow{OA}=(a_1,\ a_2,\ a_3)$ であることを，問題解決の中で自由に使えるようにしよう。

89

答　$\boldsymbol{a=0,\ b=-1}$

検討　内積が1だから　$-a+2b+3=1$
ゆえに　$a=2b+2$
よって，b が整数のとき，a も整数で
$|a+b|=|3b+2|=3\left|b+\dfrac{2}{3}\right|$
$b=0$ のとき　$|a+b|=2$
$b=-1$ のとき　$|a+b|=1$
$|a+b|$ が最小となる a，b は　$a=0$，$b=-1$

9 空間のベクトルの応用

基本問題
本冊 p. 29

90

答　(1) $\boldsymbol{\vec{a}\cdot\vec{b}=0}$，**90°**　(2) $\boldsymbol{\vec{a}\cdot\vec{b}=-\sqrt{6}}$，**120°**

検討　(2) $\cos\theta=\dfrac{-\sqrt{6}}{\sqrt{3}\cdot2\sqrt{2}}=-\dfrac{1}{2}$
よって　$\theta=120°$

91

答　**135°**

検討　$\vec{a}\cdot\vec{b}=|\vec{a}||\vec{b}|\cos45°=1\cdot1\cdot\dfrac{1}{\sqrt{2}}=\dfrac{\sqrt{2}}{2}$

$(\sqrt{2}\vec{a}-\vec{b})\cdot(\sqrt{2}\vec{b}-\vec{a})$
$=-\sqrt{2}|\vec{a}|^2-\sqrt{2}|\vec{b}|^2+3\vec{a}\cdot\vec{b}$
$=-\sqrt{2}-\sqrt{2}+\dfrac{3\sqrt{2}}{2}=-\dfrac{\sqrt{2}}{2}$
$|\sqrt{2}\vec{a}-\vec{b}|^2=2|\vec{a}|^2-2\sqrt{2}\vec{a}\cdot\vec{b}+|\vec{b}|^2$
$=2-2+1=1$

$|\sqrt{2}\vec{b}-\vec{a}|^2=2|\vec{b}|^2-2\sqrt{2}\vec{a}\cdot\vec{b}+|\vec{a}|^2$
$=2-2+1=1$

ゆえに　$\cos\theta=\dfrac{(\sqrt{2}\vec{a}-\vec{b})\cdot(\sqrt{2}\vec{b}-\vec{a})}{|\sqrt{2}\vec{a}-\vec{b}||\sqrt{2}\vec{b}-\vec{a}|}=-\dfrac{\sqrt{2}}{2}$

よって　$\theta=135°$

92

答　(1) $\boldsymbol{a=-4}$　(2) $\boldsymbol{b=-1}$

検討　$\vec{a}\perp\vec{b}\iff\vec{a}\cdot\vec{b}=0$ を用いる。

93

答　$\left(\pm\dfrac{2\sqrt{21}}{7},\ \mp\dfrac{\sqrt{21}}{7},\ \mp\dfrac{4\sqrt{21}}{7}\right)$ (複号同順)

検討　求めるベクトルを $\vec{x}=(x,\ y,\ z)$ とする。
$\vec{x}\perp\vec{a}$ より　$\vec{x}\cdot\vec{a}=0$
すなわち　$3x+2y+z=0$　……①
$\vec{x}\perp\vec{b}$ より　$\vec{x}\cdot\vec{b}=0$
すなわち　$x-2y+z=0$　……②
また，$|\vec{x}|=3$ より　$x^2+y^2+z^2=3^2$　……③
①－② より　$x=-2y$　……④
④を①に代入して　$z=4y$　……⑤
④，⑤を③に代入して　$21y^2=9$
よって　$y=\pm\dfrac{\sqrt{21}}{7}$

94

答　(1) $\boldsymbol{x+2y-z+6=0}$　(2) $\boldsymbol{z=-2}$
(3) $\boldsymbol{3x-4y+5z+5=0}$

検討　(1) 求める平面の法線ベクトルが
$(1,\ 2,\ -1)$ であるから
$1\cdot(x-1)+2(y+2)-1\cdot(z-3)=0$
(3) 平面 $3x-4y+5z-1=0$ の法線ベクトル $\vec{n}$ は　$\vec{n}=(3,\ -4,\ 5)$
求める平面の法線ベクトルも $\vec{n}$ と考えてよいから　$3(x-1)-4(y-2)+5z=0$

95

答　$\boldsymbol{x-2y-2z+12=0}$

検討　求める方程式を
$ax+by+cz+d=0$　……①
とする。①に3点の座標を代入して
$3b+3c+d=0,\ b+5c+d=0,$
$-4a+3b+c+d=0$
これを $b,\ c,\ d$ について解くと
$b=-2a,\ c=-2a,\ d=12a$
①に代入して
$ax-2ay-2az+12a=0$　……②
$a=0$ とすると，1次方程式にならないから不適。ゆえに　$a\neq0$
そこで，②の両辺を a で割って
$x-2y-2z+12=0$

96

答　(1) $\boldsymbol{\dfrac{25}{7}}$　(2) $\boldsymbol{3}$

97

答　(1) $\boldsymbol{(x-1)^2+(y-2)^2+(z-3)^2=1}$
(2) $\boldsymbol{(x-1)^2+(y-2)^2+(z-1)^2=6}$
(3) $\boldsymbol{x^2+(y-3)^2+(z-4)^2=6}$

検討　(2) $(x-1)^2+(y-2)^2+(z-1)^2=r^2$
とおいて，$(0,\ 0,\ 0)$ を代入すれば　$r^2=6$
(3) 中点が中心となるから　中心 $(0,\ 3,\ 4)$
半径は　$\dfrac{1}{2}\sqrt{(-4)^2+(-2)^2+2^2}=\sqrt{6}$
あるいは，$\mathrm{A}(2,\ 4,\ 3)$，$\mathrm{B}(-2,\ 2,\ 5)$ とし，動点を $\mathrm{P}(x,\ y,\ z)$ とすると，$\overrightarrow{\mathrm{AP}}\perp\overrightarrow{\mathrm{BP}}$ だから　$\overrightarrow{\mathrm{AP}}\cdot\overrightarrow{\mathrm{BP}}=0$
したがって
$(x-2)(x+2)+(y-4)(y-2)+(z-3)(z-5)=0$
よって　$x^2+(y-3)^2+(z-4)^2=6$

98

答　中心 $(\boldsymbol{2,\ 4,\ 2})$，半径 $\boldsymbol{7}$

検討　$x^2+y^2+z^2+ax+by+cz+d=0$ とおき，4点の座標を代入すると

$$\begin{cases}21-a-2b+4c+d=0\\45-4a+2b+5c+d=0\\45+5a+2b-4c+d=0\\129+4a+7b+8c+d=0\end{cases}$$

これらを解いて

$a=-4,\ b=-8,\ c=-4,\ d=-25$

$x^2+y^2+z^2-4x-8y-4z-25=0$

よって　$(x-2)^2+(y-4)^2+(z-2)^2=7^2$

99

答　(1) 中心 $(\mathbf{1},\ -\mathbf{2},\ \mathbf{0})$，半径 **3** の球面

(2) 中心 $(-\mathbf{2},\ \mathbf{6},\ -\mathbf{3})$，半径 **7** の球面

検討　(1) $(x-1)^2+(y+2)^2+z^2=3^2$

(2) $(x+2)^2+(y-6)^2+(z+3)^2=7^2$

応用問題 本冊 p. 31

100

答　**AB⊥CD** だから

$\overrightarrow{\mathbf{AB}}\cdot\overrightarrow{\mathbf{CD}}=\overrightarrow{\mathbf{AB}}\cdot(\overrightarrow{\mathbf{AD}}-\overrightarrow{\mathbf{AC}})=\mathbf{0}$

ゆえに　$\overrightarrow{\mathbf{AB}}\cdot\overrightarrow{\mathbf{AD}}=\overrightarrow{\mathbf{AB}}\cdot\overrightarrow{\mathbf{AC}}$　……①

同様に，**AC⊥BD** だから

$\overrightarrow{\mathbf{AC}}\cdot\overrightarrow{\mathbf{BD}}=\overrightarrow{\mathbf{AC}}\cdot(\overrightarrow{\mathbf{AD}}-\overrightarrow{\mathbf{AB}})=\mathbf{0}$

ゆえに　$\overrightarrow{\mathbf{AC}}\cdot\overrightarrow{\mathbf{AD}}=\overrightarrow{\mathbf{AB}}\cdot\overrightarrow{\mathbf{AC}}$　……②

①，②より　$\overrightarrow{\mathbf{AB}}\cdot\overrightarrow{\mathbf{AD}}=\overrightarrow{\mathbf{AC}}\cdot\overrightarrow{\mathbf{AD}}$

ゆえに　$(\overrightarrow{\mathbf{AB}}-\overrightarrow{\mathbf{AC}})\cdot\overrightarrow{\mathbf{AD}}=\overrightarrow{\mathbf{CB}}\cdot\overrightarrow{\mathbf{AD}}=\mathbf{0}$

よって　**AD⊥BC**

101

答　**∠C＝90°** の直角三角形

検討　与式を変形すると

$|\overrightarrow{AB}|^2=\overrightarrow{AB}\cdot\overrightarrow{AC}-\overrightarrow{AB}\cdot(\overrightarrow{AC}-\overrightarrow{AB})+\overrightarrow{CA}\cdot\overrightarrow{CB}$

$=\overrightarrow{AB}\cdot\overrightarrow{AC}-\overrightarrow{AB}\cdot\overrightarrow{AC}+|\overrightarrow{AB}|^2+\overrightarrow{CA}\cdot\overrightarrow{CB}$

ゆえに　$\overrightarrow{CA}\cdot\overrightarrow{CB}=0$　よって　$\angle ACB=90°$

102

答　$\boldsymbol{x+5y-8z-2=0,\ 7x+5y+4z-14=0}$

検討　2 平面に下ろした垂線の長さが等しい点 $(x,\ y,\ z)$ の軌跡を求めればよい。

$$\frac{|3x+5y-4z-6|}{5\sqrt{2}}=\frac{|x-y+4z-2|}{3\sqrt{2}}$$

よって

$3(3x+5y-4z-6)=\pm5(x-y+4z-2)$

103

答　$\boldsymbol{R=\dfrac{a^2}{3}}$

検討　中心 $(0,\ 0,\ 0)$ からこの平面に下ろした垂線の長さが，この球面の半径 $\sqrt{R}$ に等しいことから　$\dfrac{|-a|}{\sqrt{1^2+1^2+1^2}}=\sqrt{R}$

104

答　$\boldsymbol{x^2+y^2+z^2=56}$

接点の座標 $(\mathbf{2},\ \mathbf{4},\ -\mathbf{6})$

検討　平面の法線ベクトルは　$(1,\ 2,\ -3)$

したがって，接点を H とすると

$\overrightarrow{OH}=k(1,\ 2,\ -3)=(k,\ 2k,\ -3k)$

接点は平面上にあるから

$k+4k+9k=28$　　ゆえに　$k=2$

よって　$\overrightarrow{OH}=(2,\ 4,\ -6)$

$|\overrightarrow{OH}|^2=2^2+4^2+(-6)^2=56$

求める球面の方程式は　$x^2+y^2+z^2=56$

10 複素数平面

基本問題 本冊 p. 33

105

答

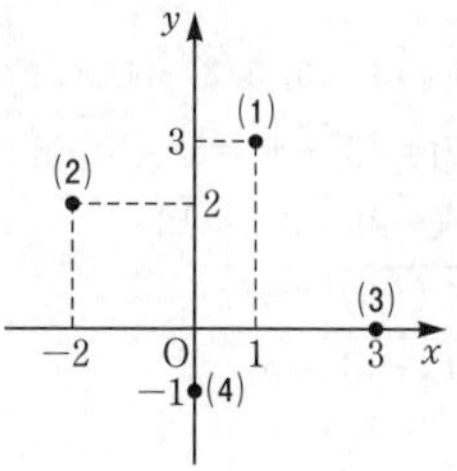

106

答　$\boldsymbol{a=6,\ b=2}$

検討　3 点 0，α，β は一直線上にあるので，$\beta=k\alpha$（k は実数）とおける。

したがって　$a-3i=-2k+ki$

実部と虚部をそれぞれ比較して

$a=-2k,\ -3=k$

よって　$k=-3,\ a=6$

また，3 点 0，α，γ は一直線上にあるので，$\gamma=l\alpha$（l は実数）とおける。

したがって　$-4+bi=-2l+li$

実部と虚部をそれぞれ比較して

$-4=-2l,\ b=l$

よって　$l=2,\ b=2$

107

答

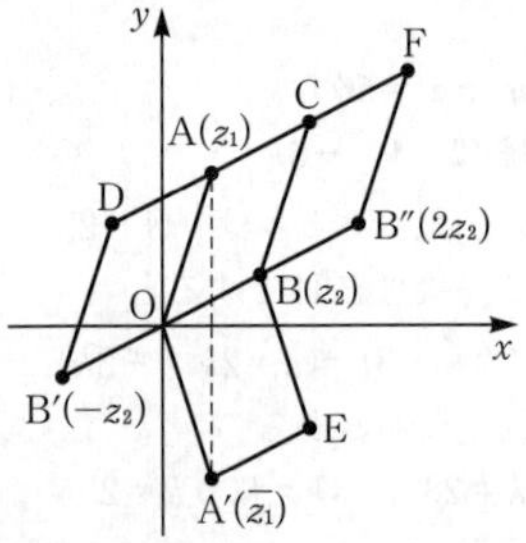

検討 (1) $C(z_1+z_2)$ は，OA，OB を 2 辺とする平行四辺形の第 4 の頂点である。

(2) $z_1-z_2=z_1+(-z_2)$ と考えて，$B'(-z_2)$ とすると，$D(z_1-z_2)$ は，OA，OB′を 2 辺とする平行四辺形の第 4 の頂点である。

(3) 実軸に関して $A(z_1)$ と対称な点を $A'(\overline{z_1})$ として考えればよい。

(4) $B''(2z_2)$ として考えればよい。

108

答 (1) **5**　(2) $\sqrt{13}$　(3) $5\sqrt{2}$　(4) **5**

検討 (1) $|3+4i|=\sqrt{3^2+4^2}=5$

(2) $|-2+3i|=\sqrt{(-2)^2+3^2}=\sqrt{13}$

(3) $|7-i|=\sqrt{7^2+(-1)^2}=5\sqrt{2}$

(4) $|-5i|=\sqrt{0^2+(-5)^2}=5$

109

答 (1) $\sqrt{10}$　(2) **10**

検討 (1) $AB=|(4+3i)-(1+2i)|$

$=|3+i|=\sqrt{3^2+1^2}=\sqrt{10}$

(2) $AB=|(-3-7i)-(5-i)|$

$=|-8-6i|=\sqrt{(-8)^2+(-6)^2}=10$

応用問題 ……………………… 本冊 *p. 34*

110

答 (1) **5**　(2) $15\sqrt{2}$

検討 (1) $|\alpha-\beta|^2=(\alpha-\beta)(\overline{\alpha-\beta})$

$=(\alpha-\beta)(\overline{\alpha}-\overline{\beta})=\alpha\overline{\alpha}-\alpha\overline{\beta}-\overline{\alpha}\beta+\beta\overline{\beta}$

$=|\alpha|^2-(\alpha\overline{\beta}+\overline{\alpha}\beta)+|\beta|^2$

$|\alpha|=5,\ |\beta|=4,\ |\alpha-\beta|=6$ より

$6^2=5^2-(\alpha\overline{\beta}+\overline{\alpha}\beta)+4^2$

よって　$\alpha\overline{\beta}+\overline{\alpha}\beta=5$

(2) $|2\alpha-5\beta|^2=(2\alpha-5\beta)(\overline{2\alpha-5\beta})$

$=(2\alpha-5\beta)(2\overline{\alpha}-5\overline{\beta})$

$=4\alpha\overline{\alpha}-10\alpha\overline{\beta}-10\overline{\alpha}\beta+25\beta\overline{\beta}$

$=4|\alpha|^2-10(\alpha\overline{\beta}+\overline{\alpha}\beta)+25|\beta|^2$

$=4\cdot5^2-10\cdot5+25\cdot4^2=450$

よって，$|2\alpha-5\beta|\geqq0$ より　$|2\alpha-5\beta|=15\sqrt{2}$

111

答 $|\alpha|=1$ より，$|\alpha|^2=1$ であるから

$\alpha\overline{\alpha}=1$

よって

$$\overline{\left(\frac{\alpha+1}{\alpha-1}\right)}=\frac{\overline{\alpha+1}}{\overline{\alpha-1}}=\frac{\overline{\alpha}+1}{\overline{\alpha}-1}$$

$$=\frac{\alpha\overline{\alpha}+\alpha}{\alpha\overline{\alpha}-\alpha}=\frac{1+\alpha}{1-\alpha}$$

$$=-\frac{\alpha+1}{\alpha-1}$$

また，α は虚数より　$\dfrac{\alpha+1}{\alpha-1}\neq0$

以上より，$\dfrac{\alpha+1}{\alpha-1}$ は純虚数である。

11 複素数の極形式

基本問題 ……………………… 本冊 *p. 35*

112

答 (1) $2\left(\cos\dfrac{\pi}{3}+i\sin\dfrac{\pi}{3}\right)$

(2) $\sqrt{2}\left(\cos\dfrac{3}{4}\pi+i\sin\dfrac{3}{4}\pi\right)$

(3) $2\sqrt{3}\left(\cos\dfrac{11}{6}\pi+i\sin\dfrac{11}{6}\pi\right)$

(4) $2\left(\cos\dfrac{5}{4}\pi+i\sin\dfrac{5}{4}\pi\right)$

(5) $\cos\dfrac{\pi}{2}+i\sin\dfrac{\pi}{2}$

(6) $\boldsymbol{3(\cos\pi+i\sin\pi)}$

検討　複素数の絶対値を r，偏角を θ とする。

(1) $r=\sqrt{1^2+(\sqrt{3})^2}=2$

$\cos\theta=\frac{1}{2}$，$\sin\theta=\frac{\sqrt{3}}{2}$ より　$\theta=\frac{\pi}{3}$

(2) $r=\sqrt{(-1)^2+1^2}=\sqrt{2}$

$\cos\theta=-\frac{1}{\sqrt{2}}$，$\sin\theta=\frac{1}{\sqrt{2}}$ より　$\theta=\frac{3}{4}\pi$

(3) $r=\sqrt{3^2+(-\sqrt{3})^2}=2\sqrt{3}$

$\cos\theta=\frac{3}{2\sqrt{3}}=\frac{\sqrt{3}}{2}$，$\sin\theta=\frac{-\sqrt{3}}{2\sqrt{3}}=-\frac{1}{2}$

より　$\theta=\frac{11}{6}\pi$

(4) $r=\sqrt{(-\sqrt{2})^2+(-\sqrt{2})^2}=2$

$\cos\theta=-\frac{\sqrt{2}}{2}$，$\sin\theta=-\frac{\sqrt{2}}{2}$ より　$\theta=\frac{5}{4}\pi$

(5) $r=\sqrt{0^2+1^2}=1$

$\cos\theta=0$，$\sin\theta=1$ より　$\theta=\frac{\pi}{2}$

(6) $r=\sqrt{(-3)^2+0^2}=3$

$\cos\theta=\frac{-3}{3}=-1$，$\sin\theta=0$ より　$\theta=\pi$

テスト対策

$z\neq0$ のとき，$z=x+yi$（x，y は実数）の絶対値を r，偏角を θ とすると

$\boldsymbol{r=\sqrt{x^2+y^2}}$

$\boldsymbol{\cos\theta=\frac{x}{r}}$，$\boldsymbol{\sin\theta=\frac{y}{r}}$

113

答　(1) $\boldsymbol{-1+\sqrt{3}i}$　(2) $\boldsymbol{-2-2\sqrt{3}i}$

検討　(1) $2\left(\cos\frac{2}{3}\pi+i\sin\frac{2}{3}\pi\right)=2\left(-\frac{1}{2}+\frac{\sqrt{3}}{2}i\right)$

$=-1+\sqrt{3}i$

(2) 求める複素数の絶対値を r とすると，偏角が $-\frac{2}{3}\pi$ より，複素数は

$r\left\{\cos\left(-\frac{2}{3}\pi\right)+i\sin\left(-\frac{2}{3}\pi\right)\right\}$

$=-\frac{1}{2}r-\frac{\sqrt{3}}{2}ri$　…①

となる。実部が -2 であるから

$-\frac{1}{2}r=-2$

よって，$r=4$ となり，求める複素数は，①より，$-2-2\sqrt{3}i$ である。

114

答　(1) $\boldsymbol{2\sqrt{2}\left(\cos\frac{23}{12}\pi+i\sin\frac{23}{12}\pi\right)}$

(2) $\boldsymbol{\sqrt{2}\left(\cos\frac{17}{12}\pi+i\sin\frac{17}{12}\pi\right)}$

検討　$z_1=2\left(\frac{1}{2}-\frac{\sqrt{3}}{2}i\right)$

$=2\left(\cos\frac{5}{3}\pi+i\sin\frac{5}{3}\pi\right)$

$z_2=\sqrt{2}\left(\frac{1}{\sqrt{2}}+\frac{1}{\sqrt{2}}i\right)$

$=\sqrt{2}\left(\cos\frac{\pi}{4}+i\sin\frac{\pi}{4}\right)$

(1) $z_1z_2=2\sqrt{2}\left\{\cos\left(\frac{5}{3}\pi+\frac{\pi}{4}\right)+i\sin\left(\frac{5}{3}\pi+\frac{\pi}{4}\right)\right\}$

$=2\sqrt{2}\left(\cos\frac{23}{12}\pi+i\sin\frac{23}{12}\pi\right)$

(2) $\frac{z_1}{z_2}=\frac{2}{\sqrt{2}}\left\{\cos\left(\frac{5}{3}\pi-\frac{\pi}{4}\right)+i\sin\left(\frac{5}{3}\pi-\frac{\pi}{4}\right)\right\}$

$=\sqrt{2}\left(\cos\frac{17}{12}\pi+i\sin\frac{17}{12}\pi\right)$

115

答　(1) **点 z を原点のまわりに π だけ回転し，原点からの距離を 2 倍した点**

(2) **点 z を原点のまわりに $\frac{\pi}{4}$ だけ回転し，原点からの距離を $\sqrt{2}$ 倍した点**

(3) **点 z を原点のまわりに $\frac{3}{2}\pi$ だけ回転し，原点からの距離を 2 倍した点**

検討　(1) 与式 $=2(\cos\pi+i\sin\pi)z$

なお，$-2z=2\cdot(-z)$ と考えて，点 z を原点に関して対称移動し，原点からの距離を 2 倍した点と答えてもよい。

(2) 与式 $=\sqrt{2}\left(\frac{1}{\sqrt{2}}+\frac{1}{\sqrt{2}}i\right)z$

$=\sqrt{2}\left(\cos\frac{\pi}{4}+i\sin\frac{\pi}{4}\right)z$

(3) 与式$=2\left(\cos\frac{3}{2}\pi+i\sin\frac{3}{2}\pi\right)z$

テスト対策

$\alpha=r(\cos\theta+i\sin\theta)$ $(r>0)$ とするとき，点 αz は，点 z を**原点のまわりに θ だけ回転し，原点からの距離を r 倍した点である。**

116

答　$-4+2\sqrt{3}i$

検討　$w=\left(\cos\frac{\pi}{3}+i\sin\frac{\pi}{3}\right)z$

$=\left(\frac{1}{2}+\frac{\sqrt{3}}{2}i\right)(1+3\sqrt{3}i)=-4+2\sqrt{3}i$

応用問題

本冊 p. 36

117

答　$-1-6i$

検討　点 z_0 が原点Oに移るように平行移動すると，点 z，w はそれぞれ $z-z_0$，$w-z_0$ に移る。点 $w-z_0$ は点 $z-z_0$ を原点のまわりに $\frac{\pi}{2}$ だけ回転した点であるから

$w-z_0=\left(\cos\frac{\pi}{2}+i\sin\frac{\pi}{2}\right)(z-z_0)$

よって

$w=i\{(-2+3i)-(3-i)\}+(3-i)$

$=-1-6i$

テスト対策

点 z を点 z_0 のまわりに θ だけ回転した点を w とすると

$\boldsymbol{w-z_0=(\cos\theta+i\sin\theta)(z-z_0)}$

12 ド・モアブルの定理

基本問題

本冊 p. 37

118

答　(1) $-8i$　(2) $-64\sqrt{3}+64i$

(3) $-\frac{1}{2}-\frac{\sqrt{3}}{2}i$　(4) $\frac{1}{32}+\frac{1}{32}i$

検討　(1) 与式$=\left\{\sqrt{2}\left(\frac{1}{\sqrt{2}}+\frac{1}{\sqrt{2}}i\right)\right\}^6$

$=\left\{\sqrt{2}\left(\cos\frac{\pi}{4}+i\sin\frac{\pi}{4}\right)\right\}^6$

$=(\sqrt{2})^6\left(\cos\frac{3}{2}\pi+i\sin\frac{3}{2}\pi\right)$

$=(\sqrt{2})^6(-i)=-8i$

(2) 与式$=\left\{2\left(\frac{\sqrt{3}}{2}-\frac{1}{2}i\right)\right\}^7$

$=\left[2\left\{\cos\left(-\frac{\pi}{6}\right)+i\sin\left(-\frac{\pi}{6}\right)\right\}\right]^7$

$=2^7\left\{\cos\left(-\frac{7}{6}\pi\right)+i\sin\left(-\frac{7}{6}\pi\right)\right\}$

$=2^7\left(-\frac{\sqrt{3}}{2}+\frac{1}{2}i\right)=-64\sqrt{3}+64i$

(3) 与式$=\left(\cos\frac{\pi}{6}+i\sin\frac{\pi}{6}\right)^{-4}$

$=\cos\left(-\frac{2}{3}\pi\right)+i\sin\left(-\frac{2}{3}\pi\right)$

$=-\frac{1}{2}-\frac{\sqrt{3}}{2}i$

(4) 与式$=(1-i)^{-9}=\left\{\sqrt{2}\left(\frac{1}{\sqrt{2}}-\frac{1}{\sqrt{2}}i\right)\right\}^{-9}$

$=\left[\sqrt{2}\left\{\cos\left(-\frac{\pi}{4}\right)+i\sin\left(-\frac{\pi}{4}\right)\right\}\right]^{-9}$

$=(\sqrt{2})^{-9}\left(\cos\frac{9}{4}\pi+i\sin\frac{9}{4}\pi\right)$

$=\frac{1}{(\sqrt{2})^9}\left(\cos\frac{\pi}{4}+i\sin\frac{\pi}{4}\right)$

$=\frac{1}{(\sqrt{2})^9}\left(\frac{1}{\sqrt{2}}+\frac{1}{\sqrt{2}}i\right)=\frac{1}{32}+\frac{1}{32}i$

119

答　**n が3の倍数のとき　2，**
n が3の倍数でないとき　-1

検討　与式$=\left(\cos\frac{2}{3}\pi+i\sin\frac{2}{3}\pi\right)^n$

$+\left\{\cos\left(-\frac{2}{3}\pi\right)+i\sin\left(-\frac{2}{3}\pi\right)\right\}^n$

$=\cos\frac{2}{3}n\pi+i\sin\frac{2}{3}n\pi$

$+\cos\left(-\frac{2}{3}n\pi\right)+i\sin\left(-\frac{2}{3}n\pi\right)$

$=\cos\frac{2}{3}n\pi+i\sin\frac{2}{3}n\pi$

$+\cos\frac{2}{3}n\pi-i\sin\frac{2}{3}n\pi$

$=2\cos\frac{2}{3}n\pi$

(i) $n=3k$ (k は整数)のとき

与式$=2\cos2k\pi$

$=2$

(ii) $n=3k\pm1$ (k は整数)のとき

与式$=2\cos\left(2k\pi\pm\frac{2}{3}\pi\right)$

$=2\cos\left(\pm\frac{2}{3}\pi\right)$

$=-1$

120

答 **1, i, −1, $-i$**

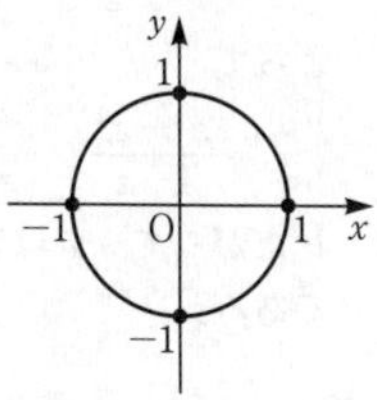

検討 1 の 4 乗根を z_k とすると

$z_k=\cos\frac{2k\pi}{4}$

$+i\sin\frac{2k\pi}{4}$

($k=0$, 1, 2, 3)

よって

$z_0=\cos0+i\sin0=1$

$z_1=\cos\frac{\pi}{2}+i\sin\frac{\pi}{2}=i$

$z_2=\cos\pi+i\sin\pi=-1$

$z_3=\cos\frac{3}{2}\pi+i\sin\frac{3}{2}\pi=-i$

121

答 $\boldsymbol{z=\frac{\sqrt{6}}{2}+\frac{\sqrt{2}}{2}i,\ -\frac{\sqrt{2}}{2}+\frac{\sqrt{6}}{2}i,}$

$\boldsymbol{-\frac{\sqrt{6}}{2}-\frac{\sqrt{2}}{2}i,\ \frac{\sqrt{2}}{2}-\frac{\sqrt{6}}{2}i}$

検討 $z=r(\cos\theta+i\sin\theta)$

($r>0$, $0\leqq\theta<2\pi$)

とおくと,

$z^4=r^4(\cos4\theta+i\sin4\theta)$ …①

一方

$z^4=-2+2\sqrt{3}i=4\left(-\frac{1}{2}+\frac{\sqrt{3}}{2}i\right)$

$=4\left(\cos\frac{2}{3}\pi+i\sin\frac{2}{3}\pi\right)$ …②

①, ②より

$r^4=4$, $4\theta=\frac{2}{3}\pi+2k\pi$ (k は整数)

r は正の実数より　$r=\sqrt{2}$

また　$\theta=\frac{\pi}{6}+\frac{k}{2}\pi$

$0\leqq\theta<2\pi$ より　$k=0$, 1, 2, 3

よって　$\theta=\frac{\pi}{6}$, $\frac{2}{3}\pi$, $\frac{7}{6}\pi$, $\frac{5}{3}\pi$

$\theta=\frac{\pi}{6}$ のとき

$z=\sqrt{2}\left(\cos\frac{\pi}{6}+i\sin\frac{\pi}{6}\right)=\frac{\sqrt{6}}{2}+\frac{\sqrt{2}}{2}i$

同様に $\theta=\frac{2}{3}\pi$, $\frac{7}{6}\pi$, $\frac{5}{3}\pi$ のときの z はそれぞれ $-\frac{\sqrt{2}}{2}+\frac{\sqrt{6}}{2}i$, $-\frac{\sqrt{6}}{2}-\frac{\sqrt{2}}{2}i$, $\frac{\sqrt{2}}{2}-\frac{\sqrt{6}}{2}i$

応用問題

本冊 p. 38

122

答 (1) $\boldsymbol{2\left\{\cos\left(\pm\frac{2}{3}\pi\right)+i\sin\left(\pm\frac{2}{3}\pi\right)\right\}}$

(複号同順)

(2) **n が 3 の倍数のとき　2^n-1,**

n が 3 の倍数でないとき　$\sqrt{2^{2n}+2^n+1}$

検討 (1) $\left|\frac{\alpha}{\beta}\right|=\frac{|\alpha|}{|\beta|}=2$ より

$\frac{\alpha}{\beta}=2(\cos\theta+i\sin\theta)$ …①

とおける。

また, $|\beta|=1$, $|\alpha+\beta|=\sqrt{3}$ より

$\frac{|\alpha+\beta|}{|\beta|}=\sqrt{3}$

$\left|\frac{\alpha}{\beta}+1\right|=\sqrt{3}$

①を代入すると

$|2\cos\theta+1+2i\sin\theta|=\sqrt{3}$

両辺を 2 乗すると

$(2\cos\theta+1)^2+4\sin^2\theta=3$

$4\cos^2\theta+4\cos\theta+1+4\sin^2\theta=3$

ゆえに　$\cos\theta=-\frac{1}{2}$

$-\pi<\theta\leqq\pi$ より　$\theta=\pm\frac{2}{3}\pi$

したがって

$$\frac{\alpha}{\beta}=2\left\{\cos\left(\pm\frac{2}{3}\pi\right)+i\sin\left(\pm\frac{2}{3}\pi\right)\right\}$$

（複号同順）

(2) $|\alpha^n-\beta^n|=\left|\beta^n\left(\frac{\alpha^n}{\beta^n}-1\right)\right|=|\beta^n|\left|\frac{\alpha^n}{\beta^n}-1\right|$

$=|\beta|^n\left|\left(\frac{\alpha}{\beta}\right)^n-1\right|$

$=\left|\left(\frac{\alpha}{\beta}\right)^n-1\right|$

ここで，(1)の結果より

$$\left(\frac{\alpha}{\beta}\right)^n=2^n\left\{\cos\left(\pm\frac{2}{3}n\pi\right)+i\sin\left(\pm\frac{2}{3}n\pi\right)\right\}$$

よって，n が3の倍数のとき

$$\left(\frac{\alpha}{\beta}\right)^n=2^n$$

となり，n は自然数より，$2^n-1>0$ であるから

$|\alpha^n-\beta^n|=|2^n-1|=2^n-1$

また，n が3の倍数でないときは

$$\left(\frac{\alpha}{\beta}\right)^n=2^n\left(-\frac{1}{2}\pm\frac{\sqrt{3}}{2}i\right)=-2^{n-1}\pm\sqrt{3}\cdot 2^{n-1}i$$

となるから

$|\alpha^n-\beta^n|=|-2^{n-1}-1\pm\sqrt{3}\cdot 2^{n-1}i|$

$=\sqrt{(-2^{n-1}-1)^2+(\pm\sqrt{3}\cdot 2^{n-1})^2}$

$=\sqrt{2^{2n-2}+2\cdot 2^{n-1}+1+3\cdot 2^{2n-2}}$

$=\sqrt{2^{2n}+2^n+1}$

123

答 (1) **1** (2) **1** (3) **4** (4) **0**

検討 (1) $z^4+z^3+z^2+z+1=0$ …①

①より，$z\neq 0$ であるから，①の両辺に z を掛けると

$z^5+z^4+z^3+z^2+z=0$

①より，$z^4+z^3+z^2+z=-1$ であるから

$z^5+(-1)=0$

よって　$z^5=1$

(2) $|z^5|=|z|^5=1$ より　$|z|=1$

(3) 与式 $=(z+1)(\overline{z+1})+(z-1)(\overline{z-1})$

$=(z+1)(\bar{z}+1)+(z-1)(\bar{z}-1)$

$=2z\bar{z}+2=2|z|^2+2$

$=2+2=4$

(4) $w=\dfrac{z^2-z^4}{z-1}$ とおく。

(2)より，$|z|^2=1$ だから　$z\bar{z}=1$

すなわち　$\bar{z}=\dfrac{1}{z}$

ゆえに

$$\bar{w}=\frac{(\bar{z})^2-(\bar{z})^4}{\bar{z}-1}=\frac{\left(\frac{1}{z}\right)^2-\left(\frac{1}{z}\right)^4}{\frac{1}{z}-1}$$

$$=\frac{\frac{1}{z}-\frac{1}{z^3}}{1-z}$$

(1)より，$z^5=1$ だから

$\dfrac{1}{z}=z^4$，$\dfrac{1}{z^3}=z^2$

よって

$$\bar{w}=\frac{z^4-z^2}{1-z}=\frac{z^2-z^4}{z-1}=w$$

したがって，w は実数であるから，虚部は0である。

124

答 (1) **α は $z^5=1$ の解であるから**

$\alpha^5=1$ …①

このとき，$(\alpha^2)^5=(\alpha^5)^2=1$，

$(\alpha^3)^5=(\alpha^5)^3=1$，$(\alpha^4)^5=(\alpha^5)^4=1$

より，α^2，α^3，α^4 も $z^5=1$ の解である。

また，①より

$(\alpha-1)(\alpha^4+\alpha^3+\alpha^2+\alpha+1)=0$

α は虚数であるから

$\alpha\neq 1$，$\alpha^4+\alpha^3+\alpha^2+\alpha+1=0$ …②

ここで，$\alpha=\alpha^2$ と仮定すると，$\alpha(\alpha-1)=0$

より　$\alpha=0$，1

同様にして，α，α^2，α^3，α^4 のどれか2つが等しいと仮定すると，α は 0，±1，ω，ω^2（ω は1の3乗根のうち虚数のもの）のいずれかである。

α は虚数より　$\alpha=\omega$，ω^2

$\omega^3=1$，$\omega^2+\omega+1=0$ より，$\alpha=\omega$ のとき

$\alpha^4+\alpha^3+\alpha^2+\alpha+1=\omega+1\neq 0$

これは②に反する。

$\alpha=\omega^2$ のとき

$\alpha^4+\alpha^3+\alpha^2+\alpha+1=\omega^2+1+\omega+\omega^2+1$

$= -\omega \neq 0$

これは②に反する。

したがって，α，α^2，α^3，α^4 は互いに異なる。

また，$z^5=1$ は $z=1$ 以外に実数解をもたない。

よって，$z^5=1$ の α 以外の相異なる 3 つの虚数解は α^2，α^3，α^4 である。

(2) **5**　(3) **1**

検討 (2) $z^5-1=0$ の解は 1，α，α^2，α^3，α^4 となるので

$z^5-1=(z-1)(z-\alpha)(z-\alpha^2)(z-\alpha^3)(z-\alpha^4)$

$(z-1)(z^4+z^3+z^2+z+1)$

$=(z-1)(z-\alpha)(z-\alpha^2)(z-\alpha^3)(z-\alpha^4)$

よって

$z^4+z^3+z^2+z+1$

$=(z-\alpha)(z-\alpha^2)(z-\alpha^3)(z-\alpha^4)$　…③

③の式で $z=1$ とおくと

$(1-\alpha)(1-\alpha^2)(1-\alpha^3)(1-\alpha^4)=5$

(3) ③の式で $z=-1$ とおくと

$(-1-\alpha)(-1-\alpha^2)(-1-\alpha^3)(-1-\alpha^4)=1$

$(1+\alpha)(1+\alpha^2)(1+\alpha^3)(1+\alpha^4)=1$

13 複素数と図形

基本問題 ……………… 本冊 p. 39

125

答 点P：$-\frac{4}{3}+\frac{13}{3}i$，点Q：$-8+3i$

検討 点Pを表す複素数は

$$\frac{1\cdot(2+5i)+2\cdot(-3+4i)}{2+1}=-\frac{4}{3}+\frac{13}{3}i$$

点Qを表す複素数は

$$\frac{-1\cdot(2+5i)+2\cdot(-3+4i)}{2-1}=-8+3i$$

126

答 $-6i$

検討 点Dを表す複素数を z とすると，平行四辺形ABDCの2つの対角線AD，BCの中点は一致するので

$$\frac{(2+3i)+z}{2}=\frac{(-1-2i)+(3-i)}{2}$$

よって　$z=-6i$

127

答 (1) 原点を中心とする半径 4 の円

(2) 点 $-1-2i$ を中心とする半径 3 の円

(3) 原点と点 -2 を結ぶ線分の垂直二等分線

(4) 2 点 1，$-i$ を結ぶ線分の垂直二等分線

検討 (1) $|z|$ は原点と点 z の距離を表すから，$|z|=4$ は原点からの距離が 4 の点全体を表す。

(2) $|z+1+2i|$ すなわち $|z-(-1-2i)|$ は点 $-1-2i$ と点 z の距離を表すから，$|z+1+2i|=3$ は点 $-1-2i$ からの距離が 3 の点全体を表す。

(3) $|z|=|z+2|$ は原点と点 z の距離が，点 -2 と点 z の距離と等しいことを表すから，この方程式は原点と点 -2 からの距離が等しい点全体を表す。

(4) $|z-1|=|z+i|$ は点 1 と点 z の距離が，点 $-i$ と点 z の距離と等しいことを表すから，この方程式は 2 点 1，$-i$ からの距離が等しい点全体を表す。

テスト対策

α，β を複素数，r を正の実数とするとき

① $|z-\alpha|=r$ は，点 α を中心とする半径 r の円を表す。

② $|z-\alpha|=|z-\beta|$ は，2 点 α，β を結ぶ線分の垂直二等分線を表す。

128

答 (1) 点 2 を中心とする半径 2 の円

(2) 点 $-9i$ を中心とする半径 6 の円

検討 (1) 方程式の両辺を 2 乗すると

$|z+2|^2=4|z-1|^2$

$(z+2)(\overline{z+2})=4(z-1)(\overline{z-1})$

$(z+2)(\overline{z}+2)=4(z-1)(\overline{z}-1)$

$z\overline{z}-2z-2\overline{z}=0$

$(z-2)(\overline{z}-2)=4$

$(z-2)(\overline{z-2})=4$

$|z-2|^2=4$

したがって　$|z-2|=2$

よって，求める図形は，点2を中心とする半径2の円である。

(2) 方程式の両辺を2乗すると

$4|z|^2=9|z+5i|^2$

$4z\overline{z}=9(z+5i)(\overline{z+5i})$

$4z\overline{z}=9(z+5i)(\overline{z}-5i)$

$z\overline{z}-9iz+9i\overline{z}+45=0$

$(z+9i)(\overline{z}-9i)=36$

$(z+9i)(\overline{z+9i})=36$

$|z+9i|^2=36$

したがって　$|z+9i|=6$

よって，求める図形は，点 $-9i$ を中心とする半径6の円である。

129

答 **点1を中心とする半径 $\sqrt{13}$ の円**

検討 点 z は原点を中心とする半径1の円周上にあるから　$|z|=1$　…①

また，$w=1+(2+3i)z$ より

$z=\dfrac{w-1}{2+3i}$

これを①に代入すると

$\left|\dfrac{w-1}{2+3i}\right|=1$　　$\dfrac{|w-1|}{|2+3i|}=1$

ここで，$|2+3i|=\sqrt{2^2+3^2}=\sqrt{13}$ より

$|w-1|=\sqrt{13}$

よって，求める図形は，点1を中心とする半径 $\sqrt{13}$ の円である。

テスト対策

点 z がある図形上を動くとき，それにともなって動く点 w の軌跡の求め方

① z の満たす方程式を求める。

② z と w の関係式を z について解き，①で求めた方程式に代入する。

130

答 (1) **正三角形**

(2) **$\angle AOB=\dfrac{\pi}{2}$ の直角二等辺三角形**

(3) **$\angle OBA=\dfrac{\pi}{2}$ の直角二等辺三角形**

検討 (1) 等式の両辺を 2α ($\neq 0$) で割ると

$\dfrac{\beta}{\alpha}=\dfrac{1}{2}+\dfrac{\sqrt{3}}{2}i=\cos\dfrac{\pi}{3}+i\sin\dfrac{\pi}{3}$

したがって，$\left|\dfrac{\beta}{\alpha}\right|=1$ より　$OA=OB$

また，$\arg\dfrac{\beta}{\alpha}=\dfrac{\pi}{3}$ より　$\angle AOB=\dfrac{\pi}{3}$

よって，$\triangle OAB$ は正三角形である。

(2) 等式の両辺を α^2 ($\neq 0$) で割ると

$1+\left(\dfrac{\beta}{\alpha}\right)^2=0$　　$\left(\dfrac{\beta}{\alpha}\right)^2=-1$

ゆえに

$\dfrac{\beta}{\alpha}=\pm i=\cos\left(\pm\dfrac{\pi}{2}\right)+i\sin\left(\pm\dfrac{\pi}{2}\right)$

(複号同順)

したがって，$\left|\dfrac{\beta}{\alpha}\right|=1$ より　$OA=OB$

また，$\arg\dfrac{\beta}{\alpha}=\pm\dfrac{\pi}{2}$ より　$\angle AOB=\dfrac{\pi}{2}$

よって，$\triangle OAB$ は $\angle AOB=\dfrac{\pi}{2}$ の直角二等辺三角形である。

(3) 等式の両辺を α^2 ($\neq 0$) で割ると

$2\left(\dfrac{\beta}{\alpha}\right)^2-2\left(\dfrac{\beta}{\alpha}\right)+1=0$

$\dfrac{\beta}{\alpha}$ は方程式 $2x^2-2x+1=0$ の解であるから

$\dfrac{\beta}{\alpha}=\dfrac{1\pm i}{2}=\dfrac{1}{\sqrt{2}}\left(\dfrac{1}{\sqrt{2}}\pm\dfrac{1}{\sqrt{2}}i\right)$

$=\dfrac{1}{\sqrt{2}}\left\{\cos\left(\pm\dfrac{\pi}{4}\right)+i\sin\left(\pm\dfrac{\pi}{4}\right)\right\}$

(複号同順)

したがって，$\left|\dfrac{\beta}{\alpha}\right|=\dfrac{1}{\sqrt{2}}$ より　$OA=\sqrt{2}OB$

また，$\arg\dfrac{\beta}{\alpha}=\pm\dfrac{\pi}{4}$ より

$\angle AOB=\dfrac{\pi}{4}$

よって，$\triangle OAB$ は $\angle OBA=\dfrac{\pi}{2}$ の直角二等辺三角形である。

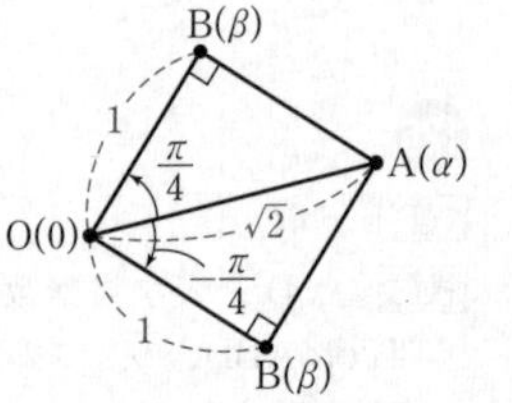

131

答　**点 γ を直角の頂点とする直角二等辺三角形**

検討　$A(\alpha)$, $B(\beta)$, $C(\gamma)$ とする。

$\alpha+i\beta=(1+i)\gamma$ より

$\alpha-\gamma=-i(\beta-\gamma)$

$\beta\neq\gamma$ より，両辺を $\beta-\gamma$ $(\neq 0)$ で割ると

$$\frac{\alpha-\gamma}{\beta-\gamma}=-i=\cos\left(-\frac{\pi}{2}\right)+i\sin\left(-\frac{\pi}{2}\right)$$

したがって，$\left|\frac{\alpha-\gamma}{\beta-\gamma}\right|=1$ より　$CA=CB$

また，$\arg\frac{\alpha-\gamma}{\beta-\gamma}=-\frac{\pi}{2}$ より　$\angle ACB=\frac{\pi}{2}$

よって，点 γ を直角の頂点とする直角二等辺三角形である。

132

答　(1) $\boldsymbol{a=2}$　(2) $\boldsymbol{a=-3}$

検討　(1) $\frac{\beta-\alpha}{\gamma-\alpha}=\frac{(a+4i)-(1+2i)}{(-2-4i)-(1+2i)}$

$=-\frac{1}{3}\cdot\frac{(a-1)+2i}{1+2i}$

$=-\frac{1}{3}\cdot\frac{\{(a-1)+2i\}(1-2i)}{(1+2i)(1-2i)}$

$=-\frac{a+3}{15}+\frac{2(a-2)}{15}i$

3 点 A，B，C が一直線上にあるとき，

$\frac{\beta-\alpha}{\gamma-\alpha}$ は実数であるから　$\frac{2(a-2)}{15}=0$

よって　$a=2$

(2) $AB\perp AC$ のとき，$\frac{\beta-\alpha}{\gamma-\alpha}$ は純虚数であるから　$-\frac{a+3}{15}=0$　かつ　$\frac{2(a-2)}{15}\neq 0$

よって　$a=-3$

応用問題

本冊 p. 41

133

答　**2 点 -1, $-1-2i$ を結ぶ線分の垂直二等分線**

検討　点 z は，点 $1+i$ を中心とする半径 1 の円周上にあるから　$|z-(1+i)|=1$　…①

また，$w=\frac{1-iz}{1+iz}$ より

$w(1+iz)=1-iz$

$i(w+1)z=1-w$

ここで，$w=-1$ はこの等式を満たさないから　$w\neq -1$

したがって，両辺を $i(w+1)$ で割ると

$$z=\frac{1-w}{i(w+1)}=\frac{i(w-1)}{w+1}$$

これを①に代入すると

$\left|\frac{i(w-1)}{w+1}-(1+i)\right|=1$

$|i(w-1)-(1+i)(w+1)|=|w+1|$

$|-w-1-2i|=|w+1|$

$|w+1|=|w+1+2i|$

よって，求める図形は，2 点 -1, $-1-2i$ を結ぶ線分の垂直二等分線である。

134

答　(1) **点 $-1+\sqrt{3}i$ を中心とする半径 1 の円**

(2) **点 $1+\sqrt{3}i$ を中心とする半径 1 の円と，点 -2 を中心とする半径 1 の円**

検討　(1) 点 Q を表す複素数を z_1 とすると，平行四辺形 OAQP の 2 つの対角線 OQ，PA の中点は一致するので

$$\frac{z_1}{2}=\frac{z+(1+\sqrt{3}i)}{2}$$

ゆえに　$z=z_1-(1+\sqrt{3}i)$

これを $|z+2|=1$ に代入すると

$|z_1+1-\sqrt{3}i|=1$　…①

よって，点 Q は点 $-1+\sqrt{3}i$ を中心とする半径 1 の円を描く。

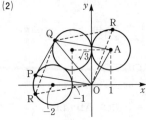

(2)

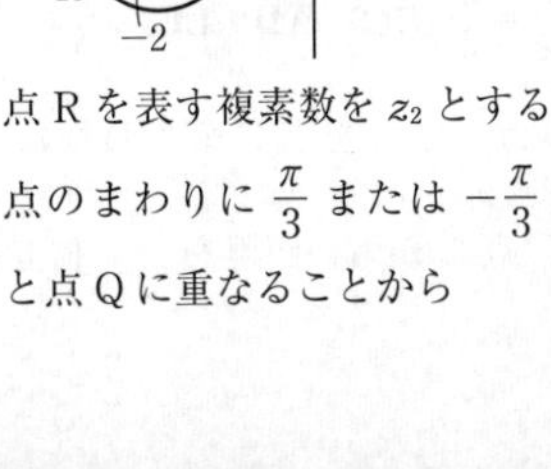

点 R を表す複素数を z_2 とすると，点 R を原点のまわりに $\frac{\pi}{3}$ または $-\frac{\pi}{3}$ だけ回転すると点 Q に重なることから

$$z_1=\left\{\cos\left(\pm\frac{\pi}{3}\right)+i\sin\left(\pm\frac{\pi}{3}\right)\right\}z_2$$

$$=\left(\frac{1}{2}\pm\frac{\sqrt{3}}{2}i\right)z_2 \text{（複号同順）}$$

これを①に代入すると

$$\left|\left(\frac{1}{2}\pm\frac{\sqrt{3}}{2}i\right)z_2+1-\sqrt{3}i\right|=1$$

両辺に $\left|\frac{1}{2}\mp\frac{\sqrt{3}}{2}i\right|$ を掛けると

$$\left|z_2+(1-\sqrt{3}i)\left(\frac{1}{2}\mp\frac{\sqrt{3}}{2}i\right)\right|=1$$

したがって　$|z_2-(1+\sqrt{3}i)|=1$

または　$|z_2+2|=1$

よって，点Rは点 $1+\sqrt{3}i$ を中心とする半径1の円と，点 -2 を中心とする半径1の円を描く。

135

答　(1) $\boldsymbol{z_1=\frac{(1+i)\beta+(1-i)\gamma}{2}}$,

$\boldsymbol{z_2=\frac{(1+i)\gamma+(1-i)\alpha}{2}}$,

$\boldsymbol{z_3=\frac{(1+i)\alpha+(1-i)\beta}{2}}$

(2) (1)の結果より

$$\boldsymbol{z_3-z_2=\frac{2i\alpha+(1-i)\beta-(1+i)\gamma}{2}}$$

また

$$\boldsymbol{z_1-\alpha=\frac{-2\alpha+(1+i)\beta+(1-i)\gamma}{2}}$$

$$\boldsymbol{=i\cdot\frac{2i\alpha+(1-i)\beta-(1+i)\gamma}{2}}$$

これより

$$\boldsymbol{\frac{z_1-\alpha}{z_3-z_2}=i=\cos\frac{\pi}{2}+i\sin\frac{\pi}{2}}$$

したがって，$\boldsymbol{\left|\frac{z_1-\alpha}{z_3-z_2}\right|=1}$ より　**AD=EF**

また

（**AD** と **EF** のなす角）

$\boldsymbol{=\arg(z_1-\alpha)-\arg(z_3-z_2)}$

$\boldsymbol{=\arg\frac{z_1-\alpha}{z_3-z_2}=\frac{\pi}{2}}$ より　**AD⊥EF**

検討　(1) 点Dは，点Bを点Cのまわりに $\frac{\pi}{4}$ だけ回転し，点Cからの距離を $\frac{1}{\sqrt{2}}$ 倍したものであるから

$$z_1-\gamma=\frac{1}{\sqrt{2}}\left(\cos\frac{\pi}{4}+i\sin\frac{\pi}{4}\right)(\beta-\gamma)$$

よって

$$z_1=\frac{1}{\sqrt{2}}\left(\frac{1}{\sqrt{2}}+\frac{1}{\sqrt{2}}i\right)(\beta-\gamma)+\gamma$$

$$=\frac{(1+i)\beta+(1-i)\gamma}{2}$$

z_2，z_3 についても同様である。

14　2次曲線

基本問題 ………………………… 本冊 p. 44

136

答　(1) $\boldsymbol{y^2=8x}$　(2) $\boldsymbol{x^2=-8y}$

検討　(1) 条件を満たす点を $P(x,\ y)$ とすると

$$\sqrt{(x-2)^2+y^2}=|x+2|$$

両辺を2乗して

$$(x-2)^2+y^2=(x+2)^2$$

よって　$y^2=8x$

逆も確かめておく。

(2) 同様にして

$$\sqrt{x^2+(y+2)^2}=|y-2|$$

よって　$x^2=-8y$

137

答

(1) $\boldsymbol{y^2=16x}$　(2) $\boldsymbol{x^2=-16y}$

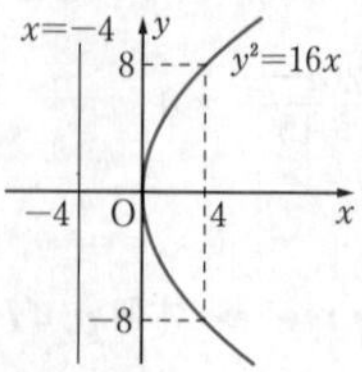

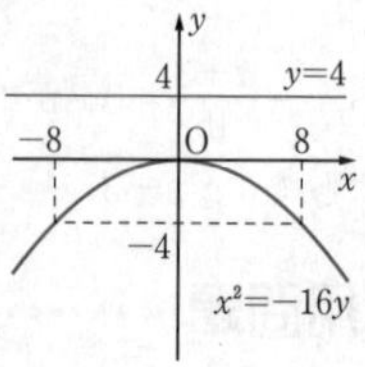

138

答　(1) 焦点 **(2, 1)**，頂点 **(1, 1)**，軸 $\boldsymbol{y=1}$，準線 $\boldsymbol{x=0}$

(2) 焦点 **(−1, 0)**，頂点 **(−1, −1)**，軸 $\boldsymbol{x=-1}$，準線 $\boldsymbol{y=-2}$

検討　まず，頂点がどこにあるかを調べる。次

に p を求めることによって，どのタイプの放物線に当たるかを考えれば焦点，準線，軸が求められる。
(1)は頂点が (1, 1) で $p=1$，右に開く放物線だから焦点は (2, 1)，準線は y 軸すなわち $x=0$，軸は $y=1$ である。(2)も同様。

139

答　放物線 $y^2=6\left(x-\dfrac{1}{2}\right)$

検討　円の中心を $C(x,\ y)$ $(x>0)$ とすれば，円 C の半径は x，円 A と円 C との中心間の距離は　$\sqrt{(x-2)^2+y^2}$
また，中心間の距離が半径の和に等しいから

$$\sqrt{(x-2)^2+y^2}=x+1$$
$$(x-2)^2+y^2=(x+1)^2$$

よって　$y^2=6\left(x-\dfrac{1}{2}\right)$

140

答　放物線 $y^2=2px$（ただし，原点を除く）

検討　弦 OA の中点を $P(X,\ Y)$ とするとき，X，Y の関係を求めればよい。このとき A の座標は $(2X,\ 2Y)$ となる。（ただし $X \neq 0$）

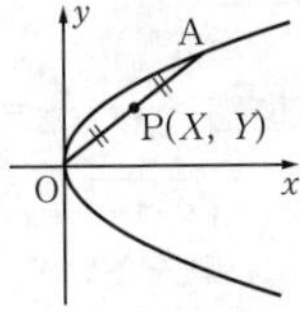

これを $y^2=4px$ に代入して　$Y^2=2pX$

141

答　(1) $\dfrac{x^2}{25}+\dfrac{y^2}{16}=1$　(2) $\dfrac{x^2}{16}+\dfrac{y^2}{25}=1$

検討　(1) 点 $P(x,\ y)$ とし，題意より

$$\sqrt{(x-3)^2+y^2}+\sqrt{(x+3)^2+y^2}=10$$
$$\sqrt{(x-3)^2+y^2}=10-\sqrt{(x+3)^2+y^2}$$

両辺を 2 乗して変形すると

$$3x+25=5\sqrt{(x+3)^2+y^2}$$

もう一度両辺を 2 乗して標準形に変形すると

$$\frac{x^2}{5^2}+\frac{y^2}{4^2}=1$$

(2) 同様にして

$$\sqrt{x^2+(y-3)^2}+\sqrt{x^2+(y+3)^2}=10$$

を変形すればよい。

142

答　(1) 長軸の長さ：$2\sqrt{5}$
短軸の長さ：4
焦点：(1, 0), (−1, 0)

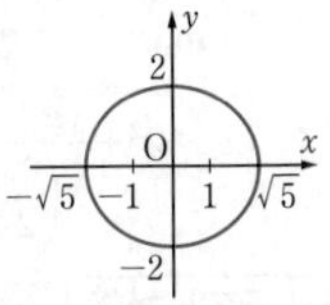

(2) 長軸の長さ：4
短軸の長さ：2
焦点：$(\sqrt{3},\ 0)$, $(-\sqrt{3},\ 0)$

検討　(1) $\dfrac{x^2}{(\sqrt{5})^2}+\dfrac{y^2}{2^2}=1$

(2) $\dfrac{x^2}{2^2}+y^2=1$

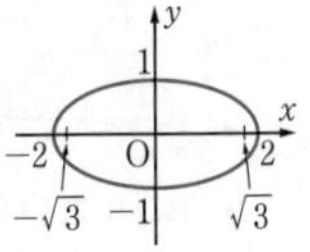

143

答　(1) $\dfrac{x^2}{16}+\dfrac{y^2}{7}=1$　(2) $\dfrac{x^2}{16}+\dfrac{y^2}{25}=1$

(3) $(x-1)^2+\dfrac{(y-2)^2}{5}=1$

検討　(1) 楕円の中心は原点で，焦点が x 軸上にあることより　$2a=8$　よって　$a=4$
また，$\sqrt{a^2-b^2}=3$ より　$b=\sqrt{7}$
(2) 楕円の中心は原点で，焦点が y 軸上にあることより　$2a=8$　よって　$a=4$
また，$\sqrt{b^2-a^2}=3$ より　$b=5$
(3) 楕円の中心は (1, 2) で，焦点 F, F′ より
$\dfrac{(x-1)^2}{a^2}+\dfrac{(y-2)^2}{b^2}=1$，$\sqrt{b^2-a^2}=2$ で点 (0, 2) を通るから前式に代入して
$a=1$，$b=\sqrt{5}$

144

答

(1) 長軸の長さ：4
短軸の長さ：$2\sqrt{2}$
焦点：$(2,\ -1+\sqrt{2})$, $(2,\ -1-\sqrt{2})$

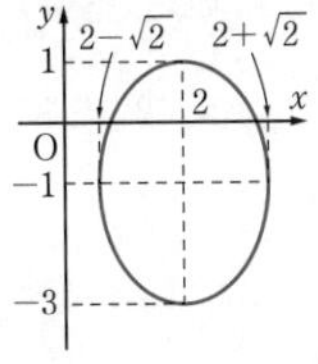

(2) 長軸の長さ：2
短軸の長さ：1
焦点：$\left(3+\dfrac{\sqrt{3}}{2},\ -1\right)$, $\left(3-\dfrac{\sqrt{3}}{2},\ -1\right)$

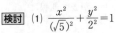

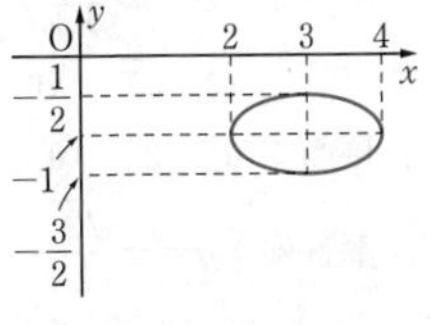

検討　それぞれ標準形に変形すると

(1) $\dfrac{(x-2)^2}{(\sqrt{2})^2}+\dfrac{(y+1)^2}{2^2}=1$

(2) $(x-3)^2+\dfrac{(y+1)^2}{\left(\dfrac{1}{2}\right)^2}=1$

テスト対策

$\dfrac{(x-p)^2}{a^2}+\dfrac{(y-q)^2}{b^2}=1$ が表す曲線は，

楕円 $\dfrac{x^2}{a^2}+\dfrac{y^2}{b^2}=1$ を，**x 軸方向に p，y 軸方向に q だけ平行移動**した楕円である。

145

答　楕円 $\boldsymbol{\dfrac{x^2}{9}+\dfrac{y^2}{16}=1}$

検討　A$(a,\ 0)$，B$(0,\ b)$，線分 AB を 4：3 に内分する点を P$(x,\ y)$ とすれば

$x=\dfrac{3}{7}a,\ \ y=\dfrac{4}{7}b$　…①

また，$a^2+b^2=7^2$ となる関係があるので，① を代入。

146

答　$\boldsymbol{\dfrac{x^2}{16}-\dfrac{y^2}{9}=1}$

検討　条件を満たす点を P$(x,\ y)$ として

$\sqrt{(x-5)^2+y^2}-\sqrt{(x+5)^2+y^2}=\pm 8$

$\sqrt{(x-5)^2+y^2}=\pm 8+\sqrt{(x+5)^2+y^2}$

両辺を 2 乗して整理すれば

$5x+16=\mp 4\sqrt{(x+5)^2+y^2}$

もう一度両辺を 2 乗して整理すればよい。

147

答　(1) **焦点：$(5,\ 0)$，$(-5,\ 0)$**

頂点：$(3,\ 0)$，$(-3,\ 0)$

漸近線：$y=\pm\dfrac{4}{3}x$

(2) **焦点：$(0,\ \sqrt{7})$，$(0,\ -\sqrt{7})$**

頂点：$(0,\ \sqrt{3})$，$(0,\ -\sqrt{3})$

漸近線：$y=\pm\dfrac{\sqrt{3}}{2}x$

(1)
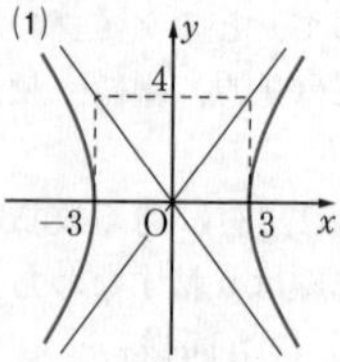

(2)
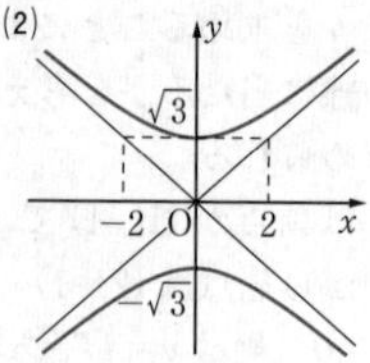

検討　(1) $\dfrac{x^2}{3^2}-\dfrac{y^2}{4^2}=1$

(2) $\dfrac{x^2}{2^2}-\dfrac{y^2}{(\sqrt{3})^2}=-1$

148

答　$\boldsymbol{\dfrac{x^2}{9}-\dfrac{y^2}{4}=1}$

検討　$\dfrac{x^2}{a^2}-\dfrac{y^2}{b^2}=1$ $(a>0,\ \ b>0)$ とおくと

$\sqrt{a^2+b^2}=\sqrt{13},\ \ \dfrac{b}{a}=\dfrac{2}{3}$

これを解いて　$a=3,\ \ b=2$

149

答　$\boldsymbol{x^2-\dfrac{y^2}{4}=-1}$

検討　$\dfrac{x^2}{a^2}-\dfrac{y^2}{b^2}=-1$ $(a>0,\ \ b>0)$ とおくと

$\sqrt{a^2+b^2}=\sqrt{5},\ \ 2b=4$

これを解いて　$a=1,\ \ b=2$

150

答　(1) **焦点：$(-1+\sqrt{13},\ 1)$，$(-1-\sqrt{13},\ 1)$　頂点：$(1,\ 1)$，$(-3,\ 1)$**

中心：$(-1,\ 1)$　漸近線：$y=\dfrac{3}{2}x+\dfrac{5}{2}$，$y=-\dfrac{3}{2}x-\dfrac{1}{2}$

(2) **焦点：$(1,\ 6)$，$(1,\ -4)$　頂点：$(1,\ 5)$，$(1,\ -3)$　中心：$(1,\ 1)$**

漸近線：$y=\dfrac{4}{3}x-\dfrac{1}{3}$，$y=-\dfrac{4}{3}x+\dfrac{7}{3}$

(1)
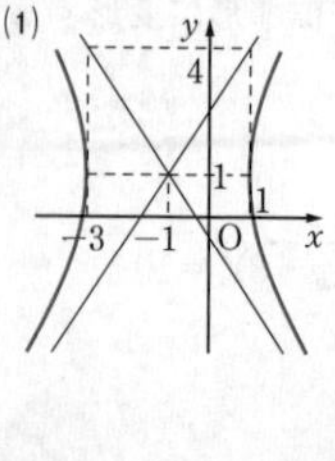

(2)
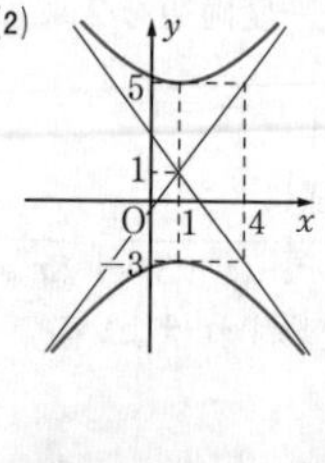

応用問題 本冊 p. 47

151

答　焦点：$\left(-\dfrac{b}{2a},\ -\dfrac{b^2-4ac-1}{4a}\right)$

頂点：$\left(-\dfrac{b}{2a},\ -\dfrac{b^2-4ac}{4a}\right)$　軸：$x=-\dfrac{b}{2a}$

準線：$y=-\dfrac{b^2-4ac+1}{4a}$

検討　$y=ax^2+bx+c=a\left(x+\dfrac{b}{2a}\right)^2-\dfrac{b^2-4ac}{4a}$

$a\neq0$ より　$\left(x+\dfrac{b}{2a}\right)^2=4\cdot\dfrac{1}{4a}\left(y+\dfrac{b^2-4ac}{4a}\right)$

よって，頂点と p がわかるので，焦点，準線，軸が決まる。

152

答　$y^2=12(x+1)$

検討　円の中心は $(x-2)^2+y^2=2^2$ より $(2,\ 0)$ でこれを焦点とし，$x=-4$ が準線であるから $\sqrt{(x-2)^2+y^2}=|x+4|$ より求められる。

153

答　(1) $(y-3)^2=-(x-9)$

(2) $S=\dfrac{1}{2}t^2(6-t)$ $(0\leqq t\leqq6)$

検討　(1) 題意より $(y-q)^2=a(x-p)$ とおける。

原点Oを通ることより　$q^2=-ap$　…①

点 $A(0,\ 6)$ を通ることより

$(6-q)^2=-ap$　…②

①，②より，$-ap$ を消去して　$q=3$

点 $B(8,\ 2)$ を通ることより　$1=8a-ap$

$-ap=q^2=9$ より　$a=-1$

①より　$p=9$

(2) $x=-y^2+6y$ より，Qの x 座標は

$-t^2+6t$ $(0\leqq t\leqq6)$ であるから

$S=\triangle OPQ=\dfrac{1}{2}OP\cdot PQ=\dfrac{1}{2}t(-t^2+6t)$

154

答　放物線 $y^2=2p(x-4p)$

検討　$y^2=4px$　…①

直角をはさむ2辺を表す直線の方程式を

$y=mx$　…②，$y=-\dfrac{1}{m}x$　…③　とし，原点以外の①，②の交点，①，③の交点をそれぞれ $P_1(x_1,\ y_1)$，$P_2(x_2,\ y_2)$ とすれば

$x_1=\dfrac{4p}{m^2}$ $(x_1\neq0)$，$y_1=\dfrac{4p}{m}$，

$x_2=4pm^2$ $(x_2\neq0)$，$y_2=-4pm$

したがって，斜辺の中点を $P(x,\ y)$ とすれば

$x=\dfrac{x_1+x_2}{2}=\dfrac{2p}{m^2}+2pm^2$　…④

$y=\dfrac{y_1+y_2}{2}=\dfrac{2p}{m}-2pm$　…⑤

④，⑤より m を消去すればよい。

155

答　双曲線 $(x-1)(y-1)=1$（ただし，原点を除く）

検討　$Q(\alpha,\ 0)$，$R(0,\ \beta)$ $(\alpha\neq0,\ \beta\neq0)$ とすると $P(\alpha,\ \beta)$ となる。

直線QRの方程式は　$\dfrac{x}{\alpha}+\dfrac{y}{\beta}=1$

点Aがこの上にあるから　$\dfrac{1}{\alpha}+\dfrac{1}{\beta}=1$

よって，点Pの軌跡を表す方程式は

$\dfrac{1}{x}+\dfrac{1}{y}=1$

$(x-1)(y-1)=1$　ただし，$x\neq0$，$y\neq0$

15 媒介変数表示

基本問題 本冊 p. 49

156

答　$x=4\cos\theta$，$y=4\sin\theta$

検討　$x^2+y^2=4^2$ より　$x=4\cos\theta$，$y=4\sin\theta$

157

答　(1) $(x-1)^2+\dfrac{(y+3)^2}{4}=1$

(2) $y=x^2-x+3$ $(x\geqq0)$

検討　(1) $\sin\theta=x-1$，$\cos\theta=\dfrac{1}{2}(y+3)$ を $\sin^2\theta+\cos^2\theta=1$ に代入すればよい。

(2) $t=\dfrac{x}{4}$ を $y=16t^2-4t+3$ に代入すればよい。

$t\geqq 0$ より　$x\geqq 0$

158

答　(1) 放物線 $\boldsymbol{y=2x^2+2x+2}$

(2) 放物線 $\boldsymbol{y=-6x^2-3}$

検討　(1) $y=-(x-t)^2+2t^2+2t+2$

頂点の座標を $(x,\ y)$ とすると

$x=t,\ y=2t^2+2t+2$

2式より t を消去すると　$y=2x^2+2x+2$

(2) (1)と同様にすればよい。

159

答　(1) $\boldsymbol{x=3\cos\theta+3,\ y=3\sin\theta}$

(2) $\boldsymbol{x=\dfrac{2}{\cos\theta}-1,\ y=3\tan\theta+1}$

検討　(1) $(x-3)^2+y^2=3^2$

これは円 $x^2+y^2=3^2$　すなわち $x=3\cos\theta$, $y=3\sin\theta$ を x 軸方向に3だけ平行移動したものであるから

$x=3\cos\theta+3,\ y=3\sin\theta$

(2) 与式は双曲線 $\dfrac{x^2}{2^2}-\dfrac{y^2}{3^2}=1$　すなわち

$x=\dfrac{2}{\cos\theta}$, $y=3\tan\theta$ を x 軸方向に -1, y 軸方向に1だけ平行移動したものであるから

$x=\dfrac{2}{\cos\theta}-1,\ y=3\tan\theta+1$

応用問題 ……………………… 本冊 p. 50

160

答　双曲線 $\boldsymbol{x^2-y^2=1}$ (ただし，点 $(-1,\ 0)$ を除く)

検討　$x=\dfrac{1+t^2}{1-t^2}$　…①　$y=\dfrac{2t}{1-t^2}$　…②

①より　$t^2(x+1)=x-1$

ここで，$x+1=\dfrac{2}{1-t^2}\neq 0$ であるから

$t^2=\dfrac{x-1}{x+1}$　…③　$t^2\geqq 0$ より　$\dfrac{x-1}{x+1}\geqq 0$

$x+1\neq 0$ かつ $(x+1)(x-1)\geqq 0$ と同値。

よって　$x<-1,\ 1\leqq x$　…④

②より，$(1-t^2)y=2t$ に③を代入すると

$t=\dfrac{y}{2}\left(1-\dfrac{x-1}{x+1}\right)=\dfrac{y}{x+1}$　…⑤

③，⑤より

$\dfrac{x-1}{x+1}=\left(\dfrac{y}{x+1}\right)^2$

よって　$x^2-y^2=1$

④より　$x\neq -1$

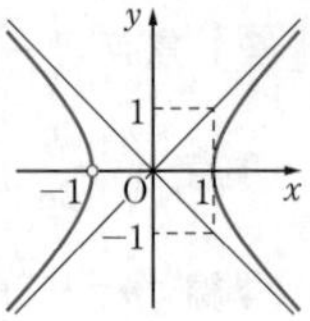

161

答　右の図

検討　$x^2=(\sin\theta+\cos\theta)^2$

$=1+\sin 2\theta=1+y$

よって　$y=x^2-1$

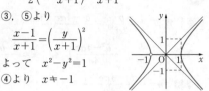

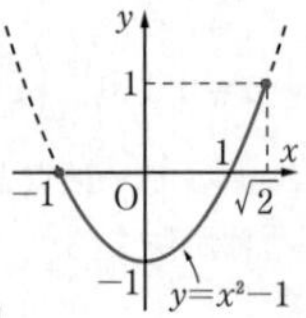

また，$x=\sqrt{2}\sin\left(\theta+\dfrac{\pi}{4}\right)$ より

$0\leqq\theta\leqq\pi$ のとき　$\dfrac{\pi}{4}\leqq\theta+\dfrac{\pi}{4}\leqq\dfrac{5}{4}\pi$

したがって　$-\dfrac{1}{\sqrt{2}}\leqq\sin\left(\theta+\dfrac{\pi}{4}\right)\leqq 1$

ゆえに　$-1\leqq x\leqq\sqrt{2}$

162

答　$\boldsymbol{\left(\dfrac{2+t^2}{2t},\ \dfrac{2-t^2}{2t}\right)}$ $(\boldsymbol{t\neq 0})$

検討　$y=x-t$ を $x^2-y^2=2$ に代入して

$x^2-(x-t)^2=2$　$2tx=2+t^2$　…①

$t=0$ のときは共有点をもたないから $t\neq 0$

①より　$x=\dfrac{2+t^2}{2t}$　$y=x-t=\dfrac{2-t^2}{2t}$

163

答　中心が原点，半径が1の円

検討　与式より　$(x-\cos t)^2+(y-\sin t)^2=1$

この円の中心は $(\cos t,\ \sin t)$ である。

$P(x,\ y)$ とすれば　$x=\cos t,\ y=\sin t$

よって　$x^2+y^2=1$

164

答　中心が点 $\left(\dfrac{\boldsymbol{a+b}}{\boldsymbol{2}},\ \boldsymbol{0}\right)$，半径が $\dfrac{|\boldsymbol{a-b}|}{\boldsymbol{2}}$ の円

検討　$0\leqq\theta\leqq\pi$ から　$0\leqq 2\theta\leqq 2\pi$

よって　$-1 \leqq \sin 2\theta \leqq 1$，$-1 \leqq \cos 2\theta \leqq 1$

$\cos^2\theta = \dfrac{1+\cos 2\theta}{2}$，$\sin^2\theta = \dfrac{1-\cos 2\theta}{2}$ より

与式に代入して　$x = \dfrac{a+b}{2} + \dfrac{a-b}{2}\cos 2\theta$

また，$y = \dfrac{a-b}{2}\sin 2\theta$ であるから

$$\left(x - \frac{a+b}{2}\right)^2 + y^2 = \left(\frac{a-b}{2}\right)^2$$

165

答　(1) **最大値：$\sqrt{5}$　最小値：$-\sqrt{5}$**

(2) **最大値：$\sqrt{6} + \dfrac{3\sqrt{2}}{2}$　最小値：$-\sqrt{6} + \dfrac{3\sqrt{2}}{2}$**

検討　(1) 与式より，$\dfrac{x^2}{3} + \dfrac{y^2}{2} = 1$ 上の点

P(x，y) は $x = \sqrt{3}\cos\theta$，$y = \sqrt{2}\sin\theta$ と表せるから

$$x - y = \sqrt{3}\cos\theta - \sqrt{2}\sin\theta = \sqrt{5}\sin(\theta + \alpha)$$

ここで，α は $\sin\alpha = \dfrac{\sqrt{3}}{\sqrt{5}}$，$\cos\alpha = -\dfrac{\sqrt{2}}{\sqrt{5}}$ を満たす角であり，$-1 \leqq \sin(\theta+\alpha) \leqq 1$ だから

$$-\sqrt{5} \leqq x - y \leqq \sqrt{5}$$

(2) 与式 $= 3\sqrt{2}\cos^2\theta - \sqrt{6}\sin\theta\cos\theta$

$$= 3\sqrt{2}\cdot\frac{1+\cos 2\theta}{2} - \frac{\sqrt{6}}{2}\sin 2\theta$$

$$= \sqrt{6}\sin\left(2\theta + \frac{2}{3}\pi\right) + \frac{3\sqrt{2}}{2}$$

ここで，$-1 \leqq \sin\left(2\theta + \dfrac{2}{3}\pi\right) \leqq 1$ だから

$$-\sqrt{6} + \frac{3\sqrt{2}}{2} \leqq \sqrt{2}x^2 - xy \leqq \sqrt{6} + \frac{3\sqrt{2}}{2}$$

テスト対策

楕円 $\dfrac{x^2}{a^2} + \dfrac{y^2}{b^2} = 1$ 上の点 P(x，y) は，

$\boldsymbol{x = a\cos\theta}$，$\boldsymbol{y = b\sin\theta}$ と表せる。

166

答　**双曲線 $(x-a)^2 - y^2 = a^2$**

検討　$x + y\sin\theta = a(1+\cos\theta)$　…①

$x\sin\theta + y = a\sin\theta$　…②

②から　$(x-a)\sin\theta = -y$　…③

$x = a$ とすると，③から $y = 0$ となり，

①から，$a = a(1+\cos\theta)$ となる。

$a > 0$ だから，$\cos\theta = 0$ となり仮定に反する。

したがって　$x \neq a$

よって，③から　$\sin\theta = \dfrac{-y}{x-a}$　…④

④を①に代入して

$\cos\theta = \dfrac{(x-a)^2 - y^2}{a(x-a)}$　…⑤

④，⑤を $\sin^2\theta + \cos^2\theta = 1$ に代入し，両辺に $a^2(x-a)^2$ を掛けると

$$a^2y^2 + \{(x-a)^2 - y^2\}^2 = a^2(x-a)^2$$

$$\{(x-a)^2 - y^2\}\{(x-a)^2 - y^2 - a^2\} = 0$$

ここで⑤で $\cos\theta \neq 0$ から　$(x-a)^2 - y^2 \neq 0$

よって　$(x-a)^2 - y^2 - a^2 = 0$

16 極座標と極方程式

基本問題　本冊 p. 53

167

答　(1) **(1，$\sqrt{3}$)**　(2) $\left(\dfrac{\sqrt{3}}{2}, -\dfrac{3}{2}\right)$　(3) **(0，3)**

検討　極座標の (r，θ) は，直交座標では ($r\cos\theta$，$r\sin\theta$)

168

答　(1) $\left(2\sqrt{2}, \dfrac{3}{4}\pi\right)$　(2) $\left(2, \dfrac{\pi}{3}\right)$

(3) $\left(6, \dfrac{11}{6}\pi\right)$

検討　(x，y) $\longrightarrow$ $r = \sqrt{x^2+y^2}$，

$\cos\theta = \dfrac{x}{r}$，$\sin\theta = \dfrac{y}{r}$ で (r，θ) が求まる。

(1) $r = \sqrt{(-2)^2 + 2^2} = 2\sqrt{2}$，$\cos\theta = \dfrac{-2}{2\sqrt{2}} = -\dfrac{1}{\sqrt{2}}$，

$\sin\theta = \dfrac{2}{2\sqrt{2}} = \dfrac{1}{\sqrt{2}}$，$0 \leqq \theta < 2\pi$ のとき $\theta = \dfrac{3}{4}\pi$

169

答　(1) $\sqrt{7}$　(2) $\sqrt{2}$

検討　(1) 余弦定理より

$PQ^2=1^2+2^2-2\cdot1\cdot2\cos\frac{2}{3}\pi=7$　　$PQ=\sqrt{7}$

(2) 同様にすればよい。

170

答　極座標，直交座標の順に

(1) $\left(3,\ \frac{5}{6}\pi\right)$，$\left(-\frac{3\sqrt{3}}{2},\ \frac{3}{2}\right)$

(2) $\left(2\sqrt{3},\ \frac{\pi}{6}\right)$，$(3,\ \sqrt{3})$

171

答　(1) $\boldsymbol{r=\sqrt{2}}$

(2) $\boldsymbol{r^2+4r(\cos\theta-\sin\theta)+6=0}$

検討　(1) $x=r\cos\theta$，$y=r\sin\theta$ であるから

これらを $x^2+y^2=2$ に代入して

$r^2\cos^2\theta+r^2\sin^2\theta=2$

$r^2=2$　　$r>0$ として　$r=\sqrt{2}$

(2) 同様にすればよい。

172

答　(1) $\boldsymbol{x-\sqrt{3}y=2}$　(2) $\boldsymbol{y^2=x}$

(3) $\boldsymbol{y^2=-2\left(x-\frac{1}{2}\right)}$

(4) $\boldsymbol{(x+3)^2+(y-2)^2=13}$　(5) $\boldsymbol{xy=2}$

検討　(1) 与式より　$\frac{1}{2}r\cos\theta-\frac{\sqrt{3}}{2}r\sin\theta=1$

$r\cos\theta=x$，$r\sin\theta=y$ であるから

$x-\sqrt{3}y=2$

(2) 与式より　$r\sin^2\theta=\cos\theta$

両辺に r を掛けて　$(r\sin\theta)^2=r\cos\theta$

よって　$y^2=x$

(3) 与式より　$r+r\cos\theta=1$

$r=\sqrt{x^2+y^2}$，$r\cos\theta=x$ であるから

$\sqrt{x^2+y^2}+x=1$　$\sqrt{x^2+y^2}=1-x$

両辺を2乗して整理すると　$y^2=-2x+1$

(4) 与式の両辺に r を掛けて

$r^2=4r\sin\theta-6r\cos\theta$

$x^2+y^2=4y-6x$　　$(x+3)^2+(y-2)^2=13$

(5) 与式より　$2r\sin\theta\cdot r\cos\theta=4$

よって　$xy=2$

テスト対策

極方程式を直交座標の方程式に直すには，

$\boldsymbol{r=\sqrt{x^2+y^2}}$，$\boldsymbol{r\cos\theta=x}$，$\boldsymbol{r\sin\theta=y}$

を代入する。

173

答　(1) $\boldsymbol{r=2r_0\cos(\theta-\theta_0)}$

(2) 与式より

$$\boldsymbol{r=2\left(\frac{\sqrt{3}}{2}\cos\theta+\frac{1}{2}\sin\theta\right)}$$
$$\boldsymbol{=2\left(\cos\theta\cos\frac{\pi}{6}+\sin\theta\sin\frac{\pi}{6}\right)}$$
$$\boldsymbol{=2\cos\left(\theta-\frac{\pi}{6}\right)}$$

よって，(1)の結果より，中心 $\left(1,\ \frac{\pi}{6}\right)$ 半径1の円を表す。

検討　(1) 円上の任意の点を $P(r,\ \theta)$ とし，直径 OA をとる。

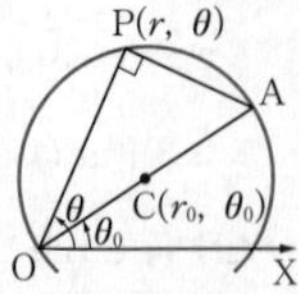

$\angle AOP=|\theta-\theta_0|$

点Pが極OおよびA以外の点であるとき $OP\perp AP$ だから

$OP=OA\cos\angle AOP$

よって　$r=2r_0\cos(\theta-\theta_0)$　…①

ここで $\theta=\theta_0$ のとき　$r=2r_0\cos(\theta_0-\theta_0)=2r_0$

したがって　$A(2r_0,\ \theta_0)$ は①を満たす。

また，$\cos(\theta-\theta_0)=0$ となる θ が存在するので，極Oも①を満たす。ゆえに，点PがO，Aの場合も含めて，求める円の極方程式は

$r=2r_0\cos(\theta-\theta_0)$

174

答　(1) $\boldsymbol{r=4\cos\theta}$　(2) $\boldsymbol{r\cos\left(\theta-\frac{\pi}{3}\right)=3}$

検討　(1) 点 $A(4,\ 0)$ をとり，円周上の点を $P(r,\ \theta)$ とすると　$\cos\theta=\frac{OP}{OA}=\frac{r}{4}$

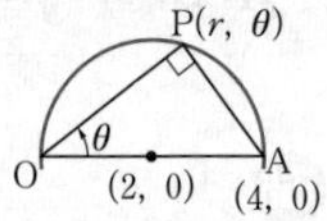

よって　$r=4\cos\theta$

(2) 右の図より

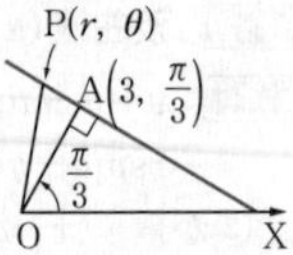

$\cos\left(\theta-\frac{\pi}{3}\right)=\frac{OA}{OP}=\frac{3}{r}$

よって　$r\cos\left(\theta-\dfrac{\pi}{3}\right)=3$

応用問題 ……………… 本冊 p. 55

175

答

(1)

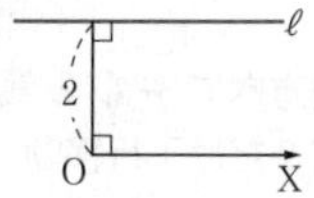

(2)

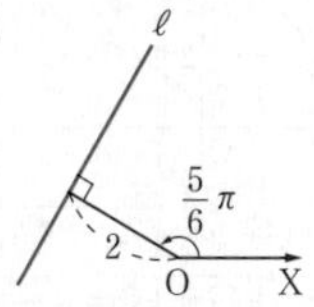

検討 (1) 与式より　$r\cos\left(\theta-\dfrac{\pi}{2}\right)=2$

(2) $\sin\theta-\sqrt{3}\cos\theta=2\left(-\dfrac{\sqrt{3}}{2}\cos\theta+\dfrac{1}{2}\sin\theta\right)$

$=2\cos\left(\theta-\dfrac{5}{6}\pi\right)$ だから　$r\cos\left(\theta-\dfrac{5}{6}\pi\right)=2$

176

答　$\boldsymbol{r(\cos\theta-3\sqrt{3}\sin\theta)=-4\sqrt{3}}$

検討　2 点 A，B を直交座標で表すと A$(2\sqrt{3},\ 2)$，B$(-\sqrt{3},\ 1)$ で，この 2 点を通る直線の式は　$y=\dfrac{1}{3\sqrt{3}}(x+\sqrt{3})+1$

極方程式に直すために $x=r\cos\theta$，$y=r\sin\theta$ を代入して，整理すれば

$r(\cos\theta-3\sqrt{3}\sin\theta)=-4\sqrt{3}$

177

答　$\boldsymbol{\alpha=\dfrac{5}{12}\pi}$

検討　2 直線の式は三角関数の合成を用いると

$r\cos\left(\theta-\dfrac{\pi}{6}\right)=2$ …①

$r\cos\left(\theta+\dfrac{\pi}{4}\right)=\sqrt{2}$ …②

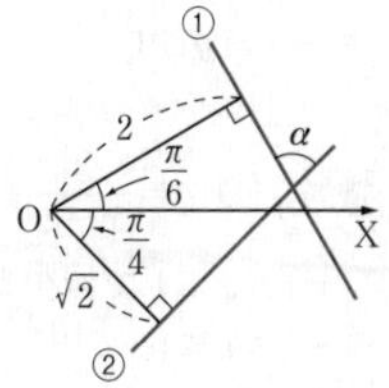

①，②を図示すると右の図のようになる。求める角 α は

$\alpha=\dfrac{\pi}{6}+\dfrac{\pi}{4}=\dfrac{5}{12}\pi$

178

答

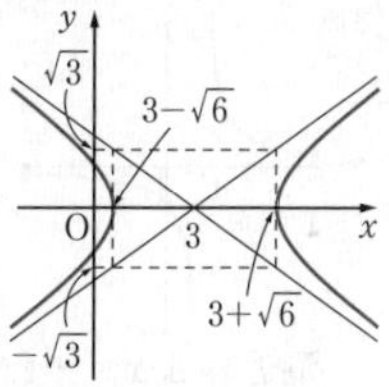

(1) $\boldsymbol{\dfrac{(x-3)^2}{6}-\dfrac{y^2}{3}=1}$

(2) $\boldsymbol{a=1,\ \ k=\dfrac{\sqrt{6}}{2}}$

検討 (1) 極方程式を変形して

$2r+\sqrt{6}r\cos\theta=\sqrt{6}$

$r\cos\theta=x$，$r=\sqrt{x^2+y^2}$ であるから

$2\sqrt{x^2+y^2}+\sqrt{6}x=\sqrt{6}$ より

$2\sqrt{x^2+y^2}=\sqrt{6}(1-x)$

両辺を 2 乗して整理すれば

$x^2-6x-2y^2=-3$　…①

(2) kPH＝OP から　$k^2\mathrm{PH}^2=\mathrm{OP}^2$

よって　$k^2(x-a)^2=x^2+y^2$　…②

①，②より，y^2 を消去して

$k^2(x^2-2ax+a^2)=\dfrac{3}{2}x^2-3x+\dfrac{3}{2}$

P$(x,\ y)$ が動くとき，k が一定とすると，この等式は x の恒等式である。

よって　$k^2=\dfrac{3}{2}$，$2ak^2=3$，$a^2k^2=\dfrac{3}{2}$

$k>0$ であるから　$k=\dfrac{\sqrt{6}}{2}$　よって　$a=1$

17 分数関数と無理関数

基本問題 ……………… 本冊 p. 57

179

答

(1)

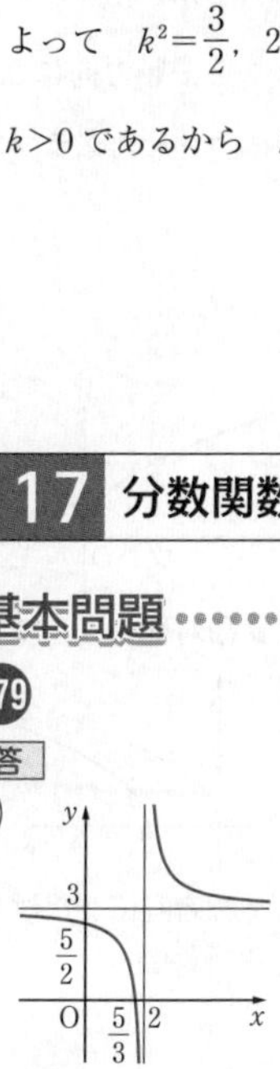

漸近線は $\boldsymbol{x=2}$，$\boldsymbol{y=3}$

(2)

漸近線は $\boldsymbol{x=-1}$，$\boldsymbol{y=-2}$

(3)

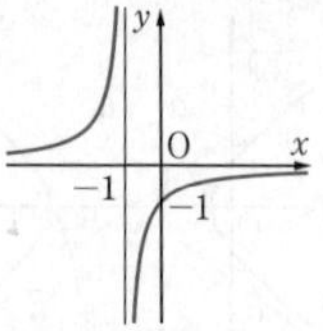

漸近線は $x=-1$, $y=0$

(4)

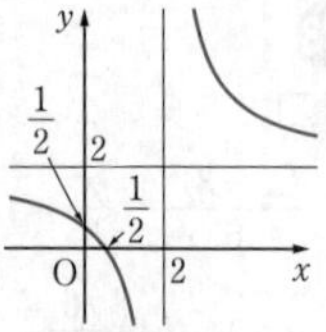

漸近線は $x=2$, $y=2$

(5)

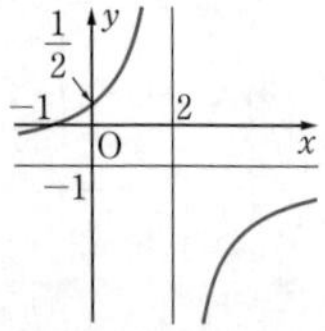

漸近線は $x=2$, $y=-1$

検討 (4) $y=\dfrac{2x-1}{x-2}=\dfrac{3}{x-2}+2$

よって，$y=\dfrac{3}{x}$ のグラフを x 軸方向に 2，y 軸方向に 2 だけ平行移動させたグラフである。

(5) $y=-\dfrac{x+1}{x-2}=-\dfrac{3}{x-2}-1$

よって，$y=-\dfrac{3}{x}$ のグラフを x 軸方向に 2，y 軸方向に -1 だけ平行移動させたグラフである。

180

答

(1)

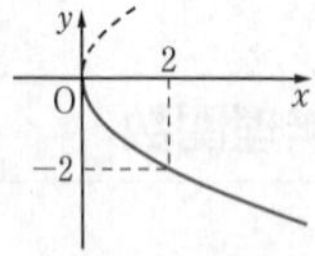

x 軸対称

(2)

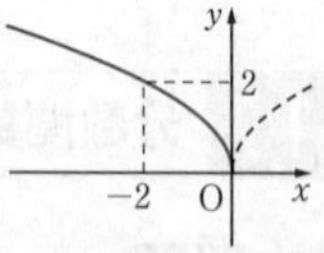

y 軸対称

(3)

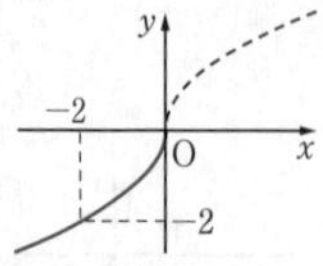

原点対称

(4)

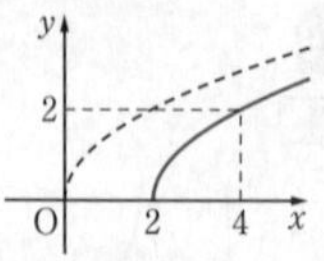

x 軸方向に 2 だけ平行移動

(5)

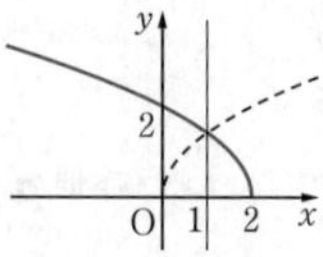

y 軸に関して対称移動し，それを x 軸方向に 2 だけ平行移動
または
直線 $x=1$ に関して対称

(6)

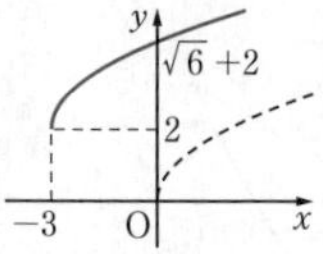

x 軸方向に -3，y 軸方向に 2 だけ平行移動

検討 (4) $y=\sqrt{2x-4}=\sqrt{2(x-2)}$

(5) $y=\sqrt{-2x+4}=\sqrt{-2(x-2)}$

(6) $y=\sqrt{2x+6}+2=\sqrt{2(x+3)}+2$

181

答 $a=2$, $y=\dfrac{x+1}{x-2}$

検討 漸近線が $x=a$, $y=1$ だから，求める分数関数は $y=\dfrac{k}{x-a}+1$ とおける。2 点 $(1,\ -2)$, $(-1,\ 0)$ を通るから上式に代入して　$-2=\dfrac{k}{1-a}+1$, $0=\dfrac{k}{-1-a}+1$

これを解いて　$k=3$, $a=2$

182

答

(1)

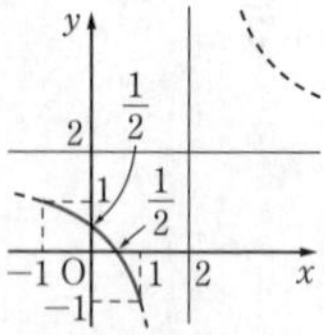

$-1\leqq y\leqq 1$

(2)

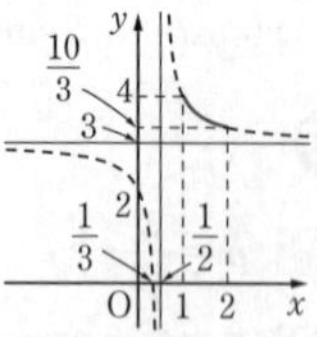

$\dfrac{10}{3}\leqq y\leqq 4$

検討 (1) $y=\dfrac{3}{x-2}+2$ と変形できて，

$-1\leqq x\leqq 1$ で減少となるから，値域は

$-1\leqq y\leqq 1$

(2) $y=\dfrac{1}{2x-1}+3$ と変形できて，$1\leqq x\leqq 2$ で減少となるから，値域は　$\dfrac{10}{3}\leqq y\leqq 4$

183

答　$\boldsymbol{k=4}$

検討　$y=\dfrac{k}{2x}$ のグラフを x 軸方向に 1，y 軸方向に -1 だけ平行移動したグラフの式は

$y+1=\dfrac{k}{2(x-1)}$　　$y=\dfrac{-2x+k+2}{2x-2}$

$y=\dfrac{-2x+6}{2x-2}$ と比較して　$6=k+2$

よって　$k=4$

応用問題 ……………………… 本冊 p. 59

184

答　(1) $\boldsymbol{-2\leqq x<-1,\ 3\leqq x}$
(2) $\boldsymbol{x<0,\ 1\leqq x\leqq 2}$

検討　(1) $\dfrac{2x+6}{x+1}\leqq x$ を変形して　$\dfrac{4}{x+1}\leqq x-2$

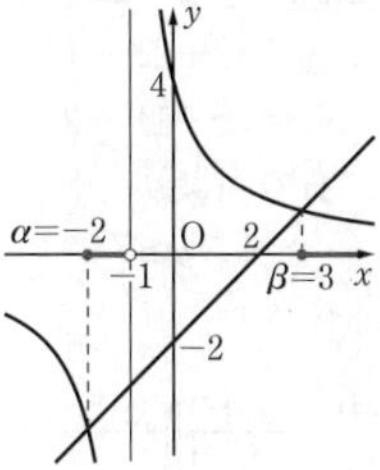

$y=\dfrac{4}{x+1}$ と $y=x-2$ のグラフの交点の x 座標を右の図のように α，β $(\alpha<\beta)$ とする。

$\dfrac{4}{x+1}=x-2$ より　$(x+2)(x-3)=0$

　$x=-2,\ 3$

よって，$\alpha=-2$，$\beta=3$ で，求める x の値の範囲はグラフより　$-2\leqq x<-1,\ 3\leqq x$

(2) $\dfrac{-3x+2}{x}\leqq -x$ を変形して

$\dfrac{x^2-3x+2}{x}\leqq 0$　$\dfrac{(x-1)(x-2)}{x}\leqq 0$

分母$\neq 0$ より $x\neq 0$ だから，両辺に x^2 (>0) を掛けて

　$x(x-1)(x-2)\leqq 0$

$f(x)=x(x-1)(x-2)$ とおけば，$y=f(x)$ のグラフは右の図のようになり，求める x の値の範囲は

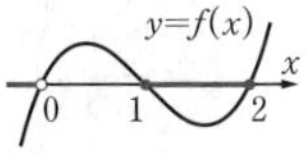

　$x<0,\ 1\leqq x\leqq 2$

185

答　(1) $\boldsymbol{-1\leqq x\leqq 3}$　(2) $\boldsymbol{x>1}$

検討　(1) 根号内は正または0より

$x+1\geqq 0$　$x\geqq -1$

$y=-x+5$ と $y=\sqrt{x+1}$ のグラフの交点の x 座標を α とする。

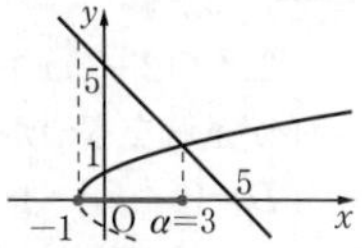

　$-x+5=\sqrt{x+1}$

　$(-x+5)^2=x+1$　　$(x-3)(x-8)=0$

よって　$x=3,\ 8$

グラフより　$\alpha=3$

$y=-x+5$ のグラフが $y=\sqrt{x+1}$ のグラフより上にあるか，2つのグラフが共有点をもてばよいから　$-1\leqq x\leqq 3$

(2) $x+3\geqq 0$ より $x\geqq -3$

$y=x+1$ と $y=\sqrt{x+3}$ のグラフの交点の x 座標を α とする。

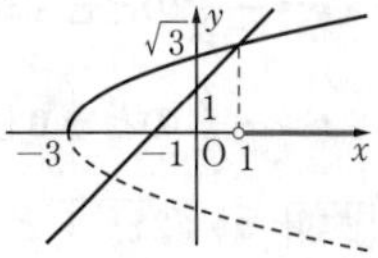

　$x+1=\sqrt{x+3}$

　$(x+1)^2=x+3$　　$(x+2)(x-1)=0$

よって　$x=-2,\ 1$

グラフより　$\alpha=1$

$y=x+1$ のグラフが $y=\sqrt{x+3}$ のグラフより上にあればよいから　$x>1$

186

答　$\boldsymbol{k=-\dfrac{1}{2}}$

検討　$y=\sqrt{2x-2}$　…①　$y=x+k$　…②

とおいて①，②のグラフが接する場合の k の値を求める。

$\sqrt{2x-2}=x+k$ の両辺を2乗して整理すると

　$x^2+2(k-1)x+k^2+2=0$　…③

方程式③が重解をもつから判別式を D とすると

$\dfrac{D}{4}=(k-1)^2-(k^2+2)$

　$=-2k-1=0$

よって　$k=-\dfrac{1}{2}$

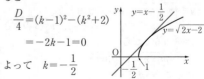

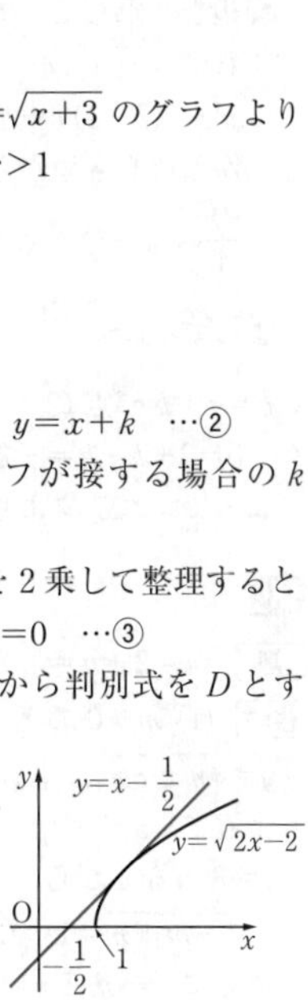

図より適する。

187

答　$\boldsymbol{k=-6,\ 2}$

検討　$\dfrac{2}{x+1}=-2x+k$ を変形して整理すれば

$2x^2+(2-k)x+2-k=0$　…①

①が重解をもつから判別式を D とすると

$D=(2-k)^2-4\cdot2(2-k)$

$\quad=(k+6)(k-2)=0$

よって　$k=-6,\ 2$

188

答　$\boldsymbol{k<-2}$ **のとき1個**

$\boldsymbol{-2\leqq k<-\dfrac{3}{2}}$ **のとき2個**

$\boldsymbol{k=-\dfrac{3}{2}}$ **のとき1個**

$\boldsymbol{k>-\dfrac{3}{2}}$ **のとき0個**

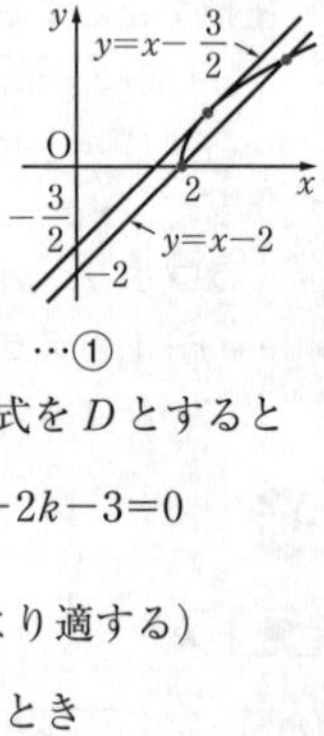

検討　$y=\sqrt{2x-4}$ と

$y=x+k$ が接するとき

$\sqrt{2x-4}=x+k$

両辺を2乗して，整理すれば

$x^2+2(k-1)x+k^2+4=0$　…①

①が重解をもつから，判別式を D とすると

$\dfrac{D}{4}=(k-1)^2-(k^2+4)=-2k-3=0$

よって　$k=-\dfrac{3}{2}$（グラフより適する）

$y=x+k$ が点 $(2,\ 0)$ を通るとき

$0=2+k$　$k=-2$

よって，グラフより求められる。

189

答　$\boldsymbol{m=2,\ n=3}$　**または**　$\boldsymbol{m=-2,\ n=7}$

検討　(i) $m>0$ のとき

$y=\sqrt{mx+n}$ は単調に増加する。

よって，$x=-1$ のとき $y=1$，$x=3$ のとき $y=3$ となるから

$\sqrt{-m+n}=1,\ \sqrt{3m+n}=3$

ゆえに　$-m+n=1,\ 3m+n=9$

これを解いて　$m=2,\ n=3$

これは $m>0$ を満たしているので適する。

(ii) $m<0$ のとき

$y=\sqrt{mx+n}$ は単調に減少するから

$\sqrt{-m+n}=3,\ \sqrt{3m+n}=1$

ゆえに　$-m+n=9,\ 3m+n=1$

これを解いて　$m=-2,\ n=7$

これは $m<0$ を満たしているので適する。

(iii) $m=0$ のとき

$y=\sqrt{n}$ は定数であるから条件を満たさない。

18　逆関数と合成関数

基本問題 本冊 p. 61

190

答　(1) $\boldsymbol{-5\leqq y\leqq1}$　(2) $\boldsymbol{-1\leqq y\leqq7}$

(3) $\boldsymbol{-\dfrac{7}{2}\leqq y\leqq-3}$　(4) $\boldsymbol{0\leqq y\leqq2}$

検討　(1) $y=2x-3$ は単調に増加する。

(2) $y=x^2+2x-1$

$\quad=(x+1)^2-2$

右の図より

$-1\leqq y\leqq7$

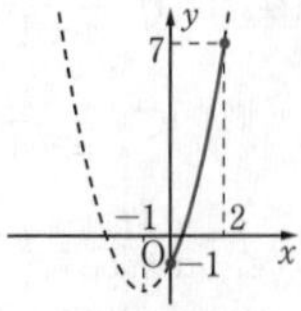

(3)

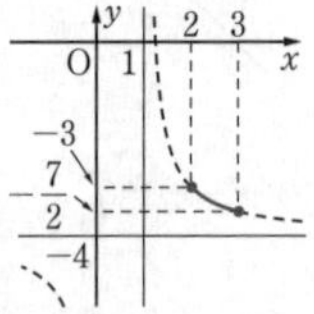

(4)

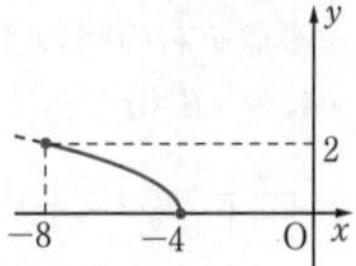

191

答　(1) $\boldsymbol{y=-\dfrac{1}{3}x-\dfrac{1}{3}}$　(2) $\boldsymbol{y=\dfrac{1}{3}x-\dfrac{2}{3}}$

(3) $\boldsymbol{y=-x+2\ (-2<x\leqq1)}$

(4) $\boldsymbol{y=\dfrac{1}{3}x+\dfrac{2}{3}\ (-2\leqq x<7)}$

検討　(1) $y=-3x-1$　…①とおく。

①を x について解くと

$x=-\dfrac{1}{3}y-\dfrac{1}{3}$　…②

求める逆関数は，②で x と y を入れかえて

$y=-\dfrac{1}{3}x-\dfrac{1}{3}$

(2) (1)と同様にすればよい。

(3) $y=-x+2$ …①とおく。①の定義域は $1\leqq x<4$ だから，値域は $-2<y\leqq 1$ …②

①を x について解くと $x=-y+2$ …③

求める逆関数は，③で x と y を入れかえて

$y=-x+2$

また，①の値域が②であるから，逆関数の定義域は $-2<x\leqq 1$

(4) (3)と同様にすればよい。

192

答 (1) $(g\circ f)(x)=(x-1)^2$,

$(f\circ g)(x)=x^2-1$

(2) $(g\circ f)(x)=3-x$, $(f\circ g)(x)=\sqrt{3-x^2}$

(3) $(g\circ f)(x)=x$, $(f\circ g)(x)=x$

(4) $(g\circ f)(x)=\dfrac{2}{x}$ $(x\neq 1)$,

$(f\circ g)(x)=\dfrac{x+1}{x-1}$ $(x\neq -1)$

検討 (1) $(g\circ f)(x)=g(f(x))=\{f(x)\}^2$

$=(x-1)^2$

$(f\circ g)(x)=f(g(x))=g(x)-1=x^2-1$

(2) $(g\circ f)(x)=g(f(x))=3-\{f(x)\}^2=3-(\sqrt{x})^2$

$=3-x$

$(f\circ g)(x)=f(g(x))=\sqrt{g(x)}=\sqrt{3-x^2}$

(3) $(g\circ f)(x)=g(f(x))=\log_a f(x)=\log_a a^x$

$=x\log_a a=x$

$(f\circ g)(x)=f(g(x))=a^{g(x)}=a^{\log_a x}=x$

(4) $(g\circ f)(x)=g(f(x))=\dfrac{2f(x)}{f(x)+1}=\dfrac{\dfrac{2}{x-1}}{\dfrac{1}{x-1}+1}$

$=\dfrac{2}{x}$

$(f\circ g)(x)=f(g(x))=\dfrac{1}{g(x)-1}=\dfrac{1}{\dfrac{2x}{x+1}-1}$

$=\dfrac{x+1}{x-1}$

193

答 (1) $y=\sqrt{x+2}$ $(x\geqq -2)$

(2) $y=x^2-1$ $(x\geqq 0)$

(3) $y=\sqrt{x+4}-2$ $(x\geqq 5)$

(4) $y=-\dfrac{x+1}{x-1}$ $(-1\leqq x<1)$

検討 (1) $y=x^2-2$ …①

$x\geqq 0$ …②とおく。

②の範囲での①のグラフは右の図の実線部分となる。

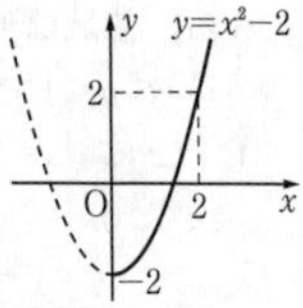

したがって，その値域は $y\geqq -2$ …③

①を x について解くと

$x=\pm\sqrt{y+2}$

②の範囲では

$x=\sqrt{y+2}$ …④

逆関数は，④で x と y を入れかえて

$y=\sqrt{x+2}$

逆関数の定義域は，③から $x\geqq -2$

(2) $y=\sqrt{x+1}$ …①とおくと，①の値域は

$y\geqq 0$ …②

①を x について解くと $x=y^2-1$ …③

逆関数は，③で x と y を入れかえて

$y=x^2-1$

逆関数の定義域は，②から $x\geqq 0$

(3) $y=x^2+4x$ …①

$x\geqq 1$ …②とおく。

①を変形すると

$y=(x+2)^2-4$ …③

となるから，②の範囲での①のグラフは，右の図の実線部分となる。

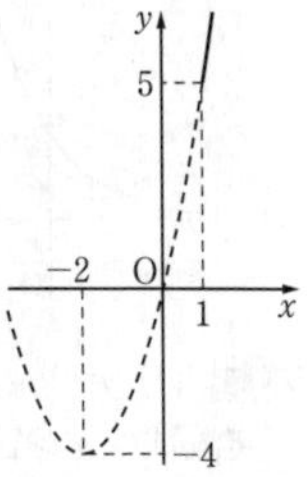

したがって，その値域は

$y\geqq 5$ …④

①を x について解くと，③から

$x+2=\pm\sqrt{y+4}$

②の範囲では，$x+2>0$ であるから

$x+2=\sqrt{y+4}$

よって $x=\sqrt{y+4}-2$ …⑤

逆関数は，⑤で x と y を入れかえて

$y=\sqrt{x+4}-2$

逆関数の定義域は，④から $x\geqq 5$

(4) $y=\dfrac{x-1}{x+1}$ …① $x\geqq 0$ …②とおく。

①を変形すると $y=1-\dfrac{2}{x+1}$ となるから，

②の範囲での①のグラフは，右の図の実線部分となる。値域は

$-1 \leqq y < 1$ …③

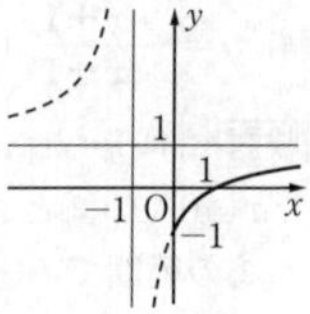

①を x について解くと

$y \neq 1$ より

$x = -\dfrac{y+1}{y-1}$ …④

逆関数は，④で x と y を入れかえて

$y = -\dfrac{x+1}{x-1}$

逆関数の定義域は，③から　$-1 \leqq x < 1$

応用問題 ……………………… 本冊 *p. 62*

194

答 (1) $\boldsymbol{y = 2^{x+1} + 1}$　**定義域は実数全体**

値域は $\boldsymbol{y > 1}$

(2) $\boldsymbol{y = \log_{\frac{1}{3}}(x+1) - 1}$　**定義域は $\boldsymbol{x > -1}$**

値域は実数全体

(1)

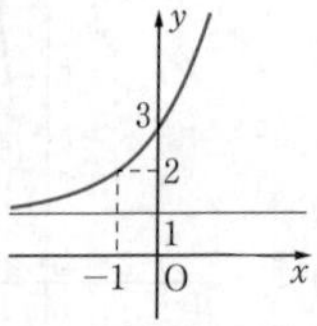

(2)

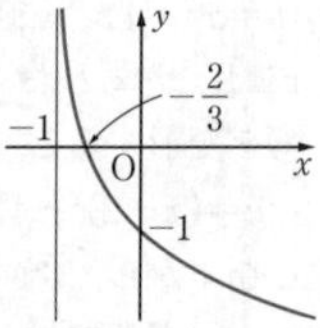

検討 (1) $y = \log_2(x-1) - 1$ …①について

定義域は $x > 1$，値域は実数全体 …②

①より，$\log_2(x-1) = y + 1$ だから

$x = 2^{y+1} + 1$

逆関数は上式で x と y を入れかえて

$y = 2^{x+1} + 1$

②より，定義域は実数全体，値域は $y > 1$

(2) $y = \left(\dfrac{1}{3}\right)^{x+1} - 1$ …①について

定義域は実数全体，値域は $y > -1$ …②

①より，$\left(\dfrac{1}{3}\right)^{x+1} = y + 1$ だから

$x = \log_{\frac{1}{3}}(y+1) - 1$

逆関数は上式で x と y を入れかえて

$y = \log_{\frac{1}{3}}(x+1) - 1$

②より，定義域は $x > -1$，値域は実数全体

195

答 $\boldsymbol{h(x) = 3x + 10}$

検討 $h(x)$ は1次関数であるから

$h(x) = ax + b$ $(a \neq 0)$ とおく。

$(h \circ f)(x) = h(f(x)) = af(x) + b$

$= ax - 2a + b$

$(h \circ f)(x) = g(x)$ より　$ax - 2a + b = 3x + 4$

この式は x の恒等式であるから

$a = 3$，$b = 10$

したがって　$h(x) = 3x + 10$

196

答 (1) $\boldsymbol{h(x) = \dfrac{x^2 - 2}{2}}$

(2) $\boldsymbol{k(x) = \dfrac{x^2 - 6x + 13}{4}}$

検討 (1) $g(h(x)) = f(x)$ より

$2h(x) + 3 = x^2 + 1$　　$h(x) = \dfrac{x^2 - 2}{2}$

(2) $t = g(x)$ とおくと　$t = 2x + 3$

よって　$x = \dfrac{t-3}{2}$

$k(g(x)) = f(x)$ より

$k(t) = \left(\dfrac{t-3}{2}\right)^2 + 1 = \dfrac{t^2 - 6t + 13}{4}$

よって　$k(x) = \dfrac{x^2 - 6x + 13}{4}$

197

答 $\boldsymbol{a = 2,\ b = -4,\ c = -3}$

検討 $x = 3$ が漸近線だから　$c = -3$

$f^{-1}(0) = 2$ より　$f(2) = 0$

$y = f(x)$ と $y = f^{-1}(x)$ のグラフの共有点が

(1, 1) であるから　$f(1) = 1$

よって　$\dfrac{2a+b}{2-3} = 0$ …①　$\dfrac{a+b}{1-3} = 1$ …②

①，②を解いて　$a = 2$，$b = -4$

198

答 $\boldsymbol{a = 1,\ b = 4,\ c = \dfrac{1}{2}}$

検討 $y=a+\dfrac{b}{2x-1}$ の逆関数を求める。

x について解くと

$$x=\frac{1}{2}+\frac{b}{2(y-a)} \quad \cdots①$$

逆関数は，①において，x と y を入れかえて

$$y=\frac{1}{2}+\frac{b}{2(x-a)} \quad \cdots②$$

条件より，②の右辺と $c+\dfrac{2}{x-1}$ が一致するから

$$a=1,\ \frac{b}{2}=2,\ c=\frac{1}{2}$$

199

答 $\boldsymbol{a=-1}$，$\boldsymbol{b}$ **は任意の実数**
または $\boldsymbol{a=1}$，$\boldsymbol{b=0}$

検討 $y=ax+b$ とおくと

$a=0$ のとき，$y=b$ となり，逆関数は存在しない。

$a\neq0$ のとき，$x=\dfrac{y-b}{a}$ で x，y を入れかえて

$$y=\frac{x-b}{a} \quad よって \quad f^{-1}(x)=\frac{x-b}{a}$$

題意より $f(x)=f^{-1}(x)$ であるから

$$ax+b=\frac{x-b}{a} \qquad (a+1)\{(a-1)x+b\}=0$$

x についての恒等式であるから

$a=-1$，b は任意の実数

または　$a=1$，$b=0$

19 数列の極限

基本問題 本冊 p. 66

200

答 (1) 正の無限大に発散する。
(2) **0** に収束する。
(3) 負の無限大に発散する。
(4) 発散(振動)する。

検討 一般項は (1) $\dfrac{n+2}{3}$ (2) $\left(-\dfrac{1}{3}\right)^{n-1}$

(3) $4-2n$ (4) 奇数項は 2，偶数項は 1 で振動する。

201

答 (1) **2**，$\boldsymbol{\frac{3}{2}}$，$\boldsymbol{\frac{4}{3}}$，$\boldsymbol{\frac{5}{4}}$　**1** に収束する。
(2) **3，6，9，12**　正の無限大に発散する。
(3) **1，−2，−5，−8**　負の無限大に発散する。

検討 (1) $\displaystyle\lim_{n\to\infty}\left(1+\frac{1}{n}\right)=1$

(2) $\displaystyle\lim_{n\to\infty}3n=\infty$

(3) $\displaystyle\lim_{n\to\infty}(4-3n)=-\infty$

202

答 (1) 正の無限大に発散する。
(2) 発散(振動)する。
(3) **0** に収束する。

検討 (1) $\displaystyle\lim_{n\to\infty}\sqrt{n+1}=\infty$

(2) $\displaystyle\lim_{n\to\infty}\{(-1)^n+2\}$ は n が奇数のときは 1，n が偶数のときは 3 であるから，n がいくら大きくなっても一定の値には近づかない。また，∞，$-\infty$ に発散するわけでもない。

(3) $\displaystyle\lim_{n\to\infty}\left(-\frac{2}{n^2}\right)=0$

203

答 (1) **3** (2) $\boldsymbol{\frac{2}{3}}$ (3) $\boldsymbol{\frac{5}{2}}$ (4) **0**

検討 (1) 与式$=\displaystyle\lim_{n\to\infty}\frac{3-\frac{4}{n}}{1-\frac{1}{n}}=3$

(2) 与式$=\displaystyle\lim_{n\to\infty}\frac{2+\frac{4}{n}}{3-\frac{4}{n^2}}=\frac{2}{3}$

(3) 与式$=\displaystyle\lim_{n\to\infty}\frac{\left(\frac{2}{n}+1\right)\left(5-\frac{1}{n}\right)}{2+\frac{1}{n^2}}=\frac{5}{2}$

(4) 与式$=\displaystyle\lim_{n\to\infty}\frac{\frac{3}{n}+\frac{5}{n^3}}{\left(1-\frac{1}{n}\right)\left(1+\frac{1}{n}\right)}=0$

204

答　(1) **1**　(2) **−∞**　(3) **−1**　(4) **∞**

検討　(1) 与式$=\lim_{n\to\infty}\frac{n^2+2n-3-n^2}{\sqrt{n^2+2n-3}+n}$

$$=\lim_{n\to\infty}\frac{2n-3}{\sqrt{n^2+2n-3}+n}=\lim_{n\to\infty}\frac{2-\frac{3}{n}}{\sqrt{1+\frac{2}{n}-\frac{3}{n^2}}+1}$$

$$=\frac{2}{2}=1$$

(2) 与式$=\lim_{n\to\infty}n^2\left(1-\frac{3}{n}\right)\left(\frac{5}{n}-1\right)=-\infty$

(3) 与式 =

$$\lim_{n\to\infty}\frac{(\sqrt{n+1}-\sqrt{n+2})(\sqrt{n+1}+\sqrt{n+2})(\sqrt{n+1}+\sqrt{n})}{(\sqrt{n+1}-\sqrt{n})(\sqrt{n+1}+\sqrt{n+2})(\sqrt{n+1}+\sqrt{n})}$$

$$=\lim_{n\to\infty}\frac{\{(n+1)-(n+2)\}(\sqrt{n+1}+\sqrt{n})}{\{(n+1)-n\}(\sqrt{n+1}+\sqrt{n+2})}$$

$$=\lim_{n\to\infty}\left(-\frac{\sqrt{n+1}+\sqrt{n}}{\sqrt{n+1}+\sqrt{n+2}}\right)$$

$$=\lim_{n\to\infty}\left(-\frac{\sqrt{1+\frac{1}{n}}+1}{\sqrt{1+\frac{1}{n}}+\sqrt{1+\frac{2}{n}}}\right)$$

$$=-\frac{2}{2}=-1$$

(4) 与式$=\lim_{n\to\infty}\frac{\sqrt{n+1}+\sqrt{n}}{(\sqrt{n+1}-\sqrt{n})(\sqrt{n+1}+\sqrt{n})}$

$$=\lim_{n\to\infty}\frac{\sqrt{n+1}+\sqrt{n}}{(n+1)-n}=\lim_{n\to\infty}(\sqrt{n+1}+\sqrt{n})=\infty$$

応用問題 …………………… 本冊 p. 67

205

答　(1) $\frac{1}{2}$　(2) $\frac{1}{2}$

検討　(1) 与式$=\lim_{n\to\infty}\frac{\frac{n(n+1)}{2}}{n^2}=\lim_{n\to\infty}\frac{n(n+1)}{2n^2}$

$$=\lim_{n\to\infty}\frac{1}{2}\left(1+\frac{1}{n}\right)=\frac{1}{2}$$

(2) 分母は

$$\sum_{k=1}^{n}(2k-1)=2\sum_{k=1}^{n}k-\sum_{k=1}^{n}1$$

$$=2\times\frac{n(n+1)}{2}-n=n^2$$

与式$=\lim_{n\to\infty}\frac{\frac{n(n+1)}{2}}{n^2}=\lim_{n\to\infty}\frac{1}{2}\left(1+\frac{1}{n}\right)=\frac{1}{2}$

206

答　(1) $\frac{1}{3}$　(2) $-\frac{1}{2}$

検討　(1) 与式$=\lim_{n\to\infty}\frac{1}{n^3}\sum_{k=1}^{n}k^2$

$$=\lim_{n\to\infty}\frac{1}{n^3}\cdot\frac{n(n+1)(2n+1)}{6}$$

$$=\lim_{n\to\infty}\frac{1}{6}\left(1+\frac{1}{n}\right)\left(2+\frac{1}{n}\right)=\frac{1}{6}\cdot1\cdot2=\frac{1}{3}$$

(2) 与式$=\lim_{n\to\infty}\left\{\frac{\frac{n(n+1)}{2}}{n+2}-\frac{n}{2}\right\}$

$$=\lim_{n\to\infty}\left\{\frac{n(n+1)}{2(n+2)}-\frac{n}{2}\right\}=\lim_{n\to\infty}\frac{n(n+1)-n(n+2)}{2(n+2)}$$

$$=\lim_{n\to\infty}\frac{-n}{2(n+2)}=\lim_{n\to\infty}\frac{-1}{2\left(1+\frac{2}{n}\right)}=-\frac{1}{2}$$

207

答　(1) **0**　(2) $\frac{1}{3}$

検討　(1) $-1\leqq\sin n\theta\leqq1$ で $2n+1>0$ より

$$-\frac{1}{2n+1}\leqq\frac{\sin n\theta}{2n+1}\leqq\frac{1}{2n+1}$$

ここで，$\lim_{n\to\infty}\left(-\frac{1}{2n+1}\right)=0$，$\lim_{n\to\infty}\frac{1}{2n+1}=0$

であるから，はさみうちの原理より

与式$=0$

(2) m を整数とする。

$m\leqq x<m+1$ のとき $[x]=m$ であるから

$[x]\leqq x<[x]+1$ より　$x-1<[x]\leqq x$

$x=\frac{n}{3}$ を代入すると，$\frac{n}{3}-1<\left[\frac{n}{3}\right]\leqq\frac{n}{3}$ より

$$\frac{1}{3}-\frac{1}{n}<\frac{\left[\frac{n}{3}\right]}{n}\leqq\frac{1}{3}$$

ここで，$\lim_{n\to\infty}\left(\frac{1}{3}-\frac{1}{n}\right)=\frac{1}{3}$

であるから，はさみうちの原理より

与式$=\frac{1}{3}$

テスト対策

〔数列の極限と不等式〕

数列 $\{a_n\}$，$\{b_n\}$ が収束し，$\lim_{n\to\infty} a_n=\alpha$，$\lim_{n\to\infty} b_n=\beta$ のとき，すべての n に対して

$a_n \leqq c_n \leqq b_n$ かつ $\alpha=\beta$　ならば

$\lim_{n\to\infty} c_n=\alpha$　**(はさみうちの原理)**

208

答　(1) $\mathbf{-1}$　(2) $\mathbf{0}$

検討　(1) 与式$=\log_2\dfrac{2n+1}{4n+1}=\log_2\dfrac{2+\frac{1}{n}}{4+\frac{1}{n}}$

$$\lim_{n\to\infty}\log_2\frac{2+\frac{1}{n}}{4+\frac{1}{n}}=\log_2\frac{1}{2}=\log_2 2^{-1}=-1$$

(2) 与式$=\sin\dfrac{\pi}{1+\frac{1}{n}}$　$\lim_{n\to\infty}\sin\dfrac{\pi}{1+\frac{1}{n}}=\sin\pi=0$

209

答　(1) 二項定理より

$$(1+h)^n={}_n\mathrm{C}_0+{}_n\mathrm{C}_1h+{}_n\mathrm{C}_2h^2+\cdots+{}_n\mathrm{C}_nh^n$$
$$=1+nh+\frac{n(n-1)}{2}h^2+\cdots+h^n\geqq 1+nh$$

(2) ∞

検討　(2) $(1+h)^n\geqq 1+nh$ かつ $\lim_{n\to\infty}(1+nh)=\infty$ より　$\lim_{n\to\infty}(1+h)^n=\infty$

20 無限等比数列

基本問題

本冊 p. 69

210

答　(1) ∞　(2) $\mathbf{0}$　(3) $\mathbf{0}$　(4) **極限はない**

検討　(1) 初項 1，公比 $\dfrac{3}{2}$ の無限等比数列であるから，一般項 a_n は，$a_n=\left(\dfrac{3}{2}\right)^{n-1}$

これより $\lim_{n\to\infty}a_n=\infty$ であるから，$\{a_n\}$ は正の無限大に発散する。

(2) 初項 2，公比 $-\dfrac{1}{2}$ の無限等比数列であるから，一般項 a_n は，$a_n=2\left(-\dfrac{1}{2}\right)^{n-1}$

これより $\lim_{n\to\infty}a_n=0$ であるから，$\{a_n\}$ は 0 に収束する。

(3) 初項 9，公比 $\dfrac{1}{3}$ の無限等比数列であるから，一般項 a_n は，$a_n=9\left(\dfrac{1}{3}\right)^{n-1}$　これより $\lim_{n\to\infty}a_n=0$

(4) 初項 -4，公比 $-\dfrac{5}{2}$ の無限等比数列であるから，一般項 a_n は，$a_n=-4\left(-\dfrac{5}{2}\right)^{n-1}$

これより $\lim_{n\to\infty}a_n$ は存在しない(振動する)から極限はない。

211

答　(1) $\mathbf{0}$　(2) $\mathbf{0}$　(3) $\mathbf{0}$　(4) ∞　(5) $\mathbf{0}$　(6) ∞

検討　(1) 初項 $\dfrac{2}{3}$，公比 $\dfrac{1}{3}$ の無限等比数列であるから，0 に収束する。同様にして，

(2) 初項 $\dfrac{1}{3}$，公比 $\dfrac{1}{\sqrt{3}}$ $\left(0<\dfrac{1}{\sqrt{3}}<1\right)$

(3) 初項 $-\dfrac{3}{4}$，公比 $\dfrac{1}{4}$

(4) 初項 $\dfrac{5}{2}$，公比 $\dfrac{5}{2}$

(5) 初項 $1-\sqrt{3}$，公比 $1-\sqrt{3}$ $(-1<1-\sqrt{3}<0)$

(6) 初項 $\dfrac{1}{\sqrt{3}-\sqrt{2}}=\dfrac{\sqrt{3}+\sqrt{2}}{3-2}=\sqrt{3}+\sqrt{2}$，

公比 $\sqrt{3}+\sqrt{2}$ $(\sqrt{3}+\sqrt{2}>1)$

212

答　(1) $\mathbf{-1}$　(2) ∞　(3) $-\infty$　(4) $\mathbf{2}$　(5) $\mathbf{1}$

検討　(1) $\lim_{n\to\infty}\dfrac{3^n+1}{2^n-3^n}=\lim_{n\to\infty}\dfrac{1+\frac{1}{3^n}}{\left(\frac{2}{3}\right)^n-1}=\dfrac{1+0}{0-1}$

$=-1$

(2) $\lim_{n\to\infty}(3^n-2^n)=\lim_{n\to\infty}3^n\left\{1-\left(\frac{2}{3}\right)^n\right\}=\infty$

(3) $\lim_{n\to\infty}\{(-2)^n-3^n\}=\lim_{n\to\infty}3^n\left\{\left(-\frac{2}{3}\right)^n-1\right\}=-\infty$

(4) $\lim_{n\to\infty}\left\{\frac{2\cdot3^n}{3^n+(-2)^n}\right\}=\lim_{n\to\infty}\frac{2}{1+\left(-\frac{2}{3}\right)^n}=\frac{2}{1+0}=2$

(5) $\lim_{n\to\infty}\frac{3^n+(\sqrt{3})^n}{3^n}=\lim_{n\to\infty}\left\{1+\left(\frac{\sqrt{3}}{3}\right)^n\right\}=1$

応用問題 本冊 p. 70

213

答 (1) **$|r|<1$ のとき 0**
$r=1$ のとき $\frac{1}{2}$
$|r|>1$ のとき r
(2) **$|r|<1$ のとき -1**
$|r|=1$ のとき 0
$|r|>1$ のとき 1
(3) **$0<r<1$ のとき -1**
$r=1$ のとき 0
$r>1$ のとき 1
(4) **$|r|<3$ のとき -3**
$r=3$ のとき 0
$|r|>3$ のとき r

検討 (1) $|r|<1$ のとき，$\lim_{n\to\infty}\frac{r^{n+1}}{1+r^n}=\frac{0}{1+0}=0$

$r=1$ のとき，$\lim_{n\to\infty}\frac{r^{n+1}}{1+r^n}=\frac{1}{1+1}=\frac{1}{2}$

$|r|>1$のとき，$\lim_{n\to\infty}\frac{r}{\left(\frac{1}{r}\right)^n+1}=\frac{r}{0+1}=r$

(2) $|r|<1$ のとき，$\lim_{n\to\infty}\frac{r^{2n}-1}{r^{2n}+1}=\frac{0-1}{0+1}=-1$

$|r|=1$ のとき，$\lim_{n\to\infty}\frac{r^{2n}-1}{r^{2n}+1}=\frac{1-1}{1+1}=0$

$|r|>1$ のとき，$\lim_{n\to\infty}\frac{1-\left(\frac{1}{r}\right)^{2n}}{1+\left(\frac{1}{r}\right)^{2n}}=\frac{1-0}{1+0}=1$

(3) $a_n=\frac{r^n-r^{-n}}{r^n+r^{-n}}$ とすると

$a_n=\frac{1-r^{-2n}}{1+r^{-2n}}=\frac{r^{2n}-1}{r^{2n}+1}$

$0<r<1$ のとき，$\lim_{n\to\infty}r^{2n}=\lim_{n\to\infty}(r^2)^n=0$

よって　$\lim_{n\to\infty}a_n=\frac{0-1}{0+1}=-1$

$r=1$ のとき，$a_n=\frac{1-1}{1+1}=0$　　$\lim_{n\to\infty}a_n=0$

$r>1$ のとき，$\lim_{n\to\infty}r^{-2n}=\lim_{n\to\infty}\left(\frac{1}{r^2}\right)^n=0$

よって　$\lim_{n\to\infty}a_n=\frac{1-0}{1+0}=1$

(4) $|r|<3$ のとき，

$$\lim_{n\to\infty}\frac{r^{n+1}-3^{n+1}}{r^n+3^n}=\lim_{n\to\infty}\frac{r\left(\frac{r}{3}\right)^n-3}{\left(\frac{r}{3}\right)^n+1}=-3$$

$r=3$ のとき，常に $a_n=0$
$|r|>3$ のとき，

$$\lim_{n\to\infty}\frac{r^{n+1}-3^{n+1}}{r^n+3^n}=\lim_{n\to\infty}\frac{r-3\left(\frac{3}{r}\right)^n}{1+\left(\frac{3}{r}\right)^n}=r$$

214

答 **$|r|<1$ のとき $2r-2$，$r=1$ のとき $\frac{1}{2}$，**
$|r|>1$ のとき r^2

検討 $|r|<1$ のとき

$$\lim_{n\to\infty}a_n=\frac{0+2r-2}{0+1}=2r-2$$

$r=1$ のとき　$\lim_{n\to\infty}a_n=\frac{1+2-2}{1+1}=\frac{1}{2}$

$|r|>1$ のとき

$$\lim_{n\to\infty}a_n=\lim_{n\to\infty}\frac{r^2+\frac{2}{r^{n-1}}-\frac{2}{r^n}}{1+\frac{1}{r^n}}=r^2$$

215

答 (1) **x の値の範囲は，$0\leqq x\leqq2$**
極限値は，$x=2$ のとき，極限値 2
$0\leqq x<2$ のとき，極限値 0
(2) **x の値の範囲は，$1\leqq x<2$，$3<x\leqq4$**
極限値は，$x=1$，4 のとき，極限値 1
$1<x<2$，$3<x<4$ のとき，極限値 0
(3) **x の値の範囲は，$x\leqq-4$，$-\frac{2}{3}<x$**

極限値は，$x=-4$ のとき，極限値 1

$x<-4$，$-\dfrac{2}{3}<x$ のとき，極限値 0

(4) **x の値の範囲は，**

$x<-2$，$-1<x\leqq 1$，$2\leqq x$

極限値は，$x=1$，2 のとき，極限値 1

$x<-2$，$-1<x<1$，$2<x$ のとき，極限値 0

検討 (1) 与えられた数列が収束する条件は，

$x=0$ または $-1<x-1\leqq 1$

これより　$0\leqq x\leqq 2$

(2) 与えられた数列が収束する条件は，

$-1<x^2-5x+5\leqq 1$

これより $\begin{cases} -1<x^2-5x+5 & \cdots① \\ x^2-5x+5\leqq 1 & \cdots② \end{cases}$

①より　$x^2-5x+6>0$　　$(x-2)(x-3)>0$

よって　$x<2$，$3<x$　…①′

②より　$x^2-5x+4\leqq 0$　　$(x-1)(x-4)\leqq 0$

よって　$1\leqq x\leqq 4$　…②′

①′，②′ より，求める x の値の範囲は

$1\leqq x<2$，$3<x\leqq 4$

(3) 与えられた数列が収束する条件は，

$-1<\dfrac{x-1}{2x+3}\leqq 1$

すなわち　$\dfrac{x-1}{2x+3}=1$ または $\left|\dfrac{x-1}{2x+3}\right|<1$

(i) $\dfrac{x-1}{2x+3}=1$ のとき，$x-1=2x+3$　$x=-4$

このとき　$\displaystyle\lim_{n\to\infty}\left(\frac{x-1}{2x+3}\right)^n=1$

(ii) $\left|\dfrac{x-1}{2x+3}\right|<1$ のとき，$\left(\dfrac{x-1}{2x+3}\right)^2<1$ より

$(x-1)^2<(2x+3)^2$

すなわち　$(x+4)(3x+2)>0$

よって　$x<-4$，$-\dfrac{2}{3}<x$

このとき　$\displaystyle\lim_{n\to\infty}\left(\frac{x-1}{2x+3}\right)^n=0$

(4) 与えられた数列が収束する条件は，

$\dfrac{3x}{x^2+2}=1$ または $\left|\dfrac{3x}{x^2+2}\right|<1$

(i) $\dfrac{3x}{x^2+2}=1$ のとき，$x^2-3x+2=0$

$(x-1)(x-2)=0$　よって　$x=1$，2

(ii) $\left|\dfrac{3x}{x^2+2}\right|<1$のとき，$x^2+2>0$より

$-x^2-2<3x<x^2+2$

すなわち $\begin{cases} -x^2-2<3x & \cdots① \\ 3x<x^2+2 & \cdots② \end{cases}$

①より　$(x+2)(x+1)>0$

$x<-2$，$-1<x$

②より　$(x-1)(x-2)>0$

$x<1$，$2<x$

したがって　$x<-2$，$-1<x<1$，$2<x$

(i)，(ii)より，収束する条件は

$x<-2$，$-1<x\leqq 1$，$2\leqq x$

テスト対策

〔無限等比数列 $\{r^n\}$ の極限〕

$r>1$，$r=1$，$-1<r<1$，$r\leqq -1$ の場合に分けて考える。収束するのは $-1<r\leqq 1$ のときである。

216

答 **(1) $n=1$ のとき**

左辺$=2^1=2$

右辺$=\dfrac{1^3}{6}=\dfrac{1}{6}$

$n=2$ のとき

左辺$=2^2=4$

右辺$=\dfrac{2^3}{6}=\dfrac{4}{3}$

ゆえに，$n=1$，2 のとき，与えられた不等式は成り立つ。

$n\geqq 3$ のとき，二項定理より

$2^n=(1+1)^n$

$=1+{}_nC_1+{}_nC_2+{}_nC_3\cdots\cdots+{}_nC_n$

$\geqq 1+{}_nC_1+{}_nC_2+{}_nC_3$

$=1+n+\dfrac{n(n-1)}{2}+\dfrac{n(n-1)(n-2)}{6}$

$=\dfrac{n^3}{6}+\dfrac{5n}{6}+1>\dfrac{n^3}{6}$

ゆえに　$2^n>\dfrac{n^3}{6}$

以上より，すべての自然数 n に対して，与えられた不等式は成り立つ。

(2) 0　(3) 2

検討 (2) (1)より

$2^n>\dfrac{n^3}{6}>0$

ゆえに　$0<\dfrac{n^2}{2^n}<\dfrac{6}{n}$

ここで，$\lim_{n\to\infty}\dfrac{6}{n}=0$ より

$$\lim_{n\to\infty}\frac{n^2}{2^n}=0$$

(3) $\lim_{n\to\infty}\dfrac{2^{n+1}+n^2-3n+2}{2^n+n^2+2n+5}$

$$=\lim_{n\to\infty}\frac{2+\frac{n^2}{2^n}-\frac{3}{n}\cdot\frac{n^2}{2^n}+\frac{2}{2^n}}{1+\frac{n^2}{2^n}+\frac{2}{n}\cdot\frac{n^2}{2^n}+\frac{5}{2^n}}=2$$

21 漸化式と極限

基本問題 ……………… 本冊 p. 73

217

答　(1) ∞　(2) ∞　(3) **0**　(4) $-\infty$

検討　(1) $a_1=2$，$a_{n+1}-a_n=3$ より，初項 2，公差 3 の等差数列であるから，一般項 a_n は

$$a_n=2+(n-1)\cdot 3=3n-1$$
$$\lim_{n\to\infty}a_n=\lim_{n\to\infty}(3n-1)=\infty$$

(2) $a_1=1$，$\dfrac{a_{n+1}}{a_n}=2$ より，初項 1，公比 2 の等比数列であるから，一般項 a_n は　$a_n=2^{n-1}$

$$\lim_{n\to\infty}a_n=\lim_{n\to\infty}2^{n-1}=\infty$$

(3) $a_1=1$，$\dfrac{a_{n+1}}{a_n}=\dfrac{1}{3}$ より，初項 1，公比 $\dfrac{1}{3}$ の等比数列であるから，一般項 a_n は

$$a_n=\left(\frac{1}{3}\right)^{n-1}$$
$$\lim_{n\to\infty}a_n=\lim_{n\to\infty}\left(\frac{1}{3}\right)^{n-1}=0$$

(4) $a_1=2$，$a_{n+1}-a_n=-2$ より，初項 2，公差 -2 の等差数列であるから，一般項 a_n は

$$a_n=2+(n-1)(-2)=-2n+4$$
$$\lim_{n\to\infty}a_n=\lim_{n\to\infty}(-2n+4)=-\infty$$

218

答　(1) **2**　(2) ∞　(3) **3**

検討　(1) $a_{n+1}=\dfrac{1}{2}a_n+1$ は，$\alpha=\dfrac{1}{2}\alpha+1$ を満たす α，つまり $\alpha=2$ を用いて，次のように変形できる。

$$a_{n+1}-2=\frac{1}{2}(a_n-2)$$

よって，数列 $\{a_n-2\}$ は初項 $a_1-2=-1$，公比 $\dfrac{1}{2}$ の等比数列であるから

$$a_n-2=(-1)\left(\frac{1}{2}\right)^{n-1}$$

したがって　$a_n=-\left(\dfrac{1}{2}\right)^{n-1}+2$

よって　$\lim_{n\to\infty}a_n=2$

(2) $a_{n+1}=2a_n+3$ は，$\alpha=2\alpha+3$ を満たす α，つまり $\alpha=-3$ を用いて，次のように変形できる。

$$a_{n+1}+3=2(a_n+3)$$

ゆえに　$a_n+3=(a_1+3)2^{n-1}$

したがって　$a_n=2^n-3$

よって　$\lim_{n\to\infty}a_n=\infty$

(3) 与式を $a_{n+1}-3=-\dfrac{1}{3}(a_n-3)$ と変形して，

$$a_n-3=(a_1-3)\left(-\frac{1}{3}\right)^{n-1}$$

したがって　$a_n=-\left(-\dfrac{1}{3}\right)^{n-1}+3$

よって　$\lim_{n\to\infty}a_n=3$

応用問題 ……………… 本冊 p. 74

219

答　(1) $\boldsymbol{b_{n+1}=\dfrac{1}{2}b_n+3}$

(2) $\boldsymbol{a_n=\dfrac{2^{n-1}}{3\cdot 2^n-5}}$　(3) $\boldsymbol{\dfrac{1}{6}}$

検討　(1) $a_{n+1}=0$ と仮定すると，

$\dfrac{2a_n}{6a_n+1}=0$ より　$a_n=0$

よって　$a_{n+1}=a_n=a_{n-1}=\cdots=a_1=0$

となり，$a_1=1$ に反するから　$a_n\neq 0$

$(n=1,\ 2,\ \cdots)$

与式の両辺の逆数をとると

$$\frac{1}{a_{n+1}}=\frac{6a_n+1}{2a_n} \qquad \frac{1}{a_{n+1}}=\frac{1}{2}\cdot\frac{1}{a_n}+3$$

よって　$b_{n+1}=\frac{1}{2}b_n+3$　…①

(2) ①より　$b_{n+1}-6=\frac{1}{2}(b_n-6)$

また　$b_1=\frac{1}{a_1}=1$

ゆえに　$b_n-6=-5\left(\frac{1}{2}\right)^{n-1}$

$$b_n=6-5\left(\frac{1}{2}\right)^{n-1}=\frac{3\cdot 2^n-5}{2^{n-1}}$$

よって　$a_n=\frac{1}{b_n}=\frac{2^{n-1}}{3\cdot 2^n-5}$

(3) $\lim_{n\to\infty}a_n=\lim_{n\to\infty}\frac{2^{n-1}}{3\cdot 2^n-5}=\lim_{n\to\infty}\frac{1}{6-\frac{5}{2^{n-1}}}=\frac{1}{6}$

220

答　(1) $\boldsymbol{b_{n+1}=2b_n+1}$

(2) $\boldsymbol{a_n=1-\frac{1}{3\cdot 2^{n-1}-1}}$　(3) **1**

検討　(1) $a_{n+1}=1$ と仮定すると，

$1=\frac{2}{3-a_n}$ より　$a_n=1$

よって　$a_{n+1}=a_n=\cdots=a_1=1$

これは $a_1=\frac{1}{2}$ に反するから　$a_n\neq 1$

$(n=1,\ 2,\ \cdots)$

与式より　$1-a_{n+1}=1-\frac{2}{3-a_n}=\frac{1-a_n}{3-a_n}$

両辺の逆数をとると

$$\frac{1}{1-a_{n+1}}=\frac{3-a_n}{1-a_n}=\frac{2}{1-a_n}+1$$

$\frac{1}{1-a_n}=b_n$ とおくと　$b_{n+1}=2b_n+1$　…①

(2) ①の両辺に1を加えて　$b_{n+1}+1=2(b_n+1)$

また　$b_1=\frac{1}{1-a_1}=2$

ゆえに，数列 $\{b_n+1\}$ は初項3，公比2の等比数列だから

$$b_n+1=3\cdot 2^{n-1} \quad b_n=3\cdot 2^{n-1}-1$$

$\frac{1}{1-a_n}=b_n$ より　$1-a_n=\frac{1}{b_n}$

$$a_n=1-\frac{1}{b_n}=1-\frac{1}{3\cdot 2^{n-1}-1}$$

(3) $\lim_{n\to\infty}a_n=\lim_{n\to\infty}\left(1-\frac{1}{3\cdot 2^{n-1}-1}\right)=1$

221

答　(1) $\boldsymbol{a_n=\frac{4n-3}{2(2n-1)}}$　(2) **1**

検討　(1) $a_{n+1}-a_n=\frac{1}{(2n)^2-1}$

$$=\frac{1}{(2n-1)(2n+1)}=\frac{1}{2}\left(\frac{1}{2n-1}-\frac{1}{2n+1}\right)$$

$n\geqq 2$ のとき

$$a_n=a_1+\sum_{k=1}^{n-1}(a_{k+1}-a_k)$$
$$=\frac{1}{2}+\sum_{k=1}^{n-1}\frac{1}{2}\left(\frac{1}{2k-1}-\frac{1}{2k+1}\right)$$
$$=\frac{1}{2}+\frac{1}{2}\left\{\left(1-\frac{1}{3}\right)+\left(\frac{1}{3}-\frac{1}{5}\right)+\cdots+\left(\frac{1}{2n-3}-\frac{1}{2n-1}\right)\right\}$$
$$=\frac{1}{2}+\frac{1}{2}\left(1-\frac{1}{2n-1}\right)=\frac{4n-3}{2(2n-1)} \quad \cdots①$$

①で $n=1$ とすると $\frac{1}{2}$ となり a_1 に一致する。

よって　$a_n=\frac{4n-3}{2(2n-1)}$

(2) $\lim_{n\to\infty}a_n=\lim_{n\to\infty}\frac{4-\frac{3}{n}}{4-\frac{2}{n}}=\frac{4}{4}=1$

222

答　(1) $\boldsymbol{a_n=\frac{n(n+1)(n+2)}{6}}$

(2) $\boldsymbol{\frac{1}{2}-\frac{1}{(n+1)(n+2)}}$　(3) $\boldsymbol{\frac{1}{2}}$

検討　(1) $n\geqq 2$ のとき

$$a_n=a_1+\sum_{k=1}^{n-1}(a_{k+1}-a_k)$$
$$=1+\sum_{k=1}^{n-1}\frac{1}{2}(k+1)(k+2)$$
$$=1+\frac{1}{2}\sum_{k=1}^{n-1}(k^2+3k+2)$$
$$=1+\frac{1}{2}\left\{\frac{(n-1)n(2n-1)}{6}+3\cdot\frac{(n-1)n}{2}+2(n-1)\right\}$$

$=\dfrac{n(n+1)(n+2)}{6}$ ……①

①に $n=1$ を代入すると

$a_1=\dfrac{1(1+1)(1+2)}{6}=1$ となり，①は $n=1$ のときも成立する。

(2) $b_n=\dfrac{1}{3a_n}=\dfrac{2}{n(n+1)(n+2)}$

$=\dfrac{1}{n(n+1)}-\dfrac{1}{(n+1)(n+2)}$

$\displaystyle\sum_{k=1}^{n} b_k=\left(\frac{1}{2}-\frac{1}{6}\right)+\left(\frac{1}{6}-\frac{1}{12}\right)+\cdots$

$+\left\{\dfrac{1}{n(n+1)}-\dfrac{1}{(n+1)(n+2)}\right\}$

$=\dfrac{1}{2}-\dfrac{1}{(n+1)(n+2)}$

(3) $\displaystyle\lim_{n\to\infty}\sum_{k=1}^{n} b_k=\lim_{n\to\infty}\left\{\frac{1}{2}-\frac{1}{(n+1)(n+2)}\right\}=\frac{1}{2}$

223

答 (1) (前半)　**数学的帰納法で $0<a_n<2$ を示す。**

〔1〕 $n=1$ のとき，$a_1=c$ で，$0<c<2$ より成り立つ。

〔2〕 $n=k$ ($k\geqq 1$) のとき，$0<a_k<2$ が成り立つと仮定する。

$a_{k+1}=\sqrt{f(a_k)}=\sqrt{4a_k-a_k^2}=\sqrt{-(a_k-2)^2+4}$

$0<a_k<2$ より

$0<\sqrt{-(a_k-2)^2+4}<\sqrt{4}=2$

ゆえに，$n=k+1$ のとき成り立つ。

〔1〕，〔2〕から，すべての自然数 n に対して $0<a_n<2$ が成り立つ。

(後半)　**$a_n<a_{n+1}$ を示す。**

$a_n>0$，$a_{n+1}>0$ であるから

$a_{n+1}^2-a_n^2=(4a_n-a_n^2)-a_n^2$

$=2a_n(2-a_n)$

$0<a_n<2$ から　$a_{n+1}^2-a_n^2>0$

よって　$a_n<a_{n+1}$

(2) $2-a_{n+1}=2-\sqrt{4a_n-a_n^2}$

$=\dfrac{(2-a_n)^2}{2+\sqrt{4a_n-a_n^2}}$

(1)から，$2-a_n>0$，$2+\sqrt{4a_n-a_n^2}>2$ であり，また

$2-a_n<2-a_{n-1}<\cdots<2-a_1=2-c$

よって　$2-a_{n+1}<\dfrac{2-c}{2}(2-a_n)$

(3) **2**

検討 (3) (1)，(2)から

$0<2-a_n<\left(\dfrac{2-c}{2}\right)^{n-1}(2-a_1)$

$=(2-c)\left(\dfrac{2-c}{2}\right)^{n-1}$

また，$0<c<2$ から，$0<\dfrac{2-c}{2}<1$ である。

よって，$\displaystyle\lim_{n\to\infty}(2-c)\left(\frac{2-c}{2}\right)^{n-1}=0$ だから，はさみうちの原理より　$\displaystyle\lim_{n\to\infty}(2-a_n)=0$

したがって　$\displaystyle\lim_{n\to\infty}a_n=2$

22 無限級数の和

基本問題 本冊 p. 78

224

答 (1) 収束して，和は $\dfrac{1}{2}$　(2) 発散する

(3) 収束して，和は $\dfrac{3}{4}$　(4) 発散する

検討 (1) $a_n=\dfrac{1}{(2n)^2-1}=\dfrac{1}{(2n-1)(2n+1)}$

$=\dfrac{1}{2}\left(\dfrac{1}{2n-1}-\dfrac{1}{2n+1}\right)$

ここで，部分和を S_n とすると

$S_n=\dfrac{1}{2^2-1}+\dfrac{1}{4^2-1}+\cdots+\dfrac{1}{(2n)^2-1}$

$=\dfrac{1}{2}\left\{\left(1-\dfrac{1}{3}\right)+\left(\dfrac{1}{3}-\dfrac{1}{5}\right)+\cdots\right.$

$\left.+\left(\dfrac{1}{2n-1}-\dfrac{1}{2n+1}\right)\right\}$

$=\dfrac{1}{2}\left(1-\dfrac{1}{2n+1}\right)$

$\displaystyle\lim_{n\to\infty}S_n=\lim_{n\to\infty}\frac{1}{2}\left(1-\frac{1}{2n+1}\right)=\frac{1}{2}$

よって，与えられた無限級数は収束し，その和は $\dfrac{1}{2}$

(2) 第 n 項は $a_n=\dfrac{n}{n+1}$ で

$$\lim_{n\to\infty}a_n=\lim_{n\to\infty}\frac{n}{n+1}=\lim_{n\to\infty}\frac{1}{1+\frac{1}{n}}=1\neq 0$$

よって，与えられた無限級数は発散する。

(3) $S_n=\dfrac{1}{2}\sum_{k=1}^{n}\left(\dfrac{1}{k}-\dfrac{1}{k+2}\right)$

$$=\frac{1}{2}\left(1+\frac{1}{2}-\frac{1}{n+1}-\frac{1}{n+2}\right)$$

$$\lim_{n\to\infty}S_n=\frac{1}{2}\left(1+\frac{1}{2}\right)=\frac{3}{4}$$

よって，与えられた無限級数は収束し，その和は $\dfrac{3}{4}$

(4) $S_n=\dfrac{1}{1+\sqrt{2}}+\dfrac{1}{\sqrt{2}+\sqrt{3}}+\cdots+\dfrac{1}{\sqrt{n}+\sqrt{n+1}}$

$$=\frac{1-\sqrt{2}}{-1}+\frac{\sqrt{2}-\sqrt{3}}{-1}+\cdots+\frac{\sqrt{n}-\sqrt{n+1}}{-1}$$

$$=-(1-\sqrt{n+1})$$

$$=\sqrt{n+1}-1$$

$$\lim_{n\to\infty}S_n=\lim_{n\to\infty}(\sqrt{n+1}-1)=\infty$$

よって，与えられた無限級数は発散する。

225

答 (1) **収束して，和は $\dfrac{3}{4}$** (2) **発散する**
(3) **収束して，和は $\dfrac{27}{5}$** (4) **発散する**

検討 (1) 初項 1，公比 $r=-\dfrac{1}{3}$ である。

$|r|<1$ であるから，この級数は収束する。

和は $\dfrac{1}{1-\left(-\frac{1}{3}\right)}=\dfrac{3}{4}$

(2) 初項 1，公比 $r=\sqrt{5}$ である。$|r|>1$ であるから，この級数は発散する。

(3) 初項 9，公比 $r=-\dfrac{2}{3}$ である。$|r|<1$ であるから，この級数は収束し，和は

$$\frac{9}{1-\left(-\frac{2}{3}\right)}=\frac{27}{5}$$

(4) 初項 $\dfrac{1}{16}$，公比 $r=2$ である。$|r|>1$ であるから，この級数は発散する。

226

答 (1) $\boldsymbol{-\dfrac{1}{2}<x<\dfrac{1}{2}}$，**和は $\dfrac{1}{1-2x}$**

(2) $\boldsymbol{-3<x<3}$，**和は $\dfrac{9}{3+x}$**

検討 (1) この無限級数は初項 1，公比 $2x$ の無限等比級数である。よって，この無限等比級数が収束するための必要十分条件は $|2x|<1$

すなわち　$-1<2x<1$ より　$-\dfrac{1}{2}<x<\dfrac{1}{2}$

このときの和は　$\dfrac{1}{1-2x}$

(2) 初項 3，公比 $-\dfrac{x}{3}$ の無限等比級数である。

よって，この無限等比級数が収束するための必要十分条件は $\left|-\dfrac{x}{3}\right|<1$

すなわち　$-3<x<3$

和は　$\dfrac{3}{1-\left(-\frac{x}{3}\right)}=\dfrac{9}{3+x}$

227

答 (1) $\boldsymbol{\dfrac{3}{2}}$ (2) $\boldsymbol{\dfrac{5}{12}}$

検討 (1) $\sum_{n=1}^{\infty}\dfrac{1}{2^n}$，$\sum_{n=1}^{\infty}\dfrac{1}{3^n}$ はともに公比の絶対値が 1 より小さい無限等比級数であるから収束する。

よって，求める和 S は

$$S=\frac{\frac{1}{2}}{1-\frac{1}{2}}+\frac{\frac{1}{3}}{1-\frac{1}{3}}=1+\frac{1}{2}=\frac{3}{2}$$

(2) $\sum_{n=1}^{\infty}\left(\dfrac{2}{5}\right)^n$，$\sum_{n=1}^{\infty}\left(\dfrac{1}{5}\right)^n$ はともに公比の絶対値が 1 より小さい無限等比級数であるから収束する。

よって，求める和 S は

$$S=\frac{\frac{2}{5}}{1-\frac{2}{5}}-\frac{\frac{1}{5}}{1-\frac{1}{5}}=\frac{2}{3}-\frac{1}{4}=\frac{5}{12}$$

228

答　$\frac{1}{2}$

検討　この無限級数の一般項は

$a_n=\frac{1}{3^{n-1}}-\frac{1}{2^n}=\left(\frac{1}{3}\right)^{n-1}-\left(\frac{1}{2}\right)^n$ であり，

$\sum_{n=1}^{\infty}\left(\frac{1}{3}\right)^{n-1}$，$\sum_{n=1}^{\infty}\left(\frac{1}{2}\right)^n$ はともに公比の絶対値が1より小さい無限等比級数であるから収束し，その和 S は

$$S=\sum_{n=1}^{\infty}a_n=\frac{1}{1-\frac{1}{3}}-\frac{\frac{1}{2}}{1-\frac{1}{2}}=\frac{3}{2}-1=\frac{1}{2}$$

229

答　(1) $\frac{1}{3}$　(2) $\frac{4}{11}$　(3) $\frac{19}{55}$　(4) $22.\dot{5}\dot{4}$

検討　(1) $0.\dot{3}=0.3333\cdots$

$=0.3+0.03+0.003+\cdots$

$=\frac{3}{10}+\frac{3}{10^2}+\frac{3}{10^3}+\cdots$

$=\frac{3}{10}\left(1+\frac{1}{10}+\frac{1}{10^2}+\cdots\right)$

$=\frac{3}{10}\cdot\frac{1}{1-\frac{1}{10}}=\frac{3}{10}\cdot\frac{10}{9}=\frac{1}{3}$

(2) $0.\dot{3}\dot{6}=0.36+0.0036+0.000036+\cdots$

$=\frac{36}{10^2}+\frac{36}{10^4}+\frac{36}{10^6}+\cdots$

$=\frac{36}{10^2}\left(1+\frac{1}{10^2}+\frac{1}{10^4}+\cdots\right)$

$=\frac{36}{10^2}\cdot\frac{1}{1-\frac{1}{10^2}}=\frac{36}{10^2}\cdot\frac{10^2}{99}=\frac{36}{99}=\frac{4}{11}$

(3) $0.3\dot{4}\dot{5}=0.3+0.045+0.00045+\cdots$

$=\frac{3}{10}+\frac{45}{10^3}+\frac{45}{10^5}+\cdots$

$=\frac{3}{10}+\frac{45}{10^3}\left(1+\frac{1}{10^2}+\cdots\right)$

$=\frac{3}{10}+\frac{45}{10^3}\cdot\frac{1}{1-\frac{1}{10^2}}=\frac{3}{10}+\frac{45}{10^3}\cdot\frac{10^2}{99}$

$=\frac{3}{10}+\frac{45}{990}=\frac{33+5}{110}=\frac{19}{55}$

(4) $1.\dot{2}\dot{5}=1+0.25+0.0025+0.000025+\cdots$

$=1+\frac{25}{10^2}+\frac{25}{10^4}+\frac{25}{10^6}+\cdots$

$=1+\frac{25}{10^2}\left(1+\frac{1}{10^2}+\frac{1}{10^4}+\cdots\right)$

$=1+\frac{25}{10^2}\cdot\frac{1}{1-\frac{1}{10^2}}=1+\frac{25}{10^2}\cdot\frac{10^2}{99}=\frac{124}{99}$

同様にして

$0.0\dot{5}=\frac{1}{18}$

よって，$1.\dot{2}\dot{5}\div0.0\dot{5}=\frac{124}{99}\div\frac{1}{18}=\frac{248}{11}$

$=22.5454\cdots=22.\dot{5}\dot{4}$

応用問題　本冊 p. 80

230

答　(1) $-\sqrt{3}<x<-1$，$1<x<\sqrt{3}$ のとき収束して，和は $\frac{1}{3-x^2}$

(2) $x=\frac{\pi}{2}$ のとき収束して，和は 0

$\frac{\pi}{4}<x<\frac{\pi}{2}$，$\frac{\pi}{2}<x<\frac{3}{4}\pi$ のとき収束して，和は $\frac{1}{4\cos x}$

(3) $0<x<1$ のとき収束して，和は $\frac{1}{1-x}$

検討　(1) 初項1，公比 x^2-2 であるから，収束条件は，$-1<x^2-2<1$，すなわち $x^2-1>0$ と $x^2-3<0$ の共通部分である。

$x<-1$，$1<x$　…①　$-\sqrt{3}<x<\sqrt{3}$　…②

①，②より　$-\sqrt{3}<x<-1$，$1<x<\sqrt{3}$

このとき収束して，和は

$$\frac{1}{1-(x^2-2)}=\frac{1}{3-x^2}$$

(2) $\cos x=0$，すなわち $x=\frac{\pi}{2}$ のとき，この級数は $0+0+0+\cdots$ であるから収束し，和は0である。

$\cos x\neq0$，すなわち $x\neq\frac{\pi}{2}$ のとき，公比は $1-4\cos^2x$ であるから，収束条件は

$-1<1-4\cos^2 x<1$

すなわち　$-\dfrac{\sqrt{2}}{2}<\cos x<\dfrac{\sqrt{2}}{2}$ $(\cos x \neq 0)$

よって，$\dfrac{\pi}{4}<x<\dfrac{\pi}{2}$，$\dfrac{\pi}{2}<x<\dfrac{3}{4}\pi$ のとき収束

して，和は　$\dfrac{\cos x}{1-(1-4\cos^2 x)}=\dfrac{1}{4\cos x}$

(3) $x>0$ であるから　初項 x，公比 x^2-x+1 で，収束する条件は　$-1<x^2-x+1<1$

すなわち　$x^2-x+2>0$ …①，

$x^2-x<0$ …②

①より，$\left(x-\dfrac{1}{2}\right)^2+\dfrac{7}{4}>0$ で常に成り立つ。

②より　$0<x<1$

よって，$0<x<1$ のとき収束して，和は

$$\frac{x}{1-(x^2-x+1)}=\frac{1}{1-x}$$

テスト対策

無限等比級数 $\sum_{n=1}^{\infty} ar^{n-1}$ は，

$a=0$ または $|r|<1$

のとき**収束**し，その**和**は

$a=0$ のとき　0

$a \neq 0$，$|r|<1$ のとき　$\dfrac{\boldsymbol{a}}{\boldsymbol{1-r}}$

231

答　**3**

検討　初項 a，公比 r とすると，$\sum_{n=1}^{\infty} ar^{n-1}=1$，$\sum_{n=1}^{\infty} (ar^{n-1})^2=3$ であるから

$\dfrac{a}{1-r}=1$，$\dfrac{a^2}{1-r^2}=3$，$|r|<1$ $(0 \leqq r^2<1)$

$\dfrac{a}{1-r}=1$ より　$a=1-r$ …①

$\dfrac{a^2}{1-r^2}=3$ より　$\dfrac{a}{1-r}\cdot\dfrac{a}{1+r}=3$ …②

①，②より　$\dfrac{1-r}{1+r}=3$　$r=-\dfrac{1}{2}$

これは $|r|<1$ を満たす。①より　$a=\dfrac{3}{2}$

よって，求める和は

$$\frac{a^3}{1-r^3}=\frac{\frac{27}{8}}{1+\frac{1}{8}}=3$$

232

答　**45 m**

検討　ボールを 5m の高さから落として最初にはね返る高さを a_1 (m)，2 回目にはね返る高さを a_2 (m)，以下順にはね返る高さを a_3，a_4，… (m) とする。静止するまでにこのボールが移動した距離を S とすると

$S=5+2(a_1+a_2+a_3+\cdots+a_n+\cdots)$

$\sum_{n=1}^{\infty} a_n$ は初項 $5\times\dfrac{4}{5}$，公比 $\dfrac{4}{5}$ の無限等比級数

であるから収束して，和は $\dfrac{5\times\frac{4}{5}}{1-\frac{4}{5}}=20$

よって　$S=5+2\times20=45$ (m)

233

答　収束して，和は $\dfrac{\boldsymbol{5}}{\boldsymbol{2}}$

検討　第 $2k$ 項までの部分和 S_{2k} について

$$S_{2k}=1+\frac{1}{3}+\frac{1}{2}+\frac{1}{9}+\cdots+\left(\frac{1}{2}\right)^{k-1}+\left(\frac{1}{3}\right)^{k}$$

$$=\frac{1-\left(\frac{1}{2}\right)^k}{1-\frac{1}{2}}+\frac{\frac{1}{3}\left\{1-\left(\frac{1}{3}\right)^k\right\}}{1-\frac{1}{3}}$$

$$=2\left\{1-\left(\frac{1}{2}\right)^k\right\}+\frac{1}{2}\left\{1-\left(\frac{1}{3}\right)^k\right\}$$

ゆえに　$\lim_{k\to\infty} S_{2k}=2+\dfrac{1}{2}=\dfrac{5}{2}$

また，第 $2k-1$ 項までの部分和 S_{2k-1} について $S_{2k-1}=S_{2k}-\left(\dfrac{1}{3}\right)^k$ であるから

$$\lim_{k\to\infty} S_{2k-1}=\lim_{k\to\infty} S_{2k}=\frac{5}{2}$$

よって，与えられた級数は収束して，その和は $\dfrac{5}{2}$

23 関数の極限

基本問題 本冊 p. 83

234

答　(1) **4**　(2) **0**　(3) **3**　(4) **−1**
(5) **−1**　(6) **3**

235

答　(1) **5**　(2) **0**　(3) **−∞**　(4) $-\frac{12}{5}$

検討　(1) 与式$=\lim_{x\to2}\frac{(x-2)(x+3)}{x-2}$

$$=\lim_{x\to2}(x+3)=5$$

(2) 与式$=\lim_{x\to\infty}\frac{\frac{1}{x}-\frac{3}{x^2}}{\frac{3}{x^2}+1}=0$

(3) 与式$=\lim_{x\to-\infty}\frac{x-\frac{1}{x^2}}{1-\frac{2}{x^2}}=-\infty$

(4) 与式$=\lim_{x\to-2}\frac{(x+2)(x^2-2x+4)}{(x+2)(x-3)}$

$$=\lim_{x\to-2}\frac{x^2-2x+4}{x-3}=-\frac{12}{5}$$

236

答　(1) **∞**　(2) **−1**　(3) **−∞**
(4) **2**　(5) $2\sqrt{2}$　(6) $\frac{1}{4}$

検討　(1) $y=\frac{1}{x-2}$ のグラフは右の図のようになり，
$x\to2+0$ のとき $y\to\infty$

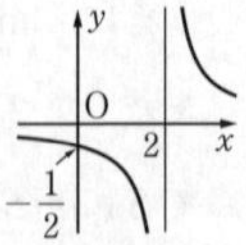

(3) $y=1-\frac{1}{x^2}$ のグラフは右の図のようになり，
$x\to-0$ のとき $y\to-\infty$

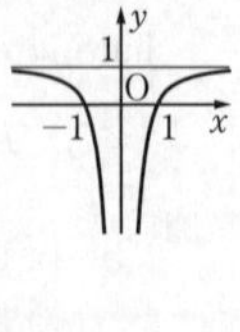

(4) 与式$=\lim_{x\to\infty}\frac{2-\frac{1}{x}}{\sqrt{1+\frac{1}{x^2}}}=2$

(5) $\frac{x-2}{\sqrt{x}-\sqrt{2}}=\frac{(x-2)(\sqrt{x}+\sqrt{2})}{(\sqrt{x}-\sqrt{2})(\sqrt{x}+\sqrt{2})}$

$$=\frac{(x-2)(\sqrt{x}+\sqrt{2})}{x-2}=\sqrt{x}+\sqrt{2}$$

(6) $\frac{\sqrt{x+3}-2}{x-1}=\frac{(\sqrt{x+3}-2)(\sqrt{x+3}+2)}{(x-1)(\sqrt{x+3}+2)}$

$$=\frac{x-1}{(x-1)(\sqrt{x+3}+2)}=\frac{1}{\sqrt{x+3}+2}$$

237

答　(1) **2**　(2) $\frac{3}{5}$　(3) **0**　(4) **6**
(5) **1**　(6) $-\frac{1}{2}$

検討　(1) $\lim_{x\to0}\frac{\sin2x}{x}=\lim_{x\to0}2\cdot\frac{\sin2x}{2x}=2$

(2) $\lim_{x\to0}\frac{\sin3x}{\sin5x}=\lim_{x\to0}\frac{\frac{\sin3x}{x}}{\frac{\sin5x}{x}}=\lim_{x\to0}\frac{3\cdot\frac{\sin3x}{3x}}{5\cdot\frac{\sin5x}{5x}}$

$$=\frac{3}{5}$$

(3) $\frac{1-\cos x}{x}=\frac{1-\cos^2x}{x(1+\cos x)}=\frac{\sin^2x}{x^2}\cdot\frac{x}{1+\cos x}$

与式$=\lim_{x\to0}\left(\frac{\sin x}{x}\right)^2\cdot\frac{x}{1+\cos x}=1\times0=0$

(4) 与式$=\lim_{x\to0}\sin6x\cdot\frac{\cos x}{\sin x}$

$$=\lim_{x\to0}\frac{\sin6x}{6x}\cdot\frac{x}{\sin x}\cdot6\cos x=1\times1\times6=6$$

(5) 与式$=\lim_{x\to0}\frac{2}{1+\frac{\sin x}{x}}=\frac{2}{1+1}=1$

(6) $\frac{\sin x-\tan x}{x^3}=\frac{\sin x(\cos x-1)}{x^3\cos x}$

$$=\frac{-\sin x(1-\cos x)}{x^3\cos x}$$

$$=\frac{-\sin x(1-\cos x)(1+\cos x)}{x^3\cos x(1+\cos x)}$$

$$=\frac{-\sin^3x}{x^3\cos x(1+\cos x)}$$

与式$=\lim_{x\to0}\left\{-\left(\frac{\sin x}{x}\right)^3\cdot\frac{1}{\cos x(1+\cos x)}\right\}$

$$=-1\times\frac{1}{2}=-\frac{1}{2}$$

238

答　(1) **2**　(2) **$0<a<1$ のとき ∞**
$a>1$ のとき $-\infty$　(3) **1**

検討　(1) 与式$=\lim_{x\to\infty}\dfrac{2}{\dfrac{1}{2^x}+1}=\dfrac{2}{0+1}=2$

(2) $\lim_{x\to\infty}(x-\sqrt{x^2-1})=\lim_{x\to\infty}\dfrac{x^2-(x^2-1)}{x+\sqrt{x^2-1}}$

$=\lim_{x\to\infty}\dfrac{1}{x+\sqrt{x^2-1}}=0$

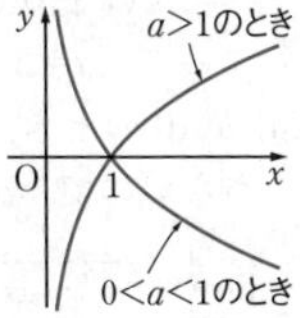

$y=\log_a x$ のグラフは右の図のようになるので，a の値による場合分けが必要となる。

(3) 与式$=\lim_{x\to1}\log_2\left|\dfrac{(x-1)(x+1)}{x-1}\right|$

$=\lim_{x\to1}\log_2|x+1|=\log_2 2=1$

テスト対策

指数関数，対数関数の極限のとき，底 a について $0<a<1$，$a>1$ の場合分けをすること。

応用問題

本冊 p. 84

239

答　(1) **0**　(2) **0**　(3) **1**　(4) $-\pi$

検討　(1) $t=4^x$ とおくと $x\to-\infty$ のとき $t\to0$

与式$=\lim_{t\to0}\log_3|\cos t|=\log_3 1=0$

(2) $x>0$ のとき　$-1\leqq\cos x\leqq1$

よって　$-\dfrac{3}{x}\leqq\dfrac{3\cos x}{x}\leqq\dfrac{3}{x}$

$\lim_{x\to\infty}\left(-\dfrac{3}{x}\right)=0$，$\lim_{x\to\infty}\dfrac{3}{x}=0$ だから，はさみうちの原理より　$\lim_{x\to\infty}\dfrac{3\cos x}{x}=0$

(3) 与式$=\lim_{x\to0}\left\{\dfrac{\sin(\sin x)}{\sin x}\cdot\dfrac{\sin x}{x}\right\}=1\times1=1$

(4) $t=x-1$ とおくと　$x\to1$ のとき $t\to0$

与式$=\lim_{t\to0}\dfrac{\sin\pi(t+1)}{t}=\lim_{t\to0}\dfrac{-\sin\pi t}{t}$

$=\lim_{t\to0}\left(-\pi\cdot\dfrac{\sin\pi t}{\pi t}\right)=-\pi\times1=-\pi$

240

答　(1) **0**　(2) **-1**　(3) **-1**　(4) **-1**

検討　(1) 与式

$=\lim_{x\to\infty}\left(\dfrac{\sqrt{x+2}-\sqrt{x}}{1}\cdot\dfrac{\sqrt{x+2}+\sqrt{x}}{\sqrt{x+2}+\sqrt{x}}\right)$

$=\lim_{x\to\infty}\dfrac{2}{\sqrt{x+2}+\sqrt{x}}=0$

(2) $t=-x$ とおくと $x\to-\infty$ のとき $t\to\infty$

与式$=\lim_{t\to\infty}\{-t(\sqrt{t^2+2}-t)\}$

$=\lim_{t\to\infty}\left\{-t(\sqrt{t^2+2}-t)\dfrac{\sqrt{t^2+2}+t}{\sqrt{t^2+2}+t}\right\}$

$=\lim_{t\to\infty}\dfrac{-2t}{\sqrt{t^2+2}+t}=\lim_{t\to\infty}\dfrac{-2}{\sqrt{1+\dfrac{2}{t^2}}+1}$

$=-1$

(3) $t=-x$ とおくと $x\to-\infty$ のとき $t\to\infty$

与式$=\lim_{t\to\infty}\dfrac{-t-2}{\sqrt{t^2+1}+1}$

$=\lim_{t\to\infty}\dfrac{-1-\dfrac{2}{t}}{\sqrt{1+\dfrac{1}{t^2}}+\dfrac{1}{t}}=-1$

(4) $t=-x$ とおくと $x\to-\infty$ のとき $t\to\infty$

与式$=\lim_{t\to\infty}\dfrac{\sqrt{t^2+1}-3}{-t-2}$

$=\lim_{t\to\infty}\dfrac{\sqrt{1+\dfrac{1}{t^2}}-\dfrac{3}{t}}{-1-\dfrac{2}{t}}=-1$

241

答　(1) 極限はない。　(2) 極限はない。

検討　(1) $x\to+0$ のとき　$x>0$ だから $|x|=x$

$\lim_{x\to+0}\dfrac{2x}{|x|}=\lim_{x\to+0}\dfrac{2x}{x}=2$

$x\to-0$ のとき　$x<0$ だから $|x|=-x$

$\lim_{x\to-0}\dfrac{2x}{|x|}=\lim_{x\to-0}\dfrac{2x}{-x}=-2$

ゆえに，極限はない。

(2) $x\to+0$ のとき　$|x|=x$

$\lim_{x\to+0}\dfrac{x^2-2x}{|x|}=\lim_{x\to+0}\dfrac{x^2-2x}{x}$

$=\lim_{x\to+0}(x-2)=-2$

$x\to -0$ のとき　$|x|=-x$

$$\lim_{x\to -0}\frac{x^2-2x}{|x|}=\lim_{x\to -0}\frac{x^2-2x}{-x}=\lim_{x\to -0}(2-x)=2$$

ゆえに，極限はない。

242

答　(1) $\boldsymbol{a=-1,\ b=12}$
(2) $\boldsymbol{a=2\sqrt{2},\ b=-4}$
(3) $\boldsymbol{a=5,\ b=-16}$　(4) $\boldsymbol{a=-6,\ b=-3}$

検討　(1) $\lim_{x\to 3}(x-3)=0$ であるから

$$\lim_{x\to 3}(x^2-ax-b)=\lim_{x\to 3}\frac{x^2-ax-b}{x-3}\cdot(x-3)$$
$$=7\times 0=0$$

ゆえに　$9-3a-b=0$

よって　$b=9-3a$　…①

このとき

$$与式=\lim_{x\to 3}\frac{x^2-ax-(9-3a)}{x-3}$$
$$=\lim_{x\to 3}\frac{(x-3)\{x+(3-a)\}}{x-3}$$
$$=\lim_{x\to 3}(x+3-a)=6-a=7$$

よって　$a=-1$　①より　$b=12$

(2) $\lim_{x\to 1}(x-1)=0$ であるから

$$\lim_{x\to 1}(a\sqrt{x+1}+b)=\lim_{x\to 1}\frac{a\sqrt{x+1}+b}{x-1}\cdot(x-1)$$
$$=1\times 0=0$$

ゆえに　$\sqrt{2}a+b=0$

よって　$b=-\sqrt{2}a$　…①

このとき

$$与式=\lim_{x\to 1}\frac{a\sqrt{x+1}-\sqrt{2}a}{x-1}$$
$$=\lim_{x\to 1}\frac{a(\sqrt{x+1}-\sqrt{2})}{x-1}$$
$$=\lim_{x\to 1}\frac{a(x+1-2)}{(x-1)(\sqrt{x+1}+\sqrt{2})}$$
$$=\lim_{x\to 1}\frac{a}{\sqrt{x+1}+\sqrt{2}}=\frac{a}{2\sqrt{2}}=1$$

よって　$a=2\sqrt{2}$　①より　$b=-4$

(3) $\lim_{x\to -3}(x^2+8x+15)=0$ であるから

$$\lim_{x\to -3}(\sqrt{ax-b}-1)$$
$$=\lim_{x\to -3}\frac{\sqrt{ax-b}-1}{x^2+8x+15}\cdot(x^2+8x+15)=\frac{5}{4}\cdot 0=0$$

ゆえに　$\sqrt{-3a-b}-1=0$

よって　$b=-3a-1$　…①

このとき

$$与式=\lim_{x\to -3}\frac{\sqrt{ax+3a+1}-1}{x^2+8x+15}\cdot\frac{\sqrt{ax+3a+1}+1}{\sqrt{ax+3a+1}+1}$$
$$=\lim_{x\to -3}\frac{a(x+3)}{(x+3)(x+5)(\sqrt{ax+3a+1}+1)}$$
$$=\lim_{x\to -3}\frac{a}{(x+5)(\sqrt{ax+3a+1}+1)}=\frac{a}{4}=\frac{5}{4}$$

よって　$a=5$　①より　$b=-16$

(4) $b\geqq 0$ のとき，与式は ∞ となり条件を満たさないので，$b<0$ である。

$$\lim_{x\to\infty}\left\{(\sqrt{9x^2-ax+5}+bx)\cdot\frac{\sqrt{9x^2-ax+5}-bx}{\sqrt{9x^2-ax+5}-bx}\right\}$$
$$=\lim_{x\to\infty}\frac{(9-b^2)x^2-ax+5}{\sqrt{9x^2-ax+5}-bx}$$
$$=\lim_{x\to\infty}\frac{(9-b^2)x-a+\frac{5}{x}}{\sqrt{9-\frac{a}{x}+\frac{5}{x^2}}-b}\quad\cdots①$$

$9-b^2\neq 0$ とすると，①は ∞ または $-\infty$ となり条件を満たさないので　$9-b^2=0$

$b<0$ より　$b=-3$

このとき，①より

$$与式=\lim_{x\to\infty}\frac{-a+\frac{5}{x}}{\sqrt{9-\frac{a}{x}+\frac{5}{x^2}}+3}=\frac{-a}{6}=1$$

よって　$a=-6$

テスト対策

$\boldsymbol{\lim_{x\to a}\frac{f(x)}{g(x)}=\alpha}$ **かつ** $\boldsymbol{\lim_{x\to a}g(x)=0}$ (分母→0)
ならば，$\boldsymbol{\lim_{x\to a}f(x)=0}$ (分子→0)

243

答　$\boldsymbol{a=0,\ b=-1,\ c=2,\ d=3}$

検討　$$\lim_{x\to\infty}\frac{f(x)}{x^2-1}=\lim_{x\to\infty}\frac{ax^3-bx^2+cx-d}{x^2-1}$$
$$=\lim_{x\to\infty}\frac{ax-b+\frac{c}{x}-\frac{d}{x^2}}{1-\frac{1}{x^2}}\quad\cdots①$$

$a \neq 0$ とすると，①は ∞ または $-\infty$ となり条件を満たさないので　$a=0$

また，$\lim_{x\to\infty}\frac{f(x)}{x^2-1}=1$ であるから　$b=-1$

したがって

$f(x)=x^2+cx-d$　…②

$\lim_{x\to1}\frac{f(x)}{x^2-1}=2$ において $x\to1$ のとき分母$\to0$ であるから分子$\to0$ でなければならない。

$\lim_{x\to1}(x^2+cx-d)=1+c-d=0$　…③

②，③より

$f(x)=x^2+cx-1-c=(x-1)(x+1+c)$

$$\lim_{x\to1}\frac{f(x)}{x^2-1}=\lim_{x\to1}\frac{(x-1)(x+1+c)}{(x-1)(x+1)}$$

$$=\lim_{x\to1}\frac{x+1+c}{x+1}$$

$$=\frac{2+c}{2}=2$$

よって　$c=2$

これを③に代入して

$1+2-d=0$　　$d=3$

244

答　$f(x)=-(x-1)(x+1)(x-2)$

検討　$\lim_{x\to\infty}\frac{f(x)}{x^3-1}=a\neq0$ だから $f(x)$ は3次式で x^3 の係数は a である。$\lim_{x\to1}\frac{f(x)}{x^3-1}=\frac{2}{3}$ より $f(x)$ は $x-1$ を因数にもつことが必要である。同様にして $f(x)$ は $x-a$ を因数にもつことが必要である。

$a\neq1$ だから $f(x)$ は $(x-1)(x-a)$ を因数にもつ。

$f(x)$ は3次式で x^3 の係数が a だから $f(x)=(x-1)(x-a)(ax+b)$ とおける。

$$\lim_{x\to1}\frac{f(x)}{x^3-1}=\lim_{x\to1}\frac{(x-1)(x-a)(ax+b)}{(x-1)(x^2+x+1)}$$

$$=\frac{(1-a)(a+b)}{3}=\frac{2}{3}$$

よって　$(1-a)(a+b)=2$　…①

$$\lim_{x\to a}\frac{f(x)}{x-a}=\lim_{x\to a}\frac{(x-1)(x-a)(ax+b)}{x-a}$$

$$=\lim_{x\to a}(x-1)(ax+b)=(a-1)(a^2+b)=-6$$

よって　$(a-1)(a^2+b)=-6$　…②

①÷②より

$-\frac{a+b}{a^2+b}=-\frac{1}{3}$　$3a+3b=a^2+b$

$b=\frac{a^2-3a}{2}$　…③

①に代入して，整理すると

$(a+1)(a^2-3a+4)=0$

a は実数だから　$a=-1$

③より　$b=2$

$f(x)=(x-1)(x+1)(-x+2)$

$=-(x-1)(x+1)(x-2)$

24 関数の連続性

基本問題

本冊 p. 86

245

答　(1) 連続　(2) 連続　(3) 連続

(4) 不連続　(5) 連続　(6) 不連続

検討　(1) $f(x)=2x-1$ のとき　$f(0)=-1$，$\lim_{x\to0}f(x)=-1$　よって，$f(x)$ は $x=0$ で連続である。

(2) $f(x)=x^2-1$ のとき　$f(1)=0$，$\lim_{x\to1}f(x)=0$　よって，$f(x)$ は $x=1$ で連続である。

(3) $f(x)=x^3-2x$ のとき　$f(1)=-1$，$\lim_{x\to1}f(x)=-1$　よって，$f(x)$ は $x=1$ で連続である。

(4) $f(x)=[x]$ のとき　$\lim_{x\to1-0}f(x)=0$，$\lim_{x\to1+0}f(x)=1$　よって，$\lim_{x\to1}f(x)$ が存在しないので $f(x)$ は $x=1$ で不連続である。

(5) $f(x)=\frac{x+2}{x^2-1}$ のとき　$f(0)=-2$，$\lim_{x\to0}f(x)=-2$　よって，$f(x)$ は $x=0$ で連続である。

(6) $f(x)=[\cos x]$ のとき　$f(0)=1$，$\lim_{x\to0}f(x)=0$

すなわち　$f(0)\neq\lim_{x\to0}f(x)$

よって，$f(x)$ は $x=0$ で不連続である。

246

答 (1) $f(x)=x^3-3x+1$ とおくと
関数 $y=f(x)$ は閉区間 $[0,\ 1]$ で連続である。
$f(0)=1$, $f(1)=-1$ より, $f(0)>0$, $f(1)<0$ であるから, $f(x)=0$ は開区間 $(0,\ 1)$ で少なくとも1つの実数解をもつ。

(2) $f(x)=3x-\cos x-2$ とおくと
関数 $y=f(x)$ は閉区間 $[-1,\ 1]$ で連続である。

$$f(-1)=-3-\cos(-1)-2=-5-\cos 1$$
$$f(1)=3-\cos 1-2=1-\cos 1$$

$0<1<\dfrac{\pi}{2}$ より　$0<\cos 1<1$
よって　$f(-1)<0$, $f(1)>0$
したがって, $f(x)=0$ は開区間 $(-1,\ 1)$ で少なくとも1つの実数解をもつ。

テスト対策
連続関数の性質として,「$f(x)$ が閉区間 $[a,\ b]$ で連続で $f(a)$ と $f(b)$ が異符号ならば a と b の間に $f(c)=0$ となる c が少なくとも1つある」　(中間値の定理)

247

答 $f(x)=x\sin x-\cos x$ とおくと
$f(x)$ は閉区間 $[0,\ 1]$ で連続である。

$$f(0)=-1<0,\ f(1)=\sin 1-\cos 1$$

ここで, $\dfrac{\pi}{4}<1<\dfrac{\pi}{2}$ だから　$\sin 1>\cos 1$
よって　$f(1)>0$
したがって, $f(x)=0$ すなわち $x\sin x=\cos x$ は開区間 $(0,\ 1)$ で少なくとも1つの実数解をもつ。

248

答 $f(x)=\sin x-\dfrac{\pi}{4}+x$ とおくと, $f(x)$ は閉区間 $\left[0,\ \dfrac{\pi}{2}\right]$ で連続である。

$$f(0)=-\frac{\pi}{4}<0,\ f\left(\frac{\pi}{2}\right)=1+\frac{\pi}{4}>0$$

よって, $f(x)=0$ すなわち $\sin x=\dfrac{\pi}{4}-x$ は開区間 $\left(0,\ \dfrac{\pi}{2}\right)$ で少なくとも1つの実数解をもつ。

249

答 (1) $x=1$　(2) $x=n$ (n は整数)

検討 (1) $x>1$ のとき　$f(x)=\dfrac{x-1}{x-1}=1$
$x=1$ のとき　$f(x)=1$
$0\leqq x<1$ のとき　$f(x)=\dfrac{x-1}{-(x-1)}=-1$
$x<0$ のとき

$$f(x)=\frac{-x-1}{-(x-1)}=\frac{x+1}{x-1}=\frac{2}{x-1}+1$$

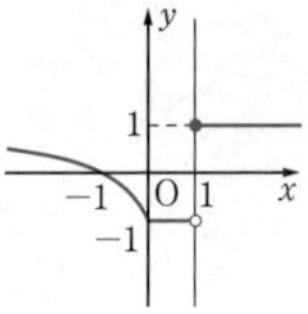

よって, $f(x)$ のグラフは左の図のようになるから, $f(x)$ は $x=1$ で不連続である。

(2) $n\leqq x<n+1$ (n は整数)のとき $[x]=n$ であるから　$f(x)=n-x$
$n-1\leqq x<n$ のとき,
$f(x)=(n-1)-x$ だから

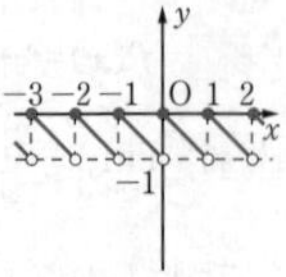

$$\lim_{x\to n+0}f(x)=\lim_{x\to n+0}(n-x)=0$$
$$\lim_{x\to n-0}f(x)=\lim_{x\to n-0}\{(n-1)-x\}=-1$$

よって, $\lim\limits_{x\to n}f(x)$ は存在しない。
ゆえに, $x=n$ (n は整数)で不連続である。

応用問題

本冊 p. 88

250

答
(1) $x=1$, -1 で不連続　(2) $x=-1$ で不連続

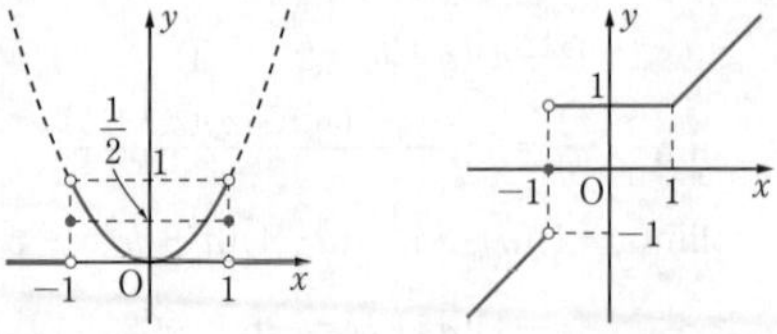

検討 (1) $|x|>1$ のとき $f(x)=0$

$|x|<1$ のとき $f(x)=x^2$

$|x|=1$ のとき $f(x)=\frac{1}{2}$

よって，グラフは解答の図のようになる。

$\lim_{x\to1-0}f(x)=1$，$\lim_{x\to1+0}f(x)=0$ であるから，

$\lim_{x\to1}f(x)$ は存在しない。ゆえに，$x=1$ で不連続。

また，$\lim_{x\to-1-0}f(x)=0$，$\lim_{x\to-1+0}f(x)=1$ であるから　$\lim_{x\to-1}f(x)$ は存在しない。ゆえに，

$x=-1$ で不連続。

したがって，$f(x)$ は $x=\pm1$ でのみ不連続である。

(2) $|x|<1$ のとき $n\to\infty$ で $x^{2n}\to0$，$x^{2n+1}\to0$

だから　$f(x)=\lim_{x\to\infty}\frac{x^{2n+1}+1}{x^{2n}+1}=1$

$|x|>1$ のとき　$f(x)=\lim_{x\to\infty}\frac{x+\frac{1}{x^{2n}}}{1+\frac{1}{x^{2n}}}=x$

$x=1$ のとき $f(x)=1$

$x=-1$ のとき $f(x)=0$

よって，グラフは解答の図のようになる。したがって，$x=-1$ で不連続である。

251

答 (1) $\boldsymbol{x=\left(2n+\frac{1}{2}\right)\pi}$ で不連続

(2) $\boldsymbol{x=1}$ で不連続

(3) $\boldsymbol{x=1,\ 2,\ 3}$ で不連続

(4) $\boldsymbol{x=0,\ 1}$ で不連続

検討 (1) $y=f(x)$ は $x\neq\left(2n+\frac{1}{2}\right)\pi$ で連続である。

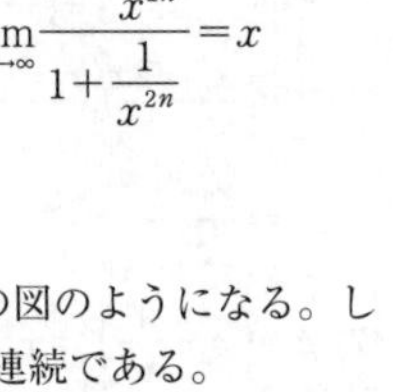

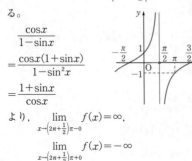

$\frac{\cos x}{1-\sin x}$

$=\frac{\cos x(1+\sin x)}{1-\sin^2 x}$

$=\frac{1+\sin x}{\cos x}$

より，$\lim_{x\to\left(2n+\frac{1}{2}\right)\pi-0}f(x)=\infty$，

$\lim_{x\to\left(2n+\frac{1}{2}\right)\pi+0}f(x)=-\infty$

よって，$\lim_{x\to\left(2n+\frac{1}{2}\right)\pi}f(x)$ が存在しないから

$x=\left(2n+\frac{1}{2}\right)\pi$ で不連続。

(2) $f(x)$ は $x\neq1$ で連続である。

$f(1)=0$，$\lim_{x\to1}f(x)=-\infty$

より，$x=1$ で不連続。

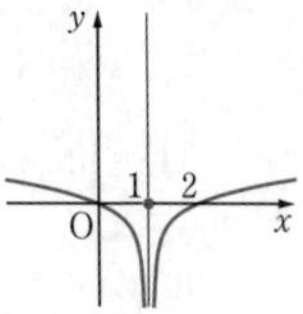

(3) $0\leqq x<1$ のとき　$f(x)=0$

$1\leqq x<2$ のとき　$f(x)=x$

$2\leqq x<3$ のとき　$f(x)=2x$

$x=3$ のとき　$f(x)=9$

よって，$f(x)$ は

$x=1,\ 2,\ 3$ で不連続である。

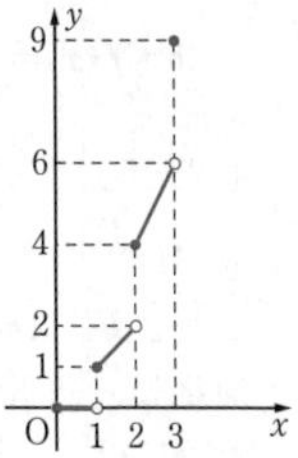

(4) $-1\leqq x<0$ のとき

$f(x)=x^2+1$

$0\leqq x<1$ のとき　$f(x)=x^2$

$x=1$ のとき　$f(x)=0$

$\lim_{x\to-0}f(x)=1$，$\lim_{x\to+0}f(x)=0$

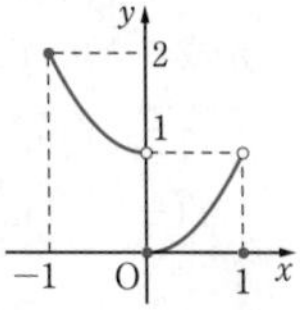

より，$\lim_{x\to0}f(x)$ が存在しないから $x=0$ で不連続。

$f(1)=0$，$\lim_{x\to1-0}f(x)=1$ より，$x=1$ で不連続。

252

答 (1) (i) $\boldsymbol{f(x)=\frac{2}{x+4}}$

(ii) $\boldsymbol{f(x)=\frac{-ax-b}{5}}$

(2) $\boldsymbol{a=\frac{2}{3}}$，$\boldsymbol{b=-\frac{8}{3}}$

検討 (1) (i) $|x|>1$ のとき　$\lim_{n\to\infty}|x|^n=\infty$

$$f(x)=\lim_{n\to\infty}\frac{\frac{2}{x}-\frac{a}{x^{2n+1}}-\frac{b}{x^{2n+2}}}{1+\frac{4}{x}+\frac{5}{x^{2n+2}}}=\frac{\frac{2}{x}}{1+\frac{4}{x}}$$

$$=\frac{2}{x+4}$$

(ii) $|x|<1$ のとき　$\lim_{n\to\infty}x^n=0$

$$f(x)=\frac{-ax-b}{5}$$

(2) 関数 $f(x)$ が $x=1,\ -1$ で連続であるようにすればよい。関数 $f(x)$ が $x=1$ で連続であるためには，$\lim_{x\to1+0}f(x)=\lim_{x\to1-0}f(x)=f(1)$ が成り立てばよい。

ここで，$x=1$ のとき

$$f(1)=\lim_{n\to\infty}\frac{2\cdot1^{2n+1}-a-b}{1^{2n+2}+4\cdot1^{2n+1}+5}=\frac{2-a-b}{10}$$

$$\lim_{x\to1+0}f(x)=\lim_{x\to1+0}\frac{2}{x+4}=\frac{2}{5}$$

$$\lim_{x\to1-0}f(x)=\lim_{x\to1-0}\frac{-ax-b}{5}=\frac{-a-b}{5}$$

したがって，$\frac{2}{5}=\frac{-a-b}{5}=\frac{2-a-b}{10}$ が成り立てばよい。

これより　$2=-a-b$　…①

同様に，関数 $f(x)$ が $x=-1$ で連続であるためには，$\lim_{x\to-1+0}f(x)=\lim_{x\to-1-0}f(x)=f(-1)$ が成り立てばよい。

ここで，$x=-1$ のとき

$$f(-1)=\lim_{n\to\infty}\frac{2(-1)^{2n+1}+a-b}{(-1)^{2n+2}+4(-1)^{2n+1}+5}=\frac{-2+a-b}{2}$$

$$\lim_{x\to-1+0}f(x)=\lim_{x\to-1+0}\frac{-ax-b}{5}=\frac{a-b}{5}$$

$$\lim_{x\to-1-0}f(x)=\lim_{x\to-1-0}\frac{2}{x+4}=\frac{2}{3}$$

したがって，$\frac{a-b}{5}=\frac{2}{3}=\frac{-2+a-b}{2}$ が成り立てばよい。

これより　$a-b=\frac{10}{3}$　…②

①，②より　$a=\frac{2}{3},\ b=-\frac{8}{3}$

テスト対策

$\lim_{x\to a+0}f(x)=\lim_{x\to a-0}f(x)=f(a)$ のとき
関数 $f(x)$ は $x=a$ で連続

25 微分係数と導関数

基本問題

本冊 p. 90

253

答　(1) $y'=3x^2-4x+1$　(2) $y'=1-\frac{1}{x^2}$
(3) $y'=3x^2+1$　(4) $y'=4x^3+1$
(5) $y'=\frac{2-x}{x^3}$　(6) $y'=-\frac{2x}{(x^2-1)^2}$
(7) $y'=2\left(x+\frac{1}{x^2}-\frac{2}{x^5}\right)$
(8) $y'=-\frac{2(x^2-4x+1)}{(x^2-x+1)^2}$

検討　(2) $y=x-2+x^{-1}$ より　$y'=1-x^{-2}$

(3) $y'=(x-1)'(x^2+x+2)+(x-1)(x^2+x+2)'$
$=x^2+x+2+(x-1)(2x+1)=3x^2+1$

(5) $y'=\frac{(x-1)'\cdot x^2-(x-1)(x^2)'}{(x^2)^2}$
$=\frac{x^2-2x(x-1)}{x^4}$
$=\frac{2-x}{x^3}$

(7) $y=\left(x-\frac{1}{x^2}\right)^2=x^2-\frac{2}{x}+\frac{1}{x^4}=x^2-2x^{-1}+x^{-4}$

$y'=2x+2x^{-2}-4x^{-5}=2\left(x+\frac{1}{x^2}-\frac{2}{x^5}\right)$

(8) $y'=\frac{(x^2+x-3)'(x^2-x+1)-(x^2+x-3)(x^2-x+1)'}{(x^2-x+1)^2}$
$=\frac{(2x+1)(x^2-x+1)-(x^2+x-3)(2x-1)}{(x^2-x+1)^2}$
$=\frac{-2(x^2-4x+1)}{(x^2-x+1)^2}$

254

答　(1) $f'(x)=-3x^2$　(2) $f'(x)=\frac{1}{3\sqrt[3]{x^2}}$
(3) $f'(x)=-\frac{2x}{(x^2-1)^2}$
(4) $f'(x)=-\frac{1}{2\sqrt{x}(\sqrt{x}-1)^2}$

検討　(1) $f'(x)=\lim_{h\to0}\frac{-(x+h)^3+x^3}{h}$
$=\lim_{h\to0}(-3x^2-3xh-h^2)=-3x^2$

(2) $f'(x)=\lim_{h\to 0}\frac{\sqrt[3]{x+h}-\sqrt[3]{x}}{h}$

$=\lim_{h\to 0}\frac{(\sqrt[3]{x+h}-\sqrt[3]{x})\{(\sqrt[3]{x+h})^2+\sqrt[3]{x(x+h)}+(\sqrt[3]{x})^2\}}{h\{(\sqrt[3]{x+h})^2+\sqrt[3]{x(x+h)}+(\sqrt[3]{x})^2\}}$

$=\lim_{h\to 0}\frac{1}{(\sqrt[3]{x+h})^2+\sqrt[3]{x(x+h)}+(\sqrt[3]{x})^2}=\frac{1}{3\sqrt[3]{x^2}}$

(3) $f'(x)=\lim_{h\to 0}\frac{\frac{1}{(x+h)^2-1}-\frac{1}{x^2-1}}{h}$

$=\lim_{h\to 0}\frac{(x^2-1)-\{(x+h)^2-1\}}{h\{(x+h)^2-1\}(x^2-1)}$

$=\lim_{h\to 0}\frac{-2x-h}{\{(x+h)^2-1\}(x^2-1)}=-\frac{2x}{(x^2-1)^2}$

(4) $f'(x)=\lim_{h\to 0}\frac{\frac{1}{\sqrt{x+h}-1}-\frac{1}{\sqrt{x}-1}}{h}$

$=\lim_{h\to 0}\frac{(\sqrt{x}-1)-(\sqrt{x+h}-1)}{h(\sqrt{x+h}-1)(\sqrt{x}-1)}$

$=\lim_{h\to 0}\frac{(\sqrt{x}-\sqrt{x+h})(\sqrt{x}+\sqrt{x+h})}{h(\sqrt{x+h}-1)(\sqrt{x}-1)(\sqrt{x}+\sqrt{x+h})}$

$=\lim_{h\to 0}\frac{-1}{(\sqrt{x+h}-1)(\sqrt{x}-1)(\sqrt{x}+\sqrt{x+h})}$

$=-\frac{1}{2\sqrt{x}(\sqrt{x}-1)^2}$

255

答 (1) $\boldsymbol{f'(a)=6a^2}$ (2) $\boldsymbol{f'(a)=-\frac{1}{a^2}}$

検討 (1) $f'(a)=\lim_{h\to 0}\frac{2(a+h)^3-2a^3}{h}$

$=\lim_{h\to 0}(6a^2+6ah+2h^2)=6a^2$

(2) $f'(a)=\lim_{h\to 0}\frac{\frac{1}{a+h}-\frac{1}{a}}{h}=\lim_{h\to 0}\frac{a-(a+h)}{h\cdot a(a+h)}$

$=\lim_{h\to 0}\frac{-1}{a(a+h)}=-\frac{1}{a^2}$

256

答 (1) $\boldsymbol{\frac{dz}{dx}=-\frac{2y}{(x-y)^2}}$

(2) $\boldsymbol{\frac{dz}{dy}=\frac{2x}{(x-y)^2}}$

検討 (1) y は定数と考えて微分すればよい。

$\frac{dz}{dx}=\frac{2(x-y)-2x\cdot 1}{(x-y)^2}=-\frac{2y}{(x-y)^2}$

257

答 (1) $\boldsymbol{\frac{dS}{dt}=2+\frac{3}{t^4}}$ (2) $\boldsymbol{\frac{dm}{dn}=-\frac{5}{(n-1)^2}}$

検討 (2) $\frac{dm}{dn}=\frac{2(n-1)-(2n+3)\cdot 1}{(n-1)^2}$

$=-\frac{5}{(n-1)^2}$

応用問題

本冊 p. 92

258

答 (1) $\boldsymbol{-\frac{2f'(a)}{\{f(a)\}^2}}$ (2) $\boldsymbol{a^2f'(a)-2af(a)}$

検討 (1) 与式$=\lim_{h\to 0}\frac{f(a)-f(a+2h)}{hf(a+2h)f(a)}$

$=\lim_{h\to 0}\left\{-\frac{f(a+2h)-f(a)}{2h}\cdot\frac{1}{f(a+2h)f(a)}\cdot 2\right\}$

$=-f'(a)\cdot\frac{1}{\{f(a)\}^2}\cdot 2=-\frac{2f'(a)}{\{f(a)\}^2}$

(2) 与式

$=\lim_{x\to a}\frac{a^2f(x)-a^2f(a)+a^2f(a)-x^2f(a)}{x-a}$

$=\lim_{x\to a}\left\{\frac{f(x)-f(a)}{x-a}\cdot a^2-\frac{x^2-a^2}{x-a}\cdot f(a)\right\}$

$=a^2f'(a)-f(a)\lim_{x\to a}(x+a)=a^2f'(a)-2af(a)$

259

答 (1) $\boldsymbol{x=0}$ で微分可能である。

(2) $\boldsymbol{x=0}$ で微分可能でない。

検討 (1) $x<0$ のとき，$f(x)=x^2$ であるから

$\lim_{h\to -0}\frac{f(h)-f(0)}{h}=\lim_{h\to -0}\frac{h^2-0}{h}=\lim_{h\to -0}h=0$

$x\geqq 0$ のとき，$f(x)=-x^2$ であるから

$\lim_{h\to +0}\frac{f(h)-f(0)}{h}=\lim_{h\to +0}\frac{-h^2-0}{h}$

$=\lim_{h\to +0}(-h)=0$

ゆえに $\lim_{h\to +0}\frac{f(h)-f(0)}{h}=\lim_{h\to -0}\frac{f(h)-f(0)}{h}$

したがって，$f(x)$ は $x=0$ で微分可能である。

(2) $x<0$ のとき，$f(x)=x$ であるから

$\lim_{h\to -0}\frac{f(h)-f(0)}{h}=\lim_{h\to -0}\frac{h-0}{h}=\lim_{h\to -0}1=1$

$x \geqq 0$ のとき，$f(x)=-x$ であるから

$$\lim_{h\to+0}\frac{f(h)-f(0)}{h}=\lim_{h\to+0}\frac{-h-0}{h}$$
$$=\lim_{h\to+0}(-1)=-1$$

ゆえに　$\displaystyle\lim_{h\to+0}\frac{f(h)-f(0)}{h}\neq\lim_{h\to-0}\frac{f(h)-f(0)}{h}$

したがって，$f(x)$ は $x=0$ で微分可能でない。

260

答　$a=-6$, $b=2$

検討　$f(x)$ が $x=1$ で微分可能であるためには

$\displaystyle\lim_{x\to1+0}\frac{f(x)-f(1)}{x-1}=\lim_{x\to1-0}\frac{f(x)-f(1)}{x-1}$ であればよい。

$$\lim_{x\to1-0}\frac{f(x)-f(1)}{x-1}=\lim_{x\to1-0}\frac{(x^2+1)-2}{x-1}$$
$$=\lim_{x\to1-0}(x+1)=2$$

であるから

$$\lim_{x\to1+0}\frac{f(x)-f(1)}{x-1}=\lim_{x\to1+0}\frac{-2x^2-ax-b-2}{x-1}$$
$$=2$$

となればよい。

$\displaystyle\lim_{x\to1+0}(x-1)=0$ であるから

$\displaystyle\lim_{x\to1+0}(-2x^2-ax-b-2)=0$ でなければならない。

$-2-a-b-2=0$ より　$b=-a-4$　…①

したがって

$$\lim_{x\to1+0}\frac{-2x^2-ax+a+2}{x-1}$$
$$=\lim_{x\to1+0}\frac{-(x-1)(2x+a+2)}{x-1}$$
$$=\lim_{x\to1+0}\{-(2x+a+2)\}=-4-a=2$$

よって　$a=-6$　①より　$b=6-4=2$

261

答　連続かつ微分可能

検討　$\displaystyle\lim_{h\to0}\frac{f(h)-f(0)}{h}=\lim_{h\to0}\frac{h|h|}{h}=\lim_{h\to0}|h|=0$

よって，$f'(0)=0$ となり，$f(x)$ は $x=0$ で微分可能である。したがって $x=0$ で連続である。

26 合成関数の微分法

基本問題 本冊 p. 93

262

答　(1) $y'=6(2x+1)^2$　(2) $y'=-6(2-3x)$

(3) $y'=6x(x^2-2)^2$

(4) $y'=8(x-1)(x^2-2x+3)^3$

(5) $y'=-2(x-3)^{-3}$　(6) $y'=4(1-x)^{-5}$

検討　(1) $y'=3(2x+1)^2\cdot2=6(2x+1)^2$

(2) $y'=2(2-3x)\cdot(-3)=-6(2-3x)$

(3) $y'=3(x^2-2)^2\cdot2x=6x(x^2-2)^2$

(4) $y'=4(x^2-2x+3)^3\cdot(2x-2)$
$=8(x-1)(x^2-2x+3)^3$

(6) $y'=-4(1-x)^{-5}\cdot(-1)=4(1-x)^{-5}$

テスト対策

$\{f(x)\}^n$ の微分公式

$[\{f(x)\}^n]'=n\{f(x)\}^{n-1}\cdot f'(x)$（$n$ は整数）

263

答　(1) $y'=-\dfrac{2}{(x-1)^3}$　(2) $y'=-\dfrac{6}{(2x+3)^4}$

(3) $y'=\dfrac{-2x+1}{(x+1)^4}$

検討　(1) $y=(x-1)^{-2}$

$$y'=-2(x-1)^{-3}=-\frac{2}{(x-1)^3}$$

(2) $y=(2x+3)^{-3}$

$$y'=-3(2x+3)^{-4}\cdot2=-\frac{6}{(2x+3)^4}$$

(3) $y=x(x+1)^{-3}$

$$y'=(x+1)^{-3}+x\{-3(x+1)^{-4}\}$$
$$=\frac{1}{(x+1)^3}-\frac{3x}{(x+1)^4}=\frac{-2x+1}{(x+1)^4}$$

264

答　(1) $y'=\dfrac{1}{3}x^{-\frac{2}{3}}$　(2) $y'=-\dfrac{4}{3}x^{-\frac{7}{3}}$

(3) $y'=\dfrac{5}{2}x\sqrt{x}$　(4) $y'=\dfrac{4}{3}\sqrt[3]{x}$

(5) $y'=\dfrac{1}{2x\sqrt{x}}$　(6) $y'=-\dfrac{3}{x^2\sqrt{x}}$

検討 (6) $y=2x^{-\frac{3}{2}}$ を微分すると

$$y'=2\times\left(-\frac{3}{2}\right)x^{-\frac{3}{2}-1}=-3x^{-\frac{5}{2}}=-\frac{3}{x^2\sqrt{x}}$$

265

答 (1) $\boldsymbol{y'=\frac{3}{2\sqrt{3x-1}}}$

(2) $\boldsymbol{y'=\frac{x-1}{\sqrt{x^2-2x+3}}}$

(3) $\boldsymbol{y'=\frac{2x}{3\sqrt[3]{(x^2-1)^2}}}$

(4) $\boldsymbol{y'=-\frac{1}{(2x-1)\sqrt{2x-1}}}$

(5) $\boldsymbol{y'=-\frac{1}{(x^2-1)\sqrt{x^2-1}}}$

(6) $\boldsymbol{y'=-\frac{1}{(x-1)\sqrt{x^2-1}}}$

検討 (1) $y=(3x-1)^{\frac{1}{2}}$ と変形して

$$y'=\frac{1}{2}(3x-1)^{-\frac{1}{2}}\cdot 3=\frac{3}{2}(3x-1)^{-\frac{1}{2}}=\frac{3}{2\sqrt{3x-1}}$$

(3) $y=(x^2-1)^{\frac{1}{3}}$ と変形して

$$y'=\frac{1}{3}(x^2-1)^{-\frac{2}{3}}\cdot 2x=\frac{2x}{3\sqrt[3]{(x^2-1)^2}}$$

(5) $y=x(x^2-1)^{-\frac{1}{2}}$ と変形して

$$y'=(x^2-1)^{-\frac{1}{2}}+x\left\{-\frac{1}{2}(x^2-1)^{-\frac{3}{2}}\cdot 2x\right\}$$
$$=\frac{1}{\sqrt{x^2-1}}-\frac{x^2}{(x^2-1)\sqrt{x^2-1}}$$
$$=-\frac{1}{(x^2-1)\sqrt{x^2-1}}$$

(6) $y=\left(\frac{x+1}{x-1}\right)^{\frac{1}{2}}$ と変形して

$$y'=\frac{1}{2}\left(\frac{x+1}{x-1}\right)^{-\frac{1}{2}}\frac{(x-1)-(x+1)}{(x-1)^2}$$
$$=-\frac{1}{(x-1)^2\sqrt{\frac{x+1}{x-1}}}=-\frac{1}{(x-1)\sqrt{x^2-1}}$$

266

答 (1) $\boldsymbol{y'=2(x^2+3)^2(2x-5)(8x^2-15x+6)}$

(2) $\boldsymbol{y'=3x^2(3x-1)(x+3)^2(8x^2+13x-3)}$

(3) $\boldsymbol{y'=\frac{2(x+1)}{3\sqrt[3]{(x^2+2x-3)^2}}}$

(4) $\boldsymbol{y'=-\frac{2(x-\sqrt{x^2+1})^2}{\sqrt{x^2+1}}}$

検討 (1) $y'=3(x^2+3)^2\cdot 2x\cdot(2x-5)^2$
$\qquad +(x^2+3)^3\cdot 2(2x-5)\cdot 2$

(2) $y'=2(3x-1)\cdot 3(x^2+3x)^3$
$\qquad +(3x-1)^2\cdot 3(x^2+3x)^2(2x+3)$

(3) $y=(x^2+2x-3)^{\frac{1}{3}}$ と変形して

$$y'=\frac{1}{3}(x^2+2x-3)^{-\frac{2}{3}}(2x+2)$$

(4) $y'=2(x-\sqrt{x^2+1})\left\{1-\frac{1}{2}(x^2+1)^{-\frac{1}{2}}\cdot 2x\right\}$

$$=2(x-\sqrt{x^2+1})\cdot\frac{\sqrt{x^2+1}-x}{\sqrt{x^2+1}}$$
$$=-\frac{2(x-\sqrt{x^2+1})^2}{\sqrt{x^2+1}}$$

267

答 (1) $\boldsymbol{\frac{dy}{dx}=-\frac{y}{x}}$ (2) $\boldsymbol{\frac{dy}{dx}=\frac{3}{2y}}$

(3) $\boldsymbol{\frac{dy}{dx}=-\frac{x}{y}}$ (4) $\boldsymbol{\frac{dy}{dx}=\frac{4x}{9y}}$

検討 (1) 与えられた方程式の両辺を x について微分すると $1\cdot y+x\cdot\frac{dy}{dx}=0$

よって $\frac{dy}{dx}=-\frac{y}{x}$

(2) 同様にして $2y\cdot\frac{dy}{dx}=3$

$y\neq 0$ のとき $\frac{dy}{dx}=\frac{3}{2y}$

(3) $2x+2y\cdot\frac{dy}{dx}=0$

$y\neq 0$ のとき $\frac{dy}{dx}=-\frac{x}{y}$

(4) $8x-18y\cdot\frac{dy}{dx}=0$

$y\neq 0$ のとき $\frac{dy}{dx}=\frac{4x}{9y}$

応用問題

本冊 *p. 94*

268

答 (1) $\boldsymbol{y'=\frac{9x+5}{2\sqrt{3x+1}}}$

(2) $\boldsymbol{y'=\dfrac{2\sqrt{x-1}+1}{4\sqrt{(x-1)(x+\sqrt{x-1})}}}$

(3) $\boldsymbol{y'=\dfrac{x-\sqrt{x^2+1}}{\sqrt{x^2+1}}}$

(4) $\boldsymbol{y'=\dfrac{(x-\sqrt{x^2+2})^2}{\sqrt{x^2+2}}}$

検討 (1) $y=(x+1)(3x+1)^{\frac{1}{2}}$

$$y'=(3x+1)^{\frac{1}{2}}+(x+1)\cdot\frac{1}{2}(3x+1)^{-\frac{1}{2}}\cdot 3$$

$$=\sqrt{3x+1}+\frac{3(x+1)}{2\sqrt{3x+1}}=\frac{6x+2+3x+3}{2\sqrt{3x+1}}$$

$$=\frac{9x+5}{2\sqrt{3x+1}}$$

(2) $y=\{x+(x-1)^{\frac{1}{2}}\}^{\frac{1}{2}}$

$$y'=\frac{1}{2}\left\{x+(x-1)^{\frac{1}{2}}\right\}^{-\frac{1}{2}}\left\{1+\frac{1}{2}(x-1)^{-\frac{1}{2}}\right\}$$

$$=\frac{1}{2\sqrt{x+\sqrt{x-1}}}\cdot\left(1+\frac{1}{2\sqrt{x-1}}\right)$$

$$=\frac{2\sqrt{x-1}+1}{4\sqrt{(x-1)(x+\sqrt{x-1})}}$$

(3) $y=\dfrac{x-\sqrt{x^2+1}}{-1}=\sqrt{x^2+1}-x=(x^2+1)^{\frac{1}{2}}-x$

$$y'=\frac{1}{2}(x^2+1)^{-\frac{1}{2}}\cdot 2x-1=\frac{x}{\sqrt{x^2+1}}-1$$

$$=\frac{x-\sqrt{x^2+1}}{\sqrt{x^2+1}}$$

(4) $y=\dfrac{(x-\sqrt{x^2+2})^2}{(x+\sqrt{x^2+2})(x-\sqrt{x^2+2})}$

$$=-\frac{1}{2}(x-\sqrt{x^2+2})^2$$

$$y'=-(x-\sqrt{x^2+2})\left\{1-\frac{1}{2}(x^2+2)^{-\frac{1}{2}}\cdot 2x\right\}$$

$$=\frac{-(x-\sqrt{x^2+2})(\sqrt{x^2+2}-x)}{\sqrt{x^2+2}}$$

$$=\frac{(x-\sqrt{x^2+2})^2}{\sqrt{x^2+2}}$$

269

答 (1) $\boldsymbol{-5}$ (2) $\boldsymbol{-\dfrac{1}{2}}$

検討 (1) 両辺を x について微分すると

$$y+x\cdot\frac{dy}{dx}=0 \quad \frac{dy}{dx}=-\frac{y}{x}$$

$x=1$, $y=5$ を代入して

$$-\frac{5}{1}=-5$$

(2) 両辺を x について微分すると

$$2y\cdot\frac{dy}{dx}=3 \quad y\neq 0 \text{ のとき } \quad \frac{dy}{dx}=\frac{3}{2y}$$

$y=-3$ を代入して $\quad \dfrac{3}{2\cdot(-3)}=-\dfrac{1}{2}$

270

答 (1) $\boldsymbol{\dfrac{dy}{dx}=\dfrac{2}{y}}$ (2) $\boldsymbol{\dfrac{dy}{dx}=\dfrac{\sqrt{y}}{\sqrt{x}}}$

(3) $\boldsymbol{\dfrac{dy}{dx}=-\dfrac{9x}{4y}}$ (4) $\boldsymbol{\dfrac{dy}{dx}=\dfrac{3x}{4y}}$

(5) $\boldsymbol{\dfrac{dy}{dx}=\dfrac{2x-3y}{3x-2y}}$ (6) $\boldsymbol{\dfrac{dy}{dx}=-\dfrac{x^2+y}{x-y^2}}$

検討 $\dfrac{dy}{dx}$ を y' と書く。

(1) 両辺を x について微分すると

$$2y\cdot y'=4 \quad y\neq 0 \text{ のとき } \quad y'=\frac{2}{y}$$

(2) $x^{\frac{1}{2}}-y^{\frac{1}{2}}=1$ と変形し，両辺を x について微分すると $\quad \dfrac{1}{2}x^{-\frac{1}{2}}-\dfrac{1}{2}y^{-\frac{1}{2}}\cdot y'=0 \quad y'=\dfrac{\sqrt{y}}{\sqrt{x}}$

(3) 両辺を x について微分すると

$$\frac{2x}{4}+\frac{2y}{9}\cdot y'=0$$

$y\neq 0$ のとき $\quad y'=-\dfrac{9x}{4y}$

(4) 両辺を x について微分すると

$$\frac{2x}{4}-\frac{2y}{3}\cdot y'=0$$

$y\neq 0$ のとき $\quad y'=\dfrac{3x}{4y}$

(5) 与式を変形して $\quad x^2-3xy+y^2=0$

両辺を x について微分すると

$$2x-(3y+3x\cdot y')+2y\cdot y'=0$$

$$2x-3y-(3x-2y)y'=0$$

よって $\quad y'=\dfrac{2x-3y}{3x-2y}$

(6) 両辺を x について微分すると

$$3x^2+(3y+3x\cdot y')-3y^2\cdot y'=0$$

$$(3x^2+3y)+(3x-3y^2)y'=0$$

よって $\quad y'=-\dfrac{3x^2+3y}{3x-3y^2}=-\dfrac{x^2+y}{x-y^2}$

271

答 (1) $\boldsymbol{\dfrac{dy}{dx}=\dfrac{1}{4x^{\frac{3}{4}}}}$ (2) $\boldsymbol{\dfrac{dy}{dx}=\dfrac{3}{2\sqrt{3x-1}}}$

(3) $\boldsymbol{\dfrac{dy}{dx}=\dfrac{1}{3\sqrt[3]{(x+2)^2}}}$ (4) $\boldsymbol{\dfrac{dy}{dx}=\dfrac{1}{2\sqrt{x+1}}}$

検討 (1) 与式より $x=y^4$

両辺を y について微分すると $\dfrac{dx}{dy}=4y^3$

$$\frac{dy}{dx}=\frac{1}{4y^3}=\frac{1}{4(x^{\frac{1}{4}})^3}=\frac{1}{4x^{\frac{3}{4}}}$$

(2) 与式より $x=\dfrac{y^2+1}{3}$

両辺を y について微分すると $\dfrac{dx}{dy}=\dfrac{2}{3}y$

$$\frac{dy}{dx}=\frac{3}{2y}=\frac{3}{2\sqrt{3x-1}}$$

(3) 与式より $x=y^3-2$

両辺を y について微分すると $\dfrac{dx}{dy}=3y^2$

$$\frac{dy}{dx}=\frac{1}{3y^2}=\frac{1}{3\sqrt[3]{(x+2)^2}}$$

(4) 両辺を y について微分すると $\dfrac{dx}{dy}=2y$

与式より，$y=\sqrt{x+1}$ であるから

$$\frac{dy}{dx}=\frac{1}{2y}=\frac{1}{2\sqrt{x+1}}$$

27 いろいろな関数の微分法

基本問題

本冊 p. 96

272

答 (1) $\boldsymbol{y'=4\cos 4x}$

(2) $\boldsymbol{y'=-3\sin(3x-1)}$

(3) $\boldsymbol{y'=\dfrac{1}{3\cos^2\frac{x}{3}}}$ (4) $\boldsymbol{y'=\sin 2x}$

(5) $\boldsymbol{y'=\dfrac{3\sin x}{\cos^4 x}}$ (6) $\boldsymbol{y'=\dfrac{2\sin x}{\cos^3 x}}$

(7) $\boldsymbol{y'=3\cos(3x+2)}$ (8) $\boldsymbol{y'=-\sin 2(x-1)}$

検討 (1) $y'=\cos 4x\cdot 4=4\cos 4x$

(2) $y'=-\sin(3x-1)\cdot 3=-3\sin(3x-1)$

(3) $y'=\dfrac{1}{\cos^2\frac{x}{3}}\cdot\dfrac{1}{3}=\dfrac{1}{3\cos^2\frac{x}{3}}$

(4) $y'=2\sin x\cdot\cos x=\sin 2x$

(5) $y=(\cos x)^{-3}$ と変形して

$$y'=-3(\cos x)^{-4}\cdot(-\sin x)=\frac{3\sin x}{\cos^4 x}$$

(6) $y'=2\tan x\cdot\dfrac{1}{\cos^2 x}=\dfrac{2\tan x}{\cos^2 x}=\dfrac{2\sin x}{\cos^3 x}$

(7) $y'=\cos(3x+2)\cdot 3=3\cos(3x+2)$

(8) $y'=2\cos(x-1)\cdot\{-\sin(x-1)\}$

$=-\sin 2(x-1)$

273

答 (1) $\boldsymbol{y'=\dfrac{1}{x}}$ (2) $\boldsymbol{y'=\dfrac{3}{3x+2}}$

(3) $\boldsymbol{y'=\dfrac{1}{x\log 10}}$ (4) $\boldsymbol{y'=\dfrac{2\log x}{x}}$

(5) $\boldsymbol{y'=x^2(3\log x+1)}$ (6) $\boldsymbol{y'=\dfrac{2x}{x^2-2}}$

検討 (1) $y'=\dfrac{1}{3x}\cdot 3=\dfrac{1}{x}$

(2) $y'=\dfrac{1}{3x+2}\cdot 3=\dfrac{3}{3x+2}$

(4) $y'=2\log x\cdot\dfrac{1}{x}=\dfrac{2\log x}{x}$

(5) $y'=3x^2\log x+x^3\cdot\dfrac{1}{x}=x^2(3\log x+1)$

(6) $y'=\dfrac{1}{x^2-2}\cdot 2x=\dfrac{2x}{x^2-2}$

274

答 (1) $\boldsymbol{y'=4e^{4x}}$ (2) $\boldsymbol{y'=10^x\log 10}$

(3) $\boldsymbol{y'=-a^{-x}\log a}$ (4) $\boldsymbol{y'=3x^2e^{x^3}}$

(5) $\boldsymbol{y'=e^x(1+x)}$ (6) $\boldsymbol{y'=e^x\left(\log x+\dfrac{1}{x}\right)}$

検討 (1) $y'=e^{4x}\cdot 4=4e^{4x}$

(3) $y'=a^{-x}\log a\cdot(-1)=-a^{-x}\log a$

(4) $y'=e^{x^3}\cdot 3x^2=3x^2e^{x^3}$

(5) $y'=e^x+xe^x=e^x(1+x)$

(6) $y'=e^x\log x+e^x\cdot\dfrac{1}{x}=e^x\left(\log x+\dfrac{1}{x}\right)$

275

答　(1) $y''=12x^2$, $y'''=24x$

(2) $y''=-9\cos 3x$, $y'''=27\sin 3x$

(3) $y''=(\log 2)^2\cdot 2^x$, $y'''=(\log 2)^3\cdot 2^x$

(4) $y''=-\dfrac{1}{(x+2)^2}$, $y'''=\dfrac{2}{(x+2)^3}$

(5) $y''=\dfrac{2}{(x-2)^3}$, $y'''=-\dfrac{6}{(x-2)^4}$

(6) $y''=-\dfrac{9}{4(3x-1)\sqrt{3x-1}}$,

$y'''=\dfrac{81}{8(3x-1)^2\sqrt{3x-1}}$

(7) $y''=\sin x-\cos x$, $y'''=\sin x+\cos x$

(8) $y''=e^x(2+x)$, $y'''=e^x(3+x)$

検討　(1) $y'=4x^3$　(2) $y'=-3\sin 3x$

(3) $y'=2^x\log 2$　(4) $y'=\dfrac{1}{x+2}$

(5) $y'=-\dfrac{1}{(x-2)^2}$　(6) $y'=\dfrac{3}{2\sqrt{3x-1}}$

(7) $y'=-\sin x-\cos x$　(8) $y'=e^x(1+x)$

276

答　(1) $y'=-1-\dfrac{a}{2}e^{-x}$ であるから

$y'+y+x$

$=\left(-1-\dfrac{a}{2}e^{-x}\right)+\left(-x+1+\dfrac{a}{2}e^{-x}\right)+x=0$

(2) 与式の両辺を x について微分すると

$2x+2yy'=0$

$x+yy'=0$

さらに両辺を x について微分すると

$1+y'y'+yy''=0$

よって　$1+(y')^2+yy''=0$

277

答　(1) $\dfrac{dy}{dx}=2$　(2) $\dfrac{dy}{dx}=4(t-1)\sqrt{t}$

(3) $\dfrac{dy}{dx}=-\dfrac{1}{t^2+1}$　(4) $\dfrac{dy}{dx}=\dfrac{t^2-1}{2t}$

検討　(1) $\dfrac{dx}{dt}=1$, $\dfrac{dy}{dt}=2$ より　$\dfrac{dy}{dx}=\dfrac{2}{1}=2$

(2) $\dfrac{dx}{dt}=\dfrac{1}{2\sqrt{t}}$, $\dfrac{dy}{dt}=2t-2$ より

$$\frac{dy}{dx}=\frac{2t-2}{\frac{1}{2\sqrt{t}}}=4(t-1)\sqrt{t}$$

(3) $\dfrac{dx}{dt}=\dfrac{t^2+1}{t^2}$, $\dfrac{dy}{dt}=-\dfrac{1}{t^2}$ より

$$\frac{dy}{dx}=\frac{-\frac{1}{t^2}}{\frac{t^2+1}{t^2}}=-\frac{1}{t^2+1}$$

(4) $\dfrac{dx}{dt}=-\dfrac{4t}{(1+t^2)^2}$, $\dfrac{dy}{dt}=\dfrac{2(1-t^2)}{(1+t^2)^2}$ より

$$\frac{dy}{dx}=\frac{\frac{2(1-t^2)}{(1+t^2)^2}}{-\frac{4t}{(1+t^2)^2}}=\frac{t^2-1}{2t}$$

応用問題 ……………………… 本冊 p. 97

278

答　(1) $y'=e^x(\sin 3x+3\cos 3x)$

(2) $y'=x^2(3\cos x-x\sin x)$

(3) $y'=\dfrac{1}{\tan x}$　(4) $y'=\log x+1$

(5) $y'=\dfrac{1-\log x}{x^2}$　(6) $y'=x^2e^{-x}(3-x)$

検討　(3) $y'=\dfrac{1}{\sin x}\cdot\cos x=\dfrac{1}{\tan x}$

(4) $y'=\log x+x\cdot\dfrac{1}{x}=\log x+1$

279

答　(1) $y'=-\sin x\log x+\dfrac{\cos x}{x}$

(2) $y'=e^{3x}\left(3\log x+\dfrac{1}{x}\right)$

(3) $y'=-\dfrac{x\sin x+\cos x}{x^2}$　(4) $y'=\dfrac{2}{\sin 2x-1}$

検討　(4) $y'=\dfrac{(\cos x-\sin x)(\sin x-\cos x)-(\sin x+\cos x)^2}{(\sin x-\cos x)^2}$

$$=-\frac{2}{(\sin x-\cos x)^2}$$

$$=-\frac{2}{\sin^2 x-2\sin x\cos x+\cos^2 x}$$

$$=-\frac{2}{1-\sin 2x}=\frac{2}{\sin 2x-1}$$

280

答　(1) $y'=\sqrt{5}x^{\sqrt{5}-1}$　(2) $y'=2^x\log 2$

(3) $y'=-x^{-x}(1+\log x)$

(4) $y'=x^{\cos x}\left(-\sin x\log x+\dfrac{\cos x}{x}\right)$

(5) $y'=\dfrac{3x^2+2x+3}{3\sqrt[3]{(x+1)^2(x^2+3)^2}}$

(6) $y'=\dfrac{\sqrt[x]{x}}{x^2}(1-\log x)$

(7) $y'=-\dfrac{4x^2+13x+7}{(x+3)^3(x+2)^4}$

(8) $y'=-\dfrac{1}{\sin x}\sqrt{\dfrac{1+\cos x}{1-\cos x}}$

(9) $y'=(\tan x)^{\sin x}\left\{\cos x\log(\tan x)+\dfrac{1}{\cos x}\right\}$

(10) $y'=(\log x)^x\left\{\log(\log x)+\dfrac{1}{\log x}\right\}$

検討　(1) $x>0$ より $x^{\sqrt{5}}>0$ だから，与式において両辺の自然対数をとって　$\log y=\sqrt{5}\log x$

両辺を x について微分して　$\dfrac{1}{y}\cdot y'=\dfrac{\sqrt{5}}{x}$

よって　$y'=\dfrac{\sqrt{5}}{x}y=\sqrt{5}x^{\sqrt{5}-1}$

(2)～(4)も(1)と同様にすればよい。

(2) $\log y=x\log 2$ より　$\dfrac{1}{y}\cdot y'=\log 2$

(3) $\log y=-x\log x$ より　$\dfrac{1}{y}\cdot y'=-\log x-1$

(4) $\log y=\cos x\log x$ より

$$\frac{1}{y}\cdot y'=-\sin x\cdot\log x+\cos x\cdot\frac{1}{x}$$

(5) 両辺の絶対値の自然対数をとって

$$\log|y|=\frac{1}{3}(\log|x+1|+\log|x^2+3|)$$

両辺を x について微分して

$$\frac{1}{y}\cdot y'=\frac{1}{3}\left(\frac{1}{x+1}+\frac{2x}{x^2+3}\right)=\frac{3x^2+2x+3}{3(x+1)(x^2+3)}$$

よって　$y'=\dfrac{3x^2+2x+3}{3\sqrt[3]{(x+1)^2(x^2+3)^2}}$

(6) (1)と同様にして

$\log y=\dfrac{\log x}{x}$ より　$\dfrac{1}{y}\cdot y'=\dfrac{1-\log x}{x^2}$

(7) (5)と同様にして

$$\log|y|=\log|x+1|-2\log|x+3|-3\log|x+2|$$

両辺を x について微分して

$$\frac{1}{y}\cdot y'=\frac{1}{x+1}-\frac{2}{x+3}-\frac{3}{x+2}=-\frac{4x^2+13x+7}{(x+1)(x+2)(x+3)}$$

よって

$$y'=-\frac{4x^2+13x+7}{(x+1)(x+2)(x+3)}\cdot\frac{x+1}{(x+3)^2(x+2)^3}=-\frac{4x^2+13x+7}{(x+3)^3(x+2)^4}$$

(8) (1)と同様にして

$$\log y=\frac{1}{2}\{\log(1+\cos x)-\log(1-\cos x)\}$$

両辺を x について微分して

$$\frac{1}{y}\cdot y'=\frac{1}{2}\left(\frac{-\sin x}{1+\cos x}-\frac{\sin x}{1-\cos x}\right)=-\frac{1}{\sin x}$$

(9) (1)と同様にして

$\log y=\sin x\cdot\log(\tan x)$ より

$$\frac{1}{y}\cdot y'=\cos x\cdot\log(\tan x)+\sin x\cdot\frac{1}{\tan x}\cdot\frac{1}{\cos^2 x}$$

よって

$$y'=(\tan x)^{\sin x}\left\{\cos x\log(\tan x)+\frac{1}{\cos x}\right\}$$

(10) (1)と同様にして　$\log y=x\log(\log x)$

両辺を x について微分して

$$\frac{1}{y}\cdot y'=\log(\log x)+x\cdot\frac{1}{\log x}\cdot\frac{1}{x}$$

よって　$y'=(\log x)^x\left\{\log(\log x)+\dfrac{1}{\log x}\right\}$

281

答　(1) $y''=2\cos x-x\sin x$,

$y'''=-3\sin x-x\cos x$

(2) $y''=e^x\left(\log x+\dfrac{2}{x}-\dfrac{1}{x^2}\right)$,

$y'''=e^x\left(\log x+\dfrac{3}{x}-\dfrac{3}{x^2}+\dfrac{2}{x^3}\right)$

検討　(1) $y'=\sin x+x\cos x$

(2) $y'=e^x\left(\log x+\dfrac{1}{x}\right)$

282

答　$(x-a)^2+(y-b)^2=r^2$　…①　の両辺を

x について微分すると

$2(x-a)+2(y-b)y'=0$

$(x-a)+(y-b)y'=0$ …②

さらに②の両辺を x について微分すると

$1+y'\cdot y'+(y-b)y''=0$

$1+(y')^2+(y-b)y''=0$ …③

③より　$y-b=-\dfrac{1+(y')^2}{y''}$ …④

②，④より　$x-a=-(y-b)y'$

$=\dfrac{\{1+(y')^2\}y'}{y''}$ …⑤

④，⑤を①に代入して整理すると

$(ry'')^2=\{1+(y')^2\}^3$

283

答　(1) **1**　(2) **1**

検討　(1) $f(x)=e^x$ とおくと

$f'(x)=e^x$，$f'(0)=1$

与式$=\displaystyle\lim_{h\to 0}\frac{e^h-e^0}{h}=f'(0)=1$

(2) $f(x)=\log(1+x)$ とおくと

$f'(x)=\dfrac{1}{1+x}$，$f'(0)=1$

与式$=\displaystyle\lim_{h\to 0}\frac{\log(1+h)-\log(1+0)}{h}=f'(0)=1$

284

答　(1) $y'=\dfrac{1}{x}$，$y''=-\dfrac{1}{x^2}$，$y'''=\dfrac{1\cdot 2}{x^3}$，

$y^{(4)}=-\dfrac{1\cdot 2\cdot 3}{x^4}$

よって，$y^{(n)}=(-1)^{n-1}\dfrac{(n-1)!}{x^n}$ …①

と推定できる。

①を数学的帰納法を用いて証明する。

(Ⅰ) $n=1$ のとき

左辺$=\dfrac{d}{dx}\log x=\dfrac{1}{x}$，

右辺$=(-1)^0\dfrac{0!}{x^1}=\dfrac{1}{x}$

よって，$n=1$ のとき①は成立する。

(Ⅱ) $n=k$のとき，①が成立すると仮定すると

$\dfrac{d^k}{dx^k}\log x=(-1)^{k-1}\dfrac{(k-1)!}{x^k}$ であるから

$\dfrac{d^{k+1}}{dx^{k+1}}\log x=\dfrac{d}{dx}\left\{(-1)^{k-1}\dfrac{(k-1)!}{x^k}\right\}$

$=(-1)^{k-1}(k-1)!\left(-\dfrac{k}{x^{k+1}}\right)$

$=(-1)^k\dfrac{k!}{x^{k+1}}$

よって，①は $n=k+1$ のときも成立する。

ゆえに(Ⅰ)，(Ⅱ)より，すべての自然数 n に対して①は成立する。

(2) $y'=\cos x$，$y''=-\sin x$，$y'''=-\cos x$，

$y^{(4)}=\sin x$

よって，$y^{(n)}=\sin\left(x+\dfrac{n\pi}{2}\right)$ …①と推定できる。

①を数学的帰納法を用いて証明する。

(Ⅰ) $n=1$ のとき

左辺$=\dfrac{d}{dx}\sin x=\cos x$，

右辺$=\sin\left(x+\dfrac{\pi}{2}\right)=\cos x$

よって，$n=1$ のとき①は成立する。

(Ⅱ) $n=k$ のとき，①が成立すると仮定すると

$\dfrac{d^k}{dx^k}\sin x=\sin\left(x+\dfrac{k\pi}{2}\right)$ であるから

$\dfrac{d^{k+1}}{dx^{k+1}}\sin x=\dfrac{d}{dx}\sin\left(x+\dfrac{k\pi}{2}\right)$

$=\cos\left(x+\dfrac{k\pi}{2}\right)$

$=\sin\left\{x+\dfrac{(k+1)\pi}{2}\right\}$

よって，①は $n=k+1$ のときも成立する。

ゆえに(Ⅰ)，(Ⅱ)より，すべての自然数 n に対して①は成立する。

285

答　(1) $\dfrac{dy}{dx}=\log t$　(2) $\dfrac{dy}{dx}=-\tan t$

検討　(1) $x=\log(\log t)$ より　$\dfrac{dx}{dt}=\dfrac{1}{\log t}\cdot\dfrac{1}{t}$

$y=\log t$ より　$\dfrac{dy}{dt}=\dfrac{1}{t}$

よって　$\dfrac{dy}{dx}=\dfrac{\dfrac{dy}{dt}}{\dfrac{dx}{dt}}=\dfrac{\dfrac{1}{t}}{\dfrac{1}{t\log t}}=\log t$

(2) $x=a\cos^3 t$ より　$\dfrac{dx}{dt}=a\cdot 3\cos^2 t\cdot(-\sin t)$

$y=a\sin^3 t$ より　$\dfrac{dy}{dt}=a\cdot 3\sin^2 t\cdot\cos t$

$$\frac{dy}{dx}=\frac{\dfrac{dy}{dt}}{\dfrac{dx}{dt}}=\frac{3a\sin^2 t\cos t}{-3a\sin t\cos^2 t}=-\tan t$$

286

答　$f(x)$ を $(x-\alpha)^3$ で割ったときの商を $Q(x)$，余りを px^2+qx+r とおくと

$f(x)=(x-\alpha)^3Q(x)+px^2+qx+r$

$f'(x)=3(x-\alpha)^2Q(x)+(x-\alpha)^3Q'(x)+2px+q$

$f''(x)=6(x-\alpha)Q(x)+6(x-\alpha)^2Q'(x)+(x-\alpha)^3Q''(x)+2p$

ゆえに　$f(\alpha)=p\alpha^2+q\alpha+r$　…①

$f'(\alpha)=2p\alpha+q$　…②

$f''(\alpha)=2p$　…③

③より　$p=\dfrac{f''(\alpha)}{2}$　…④

②，④より　$q=f'(\alpha)-\alpha f''(\alpha)$　…⑤

①，④，⑤より

$$r=f(\alpha)-\frac{\alpha^2 f''(\alpha)}{2}-\alpha\{f'(\alpha)-\alpha f''(\alpha)\}$$

$$=f(\alpha)-\alpha f'(\alpha)+\frac{\alpha^2}{2}f''(\alpha)\quad\cdots⑥$$

余りが 0 すなわち $p=q=r=0$ であるとすると，①，②，③より

$f(\alpha)=f'(\alpha)=f''(\alpha)=0$

また，$f(\alpha)=f'(\alpha)=f''(\alpha)=0$　であるとすると，④，⑤，⑥より

$p=q=r=0$　すなわち余り 0

よって，$f(x)$ が $(x-\alpha)^3$ で割り切れるための必要十分条件は　$f(\alpha)=f'(\alpha)=f''(\alpha)=0$

28 接線と法線

基本問題 …………………… 本冊 p.100

287

答　(1) 接線：$y=3x-4$

法線：$y=-\dfrac{1}{3}x+\dfrac{8}{3}$

(2) 接線：$y=4x-2$　法線：$y=-\dfrac{1}{4}x+\dfrac{9}{4}$

(3) 接線：$y=2x+1$　法線：$y=-\dfrac{1}{2}x+1$

(4) 接線：$y=\dfrac{1}{e}x$　法線：$y=-ex+e^2+1$

(5) 接線：$y=\dfrac{3}{2}x-\dfrac{\pi}{2}+\dfrac{3\sqrt{3}}{2}$

法線：$y=-\dfrac{2}{3}x+\dfrac{2}{9}\pi+\dfrac{3\sqrt{3}}{2}$

(6) 接線：$y=\dfrac{1}{2}x$　法線：$y=-2x+5$

(7) 接線：$y=-x+3$　法線：$y=x-1$

(8) 接線：$y=-\dfrac{1}{e}x$　法線：$y=ex-e^2-1$

検討　(1) $y'=2x-1$ だから，点 (2, 2) での接線の傾きは，$x=2$ を代入して 3

また，点 (2, 2) を通るから，接線の方程式は

$y-2=3(x-2)$　$y=3x-4$

法線の傾きは，接線の傾きの逆数に － をつけたものだから　$-\dfrac{1}{3}$

点 (2, 2) を通るから，法線の方程式は

$y-2=-\dfrac{1}{3}(x-2)$　$y=-\dfrac{1}{3}x+\dfrac{8}{3}$

(2)～(8)も同様にすればよい。

(2) $y'=3x^2+1$

接線の傾きは $x=1$ を代入して 4

(3) $y'=2e^{2x}$　接線の傾きは $x=0$ を代入して 2

(4) $y'=\dfrac{1}{x}$　接線の傾きは $x=e$ を代入して $\dfrac{1}{e}$

(5) $y'=3\cos x$

接線の傾きは $x=\dfrac{\pi}{3}$ を代入して $\dfrac{3}{2}$

(6) $y'=\dfrac{1}{2\sqrt{x-1}}$

接線の傾きは $x=2$ を代入して $\dfrac{1}{2}$

(7) $y'=-\dfrac{1}{(x-1)^2}$

接線の傾きは $x=2$ を代入して -1

(8) $y'=-\dfrac{1}{x}$

接線の傾きは $x=e$ を代入して $-\frac{1}{e}$

288

答　(1) 接線：$\boldsymbol{y=\frac{1}{2}x-\frac{5}{2}}$　法線：$\boldsymbol{y=-2x}$

(2) 接線：$\boldsymbol{y=-\frac{\sqrt{6}}{4}x-\frac{\sqrt{6}}{2}}$

法線：$\boldsymbol{y=\frac{2\sqrt{6}}{3}x-\frac{7\sqrt{6}}{3}}$

(3) 接線：$\boldsymbol{y=-\sqrt{2}x-\sqrt{2}}$

法線：$\boldsymbol{y=\frac{\sqrt{2}}{2}x+2\sqrt{2}}$

(4) 接線：$\boldsymbol{y=-\frac{1}{5}x+2}$　法線：$\boldsymbol{y=5x-24}$

検討　(1) 両辺を x で微分すると

$2x+2y\cdot y'=0$

$x=1,\ y=-2$ を代入して　$y'=\frac{1}{2}$

よって，接線は傾き $\frac{1}{2}$ で，点 $(1,\ -2)$ を通るから　$y+2=\frac{1}{2}(x-1)$　$y=\frac{1}{2}x-\frac{5}{2}$

法線は傾き -2 で，点 $(1,\ -2)$ を通るから

$y+2=-2(x-1)$　$y=-2x$

(2) 両辺を x で微分すると　$2y\cdot y'=3$

$y=-\sqrt{6}$ を代入して　$y'=-\frac{\sqrt{6}}{4}$

よって，接線は傾き $-\frac{\sqrt{6}}{4}$ で，点 $(2,\ -\sqrt{6})$ を通るから　$y+\sqrt{6}=-\frac{\sqrt{6}}{4}(x-2)$

$y=-\frac{\sqrt{6}}{4}x-\frac{\sqrt{6}}{2}$

法線は傾き $\frac{2\sqrt{6}}{3}$ で，点 $(2,\ -\sqrt{6})$ を通るから　$y+\sqrt{6}=\frac{2\sqrt{6}}{3}(x-2)$　$y=\frac{2\sqrt{6}}{3}x-\frac{7\sqrt{6}}{3}$

(3) 両辺を x で微分すると　$2x-2y\cdot y'=0$

$x=-2,\ y=\sqrt{2}$ を代入して　$y'=-\sqrt{2}$

よって，接線は傾き $-\sqrt{2}$ で，点 $(-2,\ \sqrt{2})$ を通るから　$y-\sqrt{2}=-\sqrt{2}(x+2)$

$y=-\sqrt{2}x-\sqrt{2}$

法線は傾き $\frac{\sqrt{2}}{2}$ で，点 $(-2,\ \sqrt{2})$ を通るから

$y-\sqrt{2}=\frac{\sqrt{2}}{2}(x+2)$　$y=\frac{\sqrt{2}}{2}x+2\sqrt{2}$

(4) 両辺を x で微分すると　$y+x\cdot y'=0$

$x=5,\ y=1$ を代入して　$y'=-\frac{1}{5}$

よって，接線は傾き $-\frac{1}{5}$ で，点 $(5,\ 1)$ を通るから　$y-1=-\frac{1}{5}(x-5)$　$y=-\frac{1}{5}x+2$

法線は傾き 5 で，点 $(5,\ 1)$ を通るから

$y-1=5(x-5)$　$y=5x-24$

289

答　接線の方程式：$\boldsymbol{y=x-\log 2+3}$

$\boldsymbol{\mathrm{P}(\log 2,\ 3)}$

検討　$y'=e^x-2e^{-x}$ であるから，接点の x 座標を t とすると，題意より　$e^t-2e^{-t}=1$

$e^t=X$ とおくと　$X-2X^{-1}=1$

$X^2-X-2=0$　$(X+1)(X-2)=0$

よって　$X=-1,\ 2$

$X=e^t>0$ より，$X=-1$ は不適

$X=2$ より，$e^t=2$ だから　$t=\log 2$

接点の y 座標は　$y=e^t+2e^{-t}=2+1=3$

したがって，接線の方程式は

$y-3=1\cdot(x-\log 2)$　$y=x-\log 2+3$

290

答　$\boldsymbol{y=(1+\log 3)x-3}$

検討　$y'=1+\log x$ であるから，接点の座標を $(t,\ t\log t)$ とすると，接線の方程式は

$y-t\log t=(1+\log t)(x-t)$　…①

①が点 $(0,\ -3)$ を通るから

$-3-t\log t=(1+\log t)(-t)$　$t=3$

①に $t=3$ を代入して　$y=(1+\log 3)x-3$

応用問題

本冊 p. 101

291

答　$\boldsymbol{y=2x-\frac{3}{2}}$

検討　$\frac{dx}{dt}=-\sin t,\ \frac{dy}{dt}=-2\sin 2t$ より

$\frac{dy}{dx}=\frac{-2\sin 2t}{-\sin t}=\frac{2\cdot 2\sin t\cos t}{\sin t}=4\cos t$

$t=\dfrac{\pi}{3}$ のとき，接線の傾きは 2 で，点 $\left(\dfrac{1}{2},\ -\dfrac{1}{2}\right)$ を通るから，接線の方程式は

$$y+\frac{1}{2}=2\left(x-\frac{1}{2}\right)$$

292

答　接線：$\boldsymbol{y=-\dfrac{\sqrt{3}}{3}x+\dfrac{1}{2}}$

法線：$\boldsymbol{y=\sqrt{3}x-1}$

検討　$t=\dfrac{\pi}{6}$ に対応する点の座標を $(x,\ y)$ とすると　$x=\left(\dfrac{\sqrt{3}}{2}\right)^3=\dfrac{3\sqrt{3}}{8}$，$y=\left(\dfrac{1}{2}\right)^3=\dfrac{1}{8}$

$$\frac{dy}{dx}=\frac{\frac{dy}{dt}}{\frac{dx}{dt}}=\frac{3\sin^2t\cos t}{-3\cos^2t\sin t}=-\tan t$$ より

接線の傾きは $-\dfrac{1}{\sqrt{3}}$，法線の傾きは $\sqrt{3}$

よって，接線の方程式は

$$y-\frac{1}{8}=-\frac{1}{\sqrt{3}}\left(x-\frac{3\sqrt{3}}{8}\right)$$

法線の方程式は　$y-\dfrac{1}{8}=\sqrt{3}\left(x-\dfrac{3\sqrt{3}}{8}\right)$

293

答　接線：$\boldsymbol{y=32x-47}$

法線：$\boldsymbol{y=-\dfrac{1}{32}x+\dfrac{273}{16}}$

検討　$t=4$ のとき　$x=2$，$y=17$

$$\frac{dy}{dx}=\frac{\frac{dy}{dt}}{\frac{dx}{dt}}=\frac{2t}{\frac{1}{2\sqrt{t}}}=4t\sqrt{t}$$ であるから

接線の傾きは 32，法線の傾きは $-\dfrac{1}{32}$

よって，接線の方程式は　$y-17=32(x-2)$

法線の方程式は　$y-17=-\dfrac{1}{32}(x-2)$

294

答　$\boldsymbol{y=-\dfrac{\sqrt{3}b}{a}x+2b}$

検討　$\theta=\dfrac{\pi}{6}$ のとき　$x=\dfrac{\sqrt{3}}{2}a$，$y=\dfrac{b}{2}$

$$\frac{dy}{dx}=\frac{\frac{dy}{d\theta}}{\frac{dx}{d\theta}}=\frac{b\cos\theta}{-a\sin\theta}=-\frac{b}{a\tan\theta}$$ であるから

接線の傾きは $-\dfrac{\sqrt{3}b}{a}$

よって，接線の方程式は

$$y-\frac{b}{2}=-\frac{\sqrt{3}b}{a}\left(x-\frac{\sqrt{3}}{2}a\right)$$

295

答　$\boldsymbol{a=8\log2-4}$

検討　$y=(2x-a)^2$ より　$y'=4(2x-a)$

$y=e^x$ より　$y'=e^x$

$x=t$ において，2 曲線が共有点をもつとき

$(2t-a)^2=e^t$　…①

$x=t$ において，2 曲線の接線が一致するとき

$4(2t-a)=e^t$　…②

①，②から　$(2t-a)^2=4(2t-a)$

ここで②から，$2t-a>0$ より　$2t-a=4$

②に代入して　$e^t=16$　よって　$t=\log16$

したがって　$a=2\log16-4=8\log2-4$

テスト対策

2 つの曲線 $y=f(x)$ と $y=g(x)$ が共有点で共通の接線をもつ（2 曲線が接する）とき，共有点の x 座標を t とすると

$\boldsymbol{f(t)=g(t)}$ **かつ** $\boldsymbol{f'(t)=g'(t)}$

296

答　(1) $\boldsymbol{\beta=-\alpha-2}$

(2) $\boldsymbol{y=e^{\alpha+1}x-(\alpha+2)}$，$\boldsymbol{y=x-1}$

検討　(1) 点 $(1,\ 0)$ における C_2 の接線の傾きは $y'=\dfrac{1}{x}$ より 1 となるから，接線の方程式は

$y=x-1$　…①

C_1 上の接点の x 座標を s とすると，接線の方程式は　$y-(e^{s+\alpha}+\beta)=e^{s+\alpha}(x-s)$

$y=e^{s+\alpha}x+(1-s)e^{s+\alpha}+\beta$　…②

①，②が一致するとき

$e^{s+\alpha}=1$　…③

$(1-s)e^{s+\alpha}+\beta=-1$ …④
③を④に代入して
$1-s+\beta=-1$　$s=\beta+2$
また，③より $s+\alpha=0$ であるから　$s=-\alpha$
よって　$-\alpha=\beta+2$　$\beta=-\alpha-2$ …⑤
(2) C_2 上の接点の x 座標を t とすると，接線の方程式は　$y-\log t=\dfrac{1}{t}(x-t)$

$y=\dfrac{1}{t}x+\log t-1$ …⑥
②，⑥が一致するとき，共通接線となるから
$\dfrac{1}{t}=e^{s+\alpha}$ …⑦

$\log t-1=(1-s)e^{s+\alpha}+\beta$ …⑧
⑦を⑧に代入して
$\log t-1=(1-s)\dfrac{1}{t}+\beta$ …⑨
また，⑦より　$\log\dfrac{1}{t}=s+\alpha$　$s=-\alpha-\log t$
この s を⑨に代入して，⑤を使うと
$\log t-1=(1+\alpha+\log t)\dfrac{1}{t}-\alpha-2$

$(1+\alpha+\log t)\left(1-\dfrac{1}{t}\right)=0$
これより　$1+\alpha+\log t=0$ または $t=1$
よって，$t=e^{-(\alpha+1)}$ のとき，求める共通接線は⑥より　$y=e^{\alpha+1}x-(\alpha+2)$
$t=1$ のとき　$y=x-1$

297

答　$\boldsymbol{a<-4,\ 0<a}$

検討　接点の座標を $(t,\ te^t)$ とおくと
$y'=(1+x)e^x$ より，接線の傾きは $(1+t)e^t$
接線の方程式は　$y-te^t=(1+t)e^t(x-t)$
これが点 $(a,\ 0)$ を通るから
$-te^t=(1+t)e^t(a-t)$
$e^t\neq 0$ より　$t^2-at-a=0$
この曲線に2点で接する接線は存在しないから，上式の t についての方程式の実数解の個数は接線の本数に等しい。判別式を D とすると $D>0$ より
$D=a^2+4a>0$　よって　$a<-4,\ 0<a$

29 関数の値の変化

基本問題 本冊 p. 103

298

答　(1) $\boldsymbol{c=1}$　(2) $\boldsymbol{c=\log\dfrac{e^2-1}{2}}$

(3) $\boldsymbol{c=\dfrac{3+2\sqrt{2}}{2}}$　(4) $\boldsymbol{c=e-1}$

検討　(1) $f'(x)=2x$　平均値の定理より
$f(2)-f(0)=(2-0)f'(c)$　$4-0=4c$
$c=1$　これは $0<c<2$ を満たす。
(2) $f'(x)=e^x$　平均値の定理より
$f(2)-f(0)=(2-0)f'(c)$　$e^2-1=2e^c$
$c=\log\dfrac{e^2-1}{2}$　これは $1<\dfrac{e^2-1}{2}<e^2$ より
$0<c<2$ を満たす。
(3) $f'(x)=\dfrac{1}{2\sqrt{x}}$ だから　$2-\sqrt{2}=(4-2)\dfrac{1}{2\sqrt{c}}$

$c=\dfrac{1}{(2-\sqrt{2})^2}=\dfrac{3+2\sqrt{2}}{2}$　これは $2<c<4$ を満たす。

(4) $f'(x)=\dfrac{1}{x}$ だから　$1-0=(e-1)\dfrac{1}{c}$
$c=e-1$　これは $1<c<e$ を満たす。

299

答　(1) $\boldsymbol{\theta=\dfrac{\sqrt{3}}{4}}$　(2) $\boldsymbol{\theta=\dfrac{1}{2}\log\dfrac{e^2-1}{2}}$

検討　(1) $f'(x)=\dfrac{1}{2\sqrt{x+1}}$　平均値の定理より
$f(2)=f(0)+2f'(2\theta)$ $(0<\theta<1)$ を満たす θ が存在する。すなわち　$\sqrt{3}=1+\dfrac{1}{\sqrt{2\theta+1}}$

$\theta=\dfrac{\sqrt{3}}{4}$　これは $0<\theta<1$ を満たす。
(2) $f'(x)=e^x$　平均値の定理より
$f(2)=f(0)+2f'(2\theta)$ $(0<\theta<1)$ を満たす θ が存在する。すなわち　$e^2=1+2e^{2\theta}$

$e^{2\theta}=\dfrac{e^2-1}{2}$　$\theta=\dfrac{1}{2}\log\dfrac{e^2-1}{2}$
これは $0<\theta<1$ を満たす。

300

答 (1) $\boldsymbol{x \leqq -1,\ 0 \leqq x}$ **のとき増加**
$\boldsymbol{-1 \leqq x \leqq 0}$ **のとき減少**
(2) $\boldsymbol{x \leqq -2,\ 0 \leqq x}$ **のとき増加**
$\boldsymbol{-2 \leqq x \leqq 0}$ **のとき減少**
(3) $\boldsymbol{x \neq -1}$ **のとき増加**
(4) $\boldsymbol{x \leqq 1}$ **のとき増加，** $\boldsymbol{x \geqq 1}$ **のとき減少**

検討 (1) $f'(x)=6x^2+6x=6x(x+1)$
よって，増減表は次のようになる。

x	…	-1	…	0	…
$f'(x)$	$+$	0	$-$	0	$+$
$f(x)$	↗	1	↘	0	↗

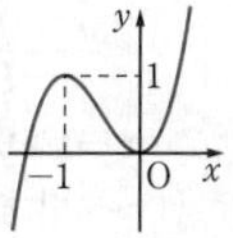

(2) $f'(x)=2xe^x+x^2e^x=x(x+2)e^x$
(1)と同様に増減を調べればよい。

(3) $f'(x)=\dfrac{3}{(x+1)^2}>0$
よって，増減表は次のようになる。

x	…	-1	…
$f'(x)$	$+$		$+$
$f(x)$	↗		↗

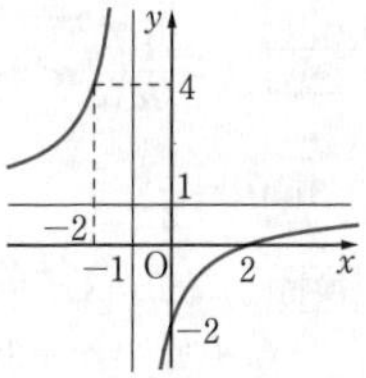

(4) $f'(x)=\dfrac{e^x-xe^x}{e^{2x}}=\dfrac{1-x}{e^x}$
(1)と同様に増減を調べればよい。

301

答 (1) $\boldsymbol{0 \leqq x \leqq 1}$ **のとき増加，** $\boldsymbol{1 \leqq x \leqq 2}$ **のとき減少，** $\boldsymbol{x=1}$ **のとき極大値 1**
(2) $\boldsymbol{0 \leqq x \leqq \dfrac{3}{4}\pi}$ **のとき増加，** $\boldsymbol{\dfrac{3}{4}\pi \leqq x \leqq \pi}$ **のとき減少，** $\boldsymbol{x=\dfrac{3}{4}\pi}$ **のとき極大値** $\boldsymbol{\dfrac{\sqrt{2}}{2}e^{\frac{3}{4}\pi}}$
(3) $\boldsymbol{-1 \leqq x \leqq 3}$ **のとき増加，** $\boldsymbol{x \leqq -1,\ 3 \leqq x}$ **のとき減少，** $\boldsymbol{x=3}$ **のとき極大値** $\boldsymbol{\dfrac{1}{6}}$**，**
$\boldsymbol{x=-1}$ **のとき極小値** $\boldsymbol{-\dfrac{1}{2}}$
(4) $\boldsymbol{x \leqq -1,\ 1 \leqq x}$ **のとき増加，** $\boldsymbol{-1 \leqq x < 0,\ 0 < x \leqq 1}$ **のとき減少，** $\boldsymbol{x=-1}$ **のとき極大値** $\boldsymbol{-2}$**，** $\boldsymbol{x=1}$ **のとき極小値 2**

検討 (1) 定義域は $x(2-x) \geqq 0$ より　$0 \leqq x \leqq 2$

$$f'(x)=\frac{1-x}{\sqrt{x(2-x)}}$$

$f'(x)=0$ より　$x=1$
よって，増減表は次のようになる。

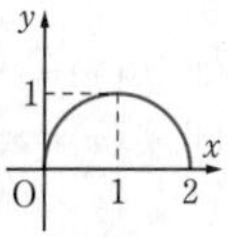

x	0	…	1	…	2
$f'(x)$		$+$	0	$-$	
$f(x)$	0	↗	1	↘	0

$x=1$ で極大値 1

(2) $f'(x)=e^x(\sin x+\cos x)=\sqrt{2}e^x\sin\left(x+\dfrac{\pi}{4}\right)$
$f'(x)=0$ となる x を $0 \leqq x \leqq \pi$ で求めると
$x=\dfrac{3}{4}\pi$
あとは増減表を作って調べる。

(3) $f'(x)=-\dfrac{(x+1)(x-3)}{(x^2+3)^2}$
(1)と同様に増減を調べればよい。

(4) $f'(x)=1-\dfrac{1}{x^2}=\dfrac{(x+1)(x-1)}{x^2}$
$f'(x)=0$ より　$x=\pm 1$
よって，増減表は次のようになる。

x	…	-1	…	0	…	1	…
$f'(x)$	$+$	0	$-$		$-$	0	$+$
$f(x)$	↗	-2	↘		↘	2	↗

$x=-1$ で極大値 -2
$x=1$ で極小値 2

302

答 (1) $\boldsymbol{x \leqq 0,\ \dfrac{2}{3} \leqq x}$ **のとき増加，**
$\boldsymbol{0 \leqq x \leqq \dfrac{2}{3}}$ **のとき減少，** $\boldsymbol{x=0}$ **のとき極大値 0，**
$\boldsymbol{x=\dfrac{2}{3}}$ **のとき極小値** $\boldsymbol{-\dfrac{4}{27}}$
(2) $\boldsymbol{x \geqq 1}$ **のとき増加，** $\boldsymbol{0 < x \leqq 1}$ **のとき減少，**
$\boldsymbol{x=1}$ **のとき極小値 1**
(3) $\boldsymbol{x \geqq 0}$ **のとき増加，** $\boldsymbol{x \leqq 0}$ **のとき減少，**
$\boldsymbol{x=0}$ **のとき極小値 2**
(4) $\boldsymbol{0 \leqq x \leqq 2\pi}$ **のとき減少，極値なし**

検討 $f'(x)=0$ となる x を求め，増減表を正しく作ればよい。

(1) $f'(x)=x(3x-2)$

(2) $f'(x)=\dfrac{x-1}{x}$　$x>0$ に注意

(3) $f'(x)=e^x-e^{-x}$

(4) $f'(x)=\cos x-1$

応用問題 本冊 p.105

303

答　$f(x)=e^x$ とおくと，$f(x)$ は実数全体で微分可能で $f'(x)=e^x$

区間 $m\leqq x\leqq n$ で，平均値の定理を用いると

$$\frac{e^n-e^m}{n-m}=f'(c)=e^c \quad \cdots①$$

$$m<c<n \quad \cdots②$$

を満たす c が存在する。

e^x は増加関数であるから，②より

$$e^m<e^c<e^n$$

①を代入して

$$e^m<\frac{e^n-e^m}{n-m}<e^n$$

304

答　(1) $f(t)=\log t$ とおくと，$f(t)$ は $t>0$ で微分可能で $f'(t)=\dfrac{1}{t}$

$1\leqq t\leqq x+1$ で平均値の定理を用いると

$$\frac{\log(x+1)-\log 1}{(x+1)-1}=\frac{\log(x+1)}{x}=\frac{1}{c},$$

$$1<c<x+1$$

を満たす c が存在する。

$1<c<x+1$ より $\dfrac{1}{x+1}<\dfrac{1}{c}<1$ であるから

$$\frac{1}{x+1}<\frac{\log(x+1)}{x}<1$$

したがって　$\dfrac{x}{x+1}<\log(x+1)<x$

(2) (i) $x=1$ のとき　等号が成立する。

(ii) $0<x<1$ のとき　$f(t)=t^n$ とおくと，$f(t)$ は実数全体で微分可能で $f'(t)=nt^{n-1}$

$x\leqq t\leqq 1$ で平均値の定理を用いると

$$\frac{1-x^n}{1-x}=\frac{x^n-1}{x-1}=nc^{n-1},\ x<c<1$$

を満たす c が存在する。

$0<c<1$ より，$nc^{n-1}<n$ であるから

$$\frac{x^n-1}{x-1}<n$$

$x-1<0$ より　$x^n-1>n(x-1)$

(iii) $x>1$ のとき　(ii)と同様に，$1\leqq t\leqq x$ で平均値の定理を用いると

$$\frac{x^n-1}{x-1}=nc^{n-1},\ 1<c<x$$

を満たす c が存在する。

$c>1$ より，$nc^{n-1}>n$ であるから

$$\frac{x^n-1}{x-1}>n$$

$x-1>0$ より　$x^n-1>n(x-1)$

(i)～(iii)より，$x>0$ のとき　$x^n-1\geqq n(x-1)$

305

答　$\theta=\dfrac{1}{h}\left(\sqrt{a^2+ah+\dfrac{h^2}{3}}-a\right)$

$\lim\limits_{h\to 0}\theta=\dfrac{1}{2}$

検討　$f'(x)=3x^2$ で，平均値の定理より

$(a+h)^3=a^3+3(a+\theta h)^2h$

展開して整理すると，$h>0$ より

$3h\theta^2+6a\theta-3a-h=0$

$0<\theta<1$ より　$\theta=\dfrac{1}{h}\left(\sqrt{a^2+ah+\dfrac{h^2}{3}}-a\right)$

$$\lim_{h\to 0}\theta=\lim_{h\to 0}\frac{a+\dfrac{h}{3}}{\sqrt{a^2+ah+\dfrac{h^2}{3}}+a}=\frac{1}{2}$$

306

答　(1) **0**　(2) **1**

検討　(1) $f(t)=\cos t$ とおくと，$f(t)$ は実数全体で微分可能で，

$f'(t)=-\sin t$

(i) $0<x<1$ のとき，$x^2<x$ より，$x^2\leqq t\leqq x$ で平均値の定理を用いると，

$$\frac{\cos x-\cos x^2}{x-x^2}=\frac{f(x)-f(x^2)}{x-x^2}=f'(c),$$

$x^2<c<x$ を満たす c が存在する。

$x\to+0$ のとき，$x^2\to 0$ であるから，はさみうちの原理により，$c\to 0$

よって，$\lim_{x\to+0}\frac{\cos x-\cos x^2}{x-x^2}=\lim_{c\to0}f'(c)$

$=\lim_{c\to0}(-\sin c)=0$

(ii) $-1<x<0$ のとき，$x<x^2$ より，

$x\leqq t\leqq x^2$ で平均値の定理を用いると，

$\frac{\cos x-\cos x^2}{x-x^2}=\frac{\cos x^2-\cos x}{x^2-x}$

$=\frac{f(x^2)-f(x)}{x^2-x}=f'(c)$，$x<c<x^2$ を満たす c が存在する。

$x\to-0$ のとき，$x^2\to0$ であるから，はさみうちの原理により，$c\to0$

よって，$\lim_{x\to-0}\frac{\cos x-\cos x^2}{x-x^2}=\lim_{c\to0}f'(c)$

$=\lim_{c\to0}(-\sin c)=0$

(i)，(ii)より，$\lim_{x\to0}\frac{\cos x-\cos x^2}{x-x^2}=0$

(2) $f(t)=e^t$ とおくと，$f(t)$ は実数全体で微分可能で，

$f'(t)=e^t$

(i) $0<x<\frac{\pi}{2}$ のとき，$\sin x<x$ より，

$\sin x\leqq t\leqq x$ で平均値の定理を用いると，

$\frac{e^x-e^{\sin x}}{x-\sin x}=\frac{f(x)-f(\sin x)}{x-\sin x}=f'(c)$，

$\sin x<c<x$ を満たす c が存在する。

$x\to+0$ のとき，$\sin x\to0$ であるから，はさみうちの原理により $c\to0$

よって，

$\lim_{x\to+0}\frac{e^x-e^{\sin x}}{x-\sin x}=\lim_{c\to0}f'(c)=\lim_{c\to0}e^c=1$

(ii) $-\frac{\pi}{2}<x<0$ のとき，$x<\sin x$ より，

$x\leqq t\leqq\sin x$ で平均値の定理を用いると，

$\frac{e^x-e^{\sin x}}{x-\sin x}=\frac{e^{\sin x}-e^x}{\sin x-x}=\frac{f(\sin x)-f(x)}{\sin x-x}$

$=f'(c)$，$x<c<\sin x$ を満たす c が存在する。

$x\to-0$ のとき，$\sin x\to0$ であるから，はさみうちの原理により，$c\to0$

よって，

$\lim_{x\to-0}\frac{e^x-e^{\sin x}}{x-\sin x}=\lim_{c\to0}f'(c)=\lim_{c\to0}e^c=1$

(i)，(ii)より，$\lim_{x\to0}\frac{e^x-e^{\sin x}}{x-\sin x}=1$

307

答 (1) $-2\leqq x<-\sqrt{2}$，$-\sqrt{2}<x\leqq-1$ のとき増加，$x\leqq-2$，$-1\leqq x<\sqrt{2}$，$\sqrt{2}<x$ のとき減少，$x=-1$ のとき極大値 -1，$x=-2$ のとき極小値 $-\frac{1}{2}$

(2) $x\leqq-1$，$1\leqq x$ のとき増加，$-1\leqq x\leqq1$ のとき減少，$x=-1$ のとき極大値 3，$x=1$ のとき極小値 $\frac{1}{3}$

(3) $0\leqq x\leqq\frac{\pi}{2}$，$\frac{3}{2}\pi<x\leqq2\pi$ のとき増加，$\frac{\pi}{2}\leqq x<\frac{3}{2}\pi$ のとき減少，$x=\frac{\pi}{2}$ のとき極大値 $\frac{1}{2}$

検討 (1) $f'(x)=-\frac{2(x+1)(x+2)}{(x^2-2)^2}$

$f'(x)=0$ より，$x=-1$，-2 であるから，増減表は次のようになる。

x	…	-2	…	$-\sqrt{2}$	…	-1	…	$\sqrt{2}$	…
$f'(x)$	$-$	0	$+$	／	$+$	0	$-$	／	$-$
$f(x)$	↘	$-\frac{1}{2}$	↗	／	↗	-1	↘	／	↘

(2) $f'(x)=\frac{2(x+1)(x-1)}{(x^2+x+1)^2}$

$f'(x)=0$ より，$x=-1$，1 であることから，増減表を作ればよい。

(3) $f'(x)=\frac{\cos x}{(1+\sin x)^2}$　$f'(x)=0$ より　$x=\frac{\pi}{2}$

増減表は次のようになる。

x	0	…	$\frac{\pi}{2}$	…	$\frac{3}{2}\pi$	…	2π
$f'(x)$		$+$	0	$-$	／	$+$	
$f(x)$	0	↗	$\frac{1}{2}$	↘	／	↗	0

308

答 $a=-1$

検討 $f'(x)=1+\frac{a}{x^2}$

$f(x)$ は $x=1$ で極値をとるから　$f'(1)=0$

すなわち　$1+a=0$　$a=-1$

このとき $f'(x)=0$ とすると　$x=\pm1$

よって，増減表は次のようになる。

x	$\cdots$	-1	$\cdots$	0	$\cdots$	1	$\cdots$
$f'(x)$	$+$	0	$-$	／	$-$	0	$+$
$f(x)$	↗	-2	↘	／	↘	2	↗

ゆえに $f(x)$ は $x=1$ で極値をとる。
したがって　$a=-1$

テスト対策

関数 $f(x)$ が $x=a$ で微分可能なとき
$x=a$ で極値をとる $\Longrightarrow f'(a)=0$
(逆は成り立つとは限らないので，増減を確認する。)

309

答　**$a=4$，$b=5$**

検討　$x=2$ で極値 1 をとるから　$f(2)=1$

すなわち　$\dfrac{2a-b}{3}=1$　$2a-b=3$　…①

$$f'(x)=-\frac{ax^2-2bx+a}{(x^2-1)^2}$$

$x=2$ で極値をとるから　$f'(2)=0$

すなわち　$-\dfrac{4a-4b+a}{9}=0$

$5a-4b=0$　…②

①，②より　$a=4$，$b=5$

このとき　$f(x)=\dfrac{4x-5}{x^2-1}$，

$$f'(x)=-\frac{2(2x-1)(x-2)}{(x^2-1)^2}$$

増減表は次のようになる。

x	$\cdots$	-1	$\cdots$	$\frac{1}{2}$	$\cdots$	1	$\cdots$	2	$\cdots$
$f'(x)$	$-$	／	$-$	0	$+$	／	$+$	0	$-$
$f(x)$	↘	／	↘	4	↗	／	↗	1	↘

$x=2$ で極大値 1 となり適する。

310

答　(1) **$f'(x)=\dfrac{e^x(-ax^2+2ax+1)}{(1-ax^2)^2}$**

(2) **$a<-1$**

検討　(1) $f'(x)=\dfrac{e^x(1-ax^2)-e^x(-2ax)}{(1-ax^2)^2}$

(2) $f(x)$ が極値をもつためには，$f'(x)$ の符号が変化すればよい。$a<0$ より　$1-ax^2>0$

これと $e^x>0$ より，$f'(x)$ の符号が変わることと $-ax^2+2ax+1$ の値の符号が変わることは同値である。

$-ax^2+2ax+1=0$ が異なる 2 つの実数解をもつためには，上式の判別式を D とすると

$\dfrac{D}{4}=a^2+a>0$　よって　$a<-1$，$0<a$

条件 $a<0$ より　$a<-1$

30 最大・最小

基本問題 …………………… 本冊 p. 108

311

答　(1) **$x=0$ のとき最大値 0，**
$x=1$ のとき最小値 -1

(2) **$x=\dfrac{1}{3}$ のとき最大値 $\dfrac{10}{3}$，**
$x=1$ のとき最小値 2

(3) **$x=\dfrac{2}{3}\pi$ のとき最大値 $\dfrac{2}{3}\pi+\sqrt{3}$，**
$x=0$ のとき最小値 0

(4) **$x=0$ のとき最大値 -1，**
$x=-1$ のとき最小値 $-1-e$

検討　(1) $f'(x)=1-\dfrac{1}{\sqrt{x}}$ だから，$0<x\leqq1$ の範囲では　$f'(x)\leqq0$

よって，$f(x)$ は $0\leqq x\leqq1$ で減少する。

(2) $f'(x)=1-\dfrac{1}{x^2}$ だから，$f'(x)=0$ より

$x=\pm1$

定義域内の増減表は次のようになる。

x	$\frac{1}{3}$	$\cdots$	1	$\cdots$	2
$f'(x)$		$-$	0	$+$	
$f(x)$	$\frac{10}{3}$	↘	2	↗	$\frac{5}{2}$

$x=\dfrac{1}{3}$ のとき最大値，

$x=1$ のとき最小値をとる。

(3)も同様にすればよい。

(4) $f(x)=\begin{cases} x-e^x & (0\leqq x\leqq1) \\ x-e^{-x} & (-1\leqq x<0) \end{cases}$

と場合分けをする。

応用問題 本冊 p.109

312

答 (1) $\boldsymbol{x=\frac{\sqrt{2}}{2}}$ **のとき最大値** $\boldsymbol{\sqrt{2}}$,

$\boldsymbol{x=-1}$ **のとき最小値** $\boldsymbol{-1}$

(2) $\boldsymbol{x=0}$ **のとき最大値 2,**

$\boldsymbol{x=\pm 1}$ **のとき最小値** $\boldsymbol{\sqrt{2}}$

(3) $\boldsymbol{x=2-\sqrt{6}}$ **のとき最大値** $\boldsymbol{\frac{2+\sqrt{6}}{4}}$,

$\boldsymbol{x=2+\sqrt{6}}$ **のとき最小値** $\boldsymbol{\frac{2-\sqrt{6}}{4}}$

(4) $\boldsymbol{x=\sqrt{2}}$ **のとき最大値 2,**

$\boldsymbol{x=-\sqrt{2}}$ **のとき最小値** $\boldsymbol{-2}$

(5) $\boldsymbol{x=-1-\sqrt{5}}$ **のとき最大値** $\boldsymbol{\frac{1+\sqrt{5}}{2}}$,

$\boldsymbol{x=-1+\sqrt{5}}$ **のとき最小値** $\boldsymbol{\frac{1-\sqrt{5}}{2}}$

検討 $y=f(x)$ とおく。

(1) $f'(x)=1-\dfrac{x}{\sqrt{1-x^2}}$

$f'(x)=0$ とおけば　$\sqrt{1-x^2}=x$　…①

両辺を2乗すると　$1-x^2=x^2$

①より，$x \geqq 0$ であるから　$x=\dfrac{\sqrt{2}}{2}$

増減表は次のようになる。

x	-1	$\cdots$	$\frac{\sqrt{2}}{2}$	$\cdots$	1
$f'(x)$	／	$+$	0	$-$	／
$f(x)$	-1	↗	$\sqrt{2}$	↘	1

$x=\dfrac{\sqrt{2}}{2}$ のとき最大値 $\sqrt{2}$

$x=-1$ のとき最小値 -1

(2) $f'(x)=\dfrac{\sqrt{1-x}-\sqrt{1+x}}{2\sqrt{1-x^2}}$ で，(1)と同様にすればよい。

(3) $f'(x)=\dfrac{x^2-4x-2}{(x^2+2)^2}$

$f'(x)=0$ とおくと，$x^2-4x-2=0$ より

$x=2\pm\sqrt{6}$

$f(2+\sqrt{6})=\dfrac{2-\sqrt{6}}{4}$，$f(2-\sqrt{6})=\dfrac{2+\sqrt{6}}{4}$

増減表は次のようになる。

x	$\cdots$	$2-\sqrt{6}$	$\cdots$	$2+\sqrt{6}$	$\cdots$
$f'(x)$	$+$	0	$-$	0	$+$
$f(x)$	↗	$\frac{2+\sqrt{6}}{4}$	↘	$\frac{2-\sqrt{6}}{4}$	↗

ところで　$\lim_{x\to-\infty} f(x)=0$，$\lim_{x\to\infty} f(x)=0$

$x=2-\sqrt{6}$ のとき最大値 $\dfrac{2+\sqrt{6}}{4}$

$x=2+\sqrt{6}$ のとき最小値 $\dfrac{2-\sqrt{6}}{4}$

(4) $f'(x)=-\dfrac{2(x^2-2)}{\sqrt{4-x^2}}$ で，(1)と同様にすればよい。

(5) $f'(x)=\dfrac{4(x^2+2x-4)}{(x^2+4)^2}$

313

答 (1) $\boldsymbol{x=\frac{\pi}{2}}$ **のとき最大値 2,**

$\boldsymbol{x=0,\ \pi}$ **のとき最小値 0**

(2) $\boldsymbol{x=0}$ **のとき最大値 1,**

$\boldsymbol{x=\pi}$ **のとき最小値** $\boldsymbol{-1}$

(3) **最大値なし，** $\boldsymbol{x=\frac{1}{e}}$ **のとき最小値** $\boldsymbol{-\frac{1}{e}}$

(4) $\boldsymbol{x=\frac{1}{2},\ 2}$ **のとき最大値** $\boldsymbol{\log\frac{5}{2}}$,

$\boldsymbol{x=1}$ **のとき最小値** $\boldsymbol{\log 2}$

検討 $y=f(x)$ とおく。

(1) $f'(x)=\cos x(1+2\sin x)$

$f'(x)=0$ より　$x=\dfrac{\pi}{2}$

増減表を作り，最大，最小を求めればよい。

(2) $f'(x)=(x-1)\cos x$

$f'(x)=0$ より　$x=1,\ \dfrac{\pi}{2}$

増減表は次のようになる。

x	0	$\cdots$	1	$\cdots$	$\frac{\pi}{2}$	$\cdots$	π
$f'(x)$		$-$	0	$+$	0	$-$	
$f(x)$	1	↘	$\cos 1$	↗	$\frac{\pi}{2}-1$	↘	-1

$\cos 1$ と -1，1 と $\dfrac{\pi}{2}-1$ の大小を考えればよい。

(3) $f'(x)=\log x+1$

(4) $f'(x)=\dfrac{(x+1)(x-1)}{x(x^2+1)}$ で同様にする。

314

答 $\boldsymbol{x=\dfrac{1}{2}}$ **のとき最大値** $\boldsymbol{e^{-\frac{1}{2}}}$

$\boldsymbol{x=3}$ **のとき最小値** $\boldsymbol{-9e^{-3}}$

検討 $f'(x)=(2x-1)(x-3)e^{-x}$

$f'(x)=0$ より　$x=\dfrac{1}{2}$, 3

よって，$f(x)$ の増減表は次のようになる。

x	0	…	$\frac{1}{2}$	…	3	…
$f'(x)$		+	0	−	0	+
$f(x)$	0	↗	$e^{-\frac{1}{2}}$	↘	$-9e^{-3}$	↗

また，$\displaystyle\lim_{x\to\infty}f(x)=3\lim_{x\to\infty}xe^{-x}-2\lim_{x\to\infty}x^2e^{-x}=0$

315

答 (1) $\boldsymbol{l=4a\cos\theta(1+\sin\theta)}$

(2) $\boldsymbol{\theta=\dfrac{\pi}{6}}$ **のとき最大となり，最大値** $\boldsymbol{3\sqrt{3}a}$

検討 (1) 右の図のように，中心Oより辺ABに下ろした垂線の足をN，辺BCの中点をMとすると

AB$=2a\cos\theta$

MB$=2a\cos\theta\cdot\sin\theta$

よって　$l=2\text{AB}+2\text{MB}$

$=4a\cos\theta(1+\sin\theta)$

(2) $\dfrac{dl}{d\theta}=4a(-\sin\theta)(1+\sin\theta)+4a\cos\theta\cdot\cos\theta$

$=-4a(2\sin\theta-1)(\sin\theta+1)$

ここで $0<2\theta<\pi$ より，$0<\theta<\dfrac{\pi}{2}$ だから，

$\dfrac{dl}{d\theta}=0$ のとき　$\theta=\dfrac{\pi}{6}$

増減表を作って，最大値を求めればよい。

316

答 $\boldsymbol{\dfrac{\pi}{3}}$

検討 半円の中心(ABの中点)をOとし，∠POA$=\theta$ とおくと

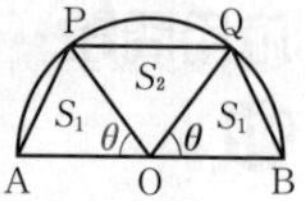

$0<\theta<\dfrac{\pi}{2}$　…①

円に内接する台形は等脚台形でOは円の中心であるから　△POA≡△QOB

台形PABQ，△POA，△POQの面積をそれぞれ S，S_1，S_2 とすると，図より

$S=2S_1+S_2$

$S_1=\dfrac{1}{2}a^2\sin\theta$

$S_2=\dfrac{1}{2}a^2\sin(\pi-2\theta)=\dfrac{1}{2}a^2\sin2\theta$

$S=a^2\sin\theta+\dfrac{1}{2}a^2\sin2\theta$

$\dfrac{dS}{d\theta}=a^2(2\cos\theta-1)(\cos\theta+1)$

$\dfrac{dS}{d\theta}=0$ のとき，①より

$\theta=\dfrac{\pi}{3}$

①の範囲で増減表を作ればよい。

317

答 $\boldsymbol{\dfrac{8}{3}\pi a^3}$

検討 右の図のように，直円錐の軸を含む平面でこの直円錐を切ったときにできる切り口の三角形を △ABC とする。

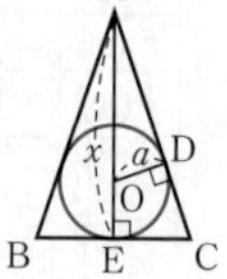

また，球Oの切り口とAC，BCとの接点をそれぞれD，Eとする。直円錐の高さを x とすると

$x>2a$　…①

また，△ABE∽△AOD だから

BE : OD = AE : AD

ここで　AD$=\sqrt{\text{AO}^2-\text{OD}^2}=\sqrt{(x-a)^2-a^2}$

$=\sqrt{x^2-2ax}$

OD$=a$，AE$=x$ であるから

BE$=\dfrac{\text{OD}\cdot\text{AE}}{\text{AD}}=\dfrac{ax}{\sqrt{x^2-2ax}}$

直円錐の体積を $V=f(x)$ とおくと

$$f(x)=\frac{1}{3}\pi \mathrm{BE}^2\cdot \mathrm{AE}=\frac{\pi a^2}{3}\cdot\frac{x^2}{x-2a}$$

$$f'(x)=\frac{\pi a^2}{3}\cdot\frac{x(x-4a)}{(x-2a)^2}$$

①の範囲で $f'(x)=0$ とおくと　$x=4a$

増減表を作って考えればよい。

318

答　**1：1**

検討　底面の半径を a，高さを h とすると体積 $V=\pi a^2 h$，表面積 $S=2\pi a(a+h)$ より

$$h=\frac{S}{2\pi a}-a \quad \cdots ①$$

$$V=\frac{a}{2}(S-2\pi a^2),\ \frac{dV}{da}=\frac{1}{2}(S-6\pi a^2)$$

また，①で $h>0$ より $0<a<\sqrt{\frac{S}{2\pi}}$

$\frac{dV}{da}=0$ より　$a=\sqrt{\frac{S}{6\pi}}$

増減表を作れば，$a=\sqrt{\frac{S}{6\pi}}$ のとき V は最大となる。

$a=\sqrt{\frac{S}{6\pi}}$ に $S=2\pi a(a+h)$ を代入して整理すると，$\frac{2a}{h}=1$ より　$2a：h=1：1$

319

答　$\boldsymbol{\frac{9}{4}\pi r^3}$

検討　右の図のように，直円錐の軸を含む平面で切った断面図を考える。

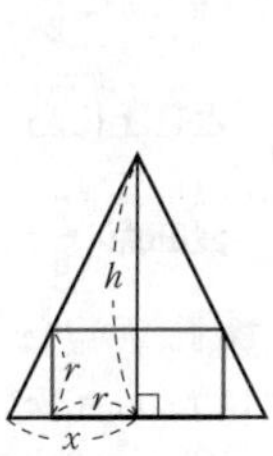

$\frac{h}{x}=\frac{r}{x-r}$ より　$h=\frac{rx}{x-r}$

直円錐の体積を V とすると

$$V=\frac{1}{3}\pi x^2 h=\frac{\pi r}{3}\cdot\frac{x^3}{x-r}$$

$$\frac{dV}{dx}=\frac{\pi r}{3}\cdot\frac{x^2(2x-3r)}{(x-r)^2}$$

$\frac{dV}{dx}=0$ となるのは，$x>r$ より　$x=\frac{3}{2}r$

増減表を作ればよい。

320

答　**$a=-1$ のとき最大値 $\frac{2}{e}$**

検討　$y'=e^x$ より，点Pにおける接線の方程式は　$y=e^a x+(1-a)e^a$

$y=0$ のとき　$x=a-1$

$x=0$ のとき　$y=(1-a)e^a$

よって　$S=\frac{1}{2}|a-1||(1-a)e^a|=\frac{1}{2}(a-1)^2 e^a$

$$\frac{dS}{da}=\frac{1}{2}(a-1)(a+1)e^a$$

$\frac{dS}{da}=0$ となるのは，$a<0$ より　$a=-1$

増減表を作ればよい。

321

答　**$\mathrm{P}\left(\frac{3\sqrt{15}}{5},\ \frac{2\sqrt{10}}{5}\right)$ のとき最小値 5**

検討　点Pの座標を $(x_1,\ y_1)$ とおくと，点Pにおける接線の方程式は　$\frac{x_1 x}{9}+\frac{y_1 y}{4}=1$

これより，Q，Rの座標は

$$\mathrm{Q}\left(\frac{9}{x_1},\ 0\right),\ \mathrm{R}\left(0,\ \frac{4}{y_1}\right)$$

また，Pは楕円上の点より　$\frac{{x_1}^2}{9}+\frac{{y_1}^2}{4}=1$

$${y_1}^2=\frac{4(9-{x_1}^2)}{9}$$

$\mathrm{QR}=\sqrt{\left(\frac{9}{x_1}\right)^2+\left(\frac{4}{y_1}\right)^2}$ だから

$$\mathrm{QR}^2=\frac{81}{{x_1}^2}+\frac{36}{9-{x_1}^2}$$

$t={x_1}^2$ とおくと，$0<x_1<3$ より

$$0<t<9 \quad \cdots ①$$

$f(t)=\mathrm{QR}^2$ とおくと　$f(t)=\frac{81}{t}+\frac{36}{9-t}$

また　$f'(t)=-\frac{9(5t-27)(t-27)}{t^2(9-t)^2}$

①の範囲では $f'(t)=0$ のとき，$t=\frac{27}{5}$ で，

増減表を作れば $t=\frac{27}{5}$ のとき $f(t)$ の最小値は 25 となる。

よって，求める最小値は 5 である。

322

答　$t=\frac{5}{3}\pi$ のとき最大，$t=\frac{\pi}{3}$ のとき最小

検討　$PQ^2=f(t)$

$=(\sin t-\sqrt{2}\cos t)^2+(\sqrt{2}-\sin t)^2$

$=4-2\sqrt{2}\sin t\cos t-2\sqrt{2}\sin t$

とおくと

$f'(t)=-2\sqrt{2}(\cos t+1)(2\cos t-1)$

$f'(t)=0$ とおき $0\leqq t\leqq 2\pi$ の範囲で増減表を作って，最大値，最小値を与える t を求めればよい。

31 第2次導関数の応用

基本問題

本冊 p. 113

323

答　(1) $y''=6x-6$

(2) $y''=-\frac{1}{4(x-1)\sqrt{x-1}}$

(3) $y''=\frac{2}{(x+2)^3}$　(4) $y''=\frac{-3+2\log x}{x^3}$

(5) $y''=-\sin x$　(6) $y''=(x+1)e^x$

検討　(1) $y'=3x^2-6x$　(2) $y'=\frac{1}{2}(x-1)^{-\frac{1}{2}}$

(3) $y'=-(x+2)^{-2}$　(4) $y'=\frac{1-\log x}{x^2}$

(5) $y'=\cos x$　(6) $y'=xe^x$

324

答　(1) $x=-2$ のとき極大値 4，
$x=0$ のとき極小値 0

(2) $x=2$ のとき極大値 $4e^{-2}$，
$x=0$ のとき極小値 0

(3) $x=\frac{\pi}{6}$ のとき極大値 $\frac{\pi}{6}+\sqrt{3}$，

$x=\frac{5}{6}\pi$ のとき極小値 $\frac{5}{6}\pi-\sqrt{3}$

(4) $x=0$ のとき極大値 2

検討　$y=f(x)$ とおく。

(1) $f'(x)=3x^2+6x$，$f''(x)=6x+6$

$f'(x)=0$ とすると　$x=0,\ -2$

$f''(0)=6>0$，$f''(-2)=-6<0$

よって，$x=-2$ のとき極大値 $f(-2)=4$，
$x=0$ のとき極小値 $f(0)=0$

(2) $f'(x)=(2x-x^2)e^{-x}$，

$f''(x)=(x^2-4x+2)e^{-x}$

$f'(x)=0$ とすると　$x=0,\ 2$

$f''(0)=2>0$，$f''(2)=-2e^{-2}<0$

よって，$x=2$ のとき極大値 $f(2)=4e^{-2}$，
$x=0$ のとき極小値 $f(0)=0$

(3)，(4)についても同様にすればよい。

325

答　(1) $x<1$ のとき上に凸，$x>1$ のとき下に凸，変曲点 $(1,\ 0)$

(2) $x<0$，$\frac{1}{2}<x$ のとき上に凸，$0<x<\frac{1}{2}$ のとき下に凸，変曲点 $(0,\ 1)$，$\left(\frac{1}{2},\ \frac{17}{16}\right)$

(3) $-\frac{\sqrt{2}}{2}<x<\frac{\sqrt{2}}{2}$ のとき上に凸，

$x<-\frac{\sqrt{2}}{2}$，$\frac{\sqrt{2}}{2}<x$ のとき下に凸，

変曲点 $\left(-\frac{\sqrt{2}}{2},\ e^{-\frac{1}{2}}\right)$，$\left(\frac{\sqrt{2}}{2},\ e^{-\frac{1}{2}}\right)$

(4) $x<-1$，$1<x$ のとき上に凸，$-1<x<1$ のとき下に凸，変曲点 $(-1,\ \log 2)$，$(1,\ \log 2)$

(5) $0<x<\frac{\pi}{2}$，$\frac{\pi}{2}<x<\frac{7}{6}\pi$，$\frac{11}{6}\pi<x<2\pi$ のとき上に凸，$\frac{7}{6}\pi<x<\frac{11}{6}\pi$ のとき下に凸，

変曲点 $\left(\frac{7}{6}\pi,\ -\frac{5}{4}\right)$，$\left(\frac{11}{6}\pi,\ -\frac{5}{4}\right)$

検討　$y=f(x)$ とおく。

(1) $f'(x)=3x^2-6x$，$f''(x)=6x-6$

$f''(x)=0$ とすると　$x=1$

曲線の凹凸は次のようになる。

x	…	1	…
$f''(x)$	−	0	+
$f(x)$	上に凸	0	下に凸

表から，点 $(1,\ 0)$ の前後で凹凸が入れかわっていることがわかる。したがって，変曲点は $(1,\ 0)$ である。

(2) $f'(x)=-4x^3+3x^2$，$f''(x)=-12x^2+6x$

$f''(x)=0$ とすると　$x=0,\ \frac{1}{2}$

曲線の凹凸は次のようになる。

x	$\cdots$	0	$\cdots$	$\frac{1}{2}$	$\cdots$
$f''(x)$	$-$	0	$+$	0	$-$
$f(x)$	上に凸	1	下に凸	$\frac{17}{16}$	上に凸

表から，点 $(0,\ 1)$，$\left(\frac{1}{2},\ \frac{17}{16}\right)$ の前後で凹凸が入れかわっていることがわかる。したがって，変曲点は $(0,\ 1)$，$\left(\frac{1}{2},\ \frac{17}{16}\right)$ である。

(3)，(4)，(5)についても同様にすればよい。

326

答　(1) $\boldsymbol{y=x+1,\ x=1}$
(2) $\boldsymbol{y=x-1,\ x=-1}$
(3) $\boldsymbol{y=2x,\ x=1,\ x=-1}$

検討　(1) $y=x+1+\dfrac{1}{x-1}$ と変形できるので

$\lim_{x\to\pm\infty}\{y-(x+1)\}=\lim_{x\to\pm\infty}\dfrac{1}{x-1}=0$ であるから

$y=x+1$ は漸近線である。

また，$\lim_{x\to1+0}y=\lim_{x\to1+0}\dfrac{x^2}{x-1}=\infty$

同様に $\lim_{x\to1-0}y=-\infty$　よって，$x=1$ も漸近線。

(2)，(3)についても同様にすればよい。

327

答　下の図

(1)

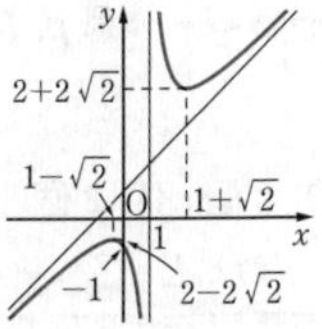

(2)

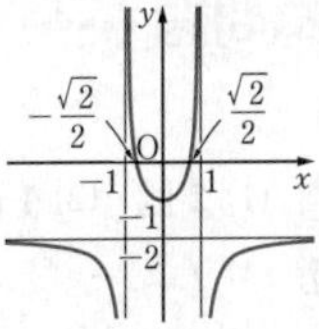

検討　(1) $y'=\dfrac{x^2-2x-1}{(x-1)^2}$　$y''=\dfrac{4}{(x-1)^3}$

漸近線は $y=x+1,\ x=1$

x	$\cdots$	$1-\sqrt{2}$	$\cdots$	1	$\cdots$	$1+\sqrt{2}$	$\cdots$
y'	$+$	0	$-$	／	$-$	0	$+$
y''	$-$	$-$	$-$	／	$+$	$+$	$+$
y	↗	$2-2\sqrt{2}$	↘	／	↘	$2+2\sqrt{2}$	↗

(2) $y'=\dfrac{2x}{(1-x^2)^2}$　$y''=\dfrac{2(1+3x^2)}{(1-x^2)^3}$

x	$\cdots$	-1	$\cdots$	0	$\cdots$	1	$\cdots$
y'	$-$	／	$-$	0	$+$	／	$+$
y''	$-$	／	$+$	$+$	$+$	／	$-$
y	↘	／	↘	-1	↗	／	↗

y は偶関数（グラフは y 軸に関して対称）

漸近線は $x=-1,\ x=1,\ y=-2$

応用問題

本冊 p. 115

328

答　下の図

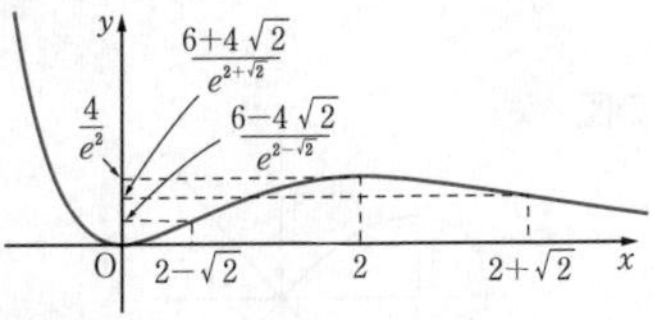

検討　$y'=-x(x-2)e^{-x}$，

$y''=(x^2-4x+2)e^{-x}$

$y',\ y''$ の符号を調べて表を作ると

x	$\cdots$	0	$\cdots$	$2-\sqrt{2}$	$\cdots$	2	$\cdots$	$2+\sqrt{2}$	$\cdots$
y'	$-$	0	$+$	$+$	$+$	0	$-$	$-$	$-$
y''	$+$	$+$	$+$	0	$-$	$-$	$-$	0	$+$
y	↘	極小 0	↗	$\dfrac{6-4\sqrt{2}}{e^{2-\sqrt{2}}}$	↗	極大 $\dfrac{4}{e^2}$	↘	$\dfrac{6+4\sqrt{2}}{e^{2+\sqrt{2}}}$	↘

表より，$x=0$ のとき極小値 0，$x=2$ のとき極大値 $\dfrac{4}{e^2}$ をとる。また，変曲点は

$\left(2-\sqrt{2},\ \dfrac{6-4\sqrt{2}}{e^{2-\sqrt{2}}}\right)$，$\left(2+\sqrt{2},\ \dfrac{6+4\sqrt{2}}{e^{2+\sqrt{2}}}\right)$

なお，直線 $y=0$ が漸近線である。

329

答　$\boldsymbol{y=x^3-3x^2-12x+1}$　…①

$\boldsymbol{y'=3x^2-6x-12,\ y''=6x-6}$ より，表を作

x	…	1	…
y''	$-$	0	$+$
y	上に凸	-13	下に凸

ると，変曲点は**(1, −13)**である。

変曲点**(1, −13)**が原点に移るような平行移動によって，曲線①上の点$(\boldsymbol{x}, \boldsymbol{y})$が点$(\boldsymbol{X}, \boldsymbol{Y})$に移るとすると

$\boldsymbol{x=X+1,\ y=Y-13}$ …②

②を①に代入して整理すると

$\boldsymbol{Y=X^3-15X}$ …③

③は奇関数であるから，そのグラフは原点に関して対称である。したがって，①のグラフは変曲点**(1, −13)**に関して対称である。

330

答　右の図

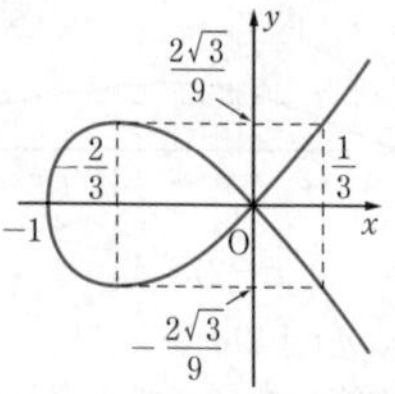

検討　yについて解くと　$y=\pm x\sqrt{1+x}$

つまり，$y=x\sqrt{1+x}$と$y=-x\sqrt{1+x}$をあわせてかけばよい。この両者はx軸に関して対称であるから，$y=f(x)=x\sqrt{1+x}$について調べる。

xの変域は$x^2(1+x)\geqq 0$より　$x\geqq -1$

$$f'(x)=\frac{3x+2}{2\sqrt{1+x}}$$

$f'(x)=0$とおくと　$x=-\frac{2}{3}$

$$f''(x)=\frac{3x+4}{4\sqrt{(1+x)^3}}$$

$x>-1$では常に$f''(x)>0$

x	-1	…	$-\frac{2}{3}$	…
$f'(x)$	／	$-$	0	$+$
$f''(x)$	／	$+$	$+$	$+$
$f(x)$	0	↘	極小 $-\frac{2\sqrt{3}}{9}$	↗

x軸との交点は，$(-1, 0)$，$(0, 0)$

$\lim_{x\to -1+0} f'(x)=-\infty$だから，端の点$(-1, 0)$での接線は$x=-1$である。

したがって，$y=f(x)$のグラフは右の図のようになる。曲線$y=f(x)$にこれとx軸に関して対称な曲線$y=-f(x)$をあわせたものが求める曲線である。

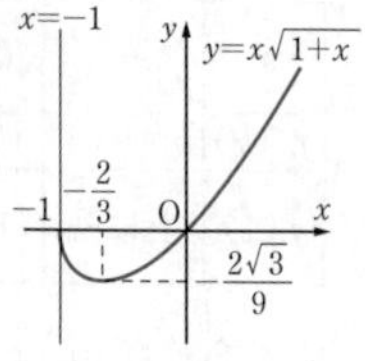

331

答　右の図

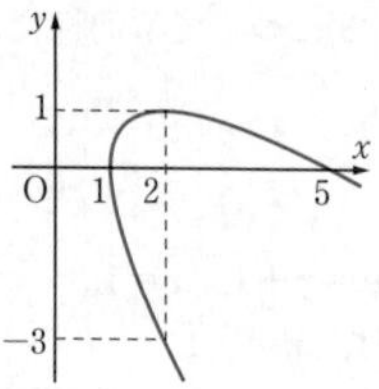

検討　$x=t^2+1$ …①，$y=2t-t^2$ …②

①より　$x-1=t^2$ …③

$t^2\geqq 0$より　$x\geqq 1$

②，③より　$y=\pm 2\sqrt{x-1}-x+1$

これより　$y'=\frac{\pm 1-\sqrt{x-1}}{\sqrt{x-1}}$　（複号同順）

したがって，$y_1=2\sqrt{x-1}-x+1$は$x=2$のとき極大値1，$y_2=-2\sqrt{x-1}-x+1$は極値なし。

32 方程式・不等式への応用

基本問題 本冊 p.117

332

答　(1) **2個**　(2) **1個**　(3) **2個**　(4) **2個**

検討　(1) $f(x)=e^x-x-2$とおくと

$f'(x)=e^x-1$

$f'(x)=0$とおくと

$e^x=1$

よって　$x=0$

x	…	0	…
$f'(x)$	$-$	0	$+$
$f(x)$	↘	-1	↗

したがって，$f(-2)=e^{-2}>0$，$f(0)=-1<0$，$f(2)=e^2-4>0$より，$y=f(x)$のグラフとx軸との共有点の個数は2個

(2) $f(x)=2x-\cos x$とおくと

$f'(x)=2+\sin x>0$

したがって，$f(x)$ は単調増加であり，

$f(0)=-1<0$，$f\left(\dfrac{\pi}{2}\right)=\pi>0$ より，$y=f(x)$ のグラフと x 軸との共有点の個数は 1 個

(3) $f(x)=4\log x-x$ $(x>0)$ とおくと

$$f'(x)=\frac{4}{x}-1$$

$f'(x)=0$ となる x を求めると　$x=4$

x	0	…	4	…
$f'(x)$	／	+	0	−
$f(x)$	／	↗	$4\log 4-4$	↘

したがって，$f(1)=-1<0$

$f(4)=4\log 4-4>0$，$f(e^3)=12-e^3<0$ より，$y=f(x)$ のグラフと x 軸との共有点の個数は 2 個

(4) $f(x)=x^4-6x^2-5$ とおくと

$f'(x)=4x^3-12x$　$\displaystyle\lim_{x\to\pm\infty}f(x)=\infty$

x	…	$-\sqrt{3}$	…	0	…	$\sqrt{3}$	…
$f'(x)$	−	0	+	0	−	0	+
$f(x)$	↘	−14	↗	−5	↘	−14	↗

333

答 (1) $f(x)=x^4-4x+3$ **とおくと**

$$f'(x)=4x^3-4=4(x-1)(x^2+x+1)$$

$x>1$ **のとき** $f'(x)>0$ **だから，** $f(x)$ **は** $x\geqq 1$ **で増加する。**

ゆえに　$f(x)>f(1)=0$

したがって　$x^4-4x+3>0$

(2) $f(x)=1+\dfrac{1}{2}x-\sqrt{1+x}$ **とおくと**

$$f'(x)=\frac{1}{2}-\frac{1}{2\sqrt{1+x}}=\frac{\sqrt{1+x}-1}{2\sqrt{1+x}}$$

$f'(x)=0$ **となる** x **を求めると**　$x=0$

x	−1	…	0	…
$f'(x)$	／	−	0	+
$f(x)$	$\frac{1}{2}$	↘	0	↗

増減表より

$f(x)\geqq f(0)=0$

したがって　$1+\dfrac{1}{2}x\geqq\sqrt{1+x}$

等号成立は $x=0$ **のとき**

(3) $f(x)=x-\log(x+1)$ **とおくと**

$$f'(x)=1-\frac{1}{x+1}=\frac{x}{x+1}$$

$x>0$ **のとき** $f'(x)>0$ **だから，** $f(x)$ **は** $x\geqq 0$ **で増加する。**

ゆえに　$f(x)>f(0)=0$

したがって　$x>\log(x+1)$

応用問題 本冊 p. 119

334

答 $k<-4$ **のとき 3 個，** $k=-4$ **のとき 2 個，** $-4<k<-1$ **のとき 1 個，** $k=-1$ **のとき 0 個，** $-1<k<0$ **のとき 1 個，** $k=0$ **のとき 2 個，** $k>0$ **のとき 3 個**

検討 与えられた方程式は $x=\pm1$，-4 を解にもたないから

$$-\frac{x^2(x+8)}{(x^2-1)(x+4)}=k$$

$f(x)=-\dfrac{x^2(x+8)}{(x^2-1)(x+4)}$ とおくと

$$f'(x)=\frac{2x(x+2)(2x^2-3x+16)}{(x^2-1)^2(x+4)^2}$$

$f'(x)=0$ となる x を求めると　$x=-2$，0

$f(x)$ の増減表を作ると

x	…	−4	…	−2	…	−1	…	0	…	1	…
$f'(x)$	+	／	+	0	−	／	−	0	+	／	+
$f(x)$	↗	／	↗	極大 −4	↘	／	↘	極小 0	↗	／	↗

ところで　$\displaystyle\lim_{x\to\pm\infty}f(x)=-1$，

$\displaystyle\lim_{x\to-4-0}f(x)=\infty$，$\displaystyle\lim_{x\to-4+0}f(x)=-\infty$，

$\displaystyle\lim_{x\to-1-0}f(x)=-\infty$，$\displaystyle\lim_{x\to-1+0}f(x)=\infty$，

$\displaystyle\lim_{x\to1-0}f(x)=\infty$，$\displaystyle\lim_{x\to1+0}f(x)=-\infty$

実数解の個数は $y=f(x)$ のグラフと直線 $y=k$ との共有点の個数に等しい。

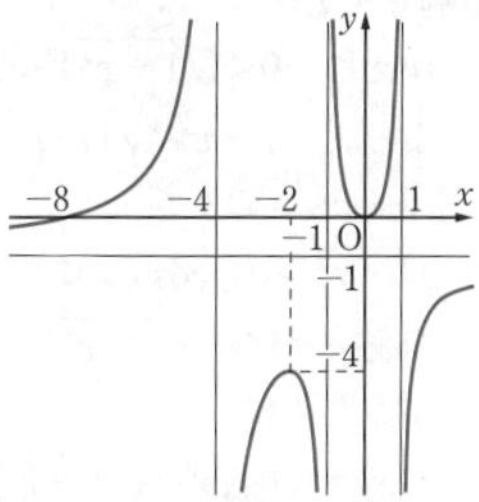

335

答　$\boldsymbol{0<x<1}$ のとき，

$\left(\dfrac{x+1}{2}\right)^{x+1}>0,\ x^x>0$

であるから，示すべき不等式は

$\log\left(\dfrac{x+1}{2}\right)^{x+1}<\log x^x$

すなわち

$(x+1)\log\dfrac{x+1}{2}<x\log x$

と変形できる。

ここで

$f(x)=x\log x-(x+1)\log\dfrac{x+1}{2}$

とおくと

$f'(x)=\log x+x\cdot\dfrac{1}{x}$

$\quad-\left\{\log\dfrac{x+1}{2}+(x+1)\cdot\dfrac{2}{x+1}\cdot\dfrac{1}{2}\right\}$

$\quad=\log x-\log\dfrac{x+1}{2}$

$\quad=\log\dfrac{2x}{x+1}$

ここで，$0<x<1$ より　$0<2x<x+1$

ゆえに，$0<\dfrac{2x}{x+1}<1$ より　$f'(x)<0$

よって，$f(x)$ は $0<x<1$ で減少する。

ゆえに　$f(x)>f(1)=0$

したがって　$(x+1)\log\dfrac{x+1}{2}<x\log x$

すなわち　$\left(\dfrac{x+1}{2}\right)^{x+1}<x^x$

336

答　$\boldsymbol{1-x^2<\sqrt{1-x^2}<\cos x}$

検討　(i) $0<x<1$ のとき　$0<\sqrt{1-x^2}<1$

ゆえに　$0<(\sqrt{1-x^2})^2<\sqrt{1-x^2}$

よって　$1-x^2<\sqrt{1-x^2}$

(ii) $0<x<1$ のとき

$\sqrt{1-x^2}>0,\ \cos x>0$

であるから，$\sqrt{1-x^2}$ と $\cos x$ の大小を比較するために，

$f(x)=(\cos x)^2-(\sqrt{1-x^2})^2$

$\quad=\cos^2 x-1+x^2$

とおく。

$f'(x)=-2\cos x\sin x+2x$

$\quad=-\sin 2x+2x$

$f''(x)=-2\cos 2x+2$

$\quad=2(1-\cos 2x)$

これより，$0<x<1$ において　$f''(x)>0$

ゆえに，$f'(x)$ は増加し

$f'(x)>f'(0)=0$

よって，$f(x)$ は増加し

$f(x)>f(0)=0$

したがって　$(\cos x)^2>(\sqrt{1-x^2})^2$

すなわち　$\cos x>\sqrt{1-x^2}$

33 極限値への応用

応用問題 本冊 p.121

337

答　(1) $\boldsymbol{-a^3f'(a)+3a^2f(a)}$　(2) $\boldsymbol{5f'(a)}$

検討　(1) 与式

$=\lim\limits_{x\to a}\dfrac{-a^3\{f(x)-f(a)\}+(x^3-a^3)f(a)}{x-a}$

$=-a^3\lim\limits_{x\to a}\dfrac{f(x)-f(a)}{x-a}$

$\quad+\lim\limits_{x\to a}\{(x^2+ax+a^2)f(a)\}$

$=-a^3f'(a)+3a^2f(a)$

(2) 与式

$=\lim\limits_{h\to 0}\dfrac{f(a+3h)-f(a)}{h}-\lim\limits_{h\to 0}\dfrac{f(a-2h)-f(a)}{h}$

$=\lim\limits_{h\to 0}\dfrac{f(a+3h)-f(a)}{3h}\cdot 3$

$\quad-\lim\limits_{h\to 0}\dfrac{f(a-2h)-f(a)}{-2h}\cdot(-2)$

$=3f'(a)+2f'(a)=5f'(a)$

338

答　(1) $\boldsymbol{\cos a}$　(2) $\boldsymbol{\dfrac{1}{3}}$　(3) $\boldsymbol{\dfrac{2\sqrt{a}}{\cos^2 a}}$

(4) $\boldsymbol{3\sqrt[3]{a^2}\cos a}$

検討　(1) $f(x)=\sin x$ とおくと　$f'(x)=\cos x$

与式$=\lim\limits_{x\to a}\left\{\dfrac{\sin x-\sin a}{x-a}\cdot\dfrac{x-a}{\sin(x-a)}\right\}$

$$\lim_{x\to a}\frac{\sin x-\sin a}{x-a}=\lim_{x\to a}\frac{f(x)-f(a)}{x-a}=f'(a)$$
$$=\cos a$$

$x-a=\theta$ とおくと

$$\lim_{x\to a}\frac{x-a}{\sin(x-a)}=\lim_{\theta\to 0}\frac{\theta}{\sin\theta}=1$$

よって　与式$=\cos a\cdot 1=\cos a$

(2) $f(x)=\log(x+1)$, $g(x)=e^{3x}$ とおくと

$$f'(x)=\frac{1}{x+1},\quad g'(x)=3e^{3x}$$

$$与式=\lim_{x\to 0}\left\{\frac{\log(x+1)-\log 1}{x}\cdot\frac{1}{\frac{e^{3x}-e^0}{x}}\right\}$$

$$\lim_{x\to 0}\frac{\log(x+1)-\log 1}{x}=\lim_{x\to 0}\frac{f(x)-f(0)}{x-0}$$
$$=f'(0)=1$$

$$\lim_{x\to 0}\frac{e^{3x}-e^0}{x}=\lim_{x\to 0}\frac{g(x)-g(0)}{x-0}=g'(0)=3e^0=3$$

よって　与式$=1\cdot\dfrac{1}{3}=\dfrac{1}{3}$

(3) $f(x)=\tan x$ とおくと　$f'(x)=\dfrac{1}{\cos^2 x}$

$$与式=\lim_{x\to a}\left\{\frac{f(x)-f(a)}{x-a}\cdot(\sqrt{x}+\sqrt{a})\right\}$$
$$=2\sqrt{a}\,f'(a)=\frac{2\sqrt{a}}{\cos^2 a}$$

(4) $f(x)=\sin x$, $g(x)=\sqrt[3]{x}$ とおくと

$$f'(x)=\cos x,\quad g'(x)=\frac{1}{3\sqrt[3]{x^2}}$$

$$与式=\lim_{x\to 0}\frac{f(a+x)-f(a)}{g(a+x)-g(a)}$$
$$=\lim_{x\to 0}\frac{\frac{f(a+x)-f(a)}{x}}{\frac{g(a+x)-g(a)}{x}}=\frac{f'(a)}{g'(a)}$$
$$=\frac{\cos a}{\frac{1}{3\sqrt[3]{a^2}}}=3\sqrt[3]{a^2}\cos a$$

339

答　(1) $\boldsymbol{\dfrac{1}{e^2}}$　(2) **3**　(3) **2log2**

検討　(1) $h=-\dfrac{2}{x}$ とおくと　$x\to\infty$ のとき $h\to 0$

$$与式=\lim_{h\to 0}(1+h)^{-\frac{2}{h}}=\lim_{h\to 0}\{(1+h)^{\frac{1}{h}}\}^{-2}$$
$$=e^{-2}=\frac{1}{e^2}$$

(2) $h=e^{3x}-1$ とおくと　$x\to 0$ のとき $h\to 0$

このとき，$3x=\log(1+h)$ より

$$x=\frac{1}{3}\log(1+h)$$

$$与式=\lim_{h\to 0}\frac{h}{\frac{1}{3}\log(1+h)}=\lim_{h\to 0}\frac{3}{\frac{1}{h}\log(1+h)}$$
$$=\lim_{h\to 0}\frac{3}{\log(1+h)^{\frac{1}{h}}}=\frac{3}{\log e}=3$$

(3) $h=4^x-1$ とおくと　$x\to 0$ のとき $h\to 0$

このとき

$$x=\log_4(1+h)=\frac{\log(1+h)}{\log 4}=\frac{\log(1+h)}{2\log 2}$$

$$与式=\lim_{h\to 0}\frac{2h\log 2}{\log(1+h)}=\lim_{h\to 0}\frac{2\log 2}{\log(1+h)^{\frac{1}{h}}}$$
$$=\frac{2\log 2}{\log e}=2\log 2$$

340

答　(1) **1**　(2) **0**　(3) $\boldsymbol{\dfrac{3}{2}}$

検討　(1) $\displaystyle\lim_{x\to+0}\log(\sin x)=-\infty$,

$\displaystyle\lim_{x\to+0}\log x=-\infty$

ロピタルの定理より

$$与式=\lim_{x\to+0}\frac{\frac{\cos x}{\sin x}}{\frac{1}{x}}=\lim_{x\to+0}\frac{1}{\frac{\sin x}{x}}\cdot\cos x=1$$

(2) $\displaystyle\lim_{x\to\infty}x^2=\infty$, $\displaystyle\lim_{x\to\infty}(e^x-1)=\infty$

ロピタルの定理より

$$与式=\lim_{x\to\infty}\frac{2x}{e^x}$$

$\displaystyle\lim_{x\to\infty}2x=\infty$, $\displaystyle\lim_{x\to\infty}e^x=\infty$ より，ふたたびロピタルの定理を利用すると

$$与式=\lim_{x\to\infty}\frac{2}{e^x}=0$$

(3) $与式=\displaystyle\lim_{x\to 0}\frac{3\cos 3x}{1+\cos x}=\frac{3}{2}$

34 速度と近似式

基本問題 本冊 p. 123

341

答 (1) 速度：$\boldsymbol{v_0-gt}$ 加速度：$\boldsymbol{-g}$

(2) $\dfrac{\boldsymbol{v_0}}{\boldsymbol{g}}$ 秒後

検討 (2) 最高点における速度は0であるから
$v_0-gt=0$

342

答 (1) 位置：**−5**，速度：**−9**，速さ：**9**，
運動の向き：負の向き，加速度：**−6**

(2) **4** 秒後

検討 (1) $\dfrac{dx}{dt}=3t^2-12t$，$\dfrac{d^2x}{dt^2}=6t-12$

(2) 点Pが運動の向きを変えるのは，点Pの速度の符号が変わるときであるから，$\dfrac{dx}{dt}=0$
として　$t=0$，4

343

答 $\boldsymbol{t=(2n+1)\pi}$ （$\boldsymbol{n}$ は整数）のとき最大値 **3**

検討 $v=2-\cos t$　$|v|=|2-\cos t|$
$-1\leqq\cos t\leqq1$ であるから，$\cos t=-1$ のとき
すなわち $t=(2n+1)\pi$ のとき最大となる。

344

答 速度ベクトル：$(\boldsymbol{1},\ \boldsymbol{2})$，速さ：$\boldsymbol{\sqrt{5}}$，
加速度ベクトル：$(\boldsymbol{0},\ \boldsymbol{2})$，加速度の大きさ：**2**

検討 $\dfrac{dx}{dt}=1$，$\dfrac{dy}{dt}=2t-2$，$\dfrac{d^2x}{dt^2}=0$，$\dfrac{d^2y}{dt^2}=2$

345

答 $\vec{v}=\left(-\dfrac{\sqrt{2}}{4}\pi,\ 0\right)$，$\vec{\alpha}=\left(0,\ -\dfrac{\sqrt{2}}{16}\pi^2\right)$

検討 $\dfrac{dx}{dt}=-\dfrac{\sqrt{2}}{4}\pi\sin\dfrac{\pi}{4}t$，$\dfrac{dy}{dt}=\dfrac{\sqrt{2}}{4}\pi\cos\dfrac{\pi}{4}t$

$\dfrac{d^2x}{dt^2}=-\dfrac{\sqrt{2}}{16}\pi^2\cos\dfrac{\pi}{4}t$，$\dfrac{d^2y}{dt^2}=-\dfrac{\sqrt{2}}{16}\pi^2\sin\dfrac{\pi}{4}t$

346

答 (1) $\boldsymbol{1+4x}$ (2) $\boldsymbol{x}$ (3) $\boldsymbol{e^2(1+x)}$
(4) $\boldsymbol{1+\dfrac{1}{2}x}$ (5) $\boldsymbol{1-x}$

検討 (1) $f(x)=x^4$ とおくと　$f'(x)=4x^3$
$f(1+x)\fallingdotseq f(1)+f'(1)x$ より求められる。

(2) $f(x)=\sin x$ とおくと　$f'(x)=\cos x$
$f(x)\fallingdotseq f(0)+xf'(0)=0+1\cdot x=x$
(3)〜(5)も同様にすればよい。

347

答 (1) **1.9917** (2) **0.8748**

検討 (1) $\sqrt[3]{7.9}=\sqrt[3]{8(1-0.0125)}=2\sqrt[3]{1-0.0125}$
$f(x)=\sqrt[3]{1-x}$ とおくと

$f'(x)=-\dfrac{1}{3\sqrt[3]{(1-x)^2}}$

$x\fallingdotseq0$ のとき　$f(x)\fallingdotseq f(0)+f'(0)x=1-\dfrac{1}{3}x$

よって　$\sqrt[3]{7.9}\fallingdotseq2\left(1-\dfrac{1}{3}\times0.0125\right)\fallingdotseq1.9917$

(2) $\sin61°=\sin\left(\dfrac{\pi}{3}+\dfrac{\pi}{180}\right)$

$f(x)=\sin\left(\dfrac{\pi}{3}+x\right)$ とおくと

$f'(x)=\cos\left(\dfrac{\pi}{3}+x\right)$

$x\fallingdotseq0$ のとき

$f(x)\fallingdotseq f(0)+f'(0)x=\dfrac{\sqrt{3}}{2}+\dfrac{1}{2}x$

よって

$\sin61°\fallingdotseq\dfrac{\sqrt{3}}{2}+\dfrac{1}{2}\cdot\dfrac{\pi}{180}\fallingdotseq0.86603+0.00873$

応用問題 本冊 p. 125

348

答 (1) 速さ：$\dfrac{\boldsymbol{\pi}}{\boldsymbol{4}}\boldsymbol{a}$，加速度の大きさ：$\dfrac{\boldsymbol{\pi^2}}{\boldsymbol{16}}\boldsymbol{a}$

(2) 円 $\boldsymbol{x^2+y^2=a^2}$

検討 (1) $\dfrac{dx}{dt}=-\dfrac{\pi}{4}a\sin\dfrac{\pi}{4}t$，$\dfrac{dy}{dt}=\dfrac{\pi}{4}a\cos\dfrac{\pi}{4}t$

$\dfrac{d^2x}{dt^2}=-\dfrac{\pi^2}{16}a\cos\dfrac{\pi}{4}t$，$\dfrac{d^2y}{dt^2}=-\dfrac{\pi^2}{16}a\sin\dfrac{\pi}{4}t$

時刻 t における P の速さは，$a>0$ だから

$$|v|=\sqrt{\left(\frac{dx}{dt}\right)^2+\left(\frac{dy}{dt}\right)^2}$$

$$=\sqrt{\frac{\pi^2}{16}a^2\sin^2\frac{\pi}{4}t+\frac{\pi^2}{16}a^2\cos^2\frac{\pi}{4}t}=\frac{\pi}{4}a$$

また，P の加速度の大きさも同様にすればよい。

(2) 与式から t を消去すると　$x^2+y^2=a^2$

$0\leqq t\leqq 8$ のとき　$0\leqq\frac{\pi}{4}t\leqq 2\pi$

349

答　$\boldsymbol{\frac{dx}{dt}=a(1-\cos t)}$，$\boldsymbol{\frac{d^2x}{dt^2}=a\sin t}$

$\boldsymbol{\frac{dy}{dt}=a\sin t}$，$\boldsymbol{\frac{d^2y}{dt^2}=a\cos t}$

時刻 t における加速度 $\vec{\alpha}$ の大きさ $|\vec{\alpha}|$ は

$\boldsymbol{|\vec{\alpha}|=\sqrt{a^2\sin^2 t+a^2\cos^2 t}=a}$

であるから，一定である。

350

答　**4.4 cm/秒**

検討　t 秒後のはしごの下端および上端の位置をそれぞれ $\mathrm{P}(x,\ 0)$，$\mathrm{Q}(0,\ y)$ とすると

$x^2+y^2=25$　…①

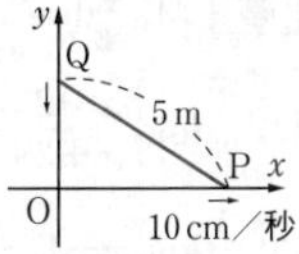

両辺を t で微分すると

$$2x\frac{dx}{dt}+2y\frac{dy}{dt}=0$$

$$\frac{dy}{dt}=-\frac{x}{y}\cdot\frac{dx}{dt}\quad\cdots②$$

題意より　$\frac{dx}{dt}=0.1$ (m/秒)　…③

また，$x=2$ のとき，①から　$y=\sqrt{21}$　…④

よって，③，④を②に代入すると

$$\left|\frac{dy}{dt}\right|=\left|-\frac{2}{\sqrt{21}}\cdot 0.1\right|\fallingdotseq 0.044\ (\mathrm{m}/秒)$$

351

答　$\boldsymbol{\frac{2}{5}}$ **m²/分**

検討　時刻 t 分における球の体積を $V\mathrm{m}^3$，表面積を $S\mathrm{m}^2$，半径を $r\mathrm{m}$ とする。

$V=\frac{4}{3}\pi r^3$ より　$\frac{dV}{dt}=4\pi r^2\frac{dr}{dt}$

$\frac{dV}{dt}=1$ より　$\frac{dr}{dt}=\frac{1}{4\pi r^2}$

$S=4\pi r^2$ より　$\frac{dS}{dt}=8\pi r\cdot\frac{dr}{dt}=\frac{2}{r}$

直径 10m，すなわち $r=5$ とすると　$\frac{dS}{dt}=\frac{2}{5}$

35 不定積分

(以下 C は積分定数を表す)

基本問題 ……… 本冊 *p. 128*

352

答　(1) $\boldsymbol{\frac{1}{6}x^6-\frac{1}{4}x^4+C}$

(2) $\boldsymbol{x-\frac{1}{x}+\log|x|+C}$

(3) $\boldsymbol{\log|x|-\frac{2}{x}-\frac{1}{2x^2}+C}$

(4) $\boldsymbol{x-4\sqrt{x}+\log|x|+C}$

検討　(3) 与式$=\int\left(\frac{1}{x}+\frac{2}{x^2}+\frac{1}{x^3}\right)dx$ と変形する。

(4) 与式$=\int\left(1-\frac{2}{\sqrt{x}}+\frac{1}{x}\right)dx$ と変形する。

353

答　(1) $\boldsymbol{2x-3e^x+C}$　(2) $\boldsymbol{\frac{2^x}{\log 2}-\frac{5^x}{\log 5}+C}$

(3) $\boldsymbol{e^x-3e^{-2}x+C}$

検討　(3) 与式$=\int\left(e^x-3e^{-2}\right)dx$ と変形する。

354

答　(1) $\boldsymbol{\sin x-\cos x+C}$

(2) $\boldsymbol{3\tan x-2x+C}$

(3) $\boldsymbol{\tan x+\cos x-x+C}$

検討　(2) 与式$=\int\left(\frac{3}{\cos^2 x}-2\right)dx$ と変形する。

(3) 与式$=\int\left(\frac{\sin^2 x}{\cos^2 x}-\sin x\right)dx$

$$=\int\left(\frac{1-\cos^2 x}{\cos^2 x}-\sin x\right)dx$$

$$=\int\left(\frac{1}{\cos^2 x}-1-\sin x\right)dx$$ と変形する。

応用問題 本冊 p. 129

355

答 (1) $\frac{2}{5}x^2\sqrt{x}-\frac{4}{3}x\sqrt{x}+4\sqrt{x}+C$

(2) $\frac{2}{3}x\sqrt{x}-2x+2\sqrt{x}+C$

(3) $\frac{1}{2}x^2+\frac{18}{5}x\sqrt[3]{x^2}+9x\sqrt[3]{x}+8x+C$

(4) $\frac{3}{8}x^2\sqrt[3]{x^2}-\frac{12}{5}x\sqrt[3]{x^2}+6\sqrt[3]{x^2}+C$

検討 (1) 与式$=\int\left(x^{\frac{3}{2}}-2x^{\frac{1}{2}}+2x^{-\frac{1}{2}}\right)dx$

(2) 与式$=\int\left(x^{\frac{1}{2}}-2+x^{-\frac{1}{2}}\right)dx$

(3) 与式$=\int\left(x+6x^{\frac{2}{3}}+12x^{\frac{1}{3}}+8\right)dx$

(4) 与式$=\int\left(x^{\frac{5}{3}}-4x^{\frac{2}{3}}+4x^{-\frac{1}{3}}\right)dx$

36 不定積分の計算法

基本問題 本冊 p. 131

356

答 (1) $\frac{2^{2x-1}}{\log 2}+\frac{3^{3x-1}}{\log 3}+C$

(2) $\frac{2^x}{\log 2}-\frac{4^{2x-1}}{\log 2}+C$

検討 $(2^{2x})'=(2^{2x}\log 2)\cdot 2$ より　$2^{2x}=\frac{(2^{2x})'}{2\log 2}$ だから　$\int 2^{2x}dx=\frac{2^{2x}}{2\log 2}+C$

他も同様にすればよい。

357

答 (1) $-\frac{1}{3(3x+1)}+C$

(2) $-\frac{1}{2}\cos(2x-1)+C$

(3) $\frac{1}{3}(2x+3)\sqrt{2x+3}+C$　(4) $\log|\log x|+C$

検討 (1) 与式$=\int(3x+1)^{-2}dx$

(3) 与式$=\int(2x+3)^{\frac{1}{2}}dx$

(4) 与式$=\int\frac{(\log x)'}{\log x}dx=\log|\log x|+C$

358

答 (1) $-x\cos x+\sin x+C$

(2) $\frac{1}{2}x\sin 2x+\frac{1}{4}\cos 2x+C$

(3) xe^x-e^x+C

(4) $(3x-4)e^x+C$

検討 部分積分法により求めることができる。

(1) 与式$=x(-\cos x)-\int(-\cos x)dx$

$=-x\cos x+\sin x+C$

(2) 与式$=x\cdot\frac{\sin 2x}{2}-\int\frac{\sin 2x}{2}dx$

$=\frac{1}{2}x\sin 2x+\frac{1}{4}\cos 2x+C$

(3) 与式$=xe^x-\int e^x dx=xe^x-e^x+C$

(4) 与式$=(3x-1)e^x-\int 3e^x dx$

$=(3x-1)e^x-3e^x+C$

$=(3x-4)e^x+C$

359

答 (1) $\frac{1}{2}\log\left|\frac{x}{x+2}\right|+C$

(2) $\frac{1}{5}\log\left|\frac{x-2}{x+3}\right|+C$

(3) $\frac{1}{3}\log|x-1|+\frac{2}{3}\log|x+2|+C$

検討 (1) 与式$=\frac{1}{2}\int\left(\frac{1}{x}-\frac{1}{x+2}\right)dx$

(2) 与式$=\int\frac{dx}{(x-2)(x+3)}$

$=\frac{1}{5}\int\left(\frac{1}{x-2}-\frac{1}{x+3}\right)dx$

(3) 与式$=\int\frac{x}{(x-1)(x+2)}dx$

$=\frac{1}{3}\int\left(\frac{1}{x-1}+\frac{2}{x+2}\right)dx$

テスト対策

分数関数の不定積分を求めるときは，
①分子を分母で割って，分子の次数を下げる。
②部分分数に分解する。

360

答 (1) $\frac{1}{2}x-\frac{1}{4}\sin 2x+C$

(2) $\frac{1}{4}\sin 2x-\frac{1}{12}\sin 6x+C$

検討 (1) 与式$=\int\frac{1-\cos 2x}{2}dx$

(2) 与式$=\frac{1}{2}\int(\cos 2x-\cos 6x)dx$

テスト対策

三角関数の累乗や積の不定積分を求めるときは，半角の公式や積→和の公式を利用する。

361

答 (1) $\frac{1}{2}e^{2x}+x-\frac{1}{2}e^{-2x}+C$

(2) $\frac{2}{3}\{(x+1)\sqrt{x+1}-(x-2)\sqrt{x-2}\}+C$

検討 (1) 与式$=\int(e^{2x}+1+e^{-2x})dx$

$e^{2x}=\frac{1}{2}(e^{2x})'$，$e^{-2x}=-\frac{1}{2}(e^{-2x})'$

(2) 与式$=\int(\sqrt{x+1}-\sqrt{x-2})dx$

362

答 (1) $\frac{1}{270}(15x-1)(3x+1)^5+C$

(2) $\frac{2}{3}(3x^2-1)\sqrt{3x^2-1}+C$

(3) $\frac{2}{15}(x-1)(3x+7)\sqrt{x-1}+C$

(4) $\frac{1}{2}(x^2+x-1)^2+C$

検討 (1) $3x+1=t$ とおくと

$x=\frac{t-1}{3}$　$dx=\frac{1}{3}dt$

与式$=\int\frac{t-1}{3}\cdot t^4\cdot\frac{1}{3}dt=\frac{1}{9}\int(t^5-t^4)dt$

$=\frac{1}{9}\left(\frac{t^6}{6}-\frac{t^5}{5}\right)+C=\frac{t^5}{270}(5t-6)+C$

(2) $3x^2-1=t$ とおくと　$6xdx=dt$

与式$=\int\sqrt{t}\,dt=\int t^{\frac{1}{2}}dt=\frac{2}{3}t^{\frac{3}{2}}+C=\frac{2}{3}t\sqrt{t}+C$

(3) $x-1=t$ とおく。

(4) $x^2+x-1=t$ とおく。

363

答 (1) $\sin x-\frac{1}{3}\sin^3 x+C$

(2) $\frac{1}{5}\cos^5 x-\frac{1}{3}\cos^3 x+C$　(3) $\frac{1}{\cos x}+C$

(4) $\tan x+\frac{1}{3}\tan^3 x+C$

検討 (1) $\cos^3 x=(1-\sin^2 x)\cos x$ と変形し，$\sin x=t$ とおくと　$\cos x dx=dt$

与式$=\int(1-t^2)dt=t-\frac{1}{3}t^3+C$

(2) $\sin^3 x\cos^2 x=\sin x(1-\cos^2 x)\cos^2 x$ と変形し，$\cos x=t$ とおくと　$-\sin x dx=dt$

与式$=-\int(1-t^2)t^2dt=\int(t^4-t^2)dt$

$=\frac{t^5}{5}-\frac{t^3}{3}+C$

(3) $\frac{\tan x}{\cos x}=\frac{\sin x}{\cos^2 x}$ と変形し，$\cos x=t$ とおくと $-\sin x dx=dt$

与式$=-\int\frac{dt}{t^2}=-\int t^{-2}dt=t^{-1}+C=\frac{1}{t}+C$

(4) $\frac{1}{\cos^4 x}=(1+\tan^2 x)\cdot\frac{1}{\cos^2 x}$ と変形し，

$\tan x=t$ とおくと　$\frac{dx}{\cos^2 x}=dt$

与式$=\int(1+t^2)dt=t+\frac{1}{3}t^3+C$

364

答 (1) $-\frac{1}{3}(4x+7)\sqrt{1-2x}+C$

(2) $\frac{3}{4}\sqrt[3]{(2x-3)^2}+C$

(3) $\frac{2}{15}(x-1)(3x+2)\sqrt{x-1}+C$

(4) $\dfrac{3}{112}(2x+1)(8x-3)\sqrt[3]{2x+1}+C$

検討 (1) $\sqrt{1-2x}=t$ とおくと　$1-2x=t^2$

$dx=-tdt$

与式$=\int(2t^2-3)dt=\dfrac{2}{3}t^3-3t+C$

$=\dfrac{1}{3}t(2t^2-9)+C$

(2) $\sqrt[3]{2x-3}=t$ とおくと　$2x-3=t^3$

$dx=\dfrac{3}{2}t^2dt$

与式$=\int\dfrac{1}{t}\cdot\dfrac{3}{2}t^2dt=\dfrac{3}{2}\int tdt$

$=\dfrac{3}{4}t^2+C$

(3) $\sqrt{x-1}=t$ とおくと　$x-1=t^2$

$dx=2tdt$

与式$=\int(t^2+1)\cdot t\cdot 2tdt=2\int(t^4+t^2)dt$

$=\dfrac{2}{15}t^3(3t^2+5)+C$

(4) $\sqrt[3]{2x+1}=t$ とおくと　$2x+1=t^3$

$dx=\dfrac{3}{2}t^2dt$

与式$=\int\dfrac{1}{2}(t^3-1)\cdot t\cdot\dfrac{3}{2}t^2dt=\dfrac{3}{4}\int(t^6-t^3)dt$

$=\dfrac{3}{4}\left(\dfrac{t^7}{7}-\dfrac{t^4}{4}\right)+C=\dfrac{3}{112}t^4(4t^3-7)+C$

365

答 (1) $\dfrac{1}{2}x^2\log x-\dfrac{1}{4}x^2+C$

(2) $(x-1)\log(x-1)-x+C$

(3) $x(\log x)^2-2x\log x+2x+C$

(4) $\dfrac{1}{2}x^2\sin 2x+\dfrac{1}{2}x\cos 2x-\dfrac{1}{4}\sin 2x+C$

検討 (1) $x\log x=\log x\cdot\left(\dfrac{1}{2}x^2\right)'$ と考え，部分積分法を用いる。

(2) $\log(x-1)=\log(x-1)\cdot(x-1)'$ と考えると

与式$=(x-1)\log(x-1)-\int dx$

$=(x-1)\log(x-1)-x+C$

(3) $(\log x)^2=(\log x)^2\cdot(x)'$ と考え，部分積分法を用いる。

与式$=x(\log x)^2-2\int\log xdx$

$=x(\log x)^2-2\left(x\log x-\int dx\right)$

$=x(\log x)^2-2x\log x+2x+C$

(4) $x^2\cos 2x=x^2\cdot\left(\dfrac{1}{2}\sin 2x\right)'$ と考え，部分積分法を用いる。

与式$=\dfrac{1}{2}x^2\sin 2x-\int x\sin 2xdx$

ふたたび部分積分法を用いると

与式$=\dfrac{1}{2}x^2\sin 2x-\int x\left(-\dfrac{1}{2}\cos 2x\right)'dx$

$=\dfrac{1}{2}x^2\sin 2x$

$-\left\{-\dfrac{1}{2}x\cos 2x-\int\left(-\dfrac{1}{2}\cos 2x\right)dx\right\}$

$=\dfrac{1}{2}x^2\sin 2x+\dfrac{1}{2}x\cos 2x-\dfrac{1}{2}\int\cos 2xdx$

$=\dfrac{1}{2}x^2\sin 2x+\dfrac{1}{2}x\cos 2x-\dfrac{1}{4}\sin 2x+C$

応用問題 本冊 p. 134

366

答 (1) $a=1$，$b=2$，$c=-2$

(2) $-\dfrac{1}{x-1}+2\log\left|\dfrac{x+1}{x-1}\right|+C$

検討 (1) $\dfrac{-3x+5}{(x-1)^2(x+1)}$

$=\dfrac{(b+c)x^2+(a-2b)x+(a+b-c)}{(x-1)^2(x+1)}$

分子の係数を比較して

$b+c=0$，$a-2b=-3$，$a+b-c=5$

この3式を連立させて解けばよい。

(2) 与式$=\int\left\{\dfrac{1}{(x-1)^2}+\dfrac{2}{x+1}-\dfrac{2}{x-1}\right\}dx$

$=-\dfrac{1}{x-1}+2\log|x+1|-2\log|x-1|+C$

367

答 (1) $\dfrac{1}{2}x^2+3\log|x+1|+C$

(2) $\dfrac{1}{2}\log\dfrac{1+\sin x}{1-\sin x}+C$

(3) $\cos x+\dfrac{1}{\cos x}+C$

(4) $\dfrac{1}{\cos x}+\tan x-x+C$

検討 (1) 与式$=\displaystyle\int\left(x+\frac{3}{x+1}\right)dx$ と変形する。

(2) $\dfrac{1}{\cos x}=\dfrac{\cos x}{\cos^2 x}=\dfrac{\cos x}{1-\sin^2 x}$ と変形し，
$\sin x=t$ $(-1<t<1)$ とおく。
$\cos x dx=dt$ より

$$与式=\int\frac{dt}{1-t^2}=\frac{1}{2}\int\left(\frac{1}{1-t}+\frac{1}{1+t}\right)dt$$
$$=\frac{1}{2}(-\log|1-t|+\log|1+t|)+C$$
$$=\frac{1}{2}\log\left|\frac{1+t}{1-t}\right|+C$$

(3) $\dfrac{\sin^3 x}{\cos^2 x}=\dfrac{(1-\cos^2 x)\cdot\sin x}{\cos^2 x}$ と変形し，
$\cos x=t$ とおくと　$-\sin x dx=dt$

$$与式=-\int\frac{1-t^2}{t^2}dt=\int\left(1-\frac{1}{t^2}\right)dt$$
$$=t+\frac{1}{t}+C$$

(4) $\dfrac{\sin x}{1-\sin x}=\dfrac{\sin x(1+\sin x)}{1-\sin^2 x}=\dfrac{\sin x+\sin^2 x}{\cos^2 x}$
$=\dfrac{\sin x+1-\cos^2 x}{\cos^2 x}=\dfrac{\sin x}{\cos^2 x}+\dfrac{1}{\cos^2 x}-1$

$\dfrac{\sin x}{\cos^2 x}$ の不定積分は，$\cos x=t$ とおくと
$-\sin x dx=dt$ より

$$\int\frac{\sin x}{\cos^2 x}dx=-\int\frac{dt}{t^2}=-\int t^{-2}dt=\frac{1}{t}+C'$$

よって　$与式=\displaystyle\int\left(\frac{\sin x}{\cos^2 x}+\frac{1}{\cos^2 x}-1\right)dx$
$$=\frac{1}{\cos x}+\tan x-x+C$$

368

答 (1) $\dfrac{1}{4}x^2-\dfrac{1}{4}x\sin 2x-\dfrac{1}{8}\cos 2x+C$

(2) $\dfrac{1}{2}(x^2-1)\{\log(x^2-1)-1\}+C$

(3) $-\dfrac{1}{4}x\cos 2x+\dfrac{1}{8}\sin 2x+C$

(4) $\sin x\log(\sin x)-\sin x+C$

検討 (1) $\sin^2 x=\dfrac{1-\cos 2x}{2}$ であるから

$$与式=\frac{1}{2}\int xdx-\frac{1}{2}\int x\cos 2xdx$$

$x\cos 2x=x\cdot\left(\dfrac{1}{2}\sin 2x\right)'$ と考えると

$$与式=\frac{1}{4}x^2-\frac{1}{2}\left(x\cdot\frac{1}{2}\sin 2x-\frac{1}{2}\int\sin 2xdx\right)$$
$$=\frac{1}{4}x^2-\frac{1}{4}x\sin 2x+\frac{1}{4}\left(-\frac{1}{2}\cos 2x\right)+C$$

(2) $x^2-1=t$ とおくと　$2xdx=dt$

$$与式=\frac{1}{2}\int 2x\log(x^2-1)dx=\frac{1}{2}\int\log tdt$$
$$=\frac{1}{2}t\log t-\frac{1}{2}\int dt=\frac{1}{2}t\log t-\frac{1}{2}t+C$$

(3) $与式=\dfrac{1}{2}\displaystyle\int x\sin 2xdx$
$$=\frac{1}{2}\left\{x\left(-\frac{1}{2}\cos 2x\right)+\frac{1}{2}\int\cos 2xdx\right\}$$
$$=-\frac{1}{4}x\cos 2x+\frac{1}{8}\sin 2x+C$$

(4) $\sin x=t$ とおくと　$\cos xdx=dt$

$$与式=\int\log tdt=t\log t-\int dt=t\log t-t+C$$

37 定積分の計算法

基本問題 本冊 p. 137

369

答 (1) $\dfrac{5}{6}$　(2) $-\log 2$　(3) $\dfrac{8}{9}$　(4) 1

(5) $\dfrac{14}{3}$　(6) -1

検討 (1) $与式=\displaystyle\int_0^1 x^{\frac{1}{5}}dx=\left[\frac{5}{6}x^{\frac{6}{5}}\right]_0^1=\frac{5}{6}$

(2) $与式=\Big[\log|x-1|\Big]_{-1}^{0}=-\log 2$

(3) $与式=\Big[-e^{-x}\Big]_0^{\log 9}=-e^{-\log 9}+e^0=-\dfrac{1}{9}+1=\dfrac{8}{9}$

(4) $与式=\Big[-\cos x\Big]_0^{\frac{\pi}{2}}=0+1=1$

(5) $与式=\left[\dfrac{1}{6}(2x-1)^3\right]_0^2=\dfrac{1}{6}(27+1)=\dfrac{14}{3}$

(6) $与式=\Big[\log|x|\Big]_1^{\frac{1}{e}}=\log\dfrac{1}{e}-\log 1=-1$

370

答 (1) $\frac{3}{10}(7\sqrt[3]{49}-1)$ (2) 0 (3) $\sqrt{2}$

(4) 0

検討 (1) $2x-1=t$ とおくと $dx=\frac{1}{2}dt$

$$与式=\int_1^7 \sqrt[3]{t^2}\cdot\frac{1}{2}dt=\frac{1}{2}\left[\frac{3}{5}t^{\frac{5}{3}}\right]_1^7=\frac{3}{10}\left(7^{\frac{5}{3}}-1\right)$$

(2) $3x=t$ とおくと $dx=\frac{1}{3}dt$

$$与式=\int_0^{\pi}\cos t\cdot\frac{1}{3}dt=\frac{1}{3}\left[\sin t\right]_0^{\pi}=0$$

(3) $f(x)=\cos x$, $g(x)=\sin x$ とおくと
$f(-x)=f(x)$, $g(-x)=-g(x)$ となり，
$f(x)$ は偶関数，$g(x)$ は奇関数であるから

$$与式=2\int_0^{\frac{\pi}{4}}\cos x dx=2\left[\sin x\right]_0^{\frac{\pi}{4}}=\sqrt{2}$$

(4) $f(x)=\frac{x^3}{x^2-1}$ とおくと $f(-x)=-f(x)$ となるので，$f(x)$ は奇関数である。
よって 与式 $=0$

371

答 (1) 1 (2) 1 (3) 0 (4) $\frac{e^2-1}{4}$

検討 (1) $与式=\left[xe^x\right]_0^1-\int_0^1 e^x dx$

$$=e-\left[e^x\right]_0^1=e-(e-1)=1$$

(2) $与式=\left[x\log x\right]_1^e-\int_1^e dx=e-\left[x\right]_1^e=1$

(3) $与式=\left[x\cdot\frac{1}{2}\sin 2x\right]_0^{\pi}-\int_0^{\pi}\frac{1}{2}\sin 2x dx$

$$=-\int_0^{\pi}\frac{1}{2}\sin 2x dx=-\left[-\frac{1}{4}\cos 2x\right]_0^{\pi}=0$$

(4) $与式=\left[\frac{1}{2}x^2(\log x)^2\right]_1^e-\int_1^e \frac{1}{2}x^2\cdot 2\log x\cdot\frac{1}{x}dx$

$$=\frac{e^2}{2}-\int_1^e x\log x dx$$

$$=\frac{e^2}{2}-\left(\left[\frac{1}{2}x^2\log x\right]_1^e-\int_1^e\frac{x}{2}dx\right)$$

$$=\frac{e^2}{2}-\frac{e^2}{2}+\left[\frac{x^2}{4}\right]_1^e=\frac{e^2-1}{4}$$

応用問題 本冊 p. 138

372

答 (1) $\frac{\pi}{4}$ (2) $\frac{\sqrt{3}}{12}\pi$

検討 (1) $与式=\int_0^1\sqrt{1-(x-1)^2}dx$

$x-1=\sin\theta$ とおくと $dx=\cos\theta d\theta$
積分区間の対応は，右の表のようになる。

x	$0 \to 1$
θ	$-\frac{\pi}{2} \to 0$

$-\frac{\pi}{2}\leqq\theta\leqq 0$ で $\cos\theta\geqq 0$
だから

$$与式=\int_{-\frac{\pi}{2}}^0\sqrt{1-\sin^2\theta}\cdot\cos\theta d\theta$$

$$=\int_{-\frac{\pi}{2}}^0\cos^2\theta d\theta=\int_{-\frac{\pi}{2}}^0\frac{1+\cos 2\theta}{2}d\theta$$

$$=\left[\frac{\theta}{2}+\frac{1}{4}\sin 2\theta\right]_{-\frac{\pi}{2}}^0=\frac{\pi}{4}$$

(2) $x=\sqrt{3}\tan\theta$ とおくと

$$dx=\frac{\sqrt{3}}{\cos^2\theta}d\theta$$

積分区間の対応は，右の表のようになる。

x	$0 \to \sqrt{3}$
θ	$0 \to \frac{\pi}{4}$

$$与式=\int_0^{\frac{\pi}{4}}\frac{1}{3\tan^2\theta+3}\cdot\frac{\sqrt{3}}{\cos^2\theta}d\theta$$

$$=\frac{\sqrt{3}}{3}\int_0^{\frac{\pi}{4}}d\theta=\frac{\sqrt{3}}{3}\left[\theta\right]_0^{\frac{\pi}{4}}=\frac{\sqrt{3}}{12}\pi$$

テスト対策

置換積分をするとき，
$\sqrt{a^2-x^2}$ を含むタイプは $\boldsymbol{x=a\sin\theta}$
$\frac{1}{a^2+x^2}$ を含むタイプは $\boldsymbol{x=a\tan\theta}$
とおくとよい。

373

答 (1) 2 (2) $\frac{5}{2}$ (3) $\frac{9}{4\log 2}$ (4) 4

検討 (1) $与式=\int_0^{\frac{\pi}{2}}\cos x dx-\int_{\frac{\pi}{2}}^{\pi}\cos x dx$

$=\Big[\sin x\Big]_0^{\frac{\pi}{2}}-\Big[\sin x\Big]_{\frac{\pi}{2}}^{\pi}=(1-0)-(0-1)=2$

(2) 与式$=\int_1^3(3-x)dx+\int_3^4(x-3)dx$ と変形する。

(3) 与式$=\int_{-2}^0(1-2^x)dx+\int_0^2(2^x-1)dx$

$=\left[x-\frac{2^x}{\log 2}\right]_{-2}^0+\left[\frac{2^x}{\log 2}-x\right]_0^2=\frac{9}{4\log 2}$

(4) 与式$=\int_0^{\pi}2\left|\sin\left(x+\frac{\pi}{3}\right)\right|dx$

$=\int_0^{\frac{2}{3}\pi}2\sin\left(x+\frac{\pi}{3}\right)dx-\int_{\frac{2}{3}\pi}^{\pi}2\sin\left(x+\frac{\pi}{3}\right)dx$

$=2\left[-\cos\left(x+\frac{\pi}{3}\right)\right]_0^{\frac{2}{3}\pi}-2\left[-\cos\left(x+\frac{\pi}{3}\right)\right]_{\frac{2}{3}\pi}^{\pi}=4$

374

答 (1) **3log3** (2) $\boldsymbol{\frac{1}{2}}$

検討 (1) $\sqrt{x}+1=t$ とおくと　$x=(t-1)^2$

$dx=2(t-1)dt$

与式$=\int_1^3\log t\cdot 2(t-1)dt$

$=\Big[(t-1)^2\log t\Big]_1^3-\int_1^3\frac{(t-1)^2}{t}dt$

$=4\log 3-\int_1^3\left(t-2+\frac{1}{t}\right)dt$

$=4\log 3-\left[\frac{t^2}{2}-2t+\log t\right]_1^3=3\log 3$

(2) $x^2=t$ とおくと　$2xdx=dt$

与式$=\int_0^1e^t\cdot\frac{t}{2}dt=\left[\frac{t}{2}\cdot e^t\right]_0^1-\int_0^1\frac{e^t}{2}dt$

$=\frac{e}{2}-\left[\frac{e^t}{2}\right]_0^1=\frac{1}{2}$

38 定積分のいろいろな問題

基本問題 ・・・・・・・・・・・・・・・・・・ 本冊 p. 140

375

答 (1) $\boldsymbol{f(t)=3t^2+\frac{14}{3}}$

$\boldsymbol{g(x)=2x^2+7}$

(2) $\boldsymbol{f(t)=(e-1)t^2}$

$\boldsymbol{g(x)=\frac{1}{3}e^x}$

検討 (1) $f(t)=\int_1^2(3t^2+2x^2)dx$

$=3t^2\int_1^2dx+2\int_1^2x^2dx$

$=3t^2\Big[x\Big]_1^2+2\left[\frac{x^3}{3}\right]_1^2$

$=3t^2+\frac{14}{3}$

$g(x)=\int_1^2(3t^2+2x^2)dt$

$=3\int_1^2t^2dt+2x^2\int_1^2dt$

$=3\left[\frac{t^3}{3}\right]_1^2+2x^2\Big[t\Big]_1^2$

$=2x^2+7$

(2) $f(t)=\int_0^1t^2e^xdx$

$=t^2\int_0^1e^xdx$

$=t^2\Big[e^x\Big]_0^1$

$=t^2(e^1-e^0)$

$=(e-1)t^2$

$g(x)=\int_0^1t^2e^xdt$

$=e^x\int_0^1t^2dt$

$=e^x\left[\frac{1}{3}t^3\right]_0^1$

$=e^x\left(\frac{1}{3}-0\right)$

$=\frac{1}{3}e^x$

376

答 (1) $\boldsymbol{\cos x}$ (2) $\boldsymbol{\sqrt{1+x^2}}$ (3) $\boldsymbol{\frac{1}{x^2+1}}$

(4) $\boldsymbol{e^x\log x}$

検討 $\frac{d}{dx}\int_a^xf(t)dt=f(x)$ を利用する。

377

答 (1) $2\sin^2 2x-\sin^2 x$

(2) $2xe^{x^2}\cos x^2-e^x\cos x$

検討 (1) $\sin^2 t$ の不定積分の１つを $F(t)$ とする。

$f(x)=F(2x)-F(x)$，$F'(t)=\sin^2 t$ より

$$f'(x)=\frac{d}{dx}\int_x^{2x}\sin^2 t dt=2F'(2x)-F'(x)$$
$$=2\sin^2 2x-\sin^2 x$$

(2) $e^t\cos t$ の不定積分の１つを $F(t)$ とし，(1)と同様にする。

テスト対策

〔定積分で表された関数〕

$$\frac{d}{dx}\int_a^x f(t)dt=f(x)$$

$$\frac{d}{dx}\int_{g(x)}^{h(x)} f(t)dt$$
$$=f(h(x))h'(x)-f(g(x))g'(x)$$

378

答 (1) $f(x)=\cos x-\dfrac{2}{\pi-2}$

(2) $f(x)=e^x-\dfrac{2}{3}$

(3) $f(x)=-\dfrac{2}{e^2-3}e^x+x$

検討 (1) $\int_0^{\frac{\pi}{2}} f(t)dt=a$ とおくと

$f(x)=\cos x+a$

ゆえに，$f(t)=\cos t+a$ より

$$a=\int_0^{\frac{\pi}{2}}(\cos t+a)dt$$
$$=\Big[\sin t+at\Big]_0^{\frac{\pi}{2}}$$
$$=1+\frac{\pi}{2}a$$

すなわち　$a=1+\dfrac{\pi}{2}a$

よって　$a=-\dfrac{2}{\pi-2}$

したがって　$f(x)=\cos x-\dfrac{2}{\pi-2}$

(2) $\int_0^1 tf(t)dt=a$ とおくと

$f(x)=e^x-a$

ゆえに，$f(t)=e^t-a$ より

$$a=\int_0^1 t(e^t-a)dt$$
$$=\Big[t(e^t-at)\Big]_0^1-\int_0^1(e^t-at)dt$$
$$=(e-a)-\Big[e^t-\frac{a}{2}t^2\Big]_0^1$$
$$=(e-a)-\Big\{\Big(e-\frac{a}{2}\Big)-1\Big\}$$
$$=-\frac{a}{2}+1$$

すなわち　$a=-\dfrac{a}{2}+1$

よって　$a=\dfrac{2}{3}$

したがって　$f(x)=e^x-\dfrac{2}{3}$

(3) 与えられた等式を変形すると

$f(x)=e^x\int_0^1 e^t f(t)dt+x$

ここで，$\int_0^1 e^t f(t)dt=a$ とおくと

$f(x)=ae^x+x$

ゆえに，$f(t)=ae^t+t$ であるから

$$a=\int_0^1 e^t(ae^t+t)dt$$
$$=\int_0^1(ae^{2t}+te^t)dt$$
$$=\Big[\frac{a}{2}e^{2t}\Big]_0^1+\Big[te^t\Big]_0^1-\int_0^1 e^t dt$$
$$=\frac{(e^2-1)a}{2}+e-\Big[e^t\Big]_0^1$$
$$=\frac{(e^2-1)a}{2}+e-(e-1)$$
$$=\frac{(e^2-1)a}{2}+1$$

すなわち　$a=\dfrac{(e^2-1)a}{2}+1$

よって　$a=-\dfrac{2}{e^2-3}$

したがって

$$f(x)=-\frac{2}{e^2-3}e^x+x$$

379

答 (1) $\boldsymbol{f(x)=2e^{2x}}$, $\boldsymbol{a=\frac{\log 2}{2}}$

(2) $\boldsymbol{f(x)=\frac{1}{\sin x\cos x}-1}$, $\boldsymbol{a=\frac{\pi}{4}}$

検討 (1) 等式

$$\int_a^x f(t)dt=e^{2x}-2$$

の両辺を x で微分すると

$f(x)=2e^{2x}$

また，等式の両辺に $x=a$ を代入すると

$0=e^{2a}-2$

$e^{2a}=2$

$2a=\log 2$

したがって　$a=\dfrac{\log 2}{2}$

(2) 等式

$$\int_a^x f(t)dt=\log(\tan x)-x+a$$

の両辺を x で微分すると

$$f(x)=\frac{1}{\tan x}\cdot\frac{1}{\cos^2 x}-1$$
$$=\frac{1}{\sin x\cos x}-1$$

また，等式の両辺に $x=a$ を代入すると

$0=\log(\tan a)$

$\tan a=1$

$0<a<\dfrac{\pi}{2}$ より　$a=\dfrac{\pi}{4}$

380

答 (1) $\boldsymbol{\frac{1}{2}}$　(2) $\boldsymbol{\frac{1}{2}\log 2}$　(3) $\boldsymbol{2\sqrt{2}-2}$

検討 (1) 与式 $=\displaystyle\lim_{n\to\infty}n\sum_{k=1}^{n}\frac{1}{(n+k)^2}$

$$=\lim_{n\to\infty}\frac{1}{n}\sum_{k=1}^{n}\frac{1}{\left(1+\frac{k}{n}\right)^2}=\int_0^1\frac{1}{(1+x)^2}dx$$

$$=\left[-\frac{1}{1+x}\right]_0^1=-\frac{1}{2}-(-1)=\frac{1}{2}$$

(2) 与式 $=\displaystyle\lim_{n\to\infty}\sum_{k=1}^{n}\frac{k}{n^2+k^2}=\lim_{n\to\infty}\frac{1}{n}\sum_{k=1}^{n}\frac{\frac{k}{n}}{1+\left(\frac{k}{n}\right)^2}$

$$=\int_0^1\frac{x}{1+x^2}dx=\frac{1}{2}\int_0^1\frac{(1+x^2)'}{1+x^2}dx$$

$$=\frac{1}{2}\Big[\log(1+x^2)\Big]_0^1=\frac{1}{2}\log 2$$

(3) 与式 $=\displaystyle\lim_{n\to\infty}\frac{1}{\sqrt{n}}\sum_{k=1}^{n}\frac{1}{\sqrt{n+k}}$

$$=\lim_{n\to\infty}\frac{1}{n}\sum_{k=1}^{n}\frac{1}{\sqrt{1+\frac{k}{n}}}$$

$$=\int_0^1\frac{1}{\sqrt{1+x}}dx=\Big[2(1+x)^{\frac{1}{2}}\Big]_0^1=2\sqrt{2}-2$$

応用問題 本冊 p. 143

381

答 $\boldsymbol{x=0}$ で最小値 $\boldsymbol{\frac{8\sqrt{2}}{3}}$

検討 $x\leqq -2$ のとき

$$f(x)=\int_{-2}^{2}\sqrt{t-x}\,dt=\frac{2}{3}\Big[(t-x)^{\frac{3}{2}}\Big]_{-2}^{2}$$
$$=\frac{2}{3}\left\{(2-x)^{\frac{3}{2}}-(-2-x)^{\frac{3}{2}}\right\}$$

よって

$$f'(x)=\sqrt{-x-2}-\sqrt{-x+2}$$
$$=\frac{-4}{\sqrt{-x-2}+\sqrt{-x+2}}<0$$

$-2<x<2$ のとき

$$f(x)=\int_{-2}^{x}\sqrt{-t+x}\,dt+\int_x^2\sqrt{t-x}\,dt$$
$$=-\frac{2}{3}\Big[(-t+x)^{\frac{3}{2}}\Big]_{-2}^{x}+\frac{2}{3}\Big[(t-x)^{\frac{3}{2}}\Big]_x^2$$
$$=\frac{2}{3}\left\{(2+x)^{\frac{3}{2}}+(2-x)^{\frac{3}{2}}\right\}$$

$$f'(x)=\sqrt{x+2}-\sqrt{-x+2}$$
$$=\frac{2x}{\sqrt{x+2}+\sqrt{-x+2}}$$

$x\geqq 2$ のとき

$$f(x)=\int_{-2}^{2}\sqrt{-t+x}\,dt=-\frac{2}{3}\Big[(-t+x)^{\frac{3}{2}}\Big]_{-2}^{2}$$
$$=-\frac{2}{3}\left\{(-2+x)^{\frac{3}{2}}-(2+x)^{\frac{3}{2}}\right\}$$

よって

$$f'(x)=\sqrt{x+2}-\sqrt{x-2}$$
$$=\frac{4}{\sqrt{x+2}+\sqrt{x-2}}>0$$

x	$\cdots$	-2	$\cdots$	0	$\cdots$	2	$\cdots$
$f'(x)$	$-$		$-$	0	$+$		$+$
$f(x)$	↘	$\frac{16}{3}$	↘	極小 $\frac{8\sqrt{2}}{3}$	↗	$\frac{16}{3}$	↗

増減表より，$x=0$ のとき極小かつ最小となる。

382

答 $a=-\frac{24}{\pi^2}$，$b=\frac{12}{\pi^2}$ **のとき最小値**

$-\frac{48}{\pi^4}+\frac{1}{2}$

検討 $\{\cos\pi x-(ax+b)\}^2$

$=\cos^2\pi x-2(ax+b)\cos\pi x+(ax+b)^2$

$=\frac{1}{2}\cos 2\pi x-2(ax+b)\cos\pi x$

$\quad +a^2x^2+2abx+b^2+\frac{1}{2}$

ここで $\int_0^1\cos 2\pi x dx=\left[\frac{1}{2\pi}\sin 2\pi x\right]_0^1=0$

$-2\int_0^1(ax+b)\cos\pi x dx$

$=-2\left[(ax+b)\frac{\sin\pi x}{\pi}\right]_0^1+2\int_0^1 a\cdot\frac{\sin\pi x}{\pi}dx$

$=\frac{2a}{\pi}\left[-\frac{\cos\pi x}{\pi}\right]_0^1=\frac{4a}{\pi^2}$

$\int_0^1\left(a^2x^2+2abx+b^2+\frac{1}{2}\right)dx$

$=\frac{a^2}{3}+ab+b^2+\frac{1}{2}$

よって

与式$=\frac{4a}{\pi^2}+\frac{a^2}{3}+ab+b^2+\frac{1}{2}$

$\quad =\left(b+\frac{a}{2}\right)^2+\frac{1}{12}\left(a+\frac{24}{\pi^2}\right)^2-\frac{48}{\pi^4}+\frac{1}{2}$

したがって，$b+\frac{a}{2}=0$，$a+\frac{24}{\pi^2}=0$ のとき最小となる。

383

答 (1) $\int_0^1 f(x)dx=\frac{2}{3}$，$\int_0^1 xf(x)dx=\frac{16}{39}$

(2) $\frac{10}{39}$

検討 (1) $\int_0^1 f(x)dx=\int_0^{\frac{1}{3}}f(x)dx+\int_{\frac{1}{3}}^1 f(x)dx$

$=\int_0^{\frac{1}{3}}\frac{1}{2}f(3x)dx+\int_{\frac{1}{3}}^1\left\{\frac{1}{2}f\left(\frac{3x-1}{2}\right)+\frac{1}{2}\right\}dx$

ここで $3x=t$，$\frac{3x-1}{2}=u$ とおき置換積分を行うと

$\int_0^1 f(x)dx$

$=\int_0^1\frac{1}{2}f(t)\cdot\frac{1}{3}dt+\int_0^1\frac{1}{2}f(u)\cdot\frac{2}{3}du+\left[\frac{x}{2}\right]_{\frac{1}{3}}^1$

$=\frac{1}{6}\int_0^1 f(t)dt+\frac{1}{3}\int_0^1 f(u)du+\frac{1}{3}$

$=\frac{1}{6}\int_0^1 f(x)dx+\frac{1}{3}\int_0^1 f(x)dx+\frac{1}{3}$

$=\frac{1}{2}\int_0^1 f(x)dx+\frac{1}{3}$

よって $\int_0^1 f(x)dx=\frac{2}{3}$ …①

同様にして

$\int_0^1 xf(x)dx=\int_0^{\frac{1}{3}}xf(x)dx+\int_{\frac{1}{3}}^1 xf(x)dx$

$=\int_0^{\frac{1}{3}}\frac{x}{2}f(3x)dx+\int_{\frac{1}{3}}^1\left\{\frac{x}{2}f\left(\frac{3x-1}{2}\right)+\frac{x}{2}\right\}dx$

$=\int_0^1\frac{t}{6}f(t)\cdot\frac{1}{3}dt+\int_0^1\frac{2u+1}{6}f(u)\cdot\frac{2}{3}du$

$\quad +\left[\frac{x^2}{4}\right]_{\frac{1}{3}}^1$

$=\frac{1}{18}\int_0^1 tf(t)dt+\frac{2}{9}\int_0^1 uf(u)du$

$\quad +\frac{1}{9}\int_0^1 f(u)du+\frac{2}{9}$

よって

$\int_0^1 xf(x)dx$

$=\frac{5}{18}\int_0^1 xf(x)dx+\frac{1}{9}\int_0^1 f(x)dx+\frac{2}{9}$

①を代入して

$\frac{13}{18}\int_0^1 xf(x)dx=\frac{8}{27}$

よって $\int_0^1 xf(x)dx=\frac{16}{39}$

(2) 部分積分法により

$\int_0^1 F(x)dx=\left[xF(x)\right]_0^1-\int_0^1 xF'(x)dx$

$=F(1)-\int_0^1 xf(x)dx$

$=\int_0^1 f(y)dy-\int_0^1 xf(x)dx$

$=\int_0^1 f(x)dx-\int_0^1 xf(x)dx=\frac{2}{3}-\frac{16}{39}=\frac{10}{39}$

384

答　(1) $0\leqq x\leqq\frac{1}{2}$ の範囲で

$0<1-x\leqq 1-x^4\leqq 1$

だから　$\sqrt{1-x}\leqq\sqrt{1-x^4}\leqq 1$

$1\leqq\frac{1}{\sqrt{1-x^4}}\leqq\frac{1}{\sqrt{1-x}}$

等号は常には成り立たないから

$\int_0^{\frac{1}{2}}dx<\int_0^{\frac{1}{2}}\frac{dx}{\sqrt{1-x^4}}<\int_0^{\frac{1}{2}}\frac{dx}{\sqrt{1-x}}$

$\Big[x\Big]_0^{\frac{1}{2}}<\int_0^{\frac{1}{2}}\frac{dx}{\sqrt{1-x^4}}<\Big[-2(1-x)^{\frac{1}{2}}\Big]_0^{\frac{1}{2}}$

$\frac{1}{2}<\int_0^{\frac{1}{2}}\frac{dx}{\sqrt{1-x^4}}<2-\sqrt{2}$

(2) $f(x)=\sin x-\frac{2}{\pi}x$ とおくと

$f'(x)=\cos x-\frac{2}{\pi}$

$f'(\alpha)=0$

$\left(0<\alpha<\frac{\pi}{2}\right)$

とおくと，

増減表より

x	0	…	α	…	$\frac{\pi}{2}$
$f'(x)$		+	0	−	
$f(x)$	0	↗	極大	↘	0

$0<x<\frac{\pi}{2}$ で $f(x)>0$

また，$g(x)=x-\sin x$ とおくと $0<x<\frac{\pi}{2}$ で

$g'(x)=1-\cos x>0$，$g(0)=0$

よって　$0<x<\frac{\pi}{2}$ で $g(x)>0$

以上より　$0<x<\frac{\pi}{2}$ で　$\frac{2}{\pi}x<\sin x<x$

また　$0<x<\frac{\pi}{2}$ で

$0<1+\frac{2}{\pi}x<1+\sin x<1+x$ だから

$\log\left(1+\frac{2}{\pi}x\right)<\log(1+\sin x)<\log(1+x)$

よって　$\int_0^{\frac{\pi}{2}}\log\left(1+\frac{2}{\pi}x\right)dx$

$<\int_0^{\frac{\pi}{2}}\log(1+\sin x)dx<\int_0^{\frac{\pi}{2}}\log(1+x)dx$

ここで

$\int_0^{\frac{\pi}{2}}\log\left(1+\frac{2}{\pi}x\right)dx$

$=\frac{\pi}{2}\int_0^{\frac{\pi}{2}}\left(1+\frac{2}{\pi}x\right)'\log\left(1+\frac{2}{\pi}x\right)dx$

$=\frac{\pi}{2}\left[\left(1+\frac{2}{\pi}x\right)\log\left(1+\frac{2}{\pi}x\right)\right]_0^{\frac{\pi}{2}}$

$-\frac{\pi}{2}\int_0^{\frac{\pi}{2}}\left(1+\frac{2}{\pi}x\right)\cdot\frac{1}{1+\frac{2}{\pi}x}\cdot\frac{2}{\pi}dx$

$=\pi\log 2-\int_0^{\frac{\pi}{2}}dx=\pi\log 2-\Big[x\Big]_0^{\frac{\pi}{2}}$

$=\pi\log 2-\frac{\pi}{2}$

$\int_0^{\frac{\pi}{2}}\log(1+x)dx$

$=\Big[(1+x)\log(1+x)\Big]_0^{\frac{\pi}{2}}-\int_0^{\frac{\pi}{2}}dx$

$=\left(1+\frac{\pi}{2}\right)\log\left(1+\frac{\pi}{2}\right)-\Big[x\Big]_0^{\frac{\pi}{2}}$

$=\left(1+\frac{\pi}{2}\right)\log\left(1+\frac{\pi}{2}\right)-\frac{\pi}{2}$

よって　$\pi\log 2<\frac{\pi}{2}+\int_0^{\frac{\pi}{2}}\log(1+\sin x)dx$

$<\left(1+\frac{\pi}{2}\right)\log\left(1+\frac{\pi}{2}\right)$

385

答　$y=\frac{1}{x}$ のグラフで

$0<k\leqq x\leqq k+1$ のとき　$\frac{1}{k+1}\leqq\frac{1}{x}\leqq\frac{1}{k}$

等号は常には成り立たないから

$\int_k^{k+1}\frac{dx}{k+1}<\int_k^{k+1}\frac{dx}{x}<\int_k^{k+1}\frac{dx}{k}$

$\frac{1}{k+1}\cdot 1<\int_k^{k+1}\frac{dx}{x}<\frac{1}{k}\cdot 1$

左側の不等式で $k=1$, 2, $\cdots$, $n-1$ $(n \geqq 2)$ として辺々加えると

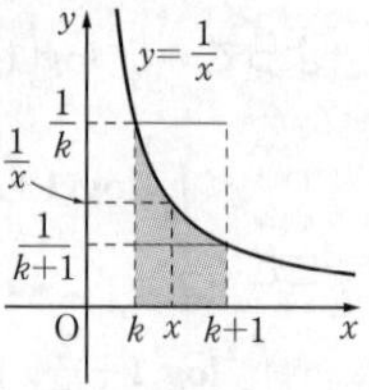

$$\frac{1}{2}+\frac{1}{3}+\cdots+\frac{1}{n}$$

$$<\int_1^n \frac{dx}{x}=\Big[\log|x|\Big]_1^n$$

$$=\log n$$

両辺に1を加えて

$$1+\frac{1}{2}+\frac{1}{3}+\cdots+\frac{1}{n}<1+\log n$$

右側の不等式で $k=1$, 2, $\cdots$, n として辺々加えると

$$\int_1^{n+1}\frac{dx}{x}<\frac{1}{1}+\frac{1}{2}+\cdots+\frac{1}{n}$$

よって　$\log(n+1)<1+\dfrac{1}{2}+\dfrac{1}{3}+\cdots+\dfrac{1}{n}$

以上より

$$\log(n+1)<1+\frac{1}{2}+\frac{1}{3}+\cdots+\frac{1}{n}<1+\log n$$

386

答　(1) $\dfrac{1}{2}$　(2) -1

検討　(1) 与式 $=\displaystyle\lim_{x\to\infty}\left[-\frac{1}{2}t^{-2}\right]_1^x$

$$=\lim_{x\to\infty}\left(-\frac{1}{2x^2}+\frac{1}{2}\right)=\frac{1}{2}$$

(2) $\sin 2t-\cos t$ の不定積分の1つを $F(t)$ とすると　$F'(t)=\sin 2t-\cos t$

与式 $=\displaystyle\lim_{x\to 0}\frac{1}{x}\Big[F(t)\Big]_0^x=\lim_{x\to 0}\frac{F(x)-F(0)}{x-0}=F'(0)$

$=\sin 0-\cos 0=-1$

39 面積

基本問題　本冊 p. 146

387

答　$\dfrac{4\sqrt{2}}{3}$

検討　曲線と x 軸，y 軸との交点はそれぞれ $(2,\ 0)$, $(0,\ \sqrt{2})$ である。求める面積 S は

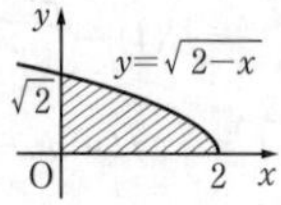

$$S=\int_0^2\sqrt{2-x}\,dx$$

$$=\left[-\frac{2}{3}(2-x)^{\frac{3}{2}}\right]_0^2=\frac{4\sqrt{2}}{3}$$

388

答　e^2-3

検討　曲線と x 軸，y 軸との交点はそれぞれ $(e^2-1,\ 0)$, $(0,\ -2)$ であり，求める面積 S は右の図の斜線部分の面積である。

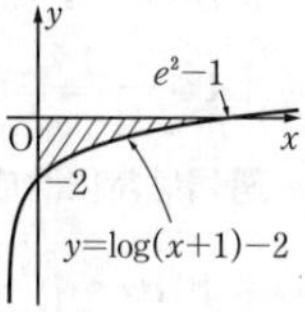

$\log(x+1)=y+2$ より，$x=e^{y+2}-1$ だから，曲線の式を y について積分すると

$$S=\int_{-2}^0(e^{y+2}-1)dy=\Big[e^{y+2}-y\Big]_{-2}^0=e^2-3$$

389

答　2

検討　求める面積 S は右の図の斜線部分の面積であるから

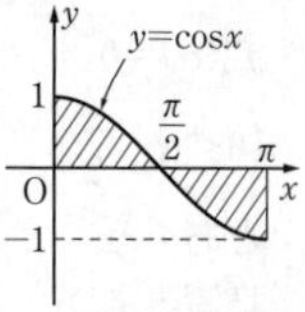

$$S=\int_0^{\pi}|\cos x|dx$$

$$=\int_0^{\frac{\pi}{2}}\cos x dx-\int_{\frac{\pi}{2}}^{\pi}\cos x dx$$

$$=\Big[\sin x\Big]_0^{\frac{\pi}{2}}-\Big[\sin x\Big]_{\frac{\pi}{2}}^{\pi}=1-(-1)=2$$

390

答　e^2-1

検討　求める面積 S は右の図の斜線部分の面積であるから

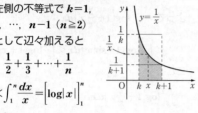

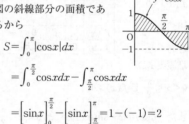

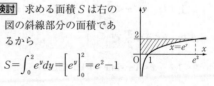

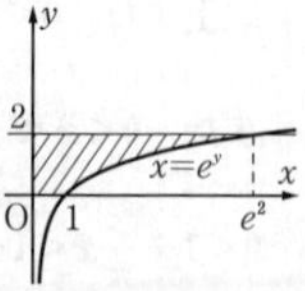

$$S=\int_0^2 e^y dy=\Big[e^y\Big]_0^2=e^2-1$$

391

答 $\dfrac{728}{3}$

検討 求める面積 S は右の図の斜線部分の面積であるから

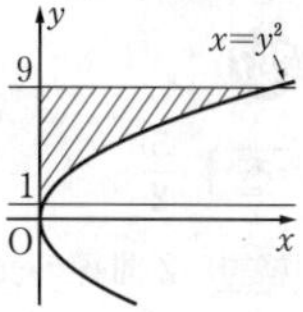

$$S=\int_1^9 y^2dy=\left[\frac{y^3}{3}\right]_1^9=\frac{728}{3}$$

392

答 (1) $\dfrac{1}{2}$ (2) $\dfrac{16}{15}$ (3) $3\log3-6\log2+2$

(4) $2\log2$

検討 (1) 与式

$=x(x-1)(x-2)$

求める面積 S は右の図の斜線部分の面積であるから

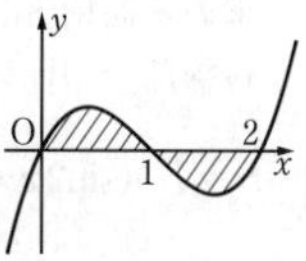

$$S=\int_0^1 ydx-\int_1^2 ydx$$

$$=\left[\frac{x^4}{4}-x^3+x^2\right]_0^1-\left[\frac{x^4}{4}-x^3+x^2\right]_1^2$$

$$=\frac{1}{4}-\left(-\frac{1}{4}\right)=\frac{1}{2}$$

(2) 与式 $=-(x^2-1)^2$

$=-(x-1)^2(x+1)^2$

求める面積 S は右の図の斜線部分の面積であるから

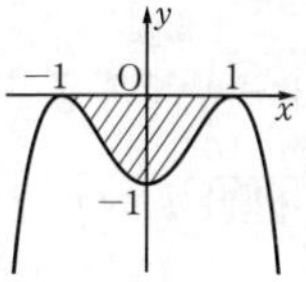

$$S=\int_{-1}^1(-y)dx=-2\int_0^1 ydx$$

$$=-2\left[-\frac{x^5}{5}+\frac{2}{3}x^3-x\right]_0^1=\frac{16}{15}$$

(3) 求める面積 S は右の図の斜線部分の面積であるから

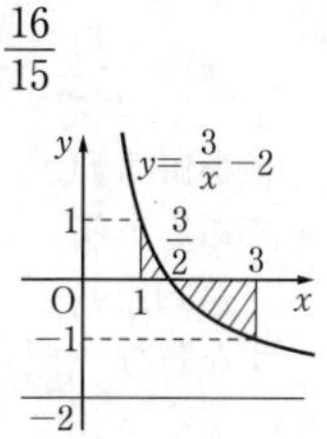

$$S=\int_1^{\frac{3}{2}}\left(\frac{3}{x}-2\right)dx$$

$$-\int_{\frac{3}{2}}^3\left(\frac{3}{x}-2\right)dx$$

$$=\left[3\log|x|-2x\right]_1^{\frac{3}{2}}-\left[3\log|x|-2x\right]_{\frac{3}{2}}^3$$

$$=3\log3-6\log2+2$$

(4) $y=\tan x$ のグラフは原点に関して対称である。

$$S=\int_{-\frac{\pi}{3}}^{\frac{\pi}{3}}|\tan x|dx=2\int_0^{\frac{\pi}{3}}\tan xdx$$

$$=2\int_0^{\frac{\pi}{3}}\frac{-(\cos x)'}{\cos x}dx=2\Big[-\log|\cos x|\Big]_0^{\frac{\pi}{3}}$$

$$=2\log2$$

393

答 (1) $\dfrac{1}{48}$ (2) $\dfrac{5}{2}-6\log\dfrac{3}{2}$ (3) $2\sqrt{2}$

検討 (1) 求める面積 S は右の図の斜線部分の面積であるから

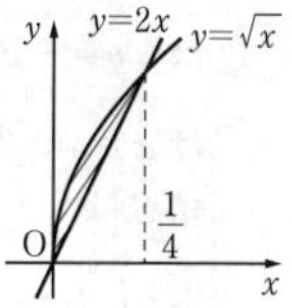

$$S=\int_0^{\frac{1}{4}}(\sqrt{x}-2x)dx$$

$$=\left[\frac{2}{3}x^{\frac{3}{2}}-x^2\right]_0^{\frac{1}{4}}$$

$$=\frac{1}{48}$$

(2) 求める面積 S は右の図の斜線部分の面積であるから

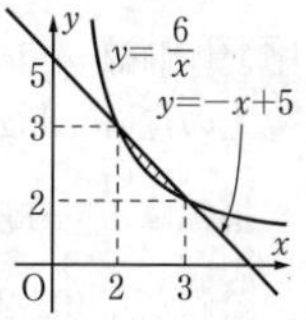

$$S=\int_2^3\left(-x+5-\frac{6}{x}\right)dx$$

$$=\left[-\frac{x^2}{2}+5x-6\log|x|\right]_2^3$$

$$=\frac{5}{2}-6\log\frac{3}{2}$$

(3) $\sin x-\cos x=\sqrt{2}\sin\left(x-\dfrac{\pi}{4}\right)$

$\dfrac{\pi}{4}\leqq x\leqq\dfrac{5}{4}\pi$ より　$0\leqq x-\dfrac{\pi}{4}\leqq\pi$

であるから　$\sqrt{2}\sin\left(x-\dfrac{\pi}{4}\right)\geqq0$

すなわち　$\cos x\leqq\sin x$

求める面積 S は右の図の斜線部分の面積であるから

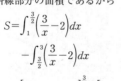

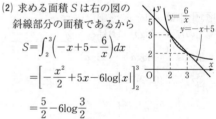

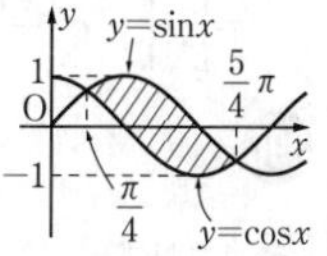

$$S=\int_{\frac{\pi}{4}}^{\frac{5}{4}\pi}(\sin x-\cos x)dx$$

$$=\Big[-\cos x-\sin x\Big]_{\frac{\pi}{4}}^{\frac{5}{4}\pi}=2\sqrt{2}$$

394

答 $\dfrac{e}{2}-1$

検討　$y=\log x$　…①

$y'=\dfrac{1}{x}$

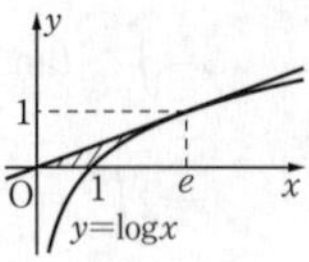

よって，曲線上の点 $(a,\ \log a)$ における接線は

$y-\log a=\dfrac{1}{a}(x-a)$　…②

②が原点を通るので，②に $x=0,\ y=0$ を代入して　$a=e$

したがって，接点は $(e,\ 1)$ で，

②は　$y=\dfrac{1}{e}x$　…③　となる。

①は $x=e^y$，③は $x=ey$ であるから，求める面積 S は

$$S=\int_0^1(e^y-ey)dy=\left[e^y-\frac{e}{2}y^2\right]_0^1=\frac{e}{2}-1$$

395

答　$\dfrac{e^3}{2}-1$

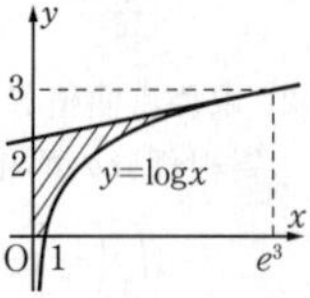

検討　曲線 $y=\log x$　…①

上の点 $(a,\ \log a)$ における

接線は　$y-\log a=\dfrac{1}{a}(x-a)$

これが点 $(0,\ 2)$ を通るから

$2-\log a=\dfrac{1}{a}(-a)$　$a=e^3$

よって，接点は $(e^3,\ 3)$ となり，接線は

$y=\dfrac{1}{e^3}x+2$　…②

①は $x=e^y$，②は $x=e^3(y-2)$ であるから，求める面積 S は

$$S=\int_0^3 e^y dy-\int_2^3 e^3(y-2)dy$$

$$=\left[e^y\right]_0^3-e^3\left[\frac{(y-2)^2}{2}\right]_2^3=e^3-1-\frac{e^3}{2}=\frac{e^3}{2}-1$$

396

答　(1) 6π　(2) $\dfrac{\pi}{2}$

検討　(1) $S=2\displaystyle\int_{-3}^3\frac{2}{3}\sqrt{9-x^2}\,dx$

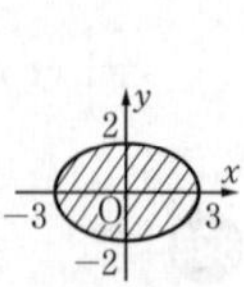

$=\dfrac{4}{3}\displaystyle\int_{-3}^3\sqrt{9-x^2}\,dx$

$=\dfrac{4}{3}\cdot\dfrac{9}{2}\pi=6\pi$

(2) $S=2\displaystyle\int_{-1}^1\frac{1}{2}\sqrt{1-x^2}\,dx=\int_{-1}^1\sqrt{1-x^2}\,dx=\frac{\pi}{2}$

応用問題

本冊 p.148

397

答　$\dfrac{5}{2}$

検討　2曲線の交点の x 座標は

$\sin 2x=\sin x$ より　$\sin x(2\cos x-1)=0$

$0\leqq x\leqq\pi$ の範囲で

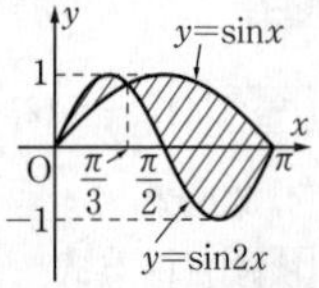

$\sin x=0$ のとき $x=0,\ \pi$

$\cos x=\dfrac{1}{2}$ のとき $x=\dfrac{\pi}{3}$

求める面積 S は右の図の斜線部分の面積であるから

$$S=\int_0^{\frac{\pi}{3}}(\sin 2x-\sin x)dx+\int_{\frac{\pi}{3}}^{\pi}(\sin x-\sin 2x)dx$$

$$=\left[-\frac{\cos 2x}{2}+\cos x\right]_0^{\frac{\pi}{3}}+\left[-\cos x+\frac{\cos 2x}{2}\right]_{\frac{\pi}{3}}^{\pi}$$

$$=\left(\frac{1}{4}+\frac{1}{2}+\frac{1}{2}-1\right)+\left(1+\frac{1}{2}+\frac{1}{2}+\frac{1}{4}\right)=\frac{5}{2}$$

398

答　$\dfrac{e^3}{6}-\dfrac{e}{2}$

検討　$y=\sqrt{x}$　…①，$y=\dfrac{e}{2}\log x$　…②

$f(x)=\sqrt{x}-\dfrac{e}{2}\log x$ $(x>0)$ とおくと

$f'(x)=\dfrac{1}{2\sqrt{x}}-\dfrac{e}{2x}$

x	0	…	e^2	…
$f'(x)$	／	−	0	+
$f(x)$	／	↘	極小	↗

極小値は $f(e^2)=0$

であるから

$f(x)\geqq 0$

すなわち

$\sqrt{x}\geqq\dfrac{e}{2}\log x$

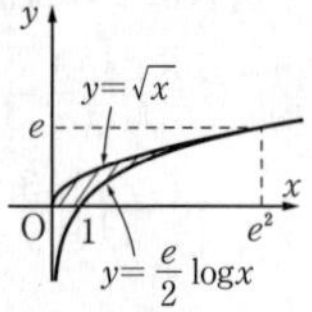

よって，2曲線①，②は

1点 $(e^2,\ e)$ のみを共有し，求める面積 S は右の図の斜線部分の面積であるから

$$S=\int_0^{e^2}\sqrt{x}\,dx-\frac{e}{2}\int_1^{e^2}\log x\,dx$$

$$=\left[\frac{2}{3}x^{\frac{3}{2}}\right]_0^{e^2}-\frac{e}{2}\left[x\log x-x\right]_1^{e^2}=\frac{e^3}{6}-\frac{e}{2}$$

399

答　$4\sqrt{3}+2\log(2-\sqrt{3})$

検討　$0<x<\pi$ のとき，$4\sin x=\dfrac{1}{\sin x}$ とすると

$(2\sin x+1)(2\sin x-1)=0$

$\sin x=\dfrac{1}{2}$　　ゆえに　$x=\dfrac{\pi}{6},\ \dfrac{5}{6}\pi$

よって，交点は $\left(\dfrac{\pi}{6},\ 2\right)$，$\left(\dfrac{5}{6}\pi,\ 2\right)$

2 曲線とも $x=\dfrac{\pi}{2}$ について対称で，

$\dfrac{\pi}{6}<x<\dfrac{\pi}{2}$ では

$4\sin x-\dfrac{1}{\sin x}$

$=\dfrac{4\sin^2 x-1}{\sin x}>0$　より

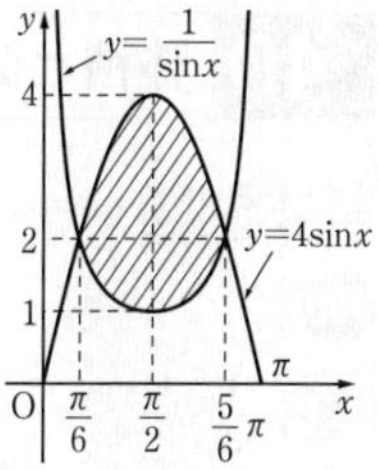

求める面積 S は右上の図の斜線部分の面積であるから

$$S=2\int_{\frac{\pi}{6}}^{\frac{\pi}{2}}\left(4\sin x-\frac{1}{\sin x}\right)dx$$

$$=2\left[-4\cos x-\frac{1}{2}\log\left(\frac{1-\cos x}{1+\cos x}\right)\right]_{\frac{\pi}{6}}^{\frac{\pi}{2}}$$

$$=4\sqrt{3}+\log\frac{2-\sqrt{3}}{2+\sqrt{3}}=4\sqrt{3}+2\log(2-\sqrt{3})$$

(注)　$\cos x=t$ とおくと

$$\int\frac{dx}{\sin x}=\int\frac{\sin x}{1-\cos^2 x}dx=\int\frac{-1}{1-t^2}dt$$

$$=\frac{1}{2}\int\left(\frac{1}{t-1}-\frac{1}{t+1}\right)dt$$

$$=\frac{1}{2}(\log|t-1|-\log|t+1|)+C$$

$$=\frac{1}{2}\log\left|\frac{t-1}{t+1}\right|+C$$

$$=\frac{1}{2}\log\left(\frac{1-\cos x}{1+\cos x}\right)+C$$

400

答　4π

検討　y について解くと　$y=-x\pm\sqrt{4-x^2}$

ただし，$4-x^2\geqq 0$ より　$-2\leqq x\leqq 2$

$y=-x+\sqrt{4-x^2}$ のとき

$$y'=-1-\frac{x}{\sqrt{4-x^2}}$$

$y'=0$ とすると　$x=-\sqrt{2}$

x	-2	$\cdots$	$-\sqrt{2}$	$\cdots$	2
y'	／	$+$	0	$-$	／
y	2	↗	$2\sqrt{2}$	↘	-2

増減表，および与えられた曲線が原点に関して対称であることから，グラフは右の図のようになる。求める面積 S は右の図の斜線部分の面積であるから

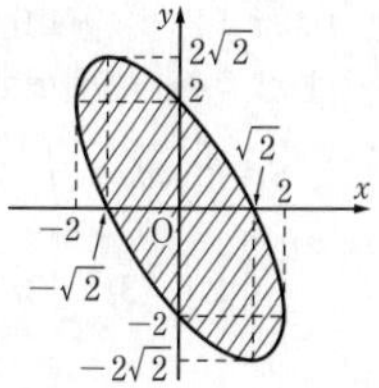

$$S=\int_{-2}^{2}\{(-x+\sqrt{4-x^2})-(-x-\sqrt{4-x^2})\}dx$$

$$=2\int_{-2}^{2}\sqrt{4-x^2}\,dx=4\pi$$

(注)　$\displaystyle\int_{-2}^{2}\sqrt{4-x^2}\,dx$ は半径 2 の半円の面積を表す。

401

答　(1) $\boldsymbol{n-2\sqrt{n}+1}$　(2) $\boldsymbol{1}$

検討　(1) 2 曲線 $y=e^x$，$y=ne^{-x}$ の交点の x 座標は

$e^x=ne^{-x}$　$e^{2x}=n$

より　$x=\dfrac{1}{2}\log n$

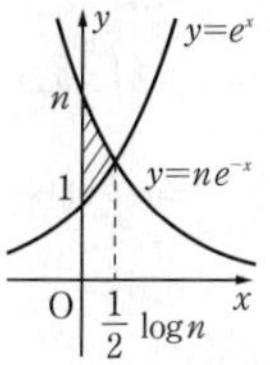

$$S_n=\int_0^{\frac{1}{2}\log n}(ne^{-x}-e^x)dx$$

$$=\left[-ne^{-x}-e^x\right]_0^{\frac{1}{2}\log n}$$

$$=\left(-n\cdot e^{-\frac{1}{2}\log n}-e^{\frac{1}{2}\log n}\right)-(-n-1)$$

$$=-n\cdot n^{-\frac{1}{2}}-n^{\frac{1}{2}}+n+1=n-2\sqrt{n}+1$$

(2) $\displaystyle\lim_{n\to\infty}(S_{n+1}-S_n)$

$$=\lim_{n\to\infty}\{n+1-2\sqrt{n+1}+1-(n-2\sqrt{n}+1)\}$$

$$=\lim_{n\to\infty}\{1-2(\sqrt{n+1}-\sqrt{n})\}$$

$$=\lim_{n\to\infty}\left(1-\frac{2}{\sqrt{n+1}+\sqrt{n}}\right)=1$$

402

答　$\dfrac{4}{5}$

検討　$y=0$ となるのは，$t=\pm1$ のとき。
このとき $x=0$，2 であり，$0\leqq x\leqq 2$ で　$y\geqq 0$

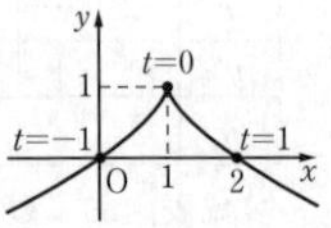

また，$dx=3t^2dt$ であるから

$$S=\int_0^2 ydx=\int_{-1}^1(1-t^2)\cdot 3t^2dt$$
$$=2\int_0^1(3t^2-3t^4)dt=2\left[t^3-\frac{3}{5}t^5\right]_0^1=\frac{4}{5}$$

403

答　6π

検討　この曲線は楕円を表し，右の図のようになる。

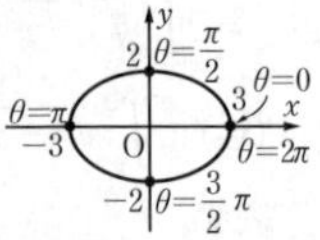

また，この曲線は x 軸に関して対称であるから，x 軸より上の部分の面積を求めて2倍すればよい。
$x=3\cos\theta$ より　$dx=-3\sin\theta d\theta$
したがって，求める面積 S は

$$S=2\int_{-3}^3 ydx=2\int_\pi^0 2\sin\theta\cdot(-3\sin\theta)d\theta$$
$$=6\int_0^\pi(1-\cos2\theta)d\theta=6\left[\theta-\frac{1}{2}\sin2\theta\right]_0^\pi=6\pi$$

404

答　3π

検討　$0\leqq\theta\leqq2\pi$ で　$y\geqq0$

また　$\dfrac{dx}{d\theta}=1-\cos\theta$

$0<\theta<2\pi$ で　$\dfrac{dx}{d\theta}>0$

θ と x の対応は右のようになり，曲線の概形は次の図のようになる。

θ	$0\to2\pi$
x	$0\to2\pi$

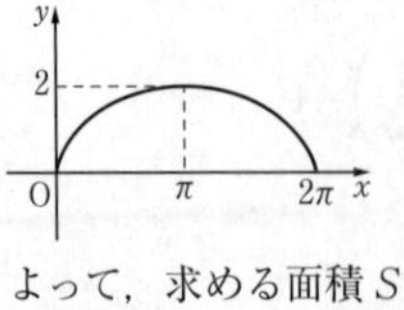

よって，求める面積 S は

$$S=\int_0^{2\pi}ydx=\int_0^{2\pi}y\frac{dx}{d\theta}d\theta=\int_0^{2\pi}(1-\cos\theta)^2d\theta$$
$$=\int_0^{2\pi}(1-2\cos\theta+\cos^2\theta)d\theta$$
$$=\int_0^{2\pi}\left(\frac{3}{2}-2\cos\theta+\frac{\cos2\theta}{2}\right)d\theta$$
$$=\left[\frac{3\theta}{2}-2\sin\theta+\frac{\sin2\theta}{4}\right]_0^{2\pi}$$
$$=3\pi$$

40　体積と曲線の長さ

基本問題

本冊 p. 153

405

答　$\dfrac{1}{3}Sh$

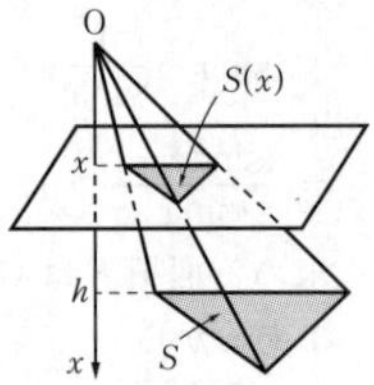

検討　三角錐の頂点を原点Oとし，Oから底面に下ろした垂線を x 軸にとる。$0\leqq x\leqq h$ のとき，図のように x 座標が x の点を通り，x 軸に垂直な平面で切ったときの切り口の面積を $S(x)$ とすると

$$S(x):S=x^2:h^2\qquad S(x)=\frac{S}{h^2}x^2$$

ゆえに　$V=\displaystyle\int_0^h\frac{S}{h^2}x^2dx=\frac{S}{h^2}\left[\frac{x^3}{3}\right]_0^h=\frac{1}{3}Sh$

406

答　$\dfrac{2\sqrt{3}}{3}\,\mathrm{cm}^3$

検討　$V=\displaystyle\int_0^2\frac{1}{2}x^2\sin\frac{\pi}{3}dx=\frac{\sqrt{3}}{4}\left[\frac{x^3}{3}\right]_0^2$

$$=\frac{\sqrt{3}}{4}\cdot\frac{8}{3}=\frac{2\sqrt{3}}{3}$$

407

答　$\pi\left(1-\dfrac{\pi}{4}\right)$

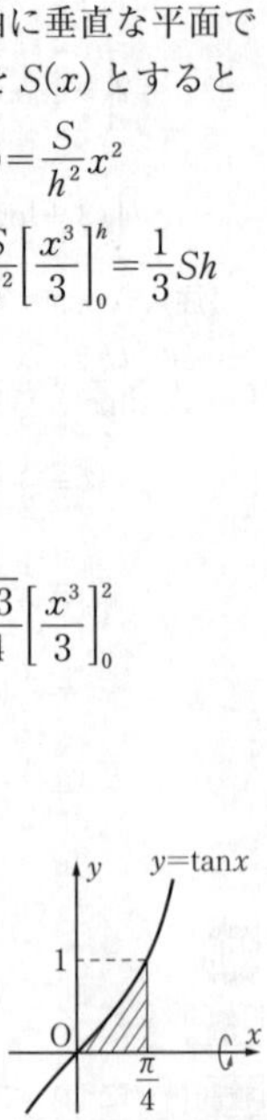

検討　$V=\pi\displaystyle\int_0^{\frac{\pi}{4}}y^2dx$

$$=\pi\int_0^{\frac{\pi}{4}}\tan^2xdx$$

$$=\pi\int_0^{\frac{\pi}{4}}\left(\frac{1}{\cos^2 x}-1\right)dx$$

$$=\pi\Big[\tan x-x\Big]_0^{\frac{\pi}{4}}=\pi\left(1-\frac{\pi}{4}\right)$$

408

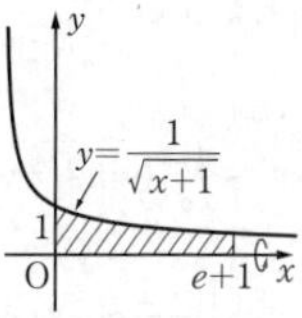

答 $\boldsymbol{\pi\log(e+2)}$

検討 $V=\pi\int_0^{e+1}y^2dx$

$$=\pi\int_0^{e+1}\frac{dx}{x+1}$$

$$=\pi\Big[\log|x+1|\Big]_0^{e+1}=\pi\log(e+2)$$

409

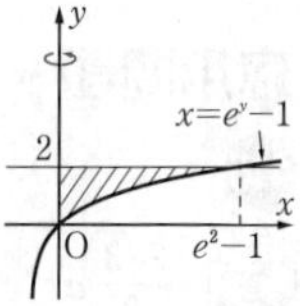

答 $\boldsymbol{\pi\left(\frac{e^4}{2}-2e^2+\frac{7}{2}\right)}$

検討 $V=\pi\int_0^2 x^2dy$

$$=\pi\int_0^2(e^y-1)^2dy=\pi\int_0^2(e^{2y}-2e^y+1)dy$$

$$=\pi\left[\frac{e^{2y}}{2}-2e^y+y\right]_0^2=\pi\left(\frac{e^4}{2}-2e^2+\frac{7}{2}\right)$$

410

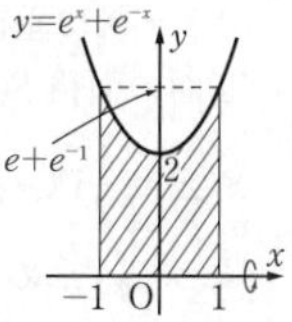

答 $\boldsymbol{\pi(e^2+4-e^{-2})}$

検討 $V=\pi\int_{-1}^1 y^2dx$

$$=\pi\int_{-1}^1(e^x+e^{-x})^2dx$$

$$=\pi\int_{-1}^1(e^{2x}+2+e^{-2x})dx$$

$$=\pi\left[\frac{e^{2x}}{2}+2x-\frac{e^{-2x}}{2}\right]_{-1}^1=\pi(e^2+4-e^{-2})$$

411

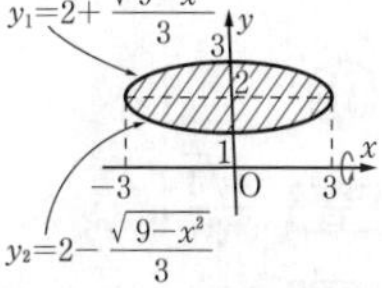

答 $\boldsymbol{12\pi^2}$

検討 与式を y について解くと $y=2\pm\dfrac{\sqrt{9-x^2}}{3}$

右の図から，求める回転体の体積 V は

$$V=\pi\int_{-3}^3 {y_1}^2dx-\pi\int_{-3}^3 {y_2}^2dx$$

$$=\pi\int_{-3}^3(y_1+y_2)(y_1-y_2)dx$$

$$=\pi\int_{-3}^3\frac{8}{3}\sqrt{9-x^2}\,dx=\frac{16}{3}\pi\int_0^3\sqrt{9-x^2}\,dx$$

$$=12\pi^2$$

(注) $\int_0^3\sqrt{9-x^2}\,dx$ は半径 3 の四分円の面積 $\dfrac{9}{4}\pi$ を表す。

412

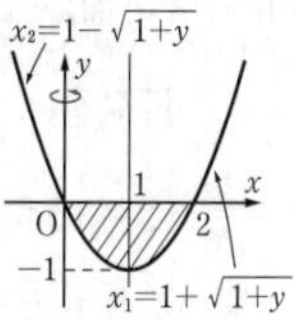

答 $\boldsymbol{\frac{8}{3}\pi}$

検討 与式を x について解くと　$x=1\pm\sqrt{1+y}$

右の図から，求める立体の体積 V は

$$V=\pi\int_{-1}^0 {x_1}^2dy-\pi\int_{-1}^0 {x_2}^2dy$$

$$=\pi\int_{-1}^0(x_1+x_2)(x_1-x_2)dy$$

$$=\pi\int_{-1}^0 4\sqrt{1+y}\,dy=4\pi\left[\frac{2}{3}(1+y)^{\frac{3}{2}}\right]_{-1}^0=\frac{8}{3}\pi$$

413

答 (1) **24**　(2) **6**　(3) $\boldsymbol{6\sqrt{3}}$　(4) $\boldsymbol{\frac{12}{5}}$

検討 (1) $\dfrac{dx}{d\theta}=3(1-\cos\theta)$，$\dfrac{dy}{d\theta}=3\sin\theta$

よって，求める曲線の長さ L は

$$L=\int_0^{2\pi}\sqrt{\left(\frac{dx}{d\theta}\right)^2+\left(\frac{dy}{d\theta}\right)^2}\,d\theta$$

$$=\int_0^{2\pi}\sqrt{9(1-\cos\theta)^2+9\sin^2\theta}\,d\theta$$

$$=3\int_0^{2\pi}\sqrt{2(1-\cos\theta)}\,d\theta$$

$$=6\int_0^{2\pi}\sin\frac{\theta}{2}d\theta=6\left[-2\cos\frac{\theta}{2}\right]_0^{2\pi}=24$$

(2) 与式の曲線は右の図のように x 軸および y 軸に関して対称である。よって，第 1 象限の部分の長さを求めて 4 倍すればよい。

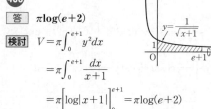

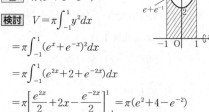

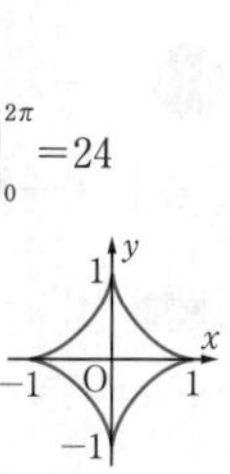

$$\frac{dx}{d\theta}=-3\cos^2\theta\sin\theta,\quad \frac{dy}{d\theta}=3\sin^2\theta\cos\theta$$

$$\left(\frac{dx}{d\theta}\right)^2+\left(\frac{dy}{d\theta}\right)^2=9\cos^4\theta\sin^2\theta+9\sin^4\theta\cos^2\theta$$

$$=9\sin^2\theta\cos^2\theta$$

$0 \leqq \theta \leqq \dfrac{\pi}{2}$ で $\sin\theta \geqq 0$, $\cos\theta \geqq 0$

よって，求める長さ L は

$$L=4\int_0^{\frac{\pi}{2}}\sqrt{9\sin^2\theta\cos^2\theta}\,d\theta=12\int_0^{\frac{\pi}{2}}\sin\theta\cos\theta d\theta$$

$$=6\int_0^{\frac{\pi}{2}}\sin2\theta d\theta=6\left[-\frac{1}{2}\cos2\theta\right]_0^{\frac{\pi}{2}}=6$$

(3) 与式の曲線は右の図のようになる。$\dfrac{dx}{dt}=6t$, $\dfrac{dy}{dt}=3-3t^2$ であるから，

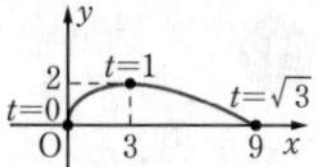

求める長さ L は

$$L=\int_0^{\sqrt{3}}\sqrt{36t^2+(9-18t^2+9t^4)}\,dt$$

$$=3\int_0^{\sqrt{3}}\sqrt{(1+t^2)^2}\,dt$$

$$=3\int_0^{\sqrt{3}}(1+t^2)dt=3\left[t+\frac{t^3}{3}\right]_0^{\sqrt{3}}=6\sqrt{3}$$

(4) $\dfrac{dy}{dx}=\dfrac{1}{2}(e^x-e^{-x})$ であり，与式の曲線は次の図のようになるから，求める長さ L は

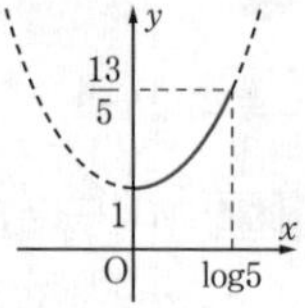

$$L=\int_0^{\log5}\sqrt{1+\left(\frac{dy}{dx}\right)^2}\,dx$$

$$=\int_0^{\log5}\sqrt{1+\frac{(e^x-e^{-x})^2}{4}}\,dx$$

$$=\int_0^{\log5}\sqrt{\frac{(e^x+e^{-x})^2}{4}}\,dx$$

$$=\frac{1}{2}\int_0^{\log5}(e^x+e^{-x})dx$$

$$=\frac{1}{2}\left[e^x-e^{-x}\right]_0^{\log5}=\frac{1}{2}\left(5-\frac{1}{5}\right)=\frac{12}{5}$$

414

答 (1) $\mathbf{-2}$　(2) $\mathbf{\dfrac{5}{2}}$

検討 (1) $s=\displaystyle\int_0^{\pi}(\sin2t-\sin t)dt$

$$=\left[-\frac{1}{2}\cos2t+\cos t\right]_0^{\pi}$$

$$=\left(-\frac{1}{2}-1\right)-\left(-\frac{1}{2}+1\right)=-2$$

(2) $l=\displaystyle\int_0^{\pi}|\sin2t-\sin t|dt$

$\sin2t-\sin t=2\sin t\cos t-\sin t$

$=\sin t(2\cos t-1)$

より

$0 \leqq t \leqq \dfrac{\pi}{3}$ では　$\sin2t-\sin t \geqq 0$

$\dfrac{\pi}{3} \leqq t \leqq \pi$ では　$\sin2t-\sin t \leqq 0$

よって

l

$$=\int_0^{\frac{\pi}{3}}(\sin2t-\sin t)dt+\int_{\frac{\pi}{3}}^{\pi}(-\sin2t+\sin t)dt$$

$$=\left[-\frac{1}{2}\cos2t+\cos t\right]_0^{\frac{\pi}{3}}+\left[\frac{1}{2}\cos2t-\cos t\right]_{\frac{\pi}{3}}^{\pi}$$

$$=\frac{3}{4}-\frac{1}{2}+\frac{3}{2}+\frac{3}{4}=\frac{5}{2}$$

応用問題 本冊 p. 156

415

答 $\mathbf{\dfrac{2\sqrt{3}}{3}a^3}$

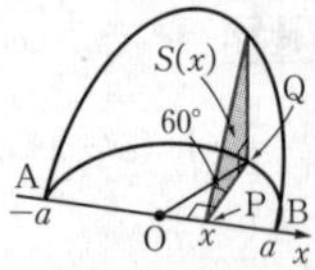

検討 底面の直径 AB を x 軸にとり，中心 O を原点にとる。右の図のように x 座標が x である x 軸上の点 P をとり，x 軸に垂直な平面でこの立体を切ると，断面の面積 $S(x)$ は

$$S(x)=\frac{1}{2}\mathrm{PQ}\cdot\sqrt{3}\mathrm{PQ}=\frac{\sqrt{3}}{2}\mathrm{PQ}^2=\frac{\sqrt{3}}{2}(a^2-x^2)$$

よって，求める体積 V は

$$V=\int_{-a}^{a}S(x)dx=2\int_0^{a}S(x)dx$$

$$=2\cdot\frac{\sqrt{3}}{2}\int_0^{a}(a^2-x^2)dx$$

$$=\sqrt{3}\left[a^2x-\frac{x^3}{3}\right]_0^{a}=\frac{2\sqrt{3}}{3}a^3$$

416

答 $\mathbf{\dfrac{4\sqrt{3}}{3}a^3}$

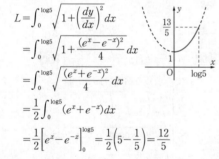

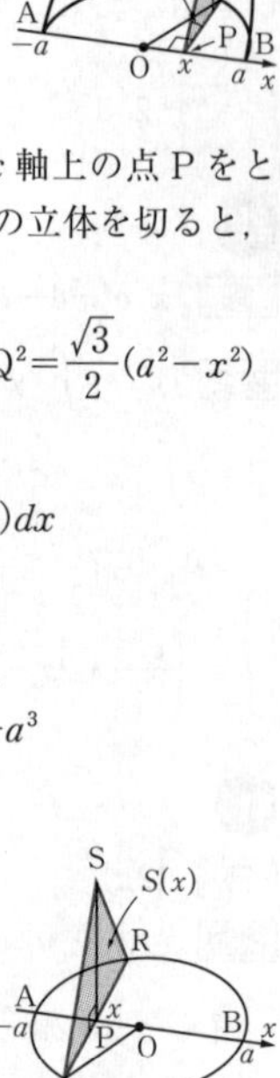

検討 図のように直径 AB を x 軸上にとり，円の中心 O を原点とする。また，点 P の座標を x とすると

$$\mathrm{QR}=2\mathrm{PQ}=2\sqrt{a^2-x^2}$$

$PS=\sqrt{3}PQ=\sqrt{3(a^2-x^2)}$

ゆえに，三角形 QRS の面積を $S(x)$ とすると

$$S(x)=\frac{1}{2}\cdot QR\cdot PS=\sqrt{3}(a^2-x^2)$$

よって，求める体積 V は

$$V=\int_{-a}^{a}S(x)dx=2\int_0^a S(x)dx$$

$$=2\sqrt{3}\int_0^a(a^2-x^2)dx=2\sqrt{3}\left[a^2x-\frac{x^3}{3}\right]_0^a$$

$$=\frac{4\sqrt{3}}{3}a^3$$

417

答　(1) $\left(\frac{11}{2}+4\log 2\right)\pi$　(2) $\frac{64}{15}\pi$　(3) $4\pi^2$

検討　(1) 与式を x について解くと　$x=e^y+2$

したがって，求める体積 V は　$V=\pi\int_0^{\log 2}x^2dy$

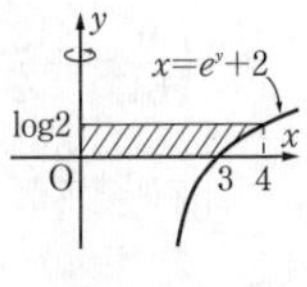

$$=\pi\int_0^{\log 2}(e^y+2)^2dy=\pi\int_0^{\log 2}(e^{2y}+4e^y+4)dy$$

$$=\pi\left[\frac{e^{2y}}{2}+4e^y+4y\right]_0^{\log 2}=\left(\frac{11}{2}+4\log 2\right)\pi$$

(2) $y=\sqrt{x}$ と $y=\frac{x}{2}$ の共有点の y 座標は 0，2 であるから，求める体積 V は

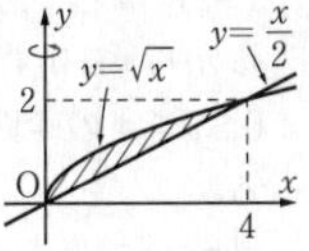

$$V=\pi\int_0^2\{(2y)^2-(y^2)^2\}dy$$

$$=\pi\int_0^2(4y^2-y^4)dy=\pi\left[\frac{4}{3}y^3-\frac{y^5}{5}\right]_0^2=\frac{64}{15}\pi$$

(3) 曲線と直線 $y=1$ をそれぞれ y 軸方向に -1 平行移動した図形で考えればよい。

$x^2+(y-2)^2=1$ より

$$y=2\pm\sqrt{1-x^2}$$

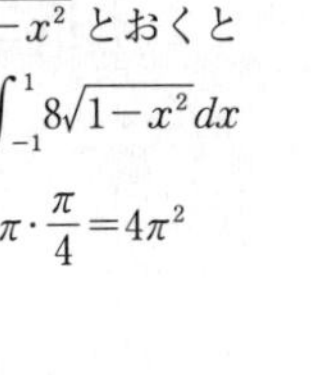

$y_1=2+\sqrt{1-x^2}$，$y_2=2-\sqrt{1-x^2}$ とおくと

$$V=\pi\int_{-1}^{1}(y_1{}^2-y_2{}^2)dx=\pi\int_{-1}^{1}8\sqrt{1-x^2}dx$$

$$=16\pi\int_0^1\sqrt{1-x^2}dx=16\pi\cdot\frac{\pi}{4}=4\pi^2$$

418

答　$\left(4+\frac{32\sqrt{2}}{15}\right)\pi$

検討　$y=x^2-2$ と $y=x$ の共有点の x 座標は

$x=-1$，2

題意の領域は右の図の斜線部分である。

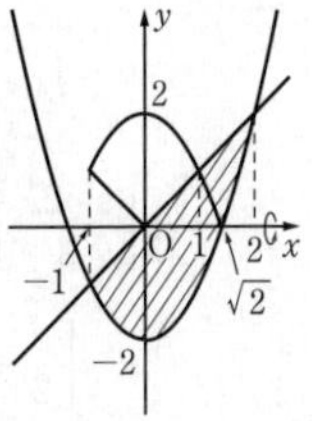

$-1\leqq x\leqq 2$ において x 軸より下にある部分を x 軸に関して対称に折り返して考えると，求める体積 V は

$$V=\pi\int_{-1}^{1}(x^2-2)^2dx+\pi\int_1^2x^2dx$$

$$-\pi\int_{-1}^{0}x^2dx-\pi\int_{\sqrt{2}}^{2}(x^2-2)^2dx$$

$$=\pi\left[\frac{x^5}{5}-\frac{4}{3}x^3+4x\right]_{-1}^{1}+\pi\left[\frac{x^3}{3}\right]_1^2$$

$$-\pi\left[\frac{x^3}{3}\right]_{-1}^{0}-\pi\left[\frac{x^5}{5}-\frac{4}{3}x^3+4x\right]_{\sqrt{2}}^{2}$$

$$=\frac{86}{15}\pi+\frac{7}{3}\pi-\frac{\pi}{3}-\frac{56-32\sqrt{2}}{15}\pi$$

$$=\left(4+\frac{32\sqrt{2}}{15}\right)\pi$$

419

答　$\frac{\pi^2}{4}+\frac{3}{2}\pi$

検討　2 曲線の共有点の x 座標は $x=\frac{\pi}{4}$ で，右の図の斜線部分を x 軸のまわりに 1 回転させると，題意の立体ができる。

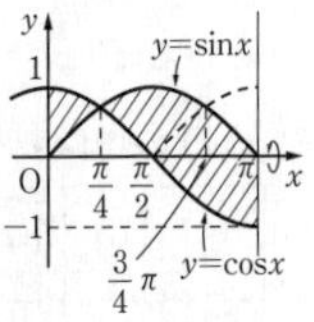

よって，$0\leqq x\leqq\frac{\pi}{2}$ の範囲で図形が直線 $x=\frac{\pi}{4}$ について対称なこと，および，$\frac{\pi}{2}\leqq x\leqq\pi$ の部分は $y=\cos x$ のグラフを x 軸に関して対称に折り返すことを考えて，求める体積 V は

$$V=2\pi\int_0^{\frac{\pi}{4}}(\cos^2x-\sin^2x)dx+\pi\int_{\frac{\pi}{2}}^{\frac{3}{4}\pi}\sin^2xdx$$

$$+\pi\int_{\frac{3}{4}\pi}^{\pi}\cos^2xdx$$

$$=2\pi\int_0^{\frac{\pi}{4}}\cos2x\,dx+\pi\int_{\frac{\pi}{2}}^{\frac{3}{4}\pi}\frac{1-\cos2x}{2}dx$$

$$+\pi\int_{\frac{3}{4}\pi}^{\pi}\frac{1+\cos2x}{2}dx$$

$$=2\pi\left[\frac{\sin2x}{2}\right]_0^{\frac{\pi}{4}}+\pi\left[\frac{x}{2}-\frac{\sin2x}{4}\right]_{\frac{\pi}{2}}^{\frac{3}{4}\pi}$$

$$+\pi\left[\frac{x}{2}+\frac{\sin2x}{4}\right]_{\frac{3}{4}\pi}^{\pi}$$

$$=\pi+\pi\left(\frac{\pi}{8}+\frac{1}{4}\right)+\pi\left(\frac{\pi}{8}+\frac{1}{4}\right)=\frac{\pi^2}{4}+\frac{3}{2}\pi$$

テスト対策

x 軸のまわりに1回転させてできる図形が x 軸の両側にあるときは，$y<0$ の部分を x 軸に関して対称に移動した図形を考える。

420

答 (1) $\boldsymbol{a=\frac{3}{4}\pi,\ f(a)=\frac{3}{4}\pi+1}$

(2) $\boldsymbol{\frac{9}{64}\pi^4+\frac{9}{4}\pi^2+\frac{5}{2}\pi}$

検討 (1) $f'(x)=1+\sqrt{2}\cos x$ より，$0\leqq x\leqq\pi$ において $f'(x)=0$ となる x の値は　$x=\frac{3}{4}\pi$

$f(x)$ の増減表を作ると

x	0	$\cdots$	$\frac{3}{4}\pi$	$\cdots$	π
$f'(x)$		$+$	0	$-$	
$f(x)$	0	↗	極大	↘	π

$f(x)$ は $x=\frac{3}{4}\pi$ のとき極大かつ最大となる。

(2) $y=f(x)$ と x 軸と $x=\frac{3}{4}\pi$ とで囲まれた部分を図示すると，右の図の斜線部分となる。

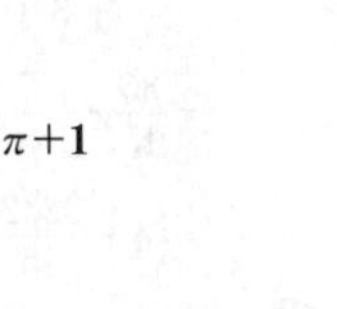

よって，求める体積 V は

$$V=\pi\int_0^{\frac{3}{4}\pi}(x+\sqrt{2}\sin x)^2dx$$

$$=\pi\int_0^{\frac{3}{4}\pi}(x^2+2\sqrt{2}x\sin x+2\sin^2x)dx$$

ここで

$$\int_0^{\frac{3}{4}\pi}x^2dx=\left[\frac{x^3}{3}\right]_0^{\frac{3}{4}\pi}=\frac{9}{64}\pi^3$$

$$\int_0^{\frac{3}{4}\pi}x\sin x\,dx=\Big[-x\cos x\Big]_0^{\frac{3}{4}\pi}+\int_0^{\frac{3}{4}\pi}\cos x\,dx$$

$$=\frac{3}{4\sqrt{2}}\pi+\Big[\sin x\Big]_0^{\frac{3}{4}\pi}=\frac{3}{4\sqrt{2}}\pi+\frac{1}{\sqrt{2}}$$

$$\int_0^{\frac{3}{4}\pi}\sin^2x\,dx=\int_0^{\frac{3}{4}\pi}\frac{1-\cos2x}{2}dx$$

$$=\left[\frac{x}{2}-\frac{1}{4}\sin2x\right]_0^{\frac{3}{4}\pi}=\frac{3}{8}\pi+\frac{1}{4}$$

よって

V

$$=\pi\left\{\frac{9}{64}\pi^3+2\sqrt{2}\left(\frac{3}{4\sqrt{2}}\pi+\frac{1}{\sqrt{2}}\right)+2\left(\frac{3}{8}\pi+\frac{1}{4}\right)\right\}$$

$$=\pi\left(\frac{9}{64}\pi^3+\frac{3}{2}\pi+2+\frac{3}{4}\pi+\frac{1}{2}\right)$$

$$=\frac{9}{64}\pi^4+\frac{9}{4}\pi^2+\frac{5}{2}\pi$$

421

答 $\boldsymbol{16\pi}$

検討 右の図より曲線は x 軸に関して対称であるから $y\geqq0$ すなわち $0\leqq\theta\leqq\pi$ の範囲で考える。

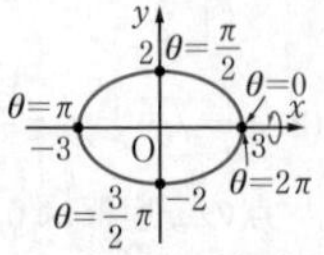

x	$-3\to3$
θ	$\pi\ \to0$

$\frac{dx}{d\theta}=-3\sin\theta$ より，

求める体積 V は

$$V=\pi\int_{-3}^{3}y^2dx=\pi\int_{\pi}^{0}(2\sin\theta)^2\cdot(-3\sin\theta)d\theta$$

$$=\pi\int_{\pi}^{0}\{-12(1-\cos^2\theta)\sin\theta\}d\theta$$

$$=12\pi\int_0^{\pi}(\sin\theta-\sin\theta\cos^2\theta)d\theta$$

$$=12\pi\left[-\cos\theta+\frac{\cos^3\theta}{3}\right]_0^{\pi}$$

$$=12\pi\left\{\left(1-\frac{1}{3}\right)-\left(-1+\frac{1}{3}\right)\right\}=16\pi$$

422

答 (1) $\boldsymbol{2\pi^2}$ (2) $\boldsymbol{\sqrt{2}(e^{\frac{\pi}{2}}-1)}$

検討 (1) $\dfrac{dx}{d\theta}=\theta\cos\theta$,

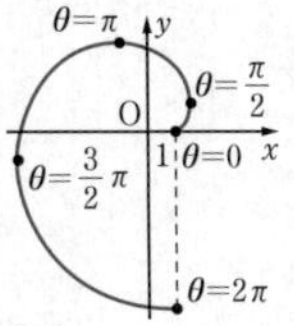

$\dfrac{dy}{d\theta}=\theta\sin\theta$

ゆえに

$$\left(\frac{dx}{d\theta}\right)^2+\left(\frac{dy}{d\theta}\right)^2=\theta^2(\cos^2\theta+\sin^2\theta)$$
$$=\theta^2$$

したがって，求める曲線の長さ L は

$$L=\int_0^{2\pi}\sqrt{\left(\frac{dx}{d\theta}\right)^2+\left(\frac{dy}{d\theta}\right)^2}\,d\theta=\int_0^{2\pi}\theta d\theta$$
$$=\left[\frac{\theta^2}{2}\right]_0^{2\pi}=2\pi^2$$

(2) $\dfrac{dx}{dt}=e^t(\cos t-\sin t)$，$\dfrac{dy}{dt}=e^t(\sin t+\cos t)$

であるから

$$\left(\frac{dx}{dt}\right)^2+\left(\frac{dy}{dt}\right)^2$$
$$=e^{2t}\{(\cos t-\sin t)^2+(\sin t+\cos t)^2\}=2e^{2t}$$

したがって，求める曲線の長さ L は

$$L=\int_0^{\frac{\pi}{2}}\sqrt{\left(\frac{dx}{dt}\right)^2+\left(\frac{dy}{dt}\right)^2}\,dt=\sqrt{2}\int_0^{\frac{\pi}{2}}e^t dt$$
$$=\sqrt{2}\Big[e^t\Big]_0^{\frac{\pi}{2}}=\sqrt{2}(e^{\frac{\pi}{2}}-1)$$